模拟电子电路分析与应用

曾　丹　主编

上海大学出版社
·上海·

图书在版编目(CIP)数据

模拟电子电路分析与应用 / 曾丹主编. —上海：上海大学出版社，2023.9

ISBN 978-7-5671-4794-2

Ⅰ. ①模… Ⅱ. ①曾… Ⅲ. ①模拟电路—教材 Ⅳ. ①TN710

中国国家版本馆 CIP 数据核字(2023)第 161134 号

策划编辑 陈 露
责任编辑 厉 凡
封面设计 缪炎栩
技术编辑 金 鑫 钱宇坤

模拟电子电路分析与应用

曾 丹 主编

上海大学出版社出版发行

(上海市上大路 99 号 邮政编码 200444)

(https://www.shupress.cn 发行热线 021-66135112)

出版人 戴骏豪

*

南京展望文化发展有限公司排版

上海华业装璜印刷厂有限公司印刷 各地新华书店经销

开本 787mm×1092mm 1/16 印张 19 字数 450 千

2023 年 11 月第 1 版 2023 年 11 月第 1 次印刷

ISBN 978-7-5671-4794-2/TN·22 定价 72.00 元

《模拟电子电路分析与应用》编委会

前言

FOREWORD

“模拟电子电路分析与应用”课程是电气、电子、信息等工程类专业的主干基础课程，也是最重要的学科基础课程之一。随着信息技术的不断进步，电子技术日益广泛地运用在于科学技术、生产和生活等各个领域，为国家发展和人民生活水平提高带来新的生机和活力。课程坚持以习近平新时代中国特色社会主义思想为指导，落实“立德树人”的根本任务，以“打好基础，学以致用”为教学宗旨。一方面，该课程需以电路分析为基础，全面系统的学习模拟电路的基本原理、分析和解决方法，为后续课程的学习打好基础；另一方面，该课程的概念性、实践性、工程性特点较强，课程内容与实际应用紧密结合，需要通过本课程特点之一的“课程项目”训练，培养学生解决实际电路问题的实践能力、团队合作与沟通能力，逐步建立和巩固学科理论基础、培养创新意识、科学思维方法、提高分析问题和解决问题的能力。为了满足上述需求，我们编写教材《模拟电子电路分析与应用》，通过培养掌握模拟电子电路相关基本理论与应用技术的创新人才，推动模拟电子电路技术的发展以适应时代发展的需求。

本书在突出基本概念、基本原理和基本分析的基础上，以内容更实际、应用为目的、强化实际应用为重点。同时，本书还具有以下几方面的特点：

1. 本书遵循“应用为目的，以学生为中心，激发学习兴趣，提高学生解决实际复杂工程问题的能力”为宗旨，落实知识、技能、素质三位一体的具体要求。在附录中加入了参考的课外“课程项目”内容，课程项目内容围绕理论内容，与每一知识点有机结合并拓展，将课程难点问题的学习贯穿于课程项目制作之中，为学生留出充分的思考空间，提高了学习积极性。

2. 本书遵循应用为主的特点，由“集成、器件、单管电路、集成内部电路到应用”的顺序编排教材内容，在每一章中突出了应用的案例。通过理性分析与感性认识结合，提高学生的学习兴趣，符合教育教学规律。第 2 章集成电路基本电路中加入了应用电路，同时在滤波器中除了基本概念外，突出了实际电路的形式。强调了实际电路的设计过程，同时引入了应用更广泛的二阶滤波器电路，对实际应用更具有指导意义。

3. 为了更好地掌握应用，本书在第5章中整合了基本的单元电路，除了单管电路和多级放大电路外，还加入了音频小功率放大器，方便学生更好地实施课外项目。同时在第4章晶体管小信号模型和第6章频率响应中，强调了器件受频率影响，从而使电路发生相应变化，有助于学生在实施课外项目过程中解决一些实际的问题。

4. 本书强调电路的实际应用。对于一些电路应用问题，分别给出了分立元件与集成电路的解决方案。如在第3章的整流电路中，在讨论了二极管整流电路后，针对实际使用存在的问题，给出了集成运放的解决方案。又如在第4章中，叙述场效应管特性后，把器件引入了在相敏检波电路中，场效应管作为开关管的实际应用例子，这样的安排，使学生很方便明白每个实际使用方案的独到之处。

5. 本书列举了一定数量的例题，可帮助同学理解基本概念，在有关例题的指导下，找到解题的途径。每章后选择了一定量的思考题和习题，通过做习题，能起到巩固基本概念、加深对教材内容的理解、达到融会贯通的作用。书后附录给出有关课后项目，以提高同学们处理实际问题的能力。

在撰写本书过程中，诸多课程组教师提供了大力支持和具体帮助，这里编者要特别感谢两位老师：一位是上海大学通信与信息工程学院的严佩敏老师，严老师长期从事模拟电子技术课程和教材建设，与编者一起完成了课程大纲制定、课程体系设计、课程实践案例选择、思政素材融入等工作，为本教材的编写提供了宝贵的经验；另一位是上海大学通信与信息工程学院的张之江老师，为本课程的改革和新教材的编写提供了许多宝贵的思想和建议，与编者进行了大量有益的讨论，对编者很有启发。

此外，顾忆宵老师参与了全书的修改校对，魏鹤鸣、张琦、张俊杰等老师组织张美红、周奕凡、陈庆锋、胡天赐、周鑫、袁武帮等同学完成了全文校对、插图绘制等工作。上海大学出版社的相关编辑老师为本书的出版付出了辛勤劳动。在此，谨对为本书编写和出版提供过帮助的所有人员在此表示由衷的感谢！

限于编者水平和时间所限，不足之处恳请批评指正。

曾　丹

2023 年 8 月

目录
CONTENTS

第1章 绪　论

本章要点：本章主要介绍模拟电子电路的特点，基本概念和放大器的基本知识。首先对模拟信号和数字信号的相关概念进行说明，对模拟放大电路的电路组成、电路特征进行说明，并介绍放大电路主要性能指标。通过本章内容的说明，对了解本书的内容，为后续各章的学习作铺垫。

本书作为模拟电子技术的课程教材，主要介绍一些基本电子电路的分析与设计方法。在如今电子产品日益更新层出不穷的年代，读者除掌握基本电子电路的工作原理，主要特性及基本应用电路外，本书引入实际工程实例，理论联系实际，以课程项目形式提升工程实践能力和创新意识。通过阅读器件产品手册，最低限度可设计出满足技术性能要求，系统可靠，成本低廉的实际应用电子电路，乃至进一步构成较完善的电子系统。

1.1 模拟信号和数字信号

电子系统是由若干个相互连接相互作用的基本电路而构成的一个整体电路。信号是由某个特定系统产生且被系统处理，根据处理信号类型的不同，电子系统一般分为模拟系统和数字系统。时间连续幅度连续的信号称为模拟信号。时间上离散、且幅度上离散的信号称为数字信号。我们存在于模拟世界的环境中，大多数的物理量为时间和幅度连续的模拟量，如大气波形，心电图波形等，如图1.1.1为一连续模拟波的心电图波形。

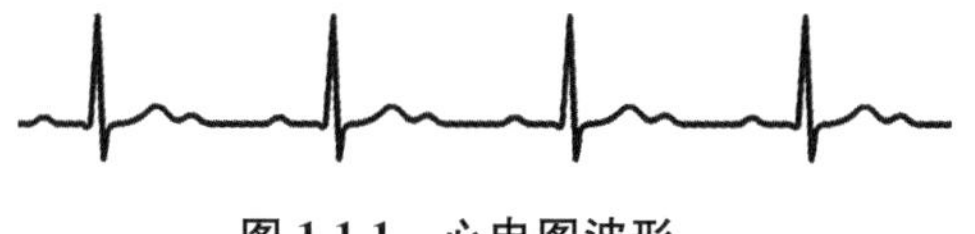

图1.1.1　心电图波形

处理模拟信号的电子电路称为模拟电路。本书讨论各种模拟电子电路的基本概念、基本原理、基本分析方法和基本实际应用。为后续的进一步学习和提升打下基础。

1.2 放大电路模型

放大电路是模拟电子电路中最基本的核心电路。放大电路在保持信号不失真的前提下，将微弱的电信号放大到所需量级，在现代通信、测量等电子领域有着广泛的应用。大多数模拟电子系统会采用各类不同的放大电路，除了最基本的放大信号外，诸如振荡器、滤波器等电路同样会用到放大电路。

1.2.1 模拟信号放大器的四种类型和相应的放大倍数定义

用于放大信号的放大电路可用一双端口网络来表示。该放大电路的放大过程如图1.2.1。输入信号源通过放大器输入，在负载上获得放大的输出信号。

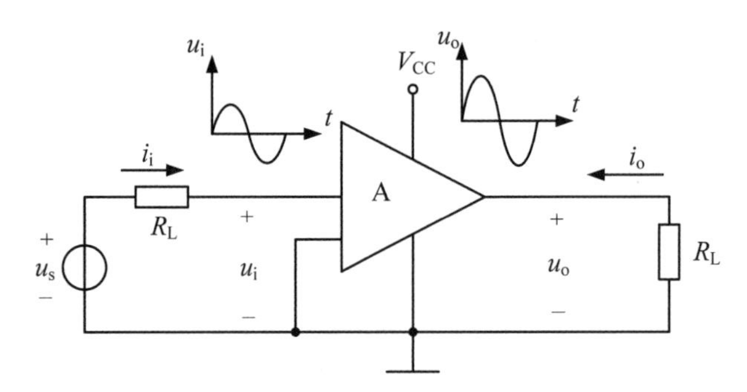

图 1.2.1　放大电路二端口网络等效模型

放大器的基本任务是不失真地放大信号，其基本特征是具有功率放大功能，即功率放大倍数大于1。

$$A_p=\frac{P_o}{P_i}=\frac{U_oI_o}{U_iI_i}>1 \tag{1.2.1}$$

在实际使用中，根据放大电路信号的不同和对输出信号的要求不同，放大器具有不同的增益表述形式。放大器在线性工作条件下，只需考虑电路的输出电压 u_o 和输入电压 u_i 的关系，则 $u_o=A_u u_i$，其中 A_u 为电压的增益，该放大电路称为电压放大器。

$$A_u=\frac{u_o}{u_i}\quad \text{输出电压与输入电压之比} \tag{1.2.2}$$

考虑电路的输出电流 i_o 和输入电压 u_i 的关系，则 $i_o=A_g u_i$，其中 A_g 为电导的增益，单位为西门子(S)，该放大电路称为互导放大器。

$$A_g=\frac{i_o}{u_i}\quad \text{输出电流与输入电压之比} \tag{1.2.3}$$

考虑电路的输出电压 u_o 和输入电流 i_i 的关系，则 $u_o=A_r i_i$，其中 A_r 为互阻增益，单位为欧姆(Ω)，该放大电路称为互阻放大器。

$$A_r = \frac{u_o}{i_i} \quad 输出电压与输入电流之比 \tag{1.2.4}$$

考虑电路的输出电流 i_o 和 i_i，则 $i_o = A_i i_i$，其中 A_i 为电流增益，该放大电路称为电流放大器。

$$A_i = \frac{i_o}{i_i} \quad 输出电流与输入电流之比 \tag{1.2.5}$$

1.2.2 模拟放大器模型

根据实际输入输出信号形式不同，放大器可分成四种类型：电压放大器、电流放大器、互阻放大器和互导放大器。按双端网络特性建立四种不同类型的放大电路模型如图 1.2.2。

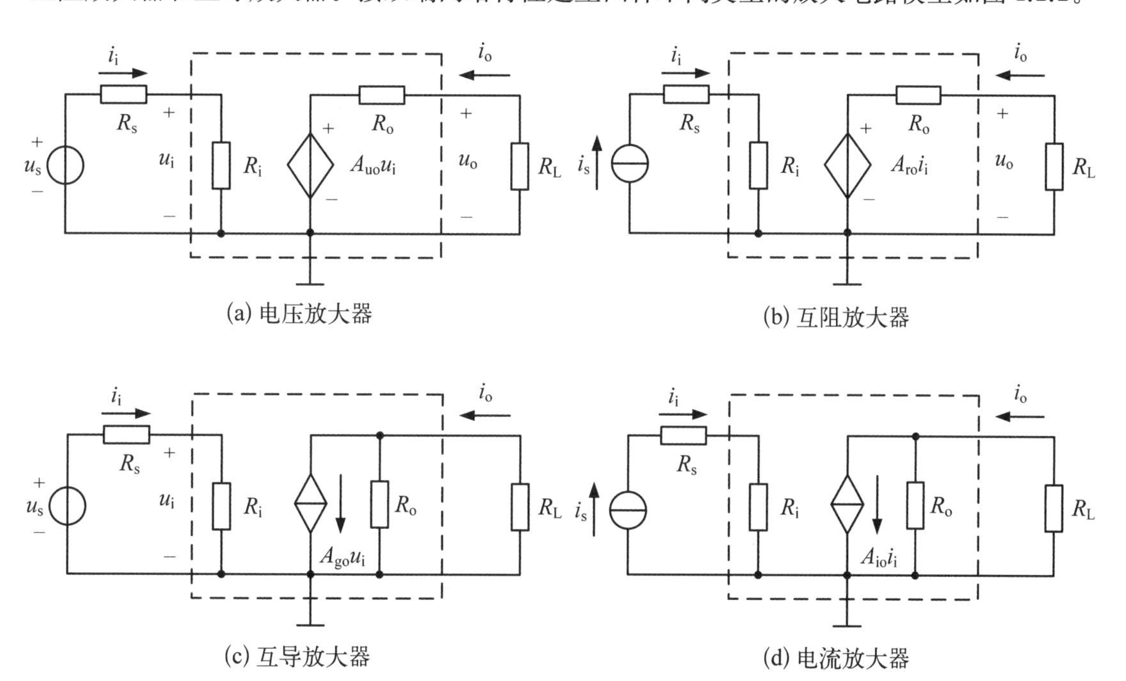

图 1.2.2 四种类型放大电路等效模型

上述模型中的参数分别为：A_{uo} 开环电压放大倍数，A_{ro} 开环互阻放大倍数，A_{go} 开环互导放大倍数，A_{io} 开环电流放大倍数，R_i 和 R_o 分别为放大器的输入输出电阻，这四种放大器结构特点各不相同，需根据不同的应用需求作相应的选择。

1.3 放大电路主要性能指标

1. 放大倍数 A

电压放大倍数 A_u 由图 1.2.2(a)所示，电压放大器的输出电压 u_o 由 $A_{uo}u_i$、输出电阻 R_o 和负载电阻 R_L 分压获得：

$$u_o=\frac{R_L}{R_L+R_o}\cdot A_{uo}u_i \tag{1.3.1}$$

则电压放大倍数 A_u：

$$A_u=\frac{u_o}{u_i}=\frac{R_L}{R_L+R_o}A_{uo} \tag{1.3.2}$$

当负载开路时电压放大倍数 A_u：

$$A_u=\frac{u_o}{u_i}=A_{uo}\mid_{R_L\to\infty} \tag{1.3.3}$$

若考虑信号源内阻 R_s，则定义源电压增益 A_{us}：

$$A_{us}=\frac{u_o}{u_s}=\frac{u_o}{u_i}\cdot\frac{u_i}{u_s}=\frac{R_i}{R_s+R_i}A_u \tag{1.3.4}$$

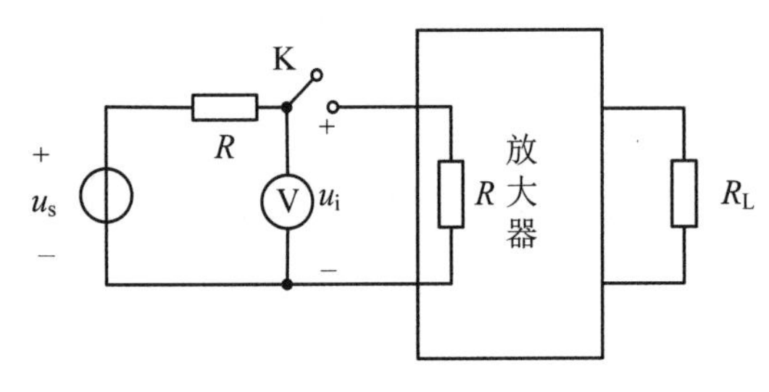

图 1.3.1 R_i 的测量方法

当 $R_i\gg R_s$，$R_L\gg R_o$ 时 $A_{us}\approx A_{uo}$

可见，对电压放大器，希望输入电阻越大越好，而输出电阻越小越好，则电压增益损失就越小。

放大器电压放大倍数的测量方法如图 1.3.1。

同理，对互阻放大器，则有

$$A_r=\frac{u_o}{i_i}=\frac{R_L}{R_L+R_o}\cdot A_{ro};\quad A_{rs}=\frac{u_o}{i_s}=\frac{u_o}{i_i}\cdot\frac{i_i}{i_s}=\frac{R_s}{R_s+R_i}A_r \tag{1.3.5}$$

对互阻放大器，希望输入电阻越小越好，而输出电阻亦越小越好。

对电导放大器，则有

$$A_g=\frac{i_o}{u_i}=\frac{R_o}{R_L+R_o}\cdot A_{go};\quad A_{gs}=\frac{i_o}{u_s}=\frac{i_o}{u_i}\cdot\frac{u_i}{u_s}=\frac{R_i}{R_s+R_i}A_g \tag{1.3.6}$$

对电导放大器，希望输入电阻越大越好，而输出电阻亦越大越好。

对电流放大器，则

$$A_i=\frac{i_o}{i_i}=\frac{R_o}{R_L+R_o}\cdot A_{io};\quad A_{is}=\frac{i_o}{u_s}=\frac{i_o}{i_i}\cdot\frac{i_i}{i_s}=\frac{R_s}{R_s+R_i}A_i \tag{1.3.7}$$

2. 输入电阻 R_i

放大器的输入电阻定义为：从放大器输入端看进去的等效电阻，如图 1.2.2(a)所示，其定义和计算方法为

$$R_i=\frac{u_i}{i_i} \tag{1.3.8}$$

为减少信号源内阻对放大器的衰减影响，对输入电压源而言，希望输入电阻远大于信号

源内阻，$R_i \gg R_s$，对输入电流源而言，希望输入电阻远小于信号源内阻 $R_i \ll R_s$。

R_i 的测量方法如图 1.3.1。当开关 K 打开时测量获得的电压即为 u_s。当开关 K 合上时，测量获得的电压即为 u_i，根据公式(1.3.9)即可测得输入电阻 R_i

$$u_i = u_s \frac{R_i}{R_i + R}, \quad R_i = R\left(\frac{u_i}{u_s - u_i}\right) \tag{1.3.9}$$

3. 输出电阻 R_o

放大器的输出电阻定义为：从放大器输出端看进去的等效电阻，即输出端等效的戴维南电阻，如图 1.2.2(a)，其定义和计算方法为

$$R_o = \left.\frac{u_o}{i_o}\right|_{u_S=0;\ i_S=0;\ R_L \to \infty} \tag{1.3.10}$$

输出电阻 R_o 决定了放大器带负载能力。对输出电压而言，输出电阻越小，带负载电阻能力越强，即 $R_o \ll R_L$，负载 R_L 的变化对输出电压影响越小，输出电压越稳定。

R_o 的测量方法如图 1.3.2。当开关 K 打开时测量获得的电压即为 $u'_o = A_{uo} u_i$。当开关 K 合上时，测量获得的电压即为 u_o，根据公式(1.3.11)即可测得输出电阻 R_o

$$u_o = u'_o \frac{R_L}{R_o + R_L}, \quad R_o = R_L\left(\frac{u'_o - u_o}{u_o}\right) \tag{1.3.11}$$

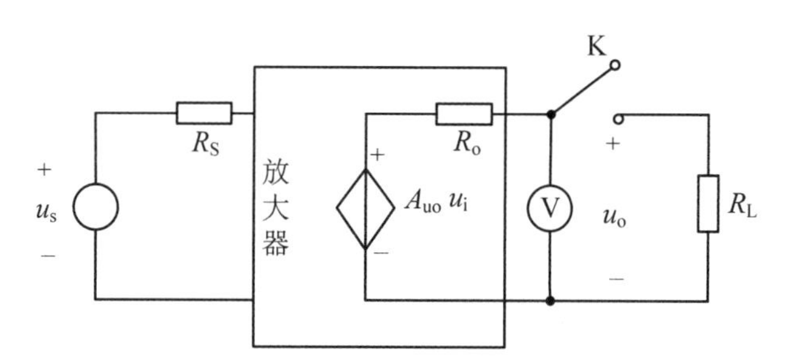

图 1.3.2　R_o 的测量方法

【例题 1 - 1】 图 1.3.3 所示电路可用于测量放大器的输入、输出电阻。

当开关 S_1 闭合时，若电压表 V_1 的读数为 50 mV，而 S_1 打开时，V_1 的读数为 100 mV，试求输入电阻 R_i。

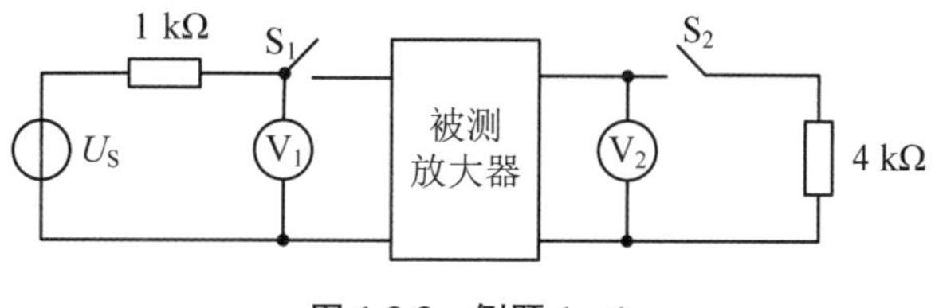

图 1.3.3　例题 1 - 1

当开关 S_2 闭合时，若电压表 V_2 的读数为 1 V，而 S_2 打开时，V_2 的读数为 2 V，试求输出电阻 R_o。

4. 频率响应

实际电路中，除了电阻外，还存在许多电抗元件，如电路的分布电容、杂散电容、负载电容、器件的极间电容、分布电感等。电抗元件对不同的频率呈现不同的阻抗，其阻抗与频率有关 $\left(Z_C=\frac{1}{j\omega C},\ Z_L=j\omega L\right)$，放大器内部器件和电路具有的这些电抗元件(主要是电容)，使得放大器的放大倍数成为频率的函数，即放大器是一个“复数”：

$$A_u(j\omega)=\frac{U_o(j\omega)}{U_i(j\omega)}=|A_u(j\omega)|\angle\varphi(j\omega) \tag{1.3.12}$$

其中：模值 $|A_u(j\omega)|$ 和角频率 ω 的关系曲线称之为“幅频特性”，相移 $\varphi(j\omega)$ 和角频率的关系称为“相频特性”。图 1.3.4 给出了某放大器频率特性的示意图，图 1.3.4(a)中的幅频特性横坐标为信号的角频率 ω，纵坐标为放大倍数的模值 $|A_u(j\omega)|$。相频特性的纵坐标为相移的度数。放大器的幅频特性分为三个区域：中间一段平坦区，称之为“中频区”，当频率很高或很低时，$|A_u(j\omega)|$ 可能会下降，对应的这两段区域分别被称为高频区和低频区。

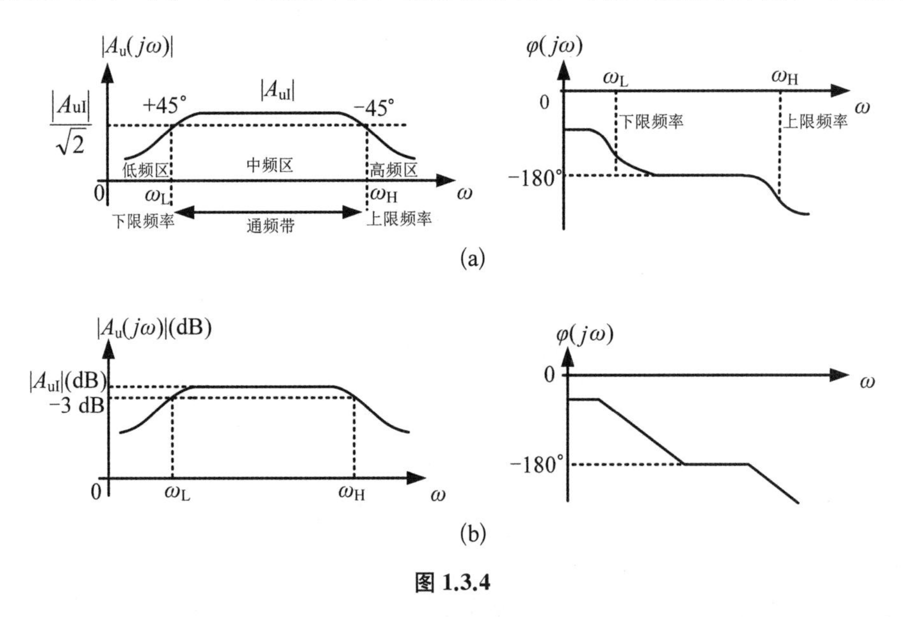

图 1.3.4

设中频区的放大倍数为 A_{uI}，定义放大倍数 A_{uI} 下降到 $\frac{A_{uI}}{\sqrt{2}}=0.707A_{uI}$ 的点为“半功率点”。因为负载一定，按功率定义 $P=\frac{U^2}{R_L}$，则功率与电压成正比。电压放大倍数下降为 $\frac{1}{\sqrt{2}}$ 时，功率下降一半。半功率点对应的频率分别称为上限频率 ω_H 和下限频率 ω_L。定义放大器的通频带(带宽) $BW_{0.7}$ 为：

$$BW_{0.7}=\frac{\omega_H}{2\pi}-\frac{\omega_L}{2\pi}=f_H-f_L \tag{1.3.13}$$

其中：f_H、f_L 是角频率 ω_H 和 ω_L 分别对应的频率。

若用分贝(dB)来表示幅频特性的纵坐标,如图 1.3.4(b),则半功率点的增益可表示为:

$$
\begin{aligned}
|A_u(j\omega)|(\text{dB}) &= 20\lg\frac{|A_{uI}|}{\sqrt{2}} \\
&= 20\lg|A_{uI}| - 20\lg\sqrt{2} \\
&= 20\lg|A_{uI}|(\text{dB}) - 3\text{dB}
\end{aligned}
\tag{1.3.14}
$$

设 $|A_{uI}|=1\,000$,则 $|A_{uI}|_{\text{半功率点}}=60\text{ dB}-3\text{ dB}=57\text{ dB}$。可见,半功率点对应的放大倍数的 dB 值比中频放大倍数下降了 3 dB,所以式(1.3.13)通频带又可表示为:

$$
BW_{-3\text{ dB}} = f_H - f_L \tag{1.3.15}
$$

通常信号都不是单一频率的正弦波,一般是由多个频谱分量构成的复杂信号。假设进入放大器的信号频谱超过了放大器本身的通频带,则会引起输出信号的"失真",这样的失真称之为"频率失真",即对输入信号中不同的频谱分量,放大倍数以及相移不同引起了失真,这个又称为"线性失真"。所以在设计放大器时,要根据信号的频谱考虑选择频带的指标,如心电等信号周期频率为 1 Hz 左右,用傅立叶变换可得其频谱的最高频率分量约为 200 Hz,则设计放大器时需考虑选择具有 $f_L\approx 0$,$f_H=200$ Hz 的参数;如雷达信号最低频率分量约为几十赫兹,最高频率分量约为 10 MHz,那么设计雷达视频放大器时需考虑选择具有 $f_L=10$ Hz,$f_H=10$ MHz 的参数;又如语音的频率分布在几赫兹到几十赫兹,音频放大器的频带选择也就在这个范围之间。总之,放大器的频带要合理,若太宽,会将一些信号带外的噪声和干扰放大。对放大器的具体讨论见"频率响应"一章。

5. 非线性失真

由于电路中采用晶体管、场效应管等器件都是非线性器件,因此输入、输出呈非线性函数关系。理想放大器的输入、输出电压关系为一线性关系,如图 1.3.5(a),而实际放大器为一非线性关系,如图 1.3.5(b),在一定的条件下,即称为线性工作区下,函数可以近似等效为线性关系,若超过该范围,则输出信号会产生相应的非线性失真。

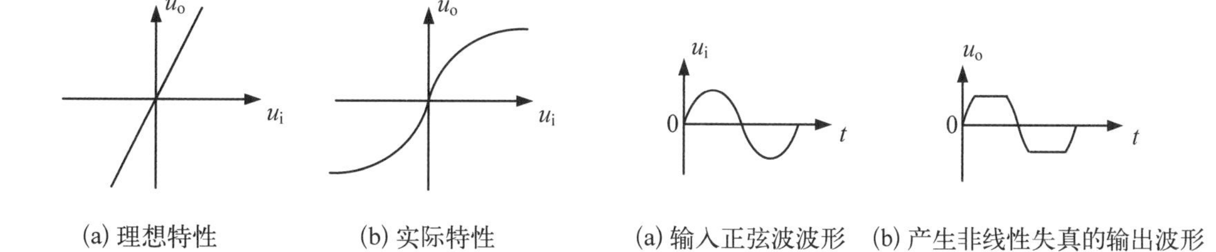

(a) 理想特性　(b) 实际特性

图 1.3.5 放大器的电压传输特性

(a) 输入正弦波波形　(b) 产生非线性失真的输出波形

图 1.3.6 器件非线性产生的非线性失真波形

对一实际放大器而言,若输入为超出线性范围的单一正弦波信号,则输出可能会变为限幅的非正弦信号,如图 1.3.6。

对放大器输入标准正弦信号,则输出信号的非线性失真程度可用非线性失真系数衡量

$$
THD = \frac{\sqrt{\sum_{n=2}^{\infty} U^2}}{U_{1m}} \times 100\% \tag{1.3.16}
$$

分母为放大器输出信号的基波分量，分子则为各次谐波功率和的开方。可见谐波分量越大，THD 就越大，非线性失真就越严重。

放大器除上面列出的五种主要性能指标外，针对不同用途的电路，还会提出一些特定的指标，如主打输出功率、效率、抗干扰能力等。有兴趣的读者可参考其他文献资料并在实际工作中加以学习。

思考题和习题

1.1 某放大器输入信号为 10 pA 时，输出为 500 mV，则它的增益是多少？属于哪一类放大电路？

1.2 放大器模型如题 1.2 图所示，已知输出开路电压增益 $A_{uo}=10$，试求下列各情况下的源电压增益 $A_{us}=\dfrac{u_o}{u_s}$。

(1) $R_i=100R_S$，$R_L=100R_O$；

(2) $R_i=R_S$，$R_L=R_O$；

(3) $R_i=\dfrac{R_S}{100}$，$R_L=\dfrac{R_O}{100}$；

(4) $R_i=100R_S$，$R_L=\dfrac{R_O}{100}$；

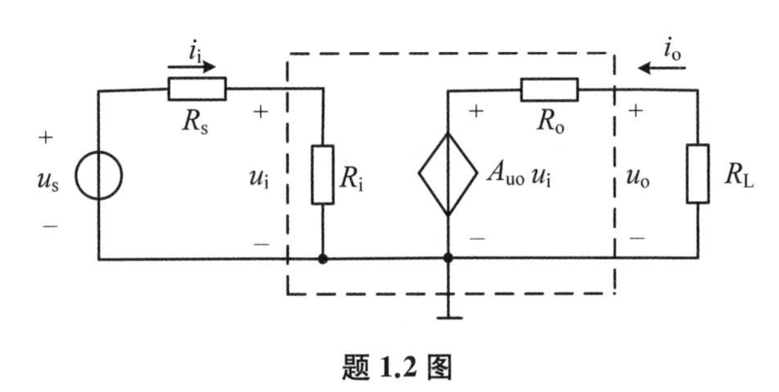

题 1.2 图

1.3 放大器模型如题 1.2 图所示，已知 $R_s=0.5\ \text{k}\Omega$，$R_L=5\ \text{k}\Omega$。用示波器测量得到 $u_s=2\sin\omega t(\text{V})$，$u_i=0.2\sin\omega t(\text{V})$。将 R_L 开路（不接入，即 $R_L\rightarrow\infty$），测得 $u_{o(R_L\rightarrow\infty)}=5\sin\omega t(\text{V})$，接入 R_L，测得 $u_o=4\sin\omega t(\text{V})$。求：

(1) R_i、R_O、A_{uo}、A_{us}

(2) 电流放大倍数 A_I

(3) 功率放大倍数 A_P

1.4 如题 1.4 图所示：① 一方波经过放大器后输出畸变波形如题 1.4 图(a)所示，试问该放大器产生什么失真？产生失真原因是什么？② 有一正弦波经过放大器后输出畸变波形如题 1.4 图(b)所示，试问该放大器产生什么失真？产生失真原因是什么？

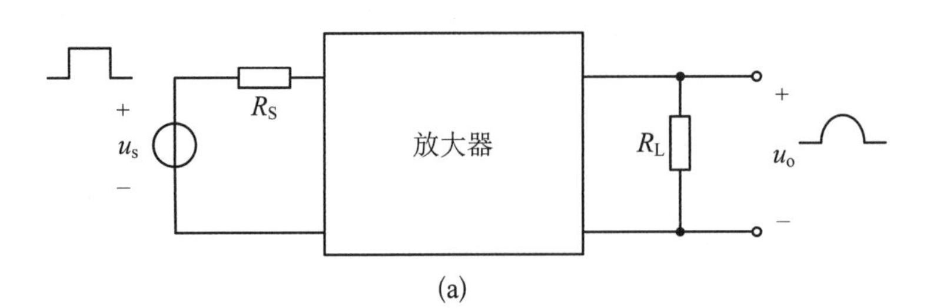

(a)

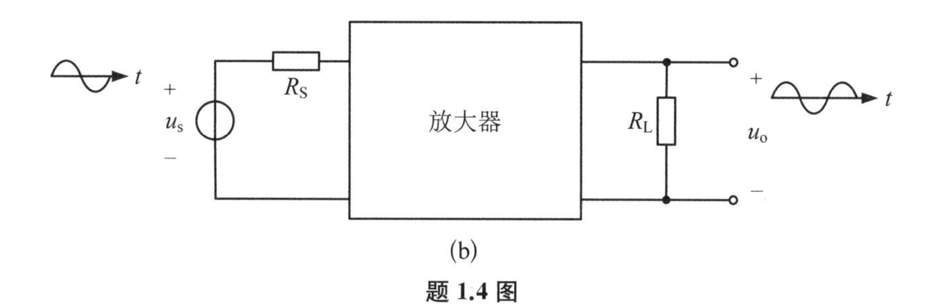

(b)

题 1.4 图

1.5 设一放大器的 $f_L=20$ Hz，$f_H=20$ kHz，通频带增益为 $|A_{usI}|=40$ dB，最大不失真交流输出电压的范围 $u_{op\text{-}p}=6$ V。讨论：

（1）若输入一个正弦信号 $u_s=10\sin(4\pi\times10^3 t)$(mV)，经过此放大器后，输出电压是否会产生频率失真和非线性失真？若不失真，则此时输出电压的幅值 u_{om} 为多少？

（2）若输入一个的正弦信号 $u_s=10\sin(4\pi\times10^5 t)$(mV)，输出是否会产生频率失真和非线性失真？为什么？

1.6 有一四级放大器，第一级为高输入阻抗型（$R_i=10$ MΩ、$A_{uo}=10$、$R_O=10$ kΩ），第二、三级为指标相同的高增益型（$R_i=10$ kΩ、$A_{uo}=100$、$R_O=1$ kΩ），第四级为低输出电阻型（$R_i=10$ kΩ、$A_{uo}=1$、$R_O=10$ Ω）。现有一信号源 u_s（$u_{sm}=30$ μV，内阻 $R_s=100$ Ω），将这四级放大器级联驱动一负载为 $R_L=100$ Ω。求：

（1）负载得到的电压幅值 u_{Lm}。

（2）流过负载的电流幅值 i_{Lm}。

（3）负载得到的功率 P_L。

第2章

集成运算放大器基本应用电路

本章要点：本章主要介绍集成运算放大器应用电路的基本概念、电路特征、特性曲线等，以掌握集成运算放大器的工作原理及分析方法。针对基本的集成运算放大器，重点掌握集成运放的组成、理想化条件以及三种基本电路及其运算。此外，还需要掌握集成运放的应用电路及其特点以及有源滤波器的基本原理与电路特征。

2.1 集成运算放大器

2.1.1 集成运算放大器内部组成

集成运算放大器是一个电子器件，它是将大量的半导体器件，电阻电容以及连线集成在一块单晶硅芯片上，具有一定功能的电子电路。运算放大器的主要特点：① 级间为直接耦合方式，因制作大电感、电容困难。② 用有源器件代替无源器件，用晶体管(场效应管)电路代电阻、电容，工艺简单。③ 电路采用对称结构，可改善性能。

集成运算放大电路是一种高性能的直接耦合放大电路，其品种繁多，内部电路结构各不相同，但它们的基本组成可分为四部分，包括输入级、中间级、输出级和偏置电路，其中输入级由差分放大器构成，中间级由一级或多级放大电路组成，输出级由提供一定功率的互补跟随器构成，如图 2.1.1 为集成运算放大器内部组成的结构框图。

集成运算放大器一般的符号如图 2.1.2。

其中 A 表示运算放大器模块，有两个输入端：同相输入端(+)和反相输入端(−)，以及一个输出端。同相输入端是指当在(+)加入电压信号 u_{i+} 时，输出端获得与输入电压同相位的输出电压 u_o。 而反相输入端是指在反相输入端(−)加入电压信号 u_{i-} 时，输出端获得与输入电压反相位的输出电压 u_o，$+U_{CC}$ 表示正电源电压，$-U_{EE}$ 表示负电源电压。

运算放大器可看成一个简化的、具有端口特性的标准器件，简化模型如图 2.1.3。

一般集成放大器的开环增益 A_{uo} 较高，至少为 10^4，甚至更高；输入电阻较大，通常可达 10^6 Ω 或更高；而输出电阻较小，通常为 100 Ω 或更低。

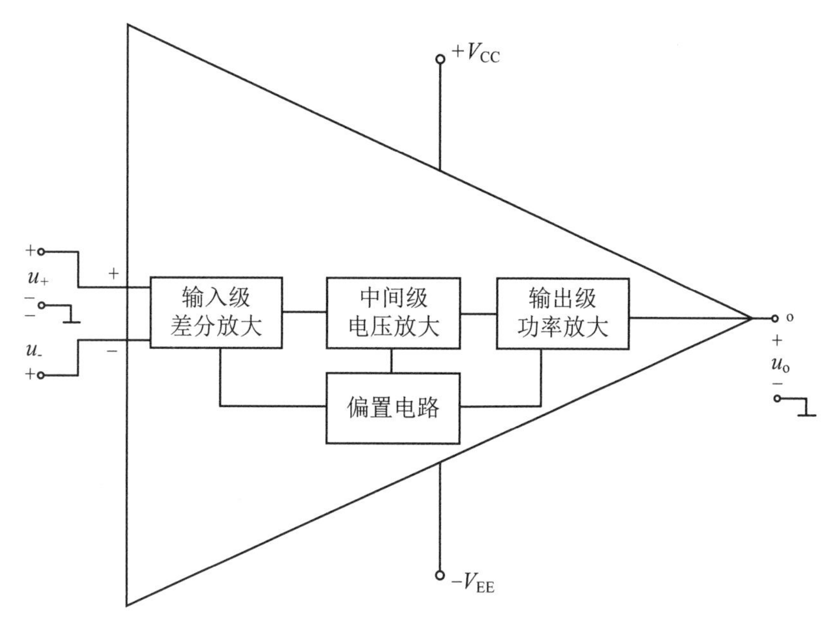

图 2.1.1　集成运算放大器内部结构框图

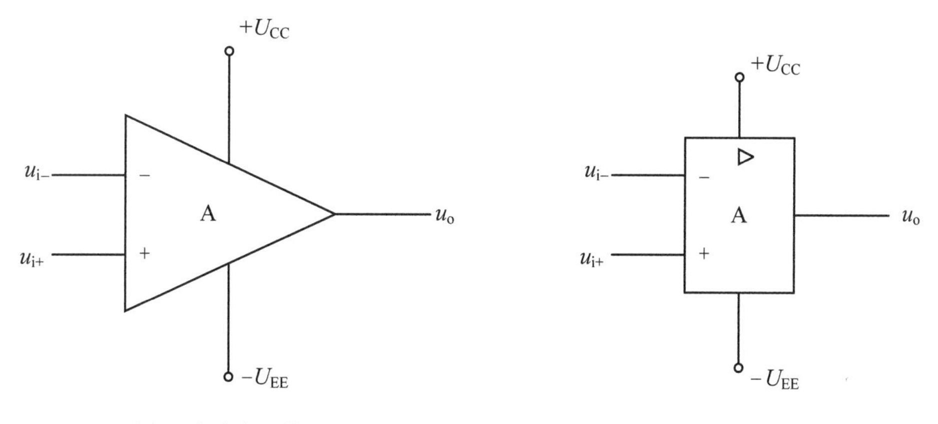

(a) 国内外常用符号　　(b) 国家标准规定符号

图 2.1.2　运算放大器符号

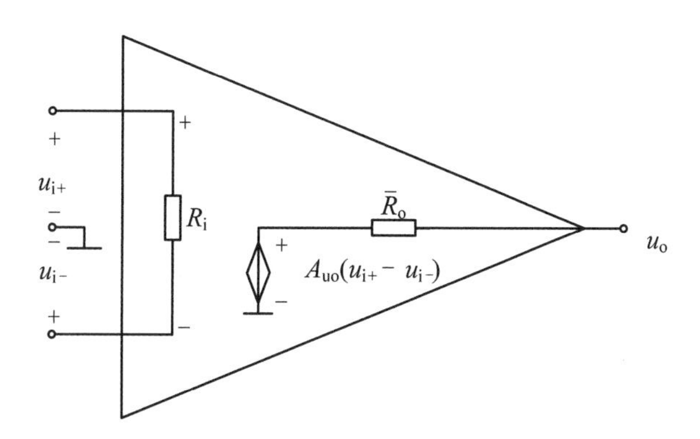

图 2.1.3　运算放大器简化模型

2.1.2 集成运算放大器电压传输特性

运算放大器的输出电压受限于电源电压（$+U_{CC}$、$-U_{EE}$），由于运放的开环增益 A_{uo} 很高，因而虽然输入电压（$u_{i+}-u_{i-}$）很小，输出仍可能进入饱和区。可用图 2.1.4(a)描述运算放大器的传输特性。可见，输入电压很小，才能保证线性放大。

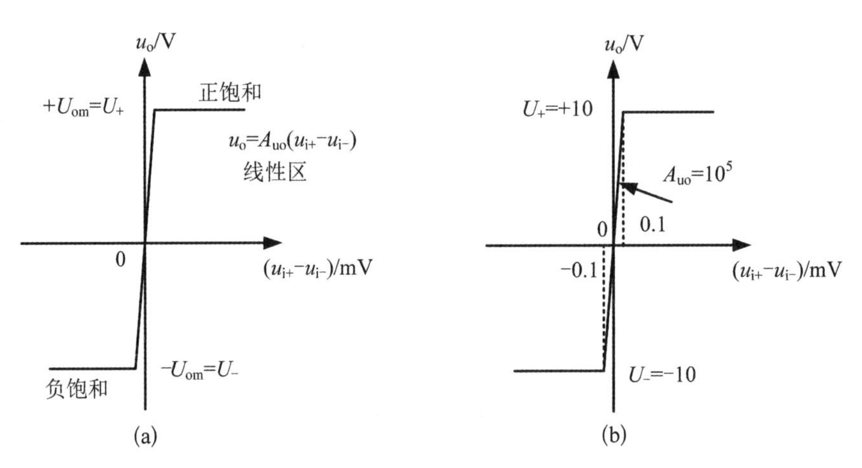

图 2.1.4 运算放大器的电压传输特性

例如，开环增益 $A_{uo}=10^5$(100 dB)，设输出电压最大值 $|u_{om}|=10$(V)，最大差模电压 $u_{id}=(u_{i+}-u_{i-})=\dfrac{u_{om}}{A_{uo}}=\dfrac{10}{10^5}=100(\mu V)=0.1(mV)$，超过这个范围，输出不再增大，出现"限幅"现象，如图 2.1.4(b)所示。若 $A_{uo}=10^7$(140 dB)，则最大差模电压 $u_{id}=(u_{i+}-u_{i-})=1(\mu V)$，几乎 $u_{id}=(u_{i+}-u_{i-})\approx 0$，即工作在运算放大器的线性区，同相输入端电压几乎等于反相输入端电压，此现象称为"虚短路"。

2.2 理想运算放大器

由于运算放大器的开环增益很高，中心线性区很陡，同时输入电阻很高，输出电阻又很低，随着微电子技术和工艺的发展，可用一个近似理想的模型来描述集成运算放大器，如图 2.2.1 所示。

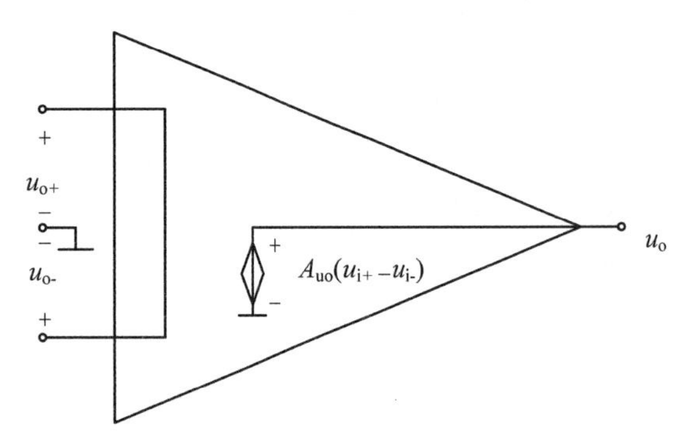

图 2.2.1 理想运算放大器的电压传输特性

理想集成运算放大电路的要求：

(1) 理想运放的开环增益 $A_{uo}\to\infty$；

(2) 理想运放的输入电阻 $R_i\to\infty$；

(3) 理想运放的输出电阻 $R_o\to 0$；

(4) 理想运放的输入电流 $I_{i+}=I_{i-}\to 0$；

(5) 理想运放的带宽 $BW\to\infty$；

(6) 理想运放的工作点漂移 → 0 等。

可见,当输入端电流为零时,相当于断开,称为“虚断路”。实际使用时,由于线性范围极小且不稳定,微小抖动都会使运放偏离线性区而进入限幅区,导致输出正电源电压或负电源电压,所以说运放的开环工作不能作为放大器使用。为了拓展放大器的线性范围和工作稳定性,几乎所有运放都需加入负反馈构成闭环来应用。

2.3　基本线性运放电路

运放开环应用情况不多,绝大多数是闭环应用,同相和反相比例放大器是基本单元。理想条件下的开环特性为:

$$u_{id} = u_{i+} - u_{i-} = \frac{u_o}{A_{ud}} \to 0; \quad 即\ u_{i+} = u_{i-} \tag{2.3.1}$$

运放两输入端像短路一样,称为“虚短”特性。又由于 $R_i \to \infty$,注入运放的电流可视为零,即 $I_{i+} = I_{i-} \to 0$,两输入端像开路一样,称为“虚断”特性。

2.3.1　三种基本运算电路

根据输入信号接入端口的不同,由集成运放可构成三种基本运算电路,即反相比例运算电路、同相比例运算电路和差分比例运算电路。

1. 反相比例运算电路

反相比例运算电路如图 2.3.1 所示。输入电压 u_i 经电阻 R_1 加到运放的反相输入端,同相端经电阻 R_2 接地,输出电压 u_o 经电阻 R_f 接回到反相端。

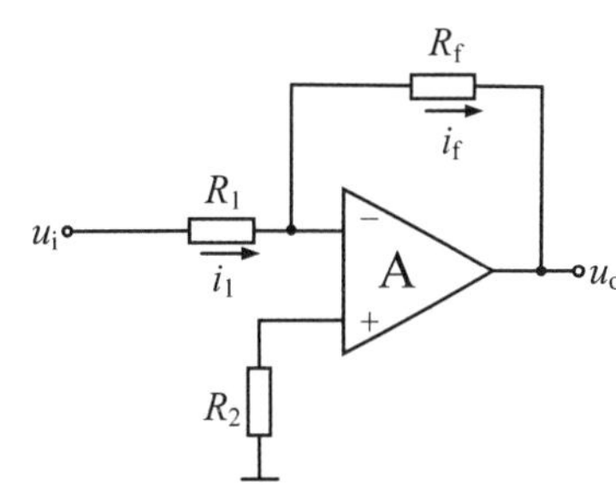

图 2.3.1　反相比例运算电路

集成运放的同相端和反相端实际上是输入级差分对管的基极,为使电路在输入电压为零时输出电压也为零,需使差分电路的参数保持对称,即差分对管基极此时所接电阻应保持一致,为此应在同相端接入平衡电阻 R_2,并选择 R_2 的值为:

$$R_2 = R_1 \mathbin{/\!/} R_f \tag{2.3.2}$$

采用理想运放的两个重要结论来分析该电路。在图 2.3.1 中,根据“虚断” $i_{i+} = i_{i-} = 0$,可知电阻 R_2 上没有压降,即 $u_{i+} = 0$,再由式(2.3.1),可得“虚短” $u_{i+} = u_{i-} = 0$,表明在反相比例运算电路中,同相端与反相端等电位且为零,并将反相端称为“虚地”。“虚地”是反相比例运算电路的一个重要特点。

根据 $i_{i-} = 0$,可得 $i_1 = i_f$。于是有:

$$\frac{u_i - 0}{R_1} = \frac{0 - u_o}{R_f} \tag{2.3.3}$$

由此可得反相比例运算电路的电压增益(闭环增益)为

$$A_{uf}=\frac{u_o}{u_i}=-\frac{R_f}{R_1} \tag{2.3.4}$$

或者

$$u_o=-\frac{R_f}{R_1}u_i \tag{2.3.5}$$

可见输出电压与输入电压成正比,“—”号说明反相,实现了反相比例运算。

不难看出,利用“虚短”特性 ($u_{i+}=u_{i-}=0$),电路的输入电阻为:

$$R_{if}=\frac{u_i}{i_i}=\frac{u_i}{\frac{u_i-u_{i-}}{R_1}}=\frac{u_i}{\frac{u_i-0}{R_1}}=R_1$$

$$故有:R_{if}=R_1 \tag{2.3.6}$$

2. 同相比例运算电路

同相比例运算电路如图 2.3.2 所示。输入电压 u_i 经电阻 R_2 加到运放的同相输入端,反相端经电阻 R_1 接地,输出电压 u_o 经电阻 R_f 接回到反相端,以保证电路仍引入负反馈。同理,电阻 R_2 仍为平衡电阻,取值为 $R_2=R_1 // R_f$。

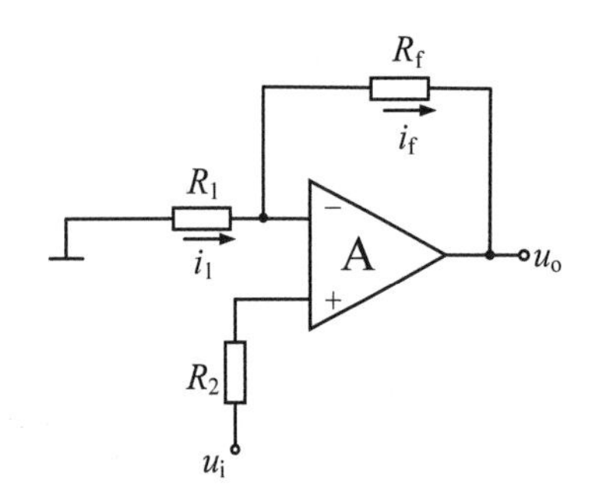

图 2.3.2 同相比例运算电路

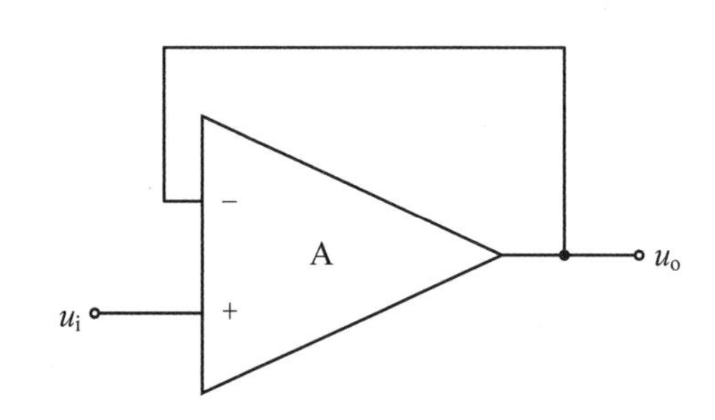

图 2.3.3 电压跟随器

在图 2.3.2 中,根据“虚断”特性,得到 $i_{i+}=0$ 可知,电阻 R_2 上没有压降,即 $u_{i+}=u_{i-}$,再由式(2.3.1),可得 $u_{i+}=u_{i-}=u_i$,根据 $i_{i-}=0$,可得 $i_1=i_f$。于是有:

$$u_{i-}=\frac{R_1}{R_1+R_f}u_o=u_i \tag{2.3.7}$$

由此可得同相比例运算电路的电压增益(闭环增益)为:

$$A_{uf}=\frac{u_o}{u_i}=\frac{R_1+R_f}{R_1}=1+\frac{R_f}{R_1} \tag{2.3.8}$$

或者:

$$u_o=\frac{R_1+R_f}{R_1}u_i=\left(1+\frac{R_f}{R_1}\right)u_i \tag{2.3.9}$$

式(2.3.9)表明输出电压与输入电压成正比且同相,实现了同相比例运算。由式(2.3.9)可知,电压增益总是大于或等于 1。当 $A_{uf}=1$ 时,电路如图 2.3.3 所示,此时 $u_o=u_i$,即输出电压与输入电压不仅大小相等，而且相位相同，这就是所谓的电压跟随器，即输出电压与输入电压大小相等，相位也相同。

不难看出，在理想情况下，同相比例运算电路的输入电阻：

$$\text{由于 } i_{\mathrm{i}} \rightarrow 0 \quad \text{故有：} R_{\mathrm{if}}=\frac{u_{\mathrm{i}}}{i_{\mathrm{i}}} \rightarrow \infty \tag{2.3.10}$$

【例题 2-1】 一内阻 $R_S=100\ \mathrm{k\Omega}$ 为的信号源，为负载 $R_L=1\ \mathrm{k\Omega}$ 为提供电流和电压。若用图 2.3.4(a)的方法和图 2.3.4(b)的方法分别实现，试分析这两种方法负载 R_L 上所获得的电流 i_L 和电压 u_L。

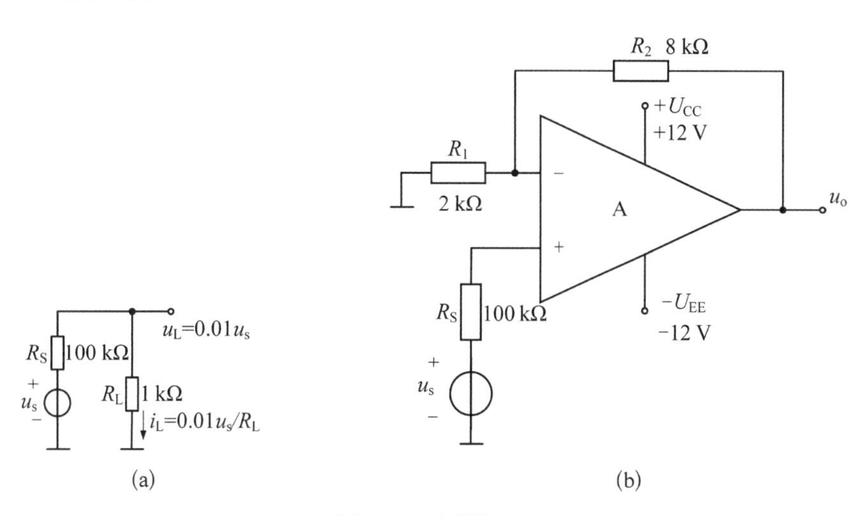

图 2.3.4　例题 2-1

图 2.3.4(a)的方法：

$$u_L=\frac{R_L}{R_S+R_L}u_s=\frac{1\ \mathrm{k\Omega}}{100\ \mathrm{k\Omega}+1\ \mathrm{k\Omega}}u_s \approx 0.01u_s,\ i_L=\frac{u_L}{R_L}=\frac{u_s}{100\ \mathrm{k\Omega}+1\ \mathrm{k\Omega}}=\frac{u_s}{101\ \mathrm{k\Omega}}。$$

图 2.3.4(b)的方法：

$$u_L \xlongequal{A_{\mathrm{uf}}=1} u_i=\frac{R_{\mathrm{if}}}{R_S+R_{\mathrm{if}}}u_s \xlongequal{R_{\mathrm{if}}\rightarrow\infty} u_s,\ i_L=\frac{u_L}{R_L}=\frac{u_s}{1\ \mathrm{k\Omega}}$$

可见，负载直接连接在信号源上，由于负载值远小于信号源内阻（$R_L \ll R_S$），输入信号被衰减了很多。而信号源后直接连接跟随器，由于跟随器具有输入阻抗高、输出阻抗低的特点，能使信号几乎不衰减地传输到后级负载，体现了跟随器良好的缓冲(隔离)作用。

【例题 2-2】 理想运算放大器构成的同相放大电路如图 2.3.5(a)所示，试求：

(1) 当输入信号 $u_s=\sin \omega t$(V) 时，请画出输出电压 u_o 的波形。

(2) 当输入信号 $u_s=3\sin \omega t$(V) 时，请画出输出电压 u_o 的波形。

解：由图 2.3.5(a)知该电路为同相放大器，由公式(2.3.8)可得放大倍数为：$A_{\mathrm{uf}}=\frac{u_o}{u_i}=\frac{R_1+R_2}{R_1}=5$，其传输特性见图 2.3.5(b)所示。

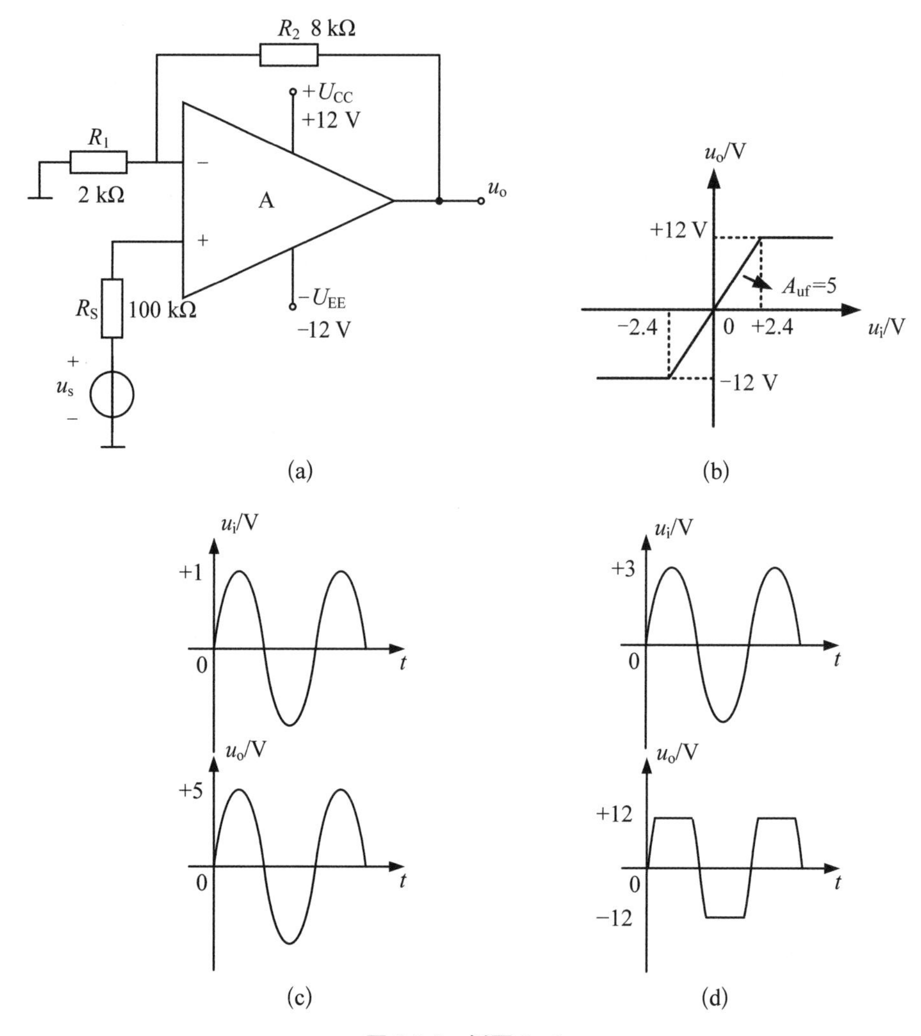

图 2.3.5　例题 2－2

(1) 当 $u_s=\sin\omega t$(V) 时,输出 $u_o=5\sin\omega t$(V),如图 2.3.5(c)所示。

(2) 当 $u_s=3\sin\omega t$(V) 时,假定电路能线性放大,则输出 $u_o=18\sin\omega t$(V),输出电压幅值 18 V＞12 V,超过了线性动态范围,进入限幅区,因而波形产生非线性失真,如图 2.3.5(d)所示。

3. 差分比例运算电路

差分比例运算电路如图 2.3.6 所示。输入电压 u_{i1} 经电阻 R_1 加到运放的反相输入端,u_{i2} 经电阻 R_2 和 R_3 分压加到同相输入端,输出电压 u_o 经电阻 R_f 接回到反相端,以保证电路仍引入负反馈。为了确保运放两个输入端的平衡,一般要求:$R_2=R_1$,$R_3=R_f$。

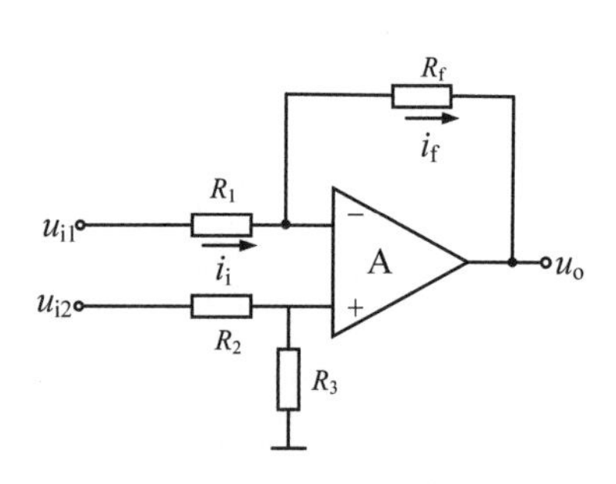

图 2.3.6　差分比例运算电路

根据理想运放的两条重要结论,可以得到同相端电位为:

$$u_{+}=\frac{R_3}{R_2+R_3}u_{i2}=\frac{R_f}{R_1+R_f}u_{i2} \tag{2.3.11}$$

由叠加原理可得反相端电位为：

$$u_{-}=\frac{R_1}{R_1+R_F}u_o+\frac{R_f}{R_1+R_f}u_{i2} \tag{2.3.12}$$

于是，有：

$$\frac{R_1}{R_1+R_f}u_o+\frac{R_f}{R_1+R_f}u_{i1}=\frac{R_f}{R_1+R_f}u_{i2} \tag{2.3.13}$$

由此可得差分比例运算电路的电压增益为：

$$A_{uf}=\frac{u_o}{u_{i2}-u_{i1}}=\frac{R_f}{R_1} \tag{2.3.14}$$

或者：

$$u_o=\frac{R_f}{R_1}(u_{i2}-u_{i1}) \tag{2.3.15}$$

式(2.3.15)表明输出电压 u_o 与两个输入电压之差（$u_{i2}-u_{i1}$）成正比，该电路实现了差分比例运算，或者说，实现了减法运算。

可以证明，差分比例运算电路的差模输入电阻为：

$$R_i=2R_1 \tag{2.3.16}$$

【例题 2-3】 图 2.3.7 给出了采用两级理想运放电路实现的差分比例运算电路。试写出电路的运算关系。

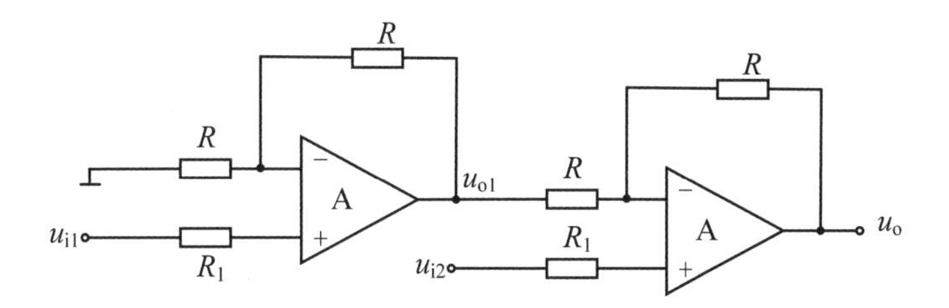

图 2.3.7　高输入电阻的差分比例运算电路

解：第一个运放为同相比例运算电路，则有　$u_{o1}=\left(1+\frac{R}{R}\right)u_{i2}=2u_{i2}$，

第二个运放为差分比例运算电路，利用叠加原理，可得：

$$u_o=-\frac{R}{R}u_{o1}+\left(1+\frac{R}{R}\right)u_{i2}=2u_{i2}-u_{o1}$$

所以 $u_o=2u_{i2}-2u_{i1}=2(u_{i2}-u_{i1})$

可以看出，图 2.3.7 所示电路实现了差分比例运算，且对于 u_{i1} 和 u_{i2} 来说，均可认为输入

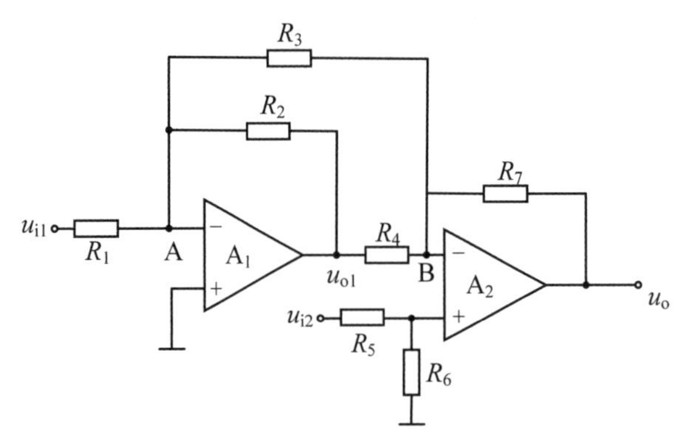

图 2.3.8 例题 2－4

电阻很大，所以它不仅克服了图 2.3.4 所示电路输入电阻较小的不足，而且使得电阻的选取和调整更为方便。

【例题 2－4】 理想运放构成的电路图如图 2.3.8 所示，试求输出电压 u_o 与输入电压 u_{i1}、u_{i2} 的关系。

解：令第一级的输出电压为 u_{o1}，并令 A_1反相端电压为 u_A。A_2反相端电压为 u_B，则第一级和第二级的电路分别如图 2.3.9(a)和(b)所示。

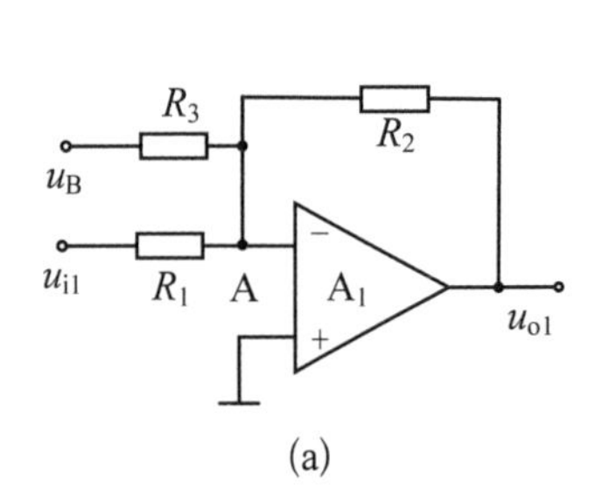

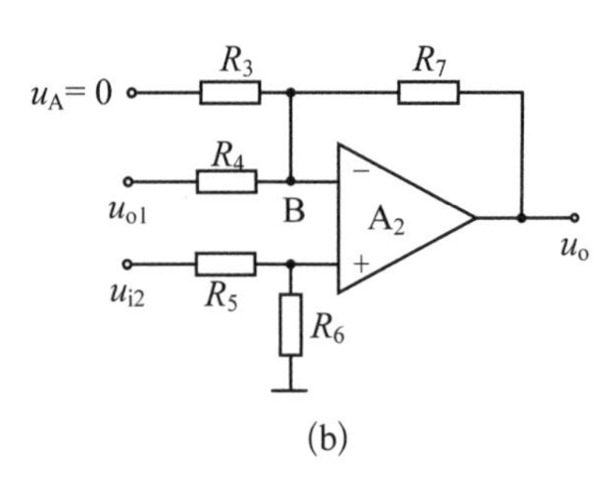

图 2.3.9 例题 2－4 解答

从电路图中可得：$u_B=u_{2-}=u_{2+}=\dfrac{R_6}{R_5+R_6}u_{i2}$，从图 2.3.9(a)图中可得 A_1是个反相相加器，所以 $u_{o1}=-\dfrac{R_2}{R_1}u_{i1}-\dfrac{R_2}{R_3}u_B=-\dfrac{R_2}{R_1}u_{i1}-\dfrac{R_2}{R_3}\cdot\dfrac{R_6}{R_5+R_6}u_{i2}$；图 2.3.9(b)中，利用叠加定理可知：$u_o=-\dfrac{R_7}{R_4}u_{o1}+\dfrac{R_6}{R_5+R_6}\cdot\left(1+\dfrac{R_7}{R_3 /\!/ R_4}\right)u_{i2}$；所以最后输出：

$$u_o=\left(-\frac{R_7}{R_4}\right)\cdot\left(-\frac{R_2}{R_1}u_{i1}-\frac{R_2}{R_3}\cdot\frac{R_6}{R_5+R_6}u_{i2}\right)+\frac{R_6}{R_5+R_6}\cdot\left(1+\frac{R_7}{R_3 /\!/ R_4}\right)u_{i2}$$

以上我们介绍了运放基本运算电路，以它为基础可以构成各种实际应用电路。

2.3.2 加法运算电路

图 2.3.10 给出了具有三个输入端的反相加法运算电路。可以看出，该电路实际上是在反相比例运算电路的基础上增加了两个输入端口，每一个输入端口由对应的信号源和输入电阻组成。在同相端仍然接有平衡电阻 R_p，其阻值为 $R_p=R_1 /\!/ R_2 /\!/ R_3 /\!/ R_f$。

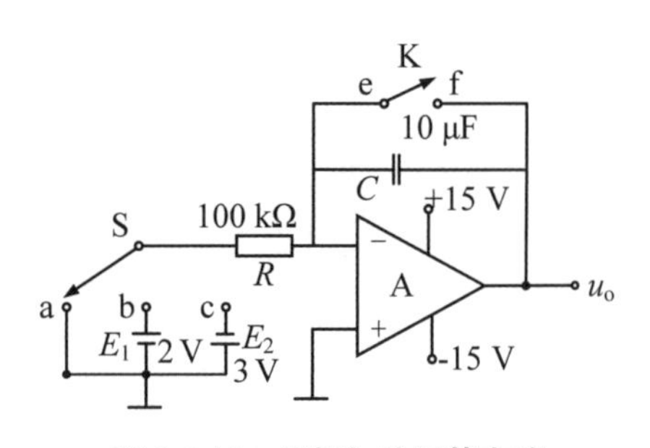

图 2.3.10 反相加法运算电路

对于反相端，由于 $i_-=0$，有：$i_1+i_2+i_3=i_f$；

又因 $u_+=u_-$，所以有：$\dfrac{u_{i1}}{R_1}+\dfrac{u_{i2}}{R_2}+\dfrac{u_{i3}}{R_3}=-\dfrac{u_o}{R_f}$

则输出电压为：

$$u_o=-\left(\frac{R_f}{R_1}u_{i1}+\frac{R_f}{R_2}u_{i2}+\frac{R_f}{R_3}u_{i3}\right) \tag{2.3.17}$$

表明电路的输出电压为输入电压按不同比例相加所得的结果，“－”号表示输出电压与输入电压相位相反。这种放大器的优点是不仅有放大能力和负载隔离能力，而且利用了运放的“虚地”特性，使各信号源之间互不影响。

同理，我们可以在同相比例运算电路的基础上构成同相加法运算电路。如图 2.3.11 所示。

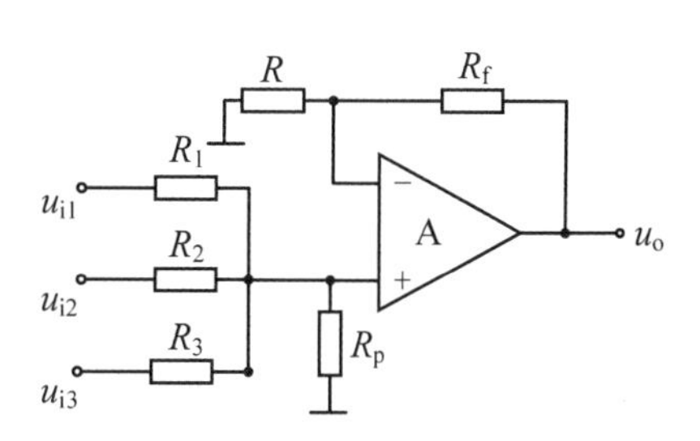

图 2.3.11 同相加法运算电路

对于同相 U_+ 端，利用叠加定理，可得有：

$$u_+=\frac{R_2 /\!/ R_3 /\!/ R_p}{R_1+R_2 /\!/ R_3 /\!/ R_p}u_{i1}+\frac{R_1 /\!/ R_3 /\!/ R_p}{R_2+R_1 /\!/ R_3 /\!/ R_p}u_{i2}+\frac{R_1 /\!/ R_2 /\!/ R_p}{R_3+R_1 /\!/ R_2 /\!/ R_p}u_{i3};$$

根据同相放大器公式(2.3.9)，得：$u_o=\left(1+\dfrac{R_f}{R}\right)u_+$，

则输出电压为：

$$u_o=\left(1+\frac{R_f}{R}\right)\frac{R_2 /\!/ R_3 /\!/ R_p}{R_1+R_2 /\!/ R_3 /\!/ R_p}u_{i1}+\frac{R_1 /\!/ R_3 /\!/ R_p}{R_2+R_1 /\!/ R_3 /\!/ R_p}u_{i2}+\frac{R_1 /\!/ R_2 /\!/ R_p}{R_3+R_1 /\!/ R_2 /\!/ R_p}u_{i3}$$

表明电路的输出电压为输入电压按不同比例同相相加所得的结果。

若 $R_1=R_2=R_3=R$，

则有：

$$u_o=\left(1+\frac{R_f}{R}\right)\frac{\frac{R}{2} /\!/ R_P}{R+\frac{R}{2} /\!/ R_P}(u_{i1}+u_{i2}+u_{i3})$$

$$=k(u_{i1}+u_{i2}+u_{i3})$$

可见，该电路实现了各信号相加的功能。同相相加器由于叠加点 U_+ 与各信号源的串联电阻有关，各信号源相互不独立，因此存在信号源互相干扰的问题，这是它的不足之处。

【例题 2－5】 理想运放构成的电路如图 2.3.12 所示，求：

(1) A_1、A_2 各自的功能是什么？

(2) 求输出电压 u_o 与输入电压 u_i 之间的关系式 $A_u=\dfrac{u_o}{u_i}$

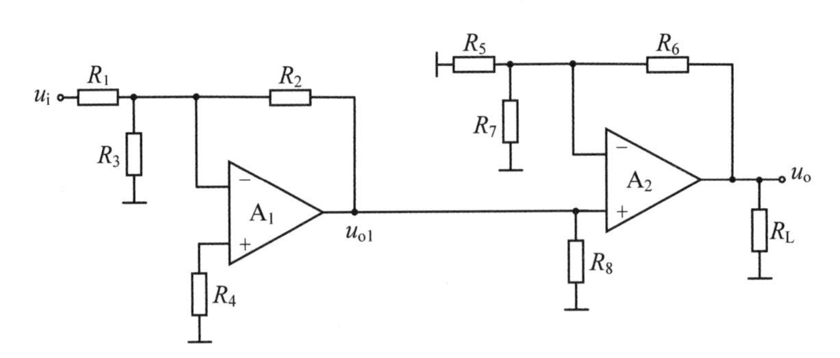

图 2.3.12　例题 2-5

解：(1) A_1为反相比例放大器，A_2为同相比例放大器。

(2) 因为 $A_u=\frac{u_{o1}}{u_i}\cdot\frac{u_o}{u_{o1}}=A_{u1}\cdot A_{u2}$。对于第一级，根据理想运放“虚地”特点，因为 $u_{i+}=u_{i-}$，又 $u_{i+}=0$，故 $u_{i-}=0$；R_3 上无流，同时运放输出电阻为零，故第一级电路等效为图 2.3.13(a)所示，利用反相放大器的特点，求得 $A_{u1}=-\frac{R_2}{R_1}$。

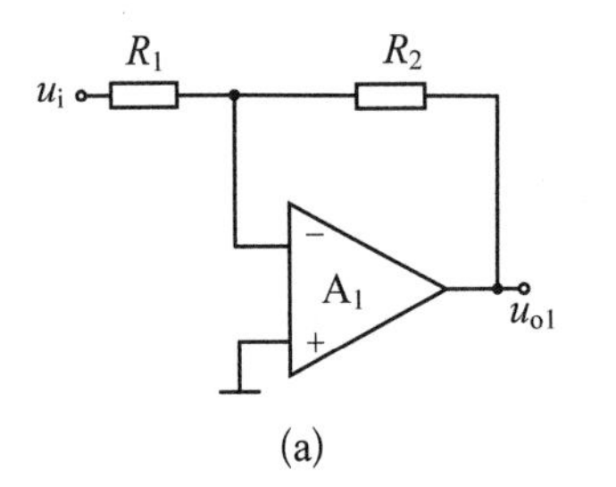

(a)

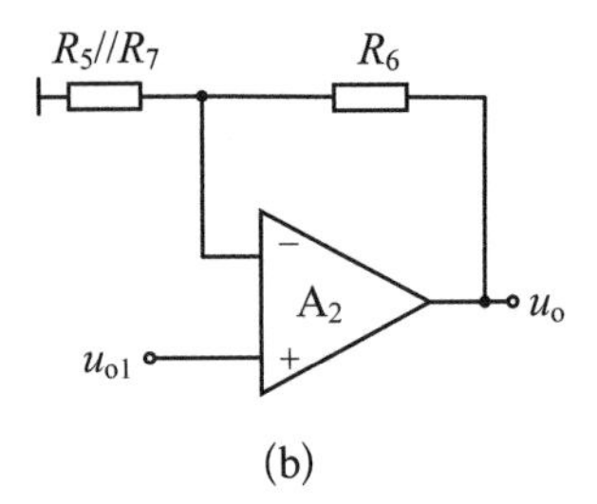

(b)

图 2.3.13　例题 2-5 解答

对于第二级，根据理想运放“虚短”特点，同时 R_5 和 R_7 为两并联电阻，故第二级电路等效为图 2.3.13(b)所示，利用同相放大器的特点，因为 $u_{i+}=u_{o1}$，求得 $A_{u2}=\frac{u_o}{u_{o1}}=1+\frac{R_6}{R_5 /\!/ R_7}$。

总的增益为：$A_u=\frac{u_{o1}}{u_i}\cdot\frac{u_o}{u_{o1}}=A_{u1}\cdot A_{u2}=\left(-\frac{R_2}{R_1}\right)\left(1+\frac{R_6}{R_5 /\!/ R_7}\right)$

【例题 2-6】　试设计一个相加器，完成 $u_o=u_{i1}-2u_{i2}-u_{i3}$，同时要求对所有输入信号的输入电阻均大于 5 kΩ。

解：采用相减器，同时为满足输入电阻要求，选择电阻大于 5 kΩ，选取 $R_2=6\text{ k}\Omega$，根据 $A_{u1}=-\frac{R_f}{R_1}=-1$，$A_{u2}=-\frac{R_f}{R_2}=-2$，则选取 $R_f=12\text{ k}\Omega$，$R_1=12\text{ k}\Omega$。

同时根据 $A_{u3}=1+\frac{R_f}{R_1 /\!/ R_2}=1+\frac{12}{12 /\!/ 6}=4$，$u_+=\frac{R_p}{R_p+R_3}u_{i3}=\frac{u_{o3}}{A_{u3}}=\frac{1}{4}$，考虑为了消

除输入偏流产生的误差，在同相端的电阻取值为：$R_3 // R_p = R_1 // R_2 // R_f$，则选取 $R_3 = 3\ \text{k}\Omega$，$R_p = 3\ \text{k}\Omega$。实际电路图见图 2.3.14。

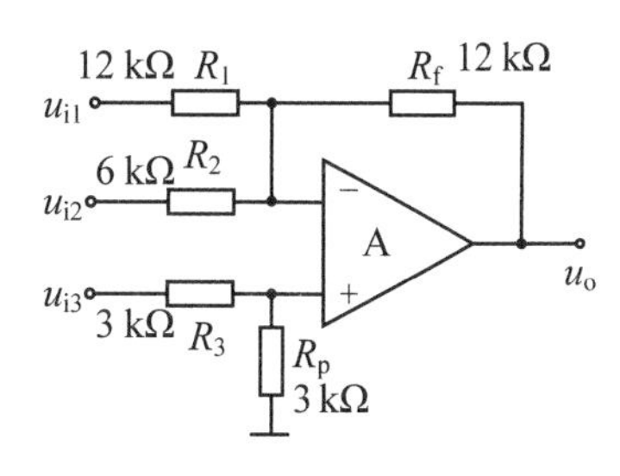

图 2.3.14　例题 2-6 解答

【例题 2-7】　如图 2.3.15 所示"称重放大器"，图中压力传感器是由应变片构成的惠斯顿电桥。当压力(重量)为零时，压敏电阻 $R_X = R$，电桥处于平衡状态，其电桥后接的运算放大器构成的相减器输出电压为零，即 $u_o = 0$。而当有重量时，$R_X \neq R$，压敏电阻 R_X 随着压力变化而发生变化，相减器输出电压 u_o 也发生相应的变化。请写出输出电压 u_o 与重量(体现在 R_X)之间的关系表达式。其中设 A_1、A_2、A_3 为理想运算放大器。

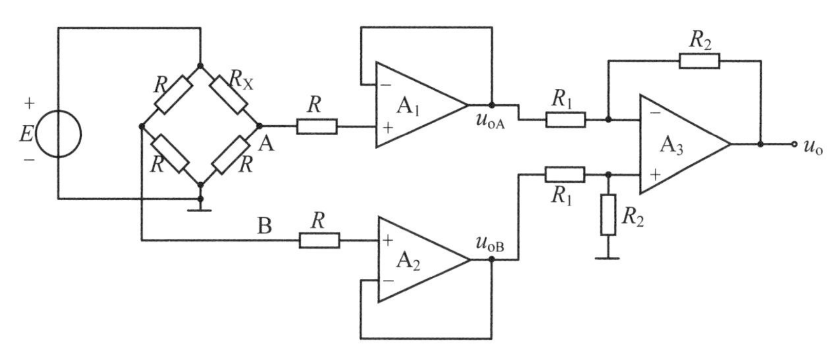

图 2.3.15　例题 2-7

解：运放为理想，流入运放的电流为零，从图中可得：A、B 点电压分别对 E 进行分压，得到 $u_A = \dfrac{R}{R+R_X}E$，$u_B = \dfrac{E}{2}$。由于 A_1、A_2 构成跟随器，则有：$u_{o1} = u_A = \dfrac{R}{R+R_X}E$，$u_{o2} = u_B = \dfrac{E}{2}$。$A_3$ 构成相减器，则最终电路输出电压 u_o 为：

$$u_o = \frac{R_2}{R_1}(u_B - u_A) = \frac{R_2}{R_1}E\left(\frac{1}{2} - \frac{R}{R+R_X}\right) = \frac{R_2}{2R_1}E\left(\frac{R_X - R}{R+R_X}\right)$$

可见，随着重量(压力)的变化，R_X 随之变化，则 u_o 也随之变化，所以通过测量 u_o 就可换算出重量或压力。

2.3.3　积分和微分电路

1. 积分运算电路

积分运算电路如图 2.3.16 所示。可以看出，输入电压通过电阻 R 加到运放的反相端，输出电压通过电容 C 引回到反相端，构成负反馈。同相端接有平衡电阻 R_p，且 $R = R_p$。该电路可以看作用电容 C 取代反相比例运算电路中的反馈电阻 R_f，即为反相输入积分运算电路。

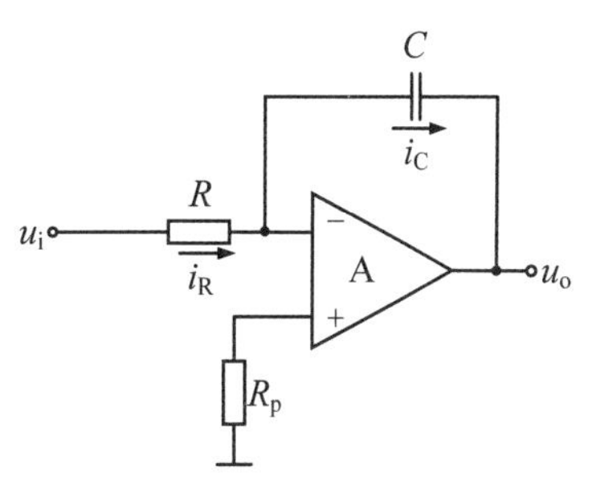

图 2.3.16　积分运算电路

按反相比例运算电路的分析方法，利用“虚地”效应，因 $i_R = i_C$，考虑到电容的伏安关系 $i_C = C\dfrac{du_C}{dt}$，$u_C = -u_o$ 于是有：

$$\frac{u_i}{R} = C\frac{d(u_C - 0)}{dt} = -C\frac{du_o}{dt} \tag{2.3.18}$$

由此可得输出电压：

$$u_o = -\frac{1}{RC}\int_{t_0}^{t} u_i dt \tag{2.3.19}$$

若电容上初始值 $u_C(t_0) = 0$，即 $t_0 = 0$ 时的状态为零。则有：

$$u_o = -\frac{1}{RC}\int_{0}^{t} u_i dt \tag{2.3.20}$$

该电路的输出电压与输入电压的积分成正比，该积分运算电路又称为“积分器”。积分器在静态、开环、输出漂移大等情况下，外并一 100 kΩ 大电阻可适当加以改善。

该电路在时域完成积分运算，在频域可视为一低通滤波器。频域分析可知

$$u_o(j\omega) = -i_c(j\omega)\frac{1}{j\omega C} = -\frac{1}{j\omega RC}u_i(j\omega) \tag{2.3.21}$$

则传输函数

$$A(j\omega) = \frac{u_o(j\omega)}{u_i(j\omega)} = -\frac{1}{j\omega RC} = -\frac{1}{j\dfrac{\omega}{\omega_o}} \tag{2.3.22}$$

其中，$\omega_o = \dfrac{1}{RC}$ 称为滤波器的截止频率。

电压传输函数可表示为

$$A(j\omega) = |A(j\omega)| \angle\varphi(j\omega) \tag{2.3.23}$$

其中，传输函数模为

$$|A(j\omega)| = \frac{\omega_o}{\omega} \tag{2.3.24}$$

传输函数附加相移为

$$\Delta\varphi(j\omega) = -90^\circ \tag{2.3.25}$$

电压传输函数的对数频率特性如图 2.3.17。

当电路接成图 2.3.18 形式，则输出电压 u_o 为输入电压差 $(u_{i1} - u_{i2})$ 的积分，称为差动积分器。

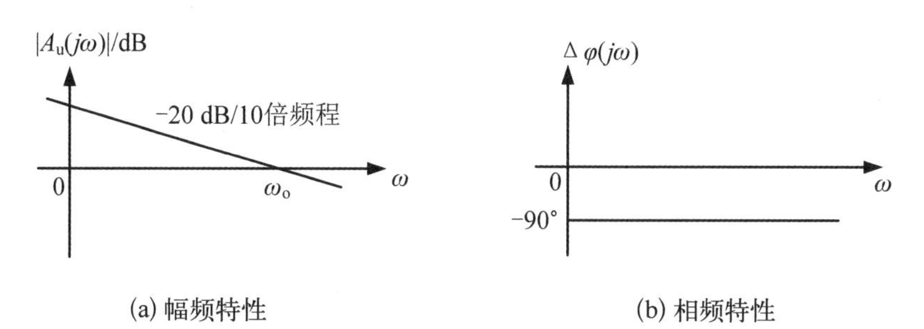

图 2.3.17　理想积分器的频率响应

由图得：
$$\frac{u_{i2}-u_{-}}{R}=C\frac{d(u_{-}-u_{o})}{dt} \tag{1}$$

$$\frac{u_{i1}-u_{+}}{R}=C\frac{d(u_{+}-0)}{dt} \tag{2}$$

将(1)−(2)，由 $u_{+}=u_{-}$，得：$\frac{u_{i1}-u_{i2}}{R}=C\frac{du_{o}}{dt}$。由此可得

$$u_{o}=\frac{1}{RC}\int(u_{i1}-u_{i2})dt \tag{2.3.26}$$

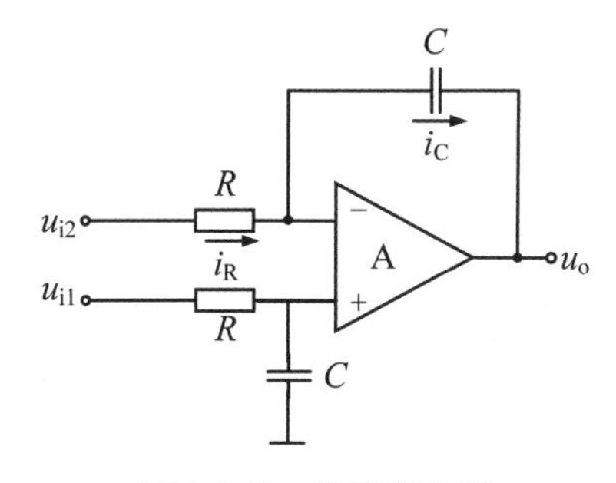

图 2.3.18　差动积分器

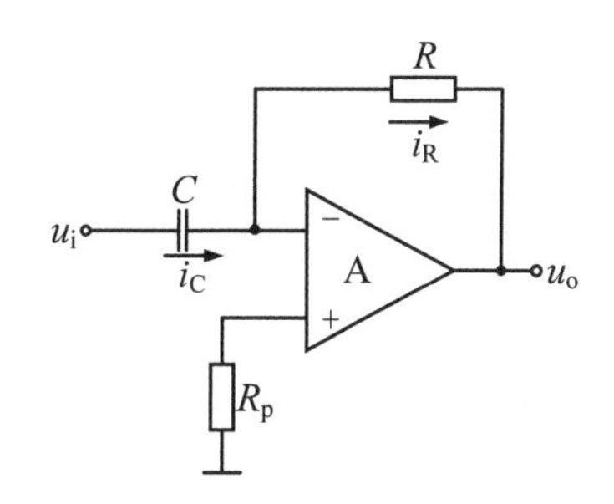

图 2.3.19　微分运算电路

2. 微分运算电路

将图 2.3.16 所示电路中的电阻 R 和电容 C 的位置互换，就可得到微分运算电路，如图 2.3.19 所示。类似地，因 $i_{c}=i_{R}$，故有：$C\frac{du_{c}}{dt}=-\frac{u_{o}}{R}$。由此可得输出电压：

$$u_{o}=-RC\frac{du_{i}}{dt} \tag{2.3.27}$$

表明输出电压与输入电压对时间的一阶导数成正比。

该电路在时域完成微分运算，在频域可视为高通滤波器。同理，通过频域分析可知：

$$u_{o}(j\omega)=-i_{R}(j\omega)R=-j\omega CRu_{i}(j\omega) \tag{2.3.28}$$

则传输函数为

$$A(j\omega)=\frac{u_o(j\omega)}{u_i(j\omega)}=-j\omega RC=-j\ \frac{\omega}{\omega_o} \tag{2.3.29}$$

其中，$\omega_o=\dfrac{1}{RC}$ 称为滤波器的截止频率，传输函数模为 $|A(j\omega)|=\dfrac{\omega}{\omega_o}$，附加相移为 $\Delta\varphi(j\omega)=+90°$，频率特性如图 2.3.20。

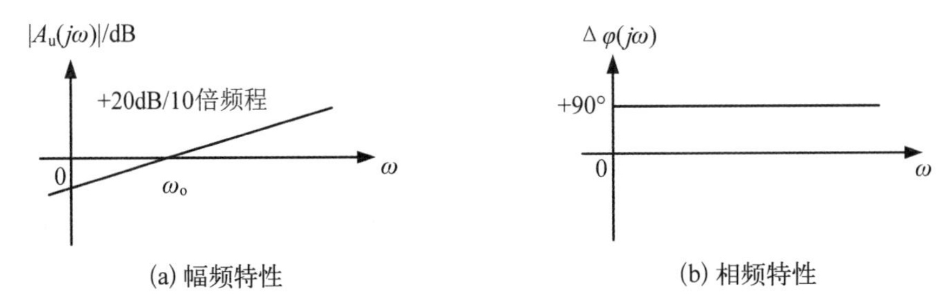

图 2.3.20　理想微分器的频率响应

当微分电路实际工作于高频时，C 视作短路，负反馈消失，近似开环，可能引起电路不稳定。可在输入支路中串接一适当的小电阻解决此问题。

【例题 2-8】 电路如图 2.3.21(a) 所示，参数见图，设电容初始电压 $U_C(0)=0$。

(1) 开关 K 打开情况下：当 $t=0\sim1$(s) 时，开关 S 接在 a 点；当 $t=1\sim3$(s) 时，开关 S 接在 b 点；当 $t>3$(s) 时，开关 S 接在 c 点。试画出输出电压 $u_o(t)$ 的波形图。

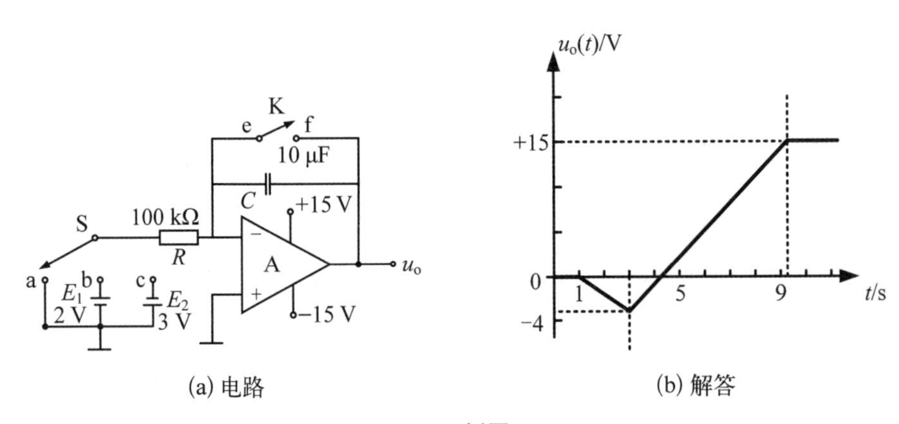

图 2.3.21　例题 2-8

(2) 开关 S 接在 c 点下：当时间 $t=8$(s) 时，开关 K 突然合上，问此时对应的输出电压 $u_o(t)$ 为多少？

解：(1) 因为电容初始电压 $U_C(0)=0$，所以在 $t=0\sim1$(s) 间，开关 S 接地，所以 $u_o(t)=0$，$u_o(1)=0$。

在 $t=1\sim3$(s) 间，开关 S 接在 b 点，电容 C 充电，充电时间常数为 $RC=100\times10^3\times10\times10^{-6}=1$，故 $u_o(t)=u_o(1)-\dfrac{1}{RC}\int_1^t E_1dt=0-\dfrac{1}{1}\int_1^t 2dt=-2(t-1)$，输出电压从零开始

线性下降，在 $t=3(\mathrm{s})$ 时，$u_o(3)=-4\ \mathrm{V}$。

当在 $t>3(\mathrm{s})$ 间，开关 S 接在 c 点，电容放电，即反相充电，充电时间常数仍为 $RC=1$。u_o 从 $-4\ \mathrm{V}$ 开始线性上升，升至电源电压 $U_{CC}=+15\ \mathrm{V}$ 就不再上升了，设上升到所对应的时间为 t_T；

因为：$u_o(t)=u_o(3)+\left(-\frac{1}{RC}\int_3^t E_2 dt\right)=-4+\left(-\frac{1}{1}\int_3^t(-3)dt\right)=3t-13$，

所以：$u_o(t)=3t_T-13=15\ \mathrm{V}$，$t_T=9.33(\mathrm{s})$。画出的波形见图 2.3.21(b)所示。

(2) 开关 S 接在 c 点下：当时间 $t=8(\mathrm{s})$ 时，开关 K 突然合上，此时对应的输出电压 $u_o(t)$ 为：$u_o(t)\big|_{t=8\,\mathrm{s}}=3t-13\big|_{t=8\,\mathrm{s}}=3\times8-13=11\ \mathrm{V}$。

2.4 电压电流转换电路

2.4.1 电压-电流转换电路

电压-电流转换电路是一种能够将输入电压转换为输出电流的电路。当电路的输入电压恒定时，在一定负载范围内输出电流也恒定，即转换电路可作为恒流源为负载提供恒定电流。利用集成运算放大器构成的电压-电流转换电路如图 2.4.1 所示。

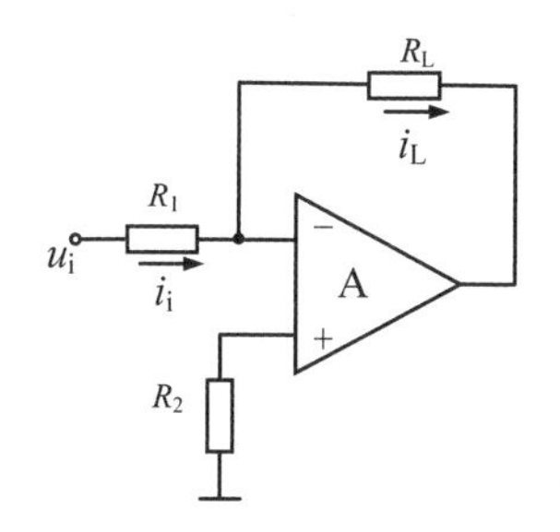

(a) 反相输入式电压-电流转换电路

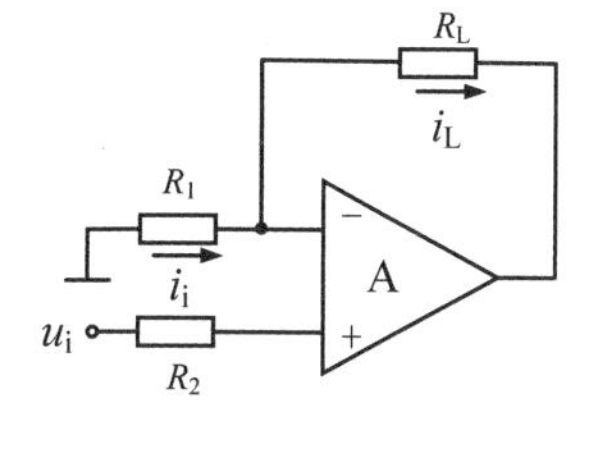

(b) 同相输入式电压-电流转换电路

图 2.4.1　电压-电流转换电路

图 2.4.1(a)为反相输入式电压-电流转换电路，图中输入电压经 R_1 加到反相端，R_L 既是负载电阻又是反馈电阻，R_p 为平衡电阻。根据理想运放的两条重要结论，可得：

$$i_i=i_L=\frac{u_i}{R_1} \tag{2.4.1}$$

表明负载电流与输入电压成正比，且与负载无关。也就是说，输入电压按照一定比例转换为输出电流。

图 2.4.1(b)为同相输入式电压-电流转换电路，同理可得

$$i_i=i_L=\frac{u_i}{R_1} \tag{2.4.2}$$

可见，该电路的结论与反相输入式电压-电流转换电路的结论相同。

2.4.2 电流-电压转换电路

由集成运放构成的电流-电压转换电路,如图 2.4.2 所示。

图中恒流 i_o 作为输入信号,根据理想运放的两条重要结论,可知 $i_o=i_f$,故:

$$u_o=-i_fR_f=-i_oR_f \tag{2.4.3}$$

该电路表明输出电压 u_o 与输入电流 i_o 成正比,即输入电流按照一定比例转换为输出电压。

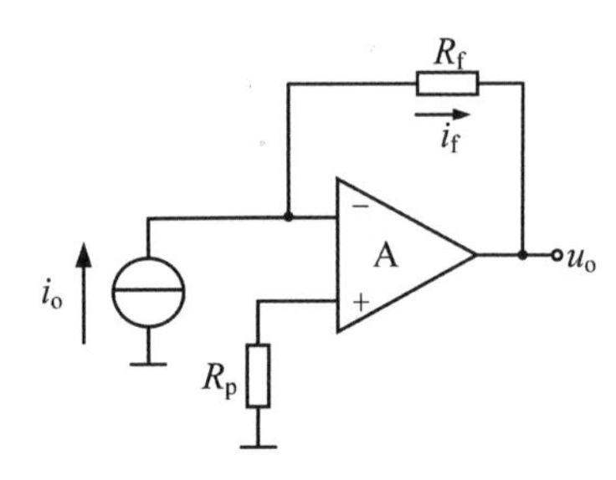

图 2.4.2 电流-电压转换电路

【例题 2-9】 理想运放构成的电路如图 2.4.3 所示,求输出电压 u_o 与输入电压 u_i 之间的关系。

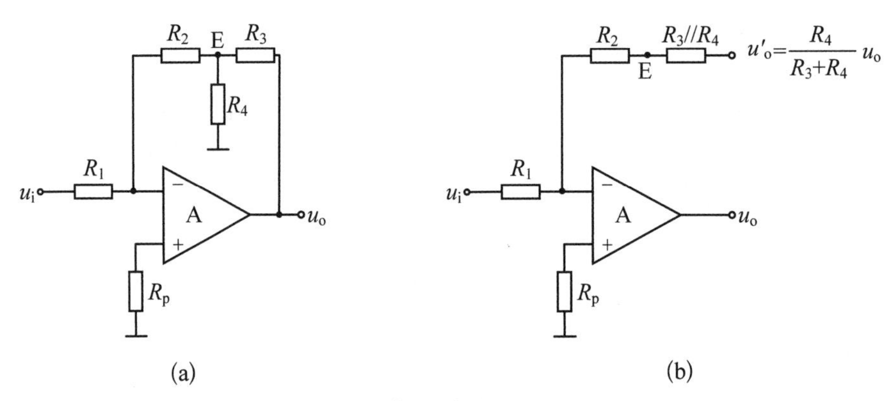

图 2.4.3 例题 2-9

解:方法一:利用戴维南定理,将图 2.4.3(a)图化简等效为(b)图,同时根据反相放大器特点,则得到:

$$u'_o=\frac{R_4}{R_3+R_4}u_o=-\frac{R_2+R_3 // R_4}{R_1}u_i;$$

化简得到:

$$A_u=\frac{u_o}{u_i}=-\frac{R_2R_3+R_2R_4+R_3R_4}{R_1R_4}$$

方法二:利用理想运放的“虚短”“虚断”特点,可得: $\frac{u_i-0}{R_1}=\frac{0-u_E}{R_2}$, $\frac{0-u_E}{R_2}=\frac{u_E-0}{R_4}+\frac{u_E-u_o}{R_3}$,则可解得:

$$u_E=-\frac{R_2}{R_1}u_i,\ u_o=R_3\left(\frac{1}{R_2}+\frac{1}{R_4}+\frac{1}{R_3}\right)u_E=\frac{R_2R_3+R_2R_4+R_3R_4}{R_1R_4}u_i。$$

两种方法所得结果一致。

2.5　交流放大电路

在反相放大器和同相放大器的基础上接入耦合电容，可构成集成运放交流放大电路，如图 2.5.1 所示，其中，图(a)为反相输入交流放大电路，图(b)为同相输入交流放大电路。

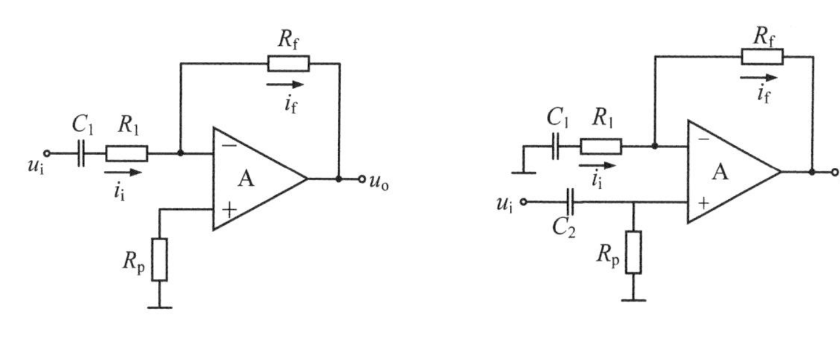

(a) 反相输入交流放大电路　　(b) 同相输入交流放大电路

图 2.5.1　集成运放交流放大电路

不难证明，反相输入交流放大电路的电压增益为

$$A_{uf}=-\frac{R_f}{R_1} \tag{2.5.1}$$

同相输入交流放大电路的电压增益为

$$A_{uf}=1+\frac{R_f}{R_1} \tag{2.5.2}$$

图 2.5.1 中的集成运放一般采用双电源供电。但在实际应用中，有时电路中仅有单电源供电，此时我们可通过两个等值电阻分压，给运放设置一个偏压，以保证其正常工作。采用单电源供电的反相和同相输入交流放大电路如图 2.5.2 所示，电路的电压增益分别同式(2.5.1)和式(2.5.2)。

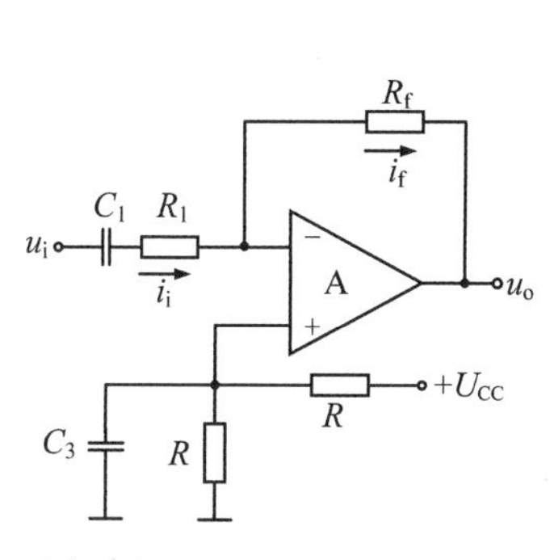

(a) 单电源供电的反相放大电路

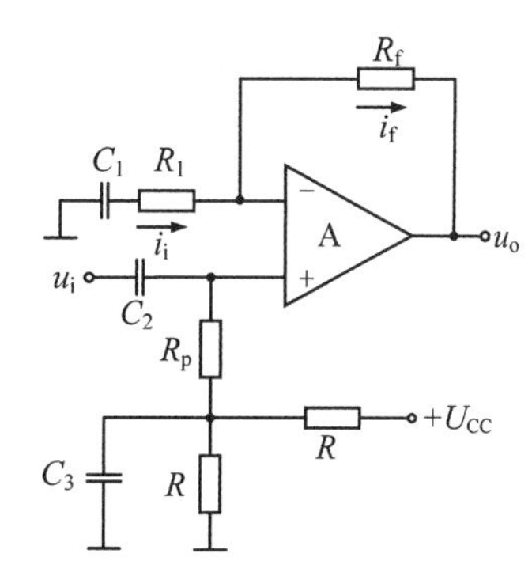

(b) 单电源供电的同相放大电路

图 2.5.2　单电源供电的集成运放交流放大电路

【例题 2-10】 如图 2.5.3 所示为一仪用放大器电路，其中 $R=100\ \text{k}\Omega$，$R_1=R_2=10\ \text{k}\Omega$，$A_1$、$A_2$、$A_3$均为理想运放。试分析开关分别打在 a 点、b 点、c 点和 d 点时电路的增益各自为多少？

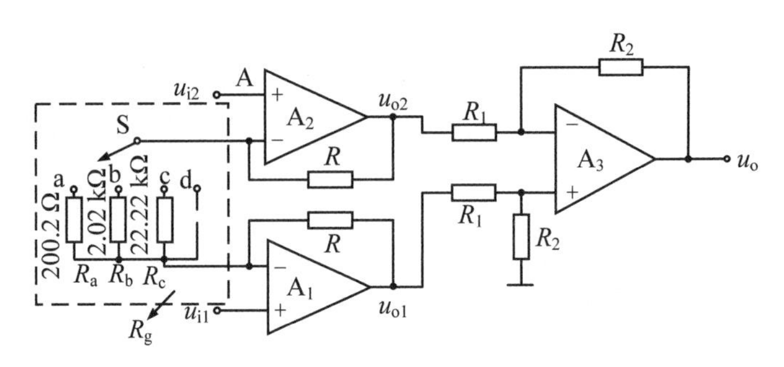

图 2.5.3 增益可调的精密相减器——仪用放大器

解：因为 A_3构成了相减器，所以电压输出 $u_o=\dfrac{R_2}{R_1}(u_{o1}-u_{o2})$。

利用叠加定理，可得：$u_{o1}=\left(1+\dfrac{R}{R_g}\right)u_{i1}-\dfrac{R}{R_g}u_{i2}$，$u_{o2}=\left(1+\dfrac{R}{R_g}\right)u_{i2}-\dfrac{R}{R_g}u_{i1}$。

所以：$u_{o1}-u_{o2}=\left(1+\dfrac{2R}{R_g}\right)(u_{i1}-u_{i2})$，电路输出电压为：$u_o=\dfrac{R_2}{R_1}\left(1+\dfrac{2R}{R_g}\right)(u_{i1}-u_{i2})$

整个电路的增益 A_u 为：$A_u=\dfrac{u_o}{u_{i1}-u_{i2}}=\dfrac{R_2}{R_1}\left(1+\dfrac{2R}{R_g}\right)$，

当开关接在 a 点，对应电阻 $R_a=200.2\ \Omega$，则 $A_u=\dfrac{10}{10}\left(1+\dfrac{2\times100}{200.2\times10^{-3}}\right)\approx1\ 000$，

当开关接在 b 点，对应电阻 $R_b=2.02\ \text{k}\Omega$，则 $A_u=\dfrac{10}{10}\left(1+\dfrac{2\times100}{2.02}\right)\approx100$，

当开关接在 c 点，对应电阻 $R_c=22.22\ \text{k}\Omega$，则 $A_u=\dfrac{10}{10}\left(1+\dfrac{2\times100}{22.22}\right)\approx10$。

可见，通过调节 R_g，即可十分方便地调节增益。该电路广泛应用于工业现场、生物信号及其他仪器仪表的数据采集、信号放大等。目前已有许多单片仪用放大器产品。

当开关接在 d 点，此时为开路，$R_a\rightarrow\infty$，则 $A_u=\dfrac{10}{10}\left(1+\dfrac{2\times100}{\infty}\right)=1$，

2.6 有源滤波器

对于信号的频率具有选择性的电路称为滤波器，其功能是使指定频率范围内的信号顺利通过，而对其他频率的信号加以抑制。按照滤波器的工作频率，可分为低通、高通、带通和带阻滤波器等不同类型。按照电路的组成器件，又可分为无源滤波器和有源滤波器。有源滤波器是电子系统中常用的信号处理电路，它与无源 RLC 滤波器不同，电路中含有有源器

件，如运放。有源滤波器中，有 R、C，以及由运放和电容构成的电感，避免了使用体积大的实际电感，性能亦比无源滤波器优越。

与无源滤波器相比，有源滤波器具有明显的优势，一是可以通过正反馈，改善滤波器的特性，二是带负载能力强，三是可以设置一定的电压增益，以弥补无源部分的损失。因此，有源滤波器在通信、测量、检测和自动控制系统等电路中得到了广泛的应用。

分析滤波器主要是研究它的频率特性，即幅频特性和相频特性。理想滤波器的幅频特性如图 2.6.1 所示。允许信号通过的频段称为通带，将信号衰减到零的频段称为阻带。

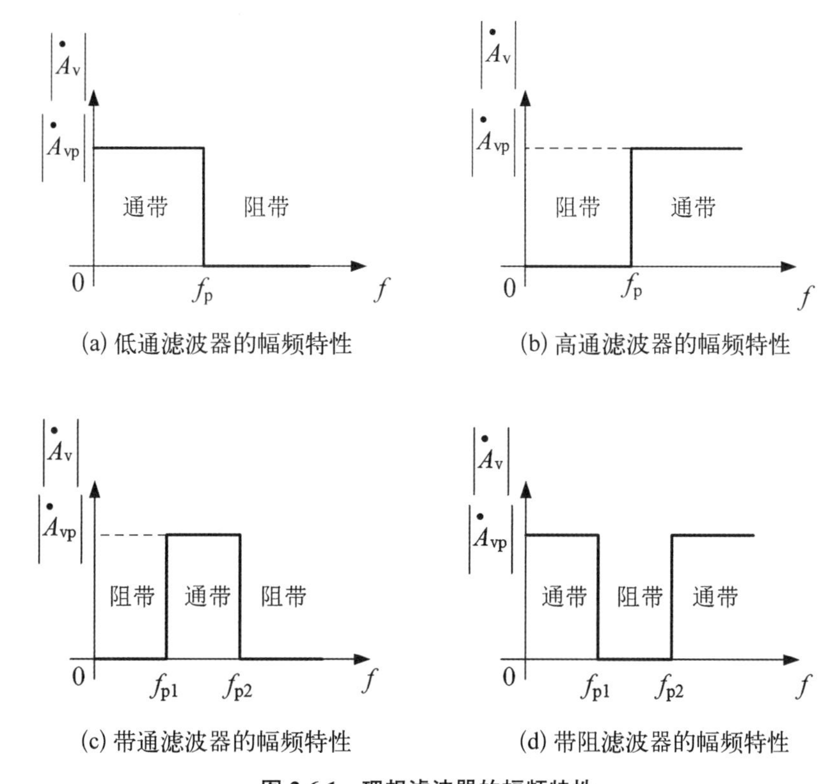

图 2.6.1　理想滤波器的幅频特性

以一阶低通有源滤波器为例，通过交流分析，得到其幅频特性如图 2.6.2 所示。

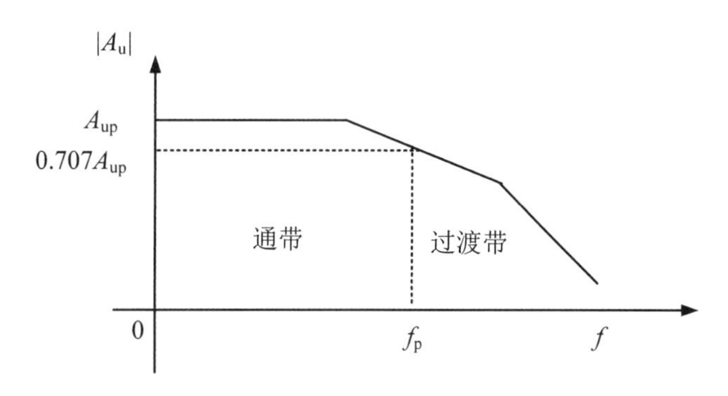

图 2.6.2　一阶低通有源滤波器的幅频特性

可以看出，在实际滤波器的幅频特性中，通带和阻带之间存在过渡带。过渡带越窄，电路的滤波特性越接近理想特性。

1. 一阶低通有源滤波器

图 2.6.3 给出了两种电路形式的一阶低通有源滤波器，其中图(a)的输入信号加到运放的反相端，即反相输入低通滤波器；图(b)的输入信号加到运放的同相端，即同相输入低通滤波器。不妨假设滤波器的输入、输出信号均为正弦稳态信号，这样，我们便可以用正弦稳态的分析方法来求解滤波器的频率特性。

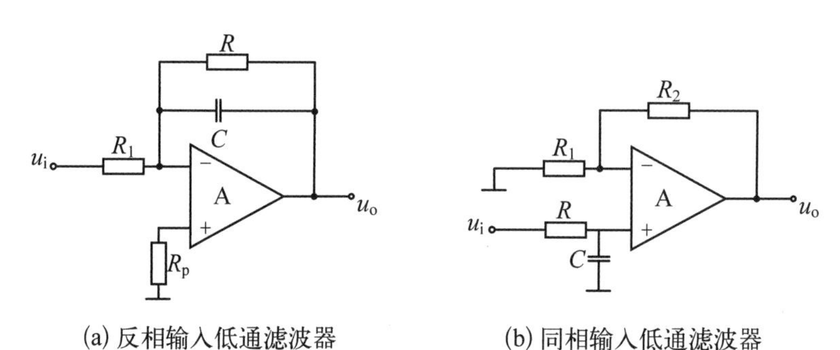

图 2.6.3　一阶低通有源滤波器

1) 反相输入低通滤波器

如图 2.6.3(a)所示，电路的传递函数为

$$\dot{A}_{\mathrm{u}}=\frac{\dot{U}_{\mathrm{o}}}{\dot{U}_{\mathrm{i}}}=-\frac{Z_2}{Z_1} \tag{2.6.1}$$

将 $Z_2=\dfrac{R\dfrac{1}{j\omega C}}{R+\dfrac{1}{j\omega C}}=\dfrac{R}{1+j\omega RC}$，$Z_1=R_1$ 代入上式可得

$$\dot{A}_{\mathrm{u}}=-\frac{R}{R_1}\frac{1}{1+j\omega RC}=-\frac{R}{R_1}\frac{1}{1+j\dfrac{\omega}{\omega_{\mathrm{p}}}} \tag{2.6.2}$$

式中 $\omega_{\mathrm{p}}=2\pi f_{\mathrm{p}}=\dfrac{1}{RC}$，$f_{\mathrm{p}}=\dfrac{1}{2\pi RC}$ 称为上限截止频率。由此可得滤波器的幅频特性为

$$|A_{\mathrm{u}}|=\frac{R}{R_1}\frac{1}{\sqrt{1+\left(\dfrac{f}{f_{\mathrm{p}}}\right)^2}} \tag{2.6.3}$$

相频特性为

$$\varphi=\pi-\arctan\frac{f}{f_{\mathrm{p}}} \tag{2.6.4}$$

令 $f=0$，可得通带电压增益为

$$A_{up}=\frac{R}{R_1} \tag{2.6.5}$$

令 $f=f_p$，可得截止频率处的电压增益为 $\frac{1}{\sqrt{2}}A_{up}=0.707A_{up}$。当 $f\to\infty$ 时，$A_u\to 0$。据此，我们得到一阶低通有源滤波器的幅频特性曲线如图 2.6.2 所示。可以看出，该滤波器的通频带：

$$BW=f_p \tag{2.6.6}$$

2）同相输入低通滤波器

如图 2.6.3(b)所示。根据同相比例运算电路的基本关系，可得输出电压为

$$\dot{U}_o=\left(1+\frac{R_2}{R_1}\right)U_{i+}=\left(1+\frac{R_2}{R_1}\right)\frac{\frac{1}{j\omega C}}{R+\frac{1}{j\omega C}}\dot{U}_i=\left(1+\frac{R_2}{R_1}\right)\frac{1}{1+j\omega RC}\dot{U}_i \tag{2.6.7}$$

故电路的传输函数为

$$\dot{A}_u=\frac{\dot{U}_o}{\dot{U}_i}=\left(1+\frac{R_2}{R_1}\right)\frac{1}{1+j\omega RC}=\left(1+\frac{R_2}{R_1}\right)\frac{1}{1+j\frac{\omega}{\omega_p}} \tag{2.6.8}$$

式中 $\omega_p=2\pi f_p=\frac{1}{RC}$，$f_p=\frac{1}{2\pi RC}$ 称为上限截止频率。

类似地，同相输入低通滤波器的幅频特性、相频特性和通带电压增益分别为

$$|A_u|=\left(1+\frac{R_2}{R_1}\right)\frac{1}{\sqrt{1+\left(\frac{f}{f_p}\right)^2}} \tag{2.6.9}$$

$$\varphi=-\arctan\frac{f}{f_p} \tag{2.6.10}$$

$$A_{up}=1+\frac{R_2}{R_1} \tag{2.6.11}$$

其幅频特性曲线与图 2.6.2 所示曲线类似。

2. 一阶高通有源滤波器

图 2.6.4 给出了两种电路形式的一阶高通有源滤波器，其中图(a)为反相输入高通滤波器；图(b)为同相输入高通滤波器。仿照低通滤波器的分析方法可求解其频率特性。

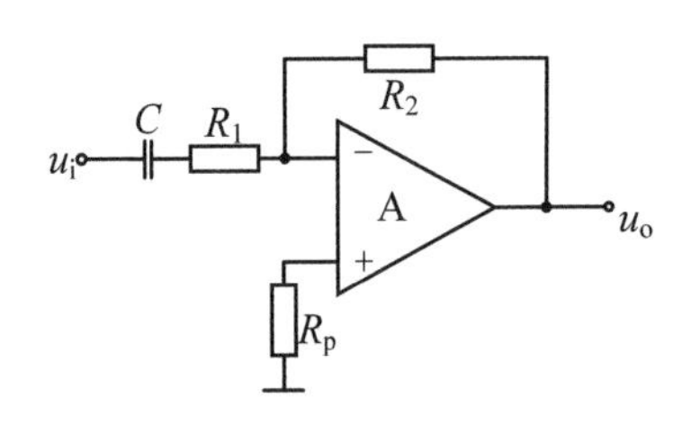

(a) 反相输入高通滤波器

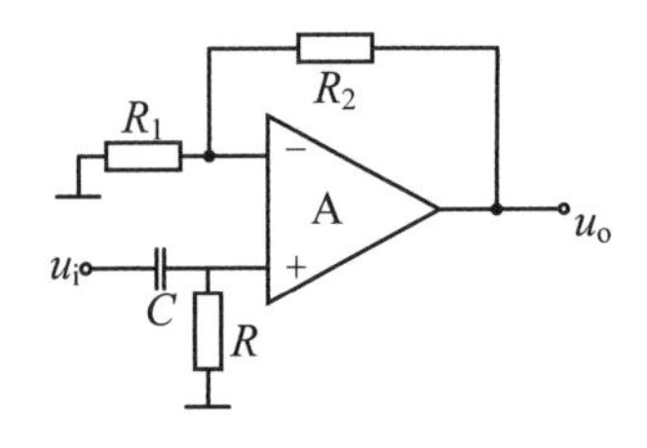

(b) 同相输入高通滤波器

图 2.6.4 一阶高通有源滤波器

1) 反相输入高通滤波器

如图 2.6.4(a)所示。电路的传递函数为：

$$\dot{A}_{\mathrm{u}}=\frac{\dot{U}_{\mathrm{o}}}{\dot{U}_{\mathrm{i}}}=-\frac{R_2}{R_1}\frac{1}{1+\dfrac{1}{j\omega R_1C}}=-\frac{R_2}{R_1}\frac{1}{1-j\dfrac{\omega_{\mathrm{p}}}{\omega}} \tag{2.6.12}$$

式中 $\omega_{\mathrm{p}}=2\pi f_{\mathrm{p}}=\dfrac{1}{R_1C}$，$f_{\mathrm{p}}=\dfrac{1}{2\pi R_1C}$ 称为下限截止频率。

反相输入高通滤波器的幅频特性、相频特性和通带电压增益分别为

$$A_{\mathrm{u}}=\frac{R_2}{R_1}\frac{1}{\sqrt{1+\left(\dfrac{f_{\mathrm{p}}}{f}\right)^2}} \tag{2.6.13}$$

$$\varphi=-\pi+\arctan\frac{f_{\mathrm{p}}}{f} \tag{2.6.14}$$

$$A_{\mathrm{up}}=\frac{R_2}{R_1} \tag{2.6.15}$$

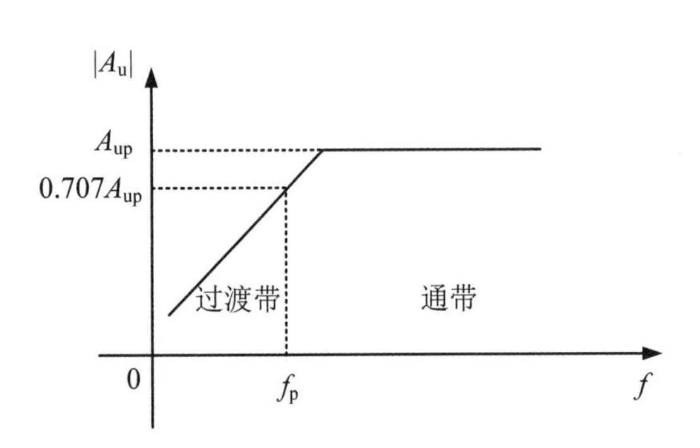

图 2.6.5 一阶高通有源滤波器的幅频特性

通过交流分析，得到一阶反相输入高通有源滤波器的幅频特性曲线如图 2.6.5 所示。在理想情况下，通带范围为 $f_{\mathrm{up}}\rightarrow\infty$。实际上，由于受集成运放上限频率的限制，其通频带比理想值要窄得多。

2) 同相输入高通滤波器

如图 2.6.4(b)所示。电路的传递函数为

$$\dot{A}_{\mathrm{u}}=\frac{\dot{U}_{\mathrm{o}}}{\dot{U}_{\mathrm{i}}}=\left(1+\frac{R_2}{R_1}\right)\frac{1}{1+\dfrac{1}{j\omega R_1C}}=\left(1+\frac{R_2}{R_1}\right)\frac{1}{1-j\dfrac{\omega_{\mathrm{p}}}{\omega}} \tag{2.6.16}$$

式中 $\omega_{\mathrm{p}}=2\pi f_{\mathrm{p}}=\dfrac{1}{R_1C}$，$f_{\mathrm{p}}=\dfrac{1}{2\pi R_1C}$ 称为下限截止频率。

同相输入高通滤波器的幅频特性、相频特性和通带电压增益分别为

$$A_u = \left(1+\frac{R_2}{R_1}\right)\frac{1}{\sqrt{1+\left(\frac{f_p}{f}\right)^2}} \tag{2.6.17}$$

$$\varphi = \arctan\frac{f_p}{f} \tag{2.6.18}$$

$$A_{up} = 1+\frac{R_2}{R_1} \tag{2.6.19}$$

其幅频特性曲线与图 2.6.2 所示曲线类似。

【例题 2－11】 设计一个有源低通滤波器，要求上限频率 $f_H = 5\ \text{kHz}$，增益为 $A(0) = 10(20\ \text{dB})$。

解：选择电路如图 2.6.6 所示。因为 $f_H = \frac{1}{2\pi RC} = 5\ \text{kHz}$，取 $C = 1\ 000\ \text{pF}$；则 $R = \frac{1}{2\pi f_H C} = \frac{1}{2\times 3.14\times 5\times 10^3\times 1\ 000\times 10^{-12}} \approx 31.8\ \text{k}\Omega$；取 $R = 32\ \text{k}\Omega$；

图 2.6.6　例题 2－11

又因为 $|A(0)| = \frac{R}{R_1} = 10$；故有 $R_1 = \frac{R}{A(0)} = \frac{32}{10} = 3.2\ \text{k}\Omega$。

3. 二阶有源滤波器

与理想滤波器相比，一阶有源滤波器幅频特性的过渡带宽，滤波效果差。我们可以采用二阶或高阶有源滤波器，并在电路中引入适当的正反馈，使通频带以内特性曲线更平缓，通频带以外特性曲线衰减更陡峭，即使滤波特性更接近理想特性。有源二阶滤波器是最常用的电路，其标准的传递函数，零极点及幅频特性见表 2－1。电路能实现其中的传递特性便有相应的滤波性能。滤波器的阶数与电路中所含的储能元件 L 或 C 数相等。阶数越高，过渡带越陡。幅频特性和相频特性与电路结构有关。一般带内波动小和过渡带平缓，即幅频特性(滤波性能)欠佳，但带内相频特性则较好(线性好或群时延是常数)。反之，则相频特性差。

表 2－1　二阶滤波器的标准传递函数，零极点分布及幅频特性示意图

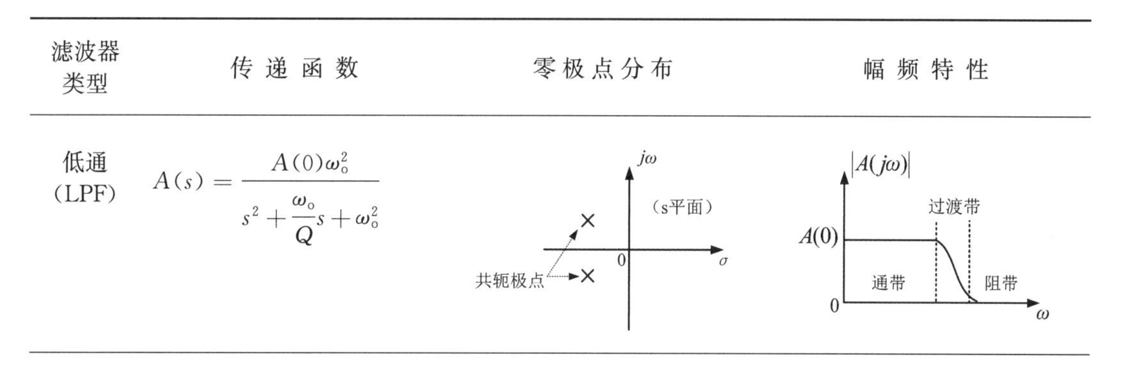

滤波器类型	传递函数	零极点分布	幅频特性
低通(LPF)	$A(s) = \frac{A(0)\omega_o^2}{s^2+\frac{\omega_o}{Q}s+\omega_o^2}$		

续 表

滤波器类型	传递函数	零极点分布	幅频特性
高通(HPF)	$A(s)=\dfrac{A(\infty)s^2}{s^2+\dfrac{\omega_o}{Q}s+\omega_o^2}$		
带通(BPF)	$A(s)=\dfrac{A(\omega_o)\dfrac{\omega_o}{Q}s}{s^2+\dfrac{\omega_o}{Q}s+\omega_o^2}$		
带阻(BRF)	$A(s)=\dfrac{A(s^2+\omega_o^2)}{s^2+\dfrac{\omega_o}{Q}s+\omega_o^2}$		
全通(APF)	$A(s)=\dfrac{A\left(s^2-\dfrac{\omega_o}{Q}s+\omega_o^2\right)}{s^2+\dfrac{\omega_o}{Q}s+\omega_o^2}$		

1) 运放作为有限增益放大器的有源滤波器

这类滤波器的一般电路如图 2.6.7(a)所示。运放开环增益为 A，现接成同相放大器形式,其增益为 $K=1+\dfrac{R_{f2}}{R_{f1}}$ 为有限增益。因此亦可等效成图 2.6.7(b)。

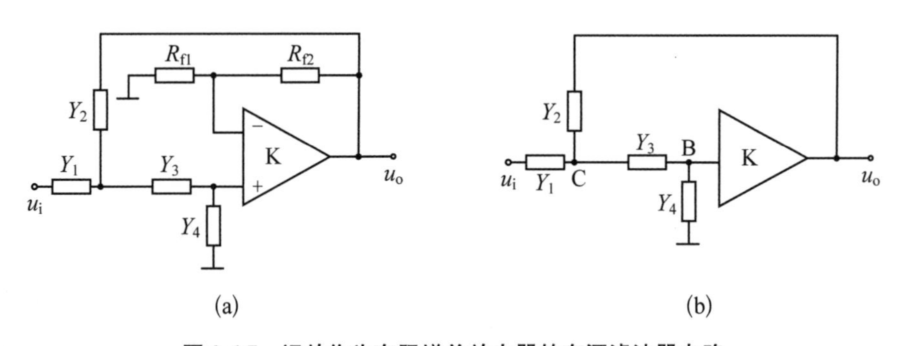

图 2.6.7 运放作为有限增益放大器的有源滤波器电路

对图(b)分析，可用节点法分析该电路

C点：
$$U_C(Y_1+Y_2+Y_3)-U_1Y_1-U_oY_2-Y_BY_3=0 \quad (2.6.20)$$

B点：
$$U_B(Y_3+Y_4)-U_CY_3=0 \quad (2.6.21)$$

已知运放：
$$U_B=\frac{U_o}{K} \quad (2.6.22)$$

则得：
$$A_{uf}=\frac{U_o(s)}{U_i(s)}=\frac{KY_1Y_3}{Y_4(Y_1+Y_2+Y_3)+[Y_1+Y_2(1-K)]Y_3} \quad (2.6.23)$$

给 Y_1、Y_2、Y_3、Y_4 赋予不同的阻容元件，则可构成不同的滤波器：

二阶低通 Y_1、Y_3 为电阻；Y_2、Y_4 为电容，二阶高通 Y_1、Y_3 为电容；Y_2、Y_4 为电阻；二阶带通 Y_1、Y_2 为电阻；Y_3 为电容；Y_4 为电容与电阻并联。图 2.6.8 给出了二阶有源滤波器的一种电路形式，其中图(a)为二阶低通有源滤波器，图(b)为二阶高通有源滤波器，图(c)为二阶带通有源滤波器。

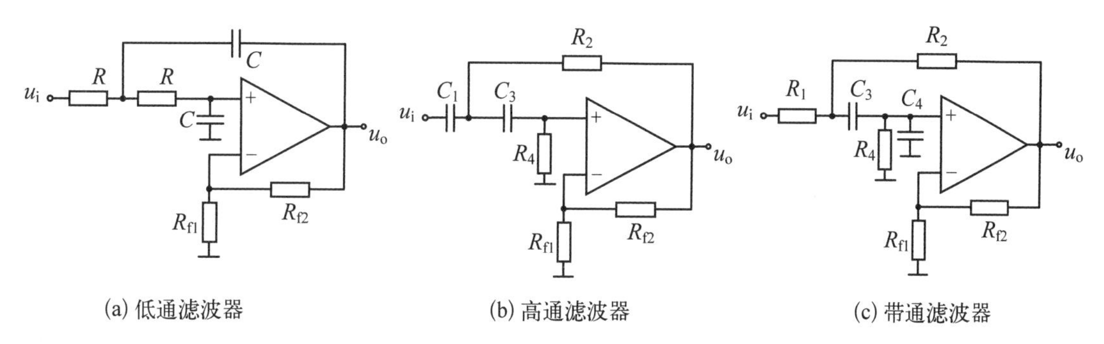

(a) 低通滤波器　(b) 高通滤波器　(c) 带通滤波器

图 2.6.8　二阶有源滤波器

对二阶低通而言，令 $Y_1=Y_3=\frac{1}{R}$，$Y_2=Y_4=sC$

则得：
$$A_{uf}=\frac{U_o(s)}{U_i(s)}=\frac{K\frac{1}{R^2C^2}}{s^2+\frac{3-K}{RC}s+\frac{1}{R^2C^2}}=\frac{K\omega_o^2}{s^2+\frac{\omega_o}{Q}s+\omega_o^2} \quad (2.6.24)$$

其中：$A(0)=K$，$\omega_o=\frac{1}{RC}$，$Q=\frac{1}{3-K}$

当 $K>3$，分母 s 项系数小于 0，极点将移向右半平面，电路会不稳定。一般 $Q\leqslant 10(K\leqslant 2.9)$。$Q$ 值决定过渡带陡度，越大越陡。

图 2.6.9 给出了不同阶数巴特沃兹低通滤波器的特性曲线，比较可知，滤波器的阶数愈高，其特性愈接近理想特性。

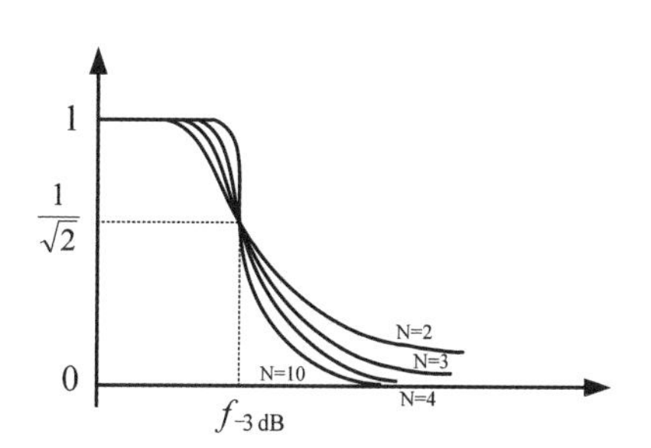

图 2.6.9　不同阶数巴特沃兹低通滤波器特性曲线比较

2) 运放作为无限增益的多重反馈有源滤波器

如图 2.6.10,运放同相端接地,反相端除输入信号外,尚有多环反馈,不能独立计算其增益,视作无限增益。

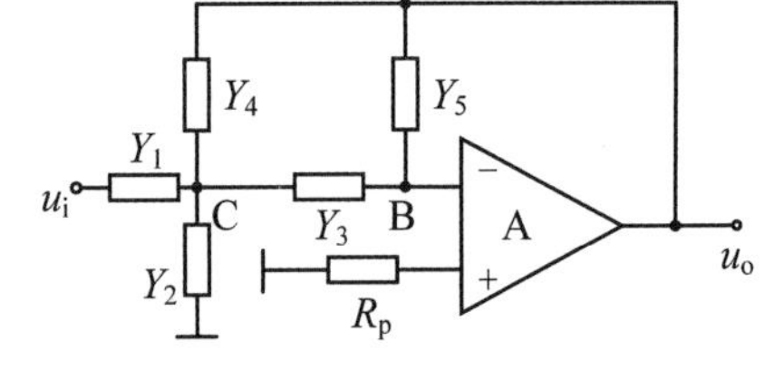

图 2.6.10　多重反馈有源滤波器

由电路列出方程:

C 点: $U_C(Y_1+Y_2+Y_3+Y_4)-U_1Y_1-U_oY_4-Y_BY_3=0$ (2.6.25)

B 点: $$U_B(Y_3+Y_5)-U_CY_3-U_oY_5=0 \tag{2.6.26}$$

已知运放: $$U_B=0 \tag{2.6.27}$$

则得: $$A_{uf}=\frac{U_o(s)}{U_i(s)}=\frac{-Y_1Y_3}{Y_5(Y_1+Y_2+Y_3+Y_4)+Y_3Y_4} \tag{2.6.28}$$

同样给 Y_1、Y_2、Y_3、Y_4、Y_5 赋予不同的阻容元件,则可构成不同的滤波器:

二阶低通 Y_1、Y_3、Y_4 为电阻;Y_2、Y_5 为电容,二阶高通 Y_1、Y_3、Y_4 赋为电容;Y_2、Y_5 赋为电阻;二阶带通 Y_1、Y_2、Y_5 为电阻;Y_3、Y_4 为电容。

令 $Y_1=\frac{1}{R_1}$, $Y_2=\frac{1}{R_2}$, $Y_5=\frac{1}{R_5}$, $Y_3=sC_3$, $Y_4=sC_4$, 且 $C_3=C_4=C$

则得: $$A_{uf}=\frac{U_o(s)}{U_i(s)}=\frac{-\frac{1}{CR_1}s}{s^2+\frac{2}{R_5C}s+\frac{R_1+R_2}{C_2R_1R_2R_5}}=\frac{A(\omega_o)\frac{\omega_o}{Q}s}{s^2+\frac{\omega_o}{Q}s+\omega_o^2} \tag{2.6.29}$$

比较表 2.1,可知是二阶带通,中心频率

$$\omega_o=\frac{1}{C}\sqrt{\frac{1}{R_5}\left(\frac{1}{R_1}+\frac{1}{R_2}\right)} \tag{2.6.30}$$

取 $R_2\ll R_1$

则 $$\omega_o\approx\frac{1}{C}\sqrt{\frac{1}{R_5}\frac{1}{R_2}} \tag{2.6.31}$$

中心频率处增益 $$A(\omega_o)=-\frac{\frac{1}{CR_1}}{\frac{2}{CR_5}}=-\frac{R_5}{2R_1} \tag{2.6.32}$$

3 dB 带宽: $$BW_{-3\,dB}=\frac{\omega_o}{Q}=\frac{2}{R_5C} \tag{2.6.33}$$

注意到: R_2 与 $A(\omega_o)$、$BW_{-3\,dB}$ 无关,仅与 ω_o 有关,故可调节 R_2 来改变滤波器中心频率,且不影响增益与带宽。图 2.6.11 为带通滤波器特性。

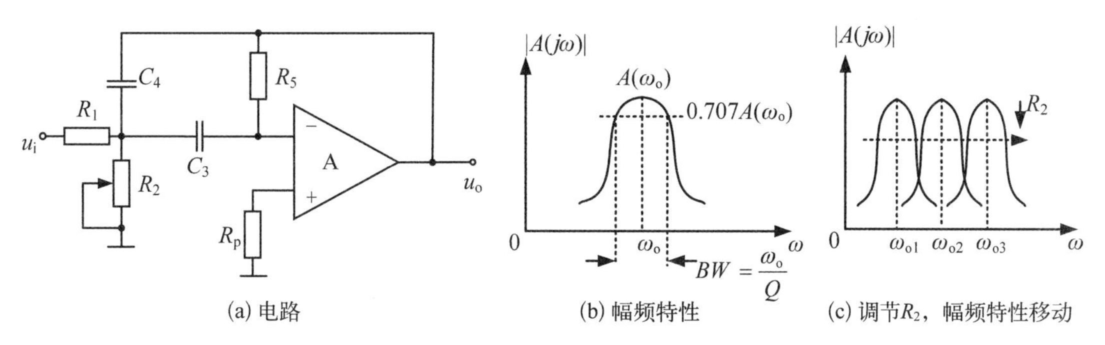

(a) 电路　(b) 幅频特性　(c) 调节R_2，幅频特性移动

图 2.6.11　带通滤波器

3）有源带阻滤波器

带阻滤波器又称陷波器，用它来滤除某一不需要的频率，如采用 50 Hz 工频干扰构成带阻滤波器，一般有以下方法：① 低通和高通并联；② 带通加相加器；③ 模拟电感加电容的串联谐振电路。

（1）用低通和高通滤波器组成带阻滤波器

无源带阻一般用双 T 网络，如图 2.6.12(a)。但 Q 值低，陷波特性不佳，通过加运放引入反馈，可提高 Q 值。

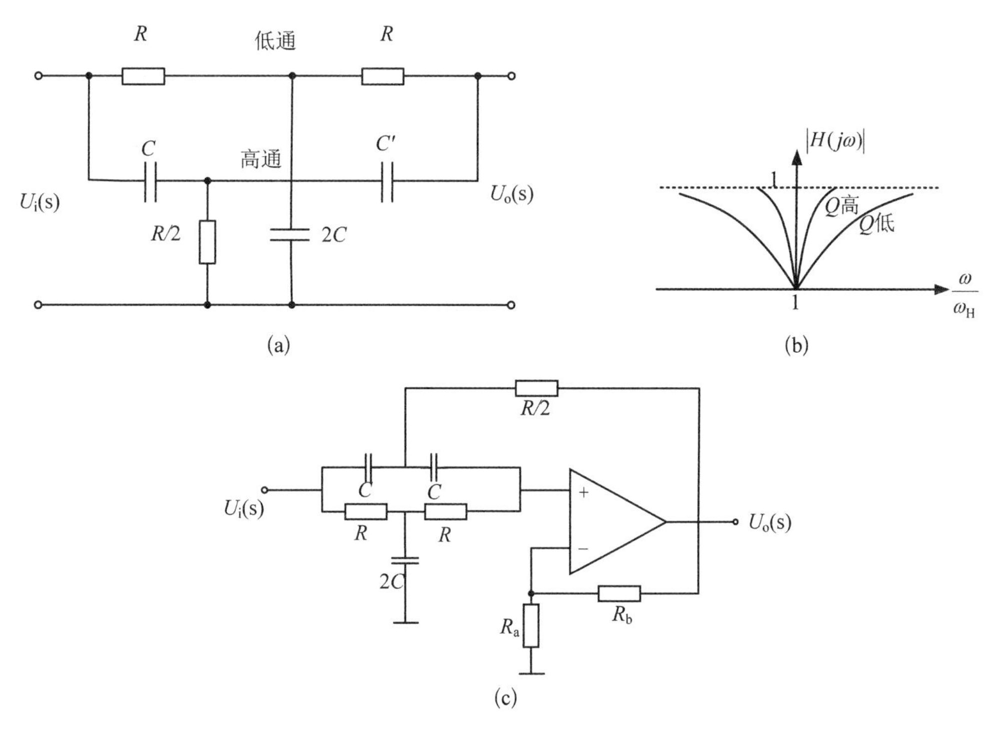

(a)　(b)　(c)

图 2.6.12　双 T 网络带阻滤波器

当信号源内阻为零，负载为无限大时，双 T 网络的传递函数为

$$H(s)=\frac{1+(sRC)^2}{1+(sRC)^2+4sRC} \tag{2.6.34}$$

令 $s=j\omega$，$\omega_n=\frac{1}{RC}$，则：

$$|H(j\omega)|=\frac{\left|1-\left(\frac{\omega}{\omega_n}\right)^2\right|}{\sqrt{\left[\left|1-\left(\frac{\omega}{\omega_n}\right)^2\right|\right]^2-\left[4\left(\frac{\omega}{\omega_n}\right)^2\right]^2}} \tag{2.6.35}$$

如图 2.6.12(b)所示，在 $\omega=\omega_n$ 点上有一传输零点，将运放与双 T 网络结合得到图 2.6.12(c)，可以求得

$$A_{uf}=\frac{K(s^2+\omega_n^2)}{s^2+2(2-K)\omega_n s+\omega_n^2}=\frac{A(s^2+\omega_o^2)}{s^2+\frac{\omega_o}{Q}s+\omega_o^2} \tag{2.6.36}$$

比较表 2.1，可知式(2.6.36)是一个带阻表达式，其中 $A=K=1+\frac{R_{f2}}{R_{f1}}$，$\omega_o=\omega_n=\frac{1}{RC}$，$Q=\frac{1}{2(2-K)}$。当 $K\to\infty$，$Q\to\infty$ 时，该滤波器的选频特性越好。

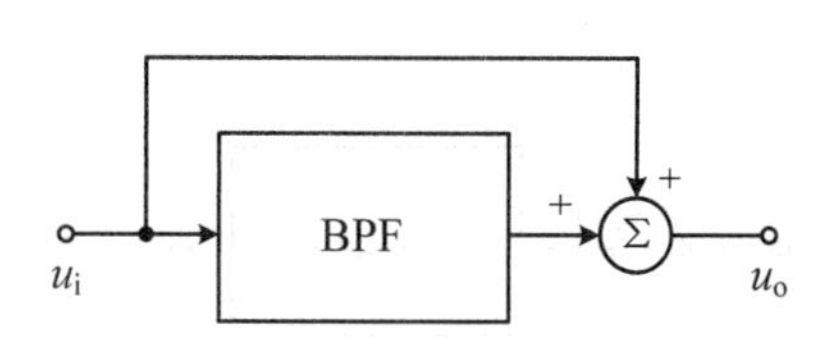

图 2.6.13 用带通滤波器和相加器组成的带阻滤波器

(2) 用带通和相加器组成带阻滤波器

一带通加一相加器可构成带阻滤波器，方框图如图 2.6.13 所示。图 2.6.14 所示为用带通滤波器加一相加器构成的 50 Hz 陷波滤波器，其中

$$A_{uf}(s)=1+\frac{-\frac{\omega_o}{Q}s}{s^2+\frac{\omega_o}{Q}s+\omega_o^2} \tag{2.6.37}$$

令 $R_5=2R_1$，即 $A(\omega_o)=-1$

$$A_{uf}(s)=1+\frac{-\frac{\omega_o}{Q}s}{s^2+\frac{\omega_o}{Q}s+\omega_o^2}=\frac{s^2+\omega_o^2}{s^2+\frac{\omega_o}{Q}s+\omega_o^2} \tag{2.6.38}$$

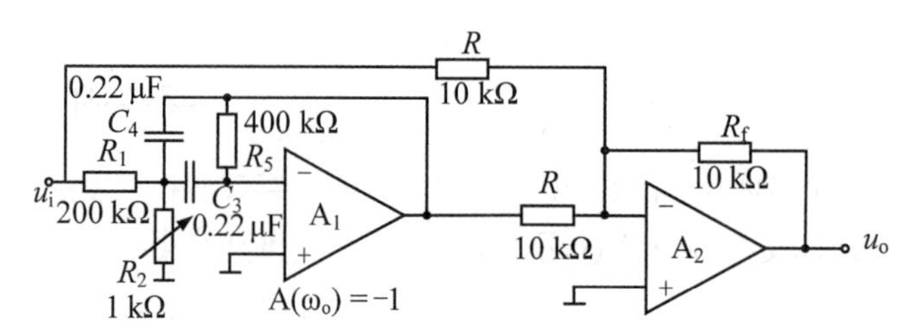

图 2.6.14 50 Hz 的陷波滤波器

4）全通滤波器

全通，指幅频特性是常数，无频率选择性。主要利用其相频特性，在视频或数字信号传输中起相位校正或相位均衡的作用。如图 2.6.15，是一个一阶全通滤波器。

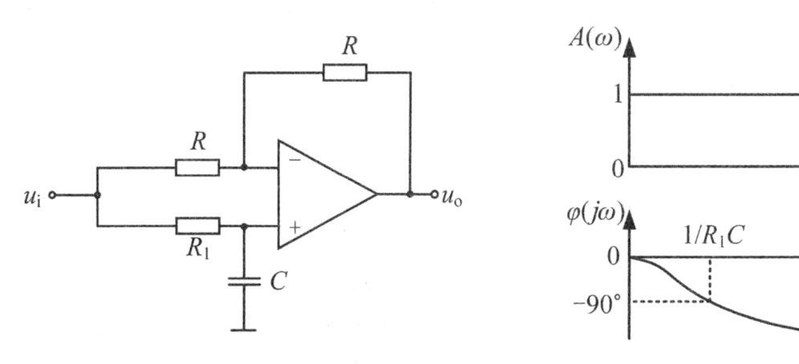

(a) 一阶全通滤波器（移相器）电路　　(b) 一阶移相器的幅频特性及相频特性

图 2.6.15　一阶全通滤波器

对该电路分析得到：

$$A_{uf}(s)=\frac{u_o(s)}{u_i(s)}=\frac{2}{1+sR_1C}-1=\frac{1-sR_1C}{1+sR_1C} \tag{2.6.39}$$

幅频特性和相频特性：$|A_{uf}(j\omega)|=1$，$\varphi(j\omega)=-2\arctan\omega R_1C$

可见幅频呈全通特性，相频有滞后效应，最大相移为−180°。如要求更大相移量，则可用二阶全通。

5）模拟电感

当前集成工艺，还不能制作大电感，但利用运放和 RC 电路可产生等效的很大的电感。如图 2.6.16 为模拟电感电路。

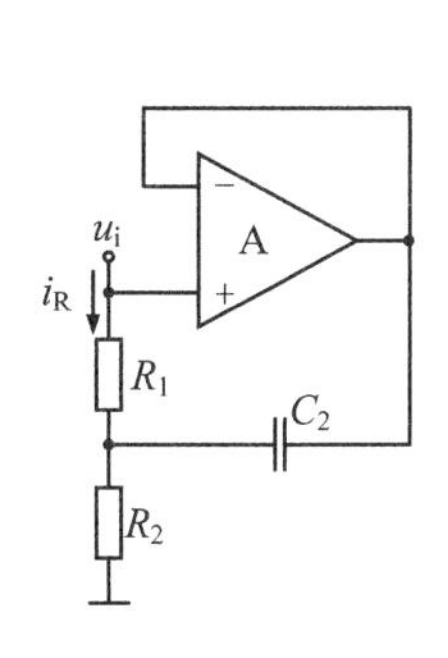

图 2.6.16　模拟电感电路图

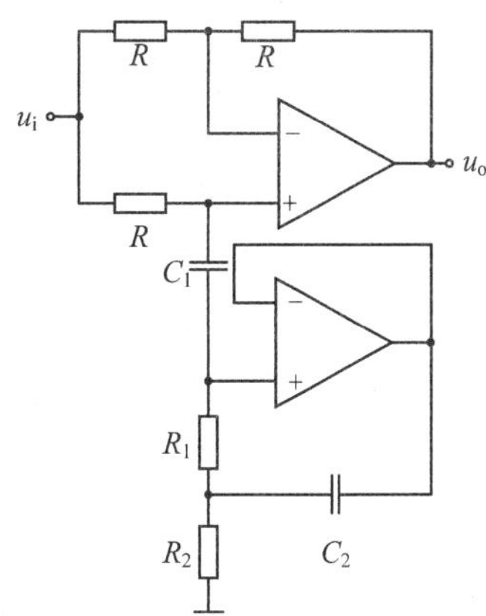

图 2.6.17　用模拟电感组成带阻滤波器

对图 2.6.15 分析得：

$$Z_i=\frac{U_i}{I_i}=R_1+R_2+j\omega R_1R_2C=R_1+R_2+j\omega L_a \tag{2.6.40}$$

若取 $C=1\ \mu F$，$R_1=R_2=10\ k\Omega$，则 $L_a=100\ H$。利用等效电感可构成带阻滤波器，如图 2.6.17。取 $R=R_1+R_2$，$L_a=R_1R_2C_2$，频率为 $\omega_n=\sqrt{C_1L_a}$ 时，串联谐振支路呈电阻性且

为 R，这时 $U_o=0$，即此时在陷波点 ω_n 处。

6) 基于双积分环的二阶有源滤波器——状态变量滤波器

这类滤波器可同时实现低通(LP)，高通(HP)和带通(BP)，它是用状态方程描述的，故称状态变量滤波器，该电路由积分器和加法器组成。我们知道一个积分器的 s 域传递函数为：$A(s)=-\frac{\omega_o}{s}$，用框图表示则如图 2.6.18，状态变量滤波器的信号流图如图 2.6.19。

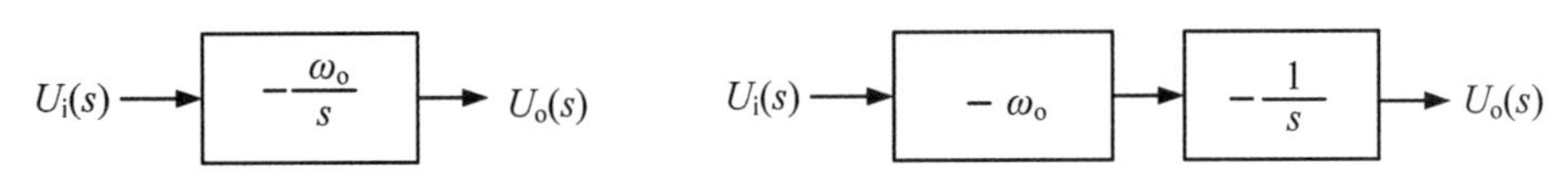

图 2.6.18　积分器 s 域传递函数

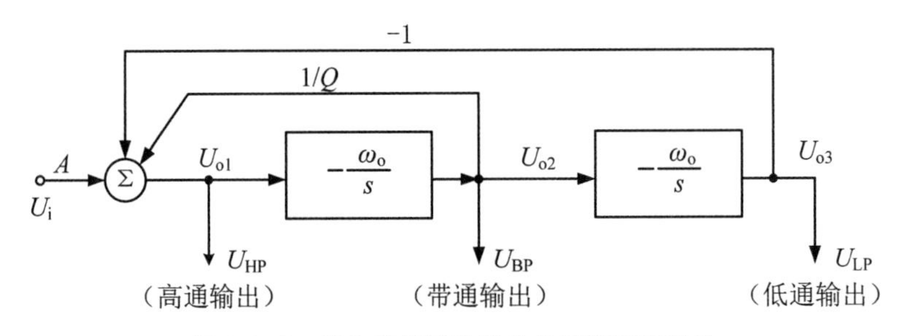

图 2.6.19　状态变量滤波器的信号流图表示法

已知二阶高通的传递函数为

$$A_{HP}(s)=\frac{U_{HP}(s)}{U_i(s)}=\frac{As^2}{s^2+\frac{\omega_o}{Q}s+\omega_o^2}=\frac{A}{1+\frac{\omega_o}{Qs}+\frac{\omega_o^2}{s^2}} \tag{2.6.41}$$

A 即为表 2.1 中高通的高频处增益 $A(\infty)$。

移项整理得：

$$U_{HP}(s)=AU_i(s)+\frac{1}{Q}\left[-\frac{\omega_o}{s}U_{HP}(s)\right]-\frac{\omega_o^2}{s^2}U_{HP}(s) \tag{2.6.42}$$

式(2.6.42)中第一项 U_i 经 A 放大；第二项 U_{HP} 经一次反相积分再乘系数 $\frac{1}{Q}$；第三项表示 U_{HP} 经二次反相积分再反相，而 U_{HP} 又等于这三项相加。对图 2.6.19 分析可得，$U_{HP}=U_{o1}$，且：

$$\frac{U_{o2}}{U_i}=\frac{U_{o2}}{U_{o1}}\frac{U_{o1}}{U_i}=\left(-\frac{\omega_o}{s}\right)\frac{U_{HP}}{U_i}=\frac{-A\omega_o s}{s^2+\frac{\omega_o}{Q}s+\omega_o^2}=A_{uf(BP)}(s) \tag{2.6.43}$$

同理：

$$\frac{U_{o3}}{U_i}=\frac{U_{o3}}{U_{o2}}\frac{U_{o2}}{U_i}=\left(-\frac{\omega_o}{s}\right)\frac{U_{BP}}{U_i}=\frac{A\omega_o^2}{s^2+\dfrac{\omega_o}{Q}s+\omega_o^2}=A_{uf(LP)}(s) \tag{2.6.44}$$

对照表 2.1，可见 U_{o2} 与 U_i 的关系是一个带通，U_{o3} 与 U_i 的关系是一个低通。

由此可见，该滤波器三个不同的输出分别对应高通，带通和低通。图 2.6.20 是一个实例，其中 A_2 和 A_3 组成反相积分器，A_1 为相加器。利用信号流图和电路的对应关系，可以确定滤波器的参数和电路元件之间的关系。

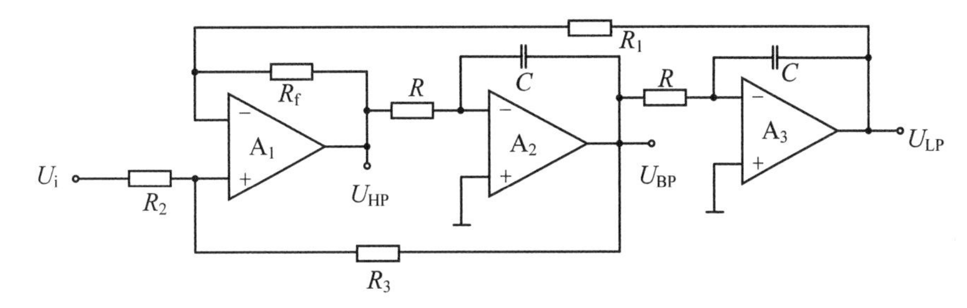

图 2.6.20　状态变量滤波器实例

根据电路图 2.6.20 得：

$$U_{o1}=U_{HP}=\left(\frac{R_3}{R_2+R_3}U_i+\frac{R_2}{R_2+R_3}U_{BP}\right)\left(1+\frac{R_f}{R_1}\right)-\frac{R_f}{R_1}U_{LP} \tag{2.6.45a}$$

根据信号流图 2.6.19 得

$$U_{o1}=U_{HP}=AU_i+\frac{1}{Q}U_{BP}-U_{LP} \tag{2.6.45b}$$

对照得：

$$\frac{R_f}{R_1}=1,\quad R_f=R_1 \tag{2.6.46a}$$

$$A=\left(\frac{R_3}{R_2+R_3}\right)\left(1+\frac{R_f}{R_1}\right)=2\left(\frac{R_3}{R_2+R_3}\right),\quad 且\frac{R_2}{R_3}=\frac{2}{A}-1 \tag{2.6.46b}$$

$$\frac{1}{Q}=\left(\frac{R_2}{R_2+R_3}\right)\left(1+\frac{R_f}{R_1}\right)=2\left(\frac{R_2}{R_2+R_3}\right),\quad 且\frac{R_3}{R_2}=2Q-1 \tag{2.6.46c}$$

根据(2.6.46b)和(2.6.46c)，则得出该滤波器电路的高频增益 A 与品质因素 Q 之间的制约关系：

$$A=2-\frac{1}{Q} \tag{2.6.47}$$

思考题和习题

2.1 电路如题 2.1 图所示，试求输出电压 u_o 与输入电压 u_{i1}、u_{i2} 的关系。

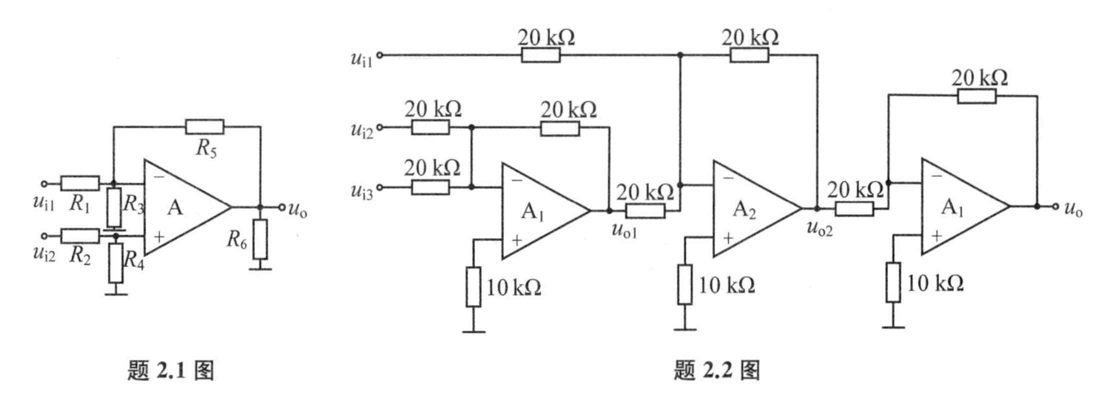

题 2.1 图　　　　题 2.2 图

2.2 电路图题 2.2 所示，试求输出电压 u_o 与输入电压 u_{i1}、u_{i2}、u_{i3} 的关系。

2.3 画出输出电压 u_o 与输入电压 u_i 符合下列关系式的集成运算放大电路。

(1) $\dfrac{u_o}{u_i}=-1$　(2) $\dfrac{u_o}{u_i}=1$　(3) $\dfrac{u_o}{u_i}=10$　(4) $\dfrac{u_o}{u_{i1}+u_{i2}+u_{i3}}=-10$

2.4 电路如题 2.4 图所示，试求① 当 S_4 闭合时对应 S_1～S_3 分别闭合时的电路闭环增益 $A_u=\dfrac{u_o}{u_i}$。② 当 S_1～S_4 均打开时，该电路的闭环增益 $A_u=\dfrac{u_o}{u_i}$。

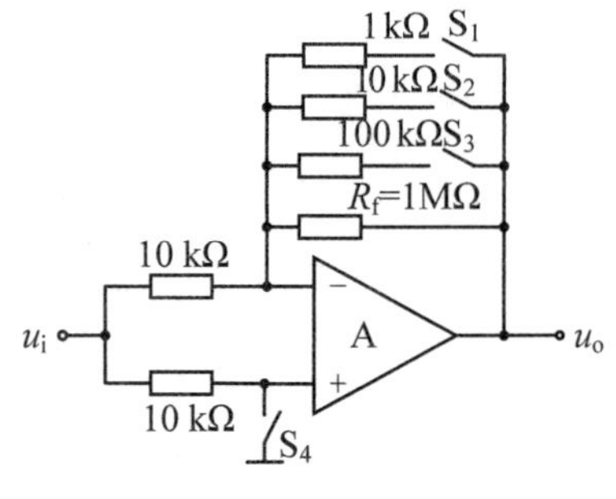

题 2.4 图

2.5 设计一个比例运算电路，要求输入电阻 $R_i=20\ \text{k}\Omega$，比例系数为-10。

2.6 试用集成运放组成一个运算电路，要求实现以下运算关系：

$$u_0=2u_{i1}-5u_{i2}+0.2u_{i3}$$

2.7 选择题：

试用所给出的电路，达到下列目的。

A. 反相比例运算电路　B. 同相比例运算电路　C. 积分运算电路

D. 微分运算电路　E. 加法运算电路

(1) 将正弦波电压相移+90°，可选用________。

(2) 将正弦波电压叠加上一个直流量，可选用________。

(3) 实现 $A_u=-10$ 的放大电路，可选用________。

(4) 将方波电压转换成三角波电压，可选用________。

(5) 将方波电压转换成尖顶波电压,可选用________。

2.8 试求题 2.8 图所示理想运放构成的电路的输出电压值 u_o。

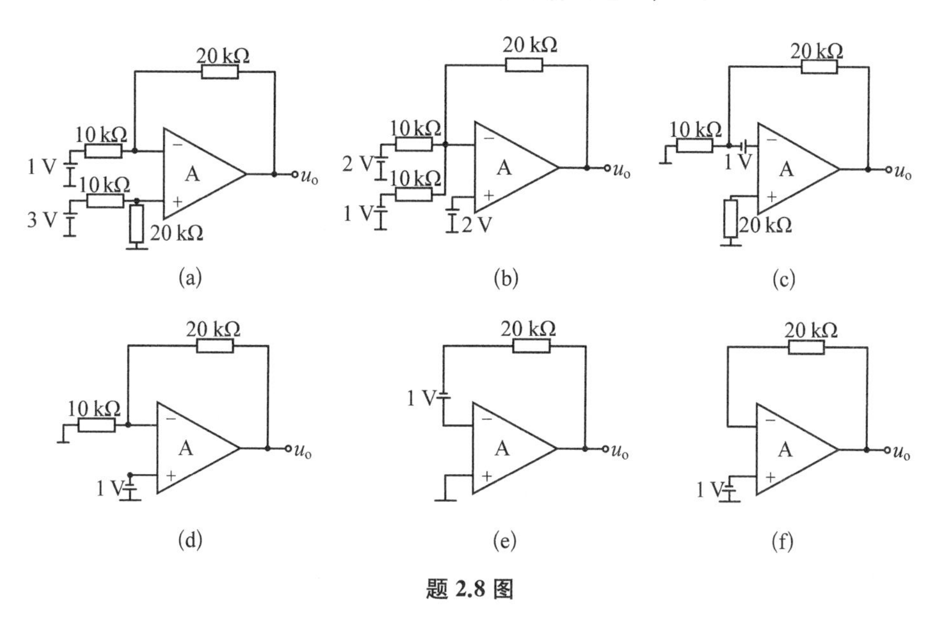

题 2.8 图

2.9 如题 2.9 图所示理想运放构成的电路,求该电路输入阻抗 Z_i 的表达式。

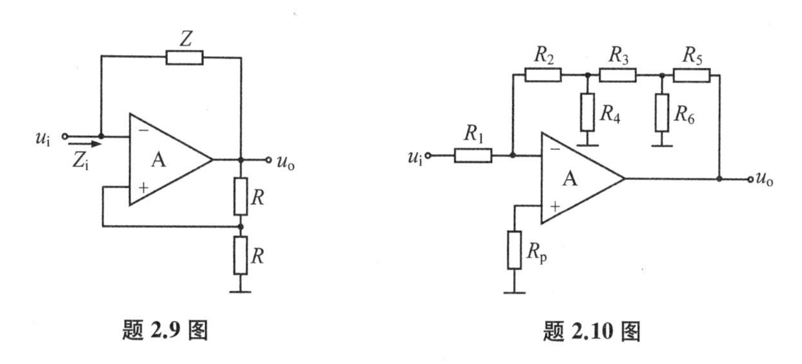

题 2.9 图 **题 2.10 图**

2.10 理想运放构成的电路如题 2.10 图所示,求输出电压 u_o 与输入电压 u_i 之间的关系。

2.11 理想运放 A 构成的电路分别如题 5.11 图(a)和(b)所示,试分别:

(1) 求图(a)中的输出电流 i_L 与输入电压 u_s 的关系,并说明该电路的功能。

(2) 求图(b)中输出电压 u_o 与输入电流 I_S 间的关系,并说明该电路的功能。

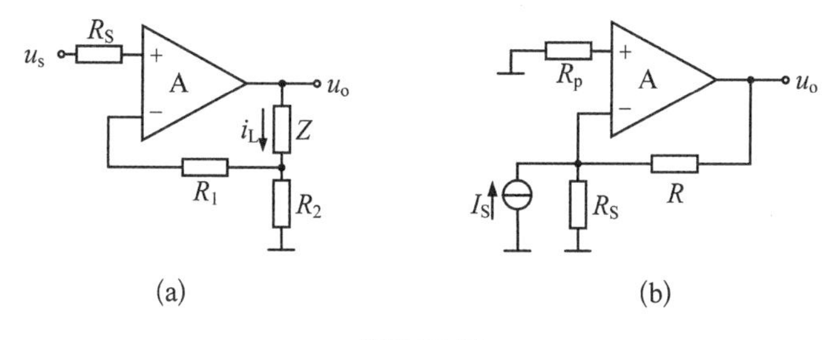

题 2.11 图

2.12 理想运放构成的电路如题 2.12(a)和(b)图所示，分别求输出电压 u_o 与输入电压 u_{i1}、u_{i2}（或 u_i）之间的关系。

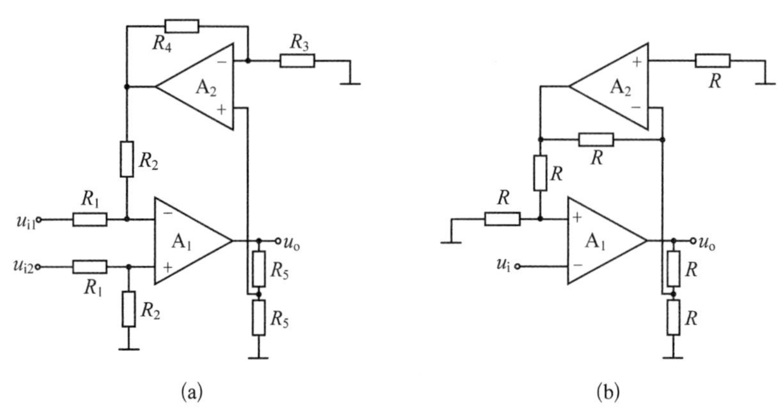

题 2.12 图

2.13 由集成运放构成的电路如题 2.13 图所示，求：

(1) 输入阻抗 Z_i 的表达式。

(2) 当电阻取 $R_1=R_2=20\ \text{k}\Omega$ 时，元件 Z 取何种性质的元件，且值取多少时，整个电路呈现值为 2H(亨利)的模拟电感元件。

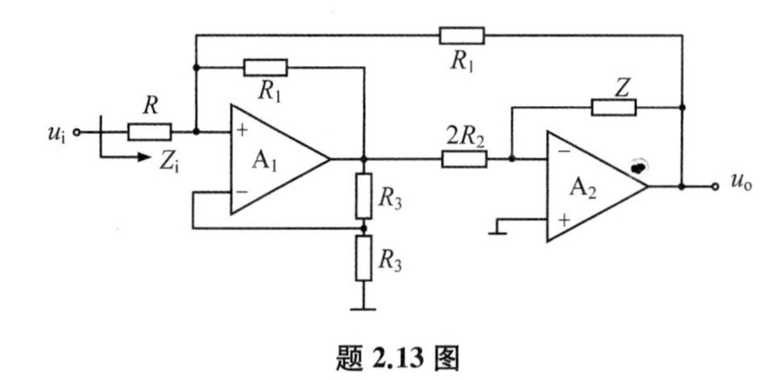

题 2.13 图

2.14 试分析题 2.14 图电路中的各集成运放 A_1、A_2、A_3 和 A_4 分别组成何种运算电路，设电阻 $R_1=R_2=R_3=R$，试分别列出 u_{o1}、u_{o2}、u_{o3} 和 u_o 的关系表达式。

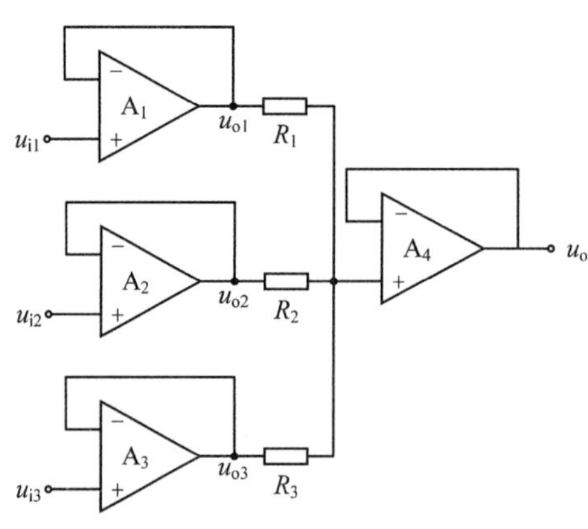

题 2.14 图

2.15　由理想集成运放构成的电路如题 2.15 图所示，求：

(1) 当 $u_{i1}=1\ \text{V}$、$u_{i2}=\sin\omega t\,(\text{V})$ 时，u_o 的波形图(标明数值)。

(2) 当 $u_{i1}=2\ \text{V}$、$u_{i2}=\sin\omega t\,(\text{V})$ 时，u_o 的波形图(标明数值)。

(3) 当 $u_{i1}=1\ \text{V}$、$u_{i2}=-1+\sin\omega t\,(\text{V})$ 时，u_o 的波形图(标明数值)。

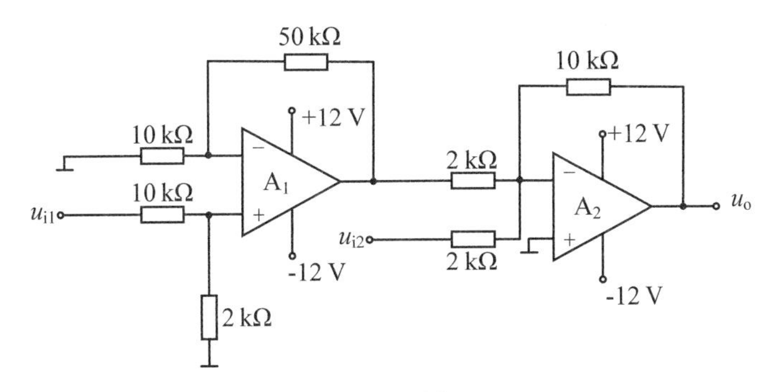

题 2.15 图

2.16　积分运算电路如题 2.16(a)图所示。已知输入电压 u_i 的波形如题 2.16(b)图所示，其中电阻 $R=100\ \text{k}\Omega$，电容 $C=0.1\ \mu\text{F}$。当 $t=0$ 时，$u_o=0$。试画出输出电压 u_o 的波形。

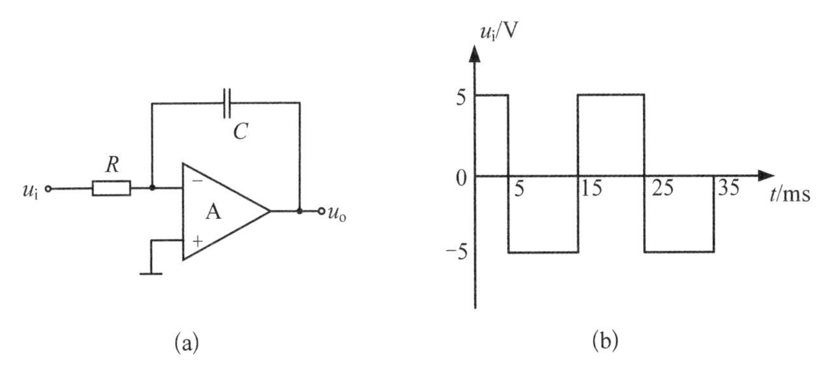

题 2.16 图

2.17　微分运算电路如题 2.17(a)图所示。已知输入电压 u_i 的波形如题 5.17(b)图所示，其中电阻 $R=100\ \text{k}\Omega$，电容 $C=0.1\ \mu\text{F}$。试画出输出电压 u_o 的波形。

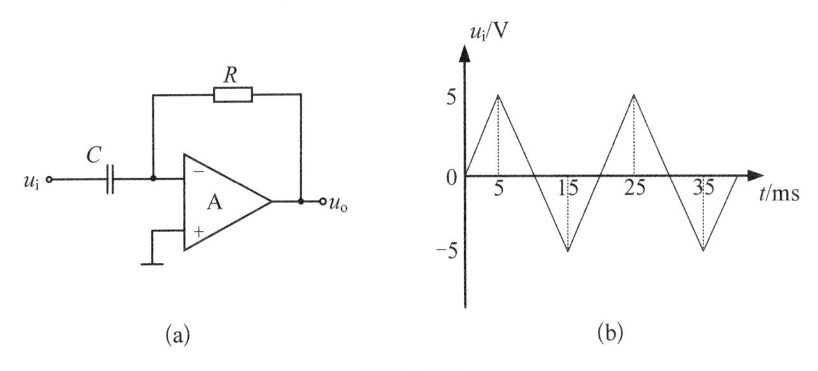

题 2.17 图

2.18 电路如题 5.18 图所示为同相积分器，试求输入输出的电压关系式。

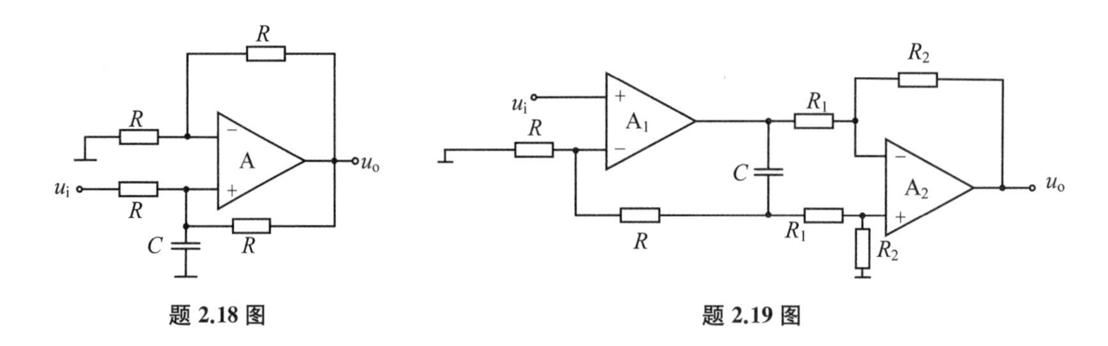

题 2.18 图　　　　**题 2.19 图**

2.19 电路如题 2.19 图所示，试求输出电压 u_o 的表达式，并指出电路的功能。

2.20 电路如题 2.20 图所示，试求输入阻抗 Z_i 的表达式。

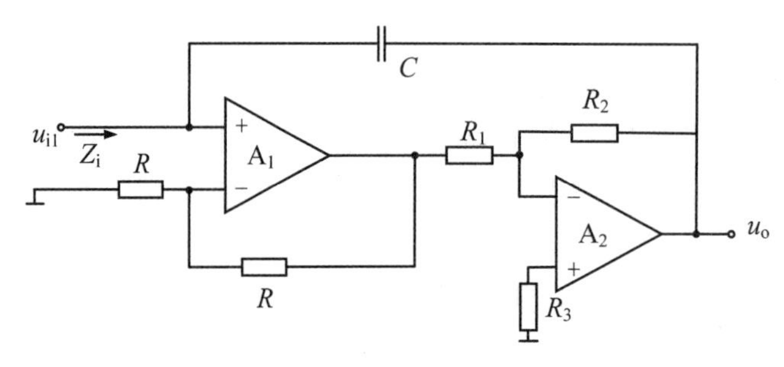

题 2.20 图

2.21 电路如题 2.21(a)图所示，设 $u_C(0)=0$

(1) 求输入、输出电压之间频域关系式和时域关系式。

(2) 若输入信号如题 2.21(b)图所示，求输出电压的波形图。

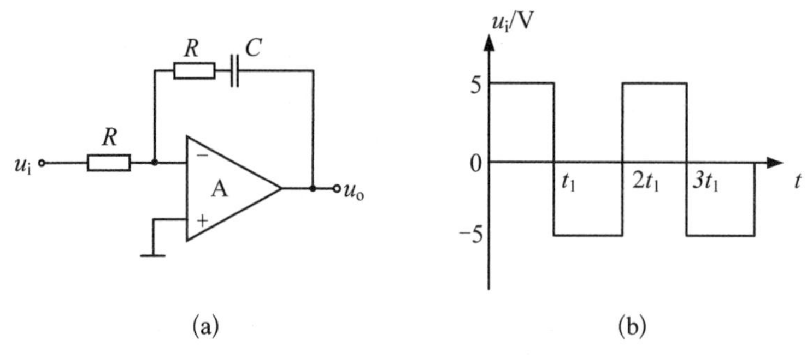

题 2.21 图

2.22 由理想集成运放组成的电压—电压变换电路如题 2.22 图所示。

(1) 试求输出电压的表达式。

(2) 若取 $R_1=R_2=R_3=30\ \text{k}\Omega$，试求输出电压 u_o 的调节范围。

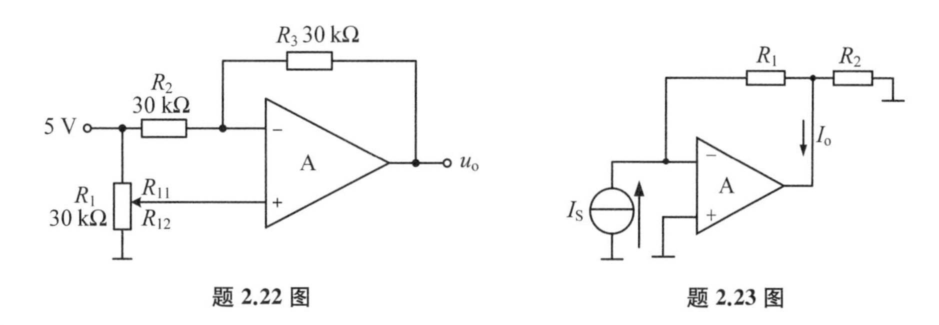

题 2.22 图　　　　题 2.23 图

2.23　由理想集成运放组成的电流—电流变换电路如题 2.23 图所示。试确定运放输出电流 I_{o} 与源电流 I_{i} 的关系。

2.24　理想集成运放构成电路如题 2.24(a)图所示。已知 $u_{\text{i}}=0.5\sin\omega t(\text{V})$，若要获得输出电压 u_{o} 的波形如题 2.24(b)图所示，则可变电阻调节到何值 ($R_{\text{w1}}=?$)

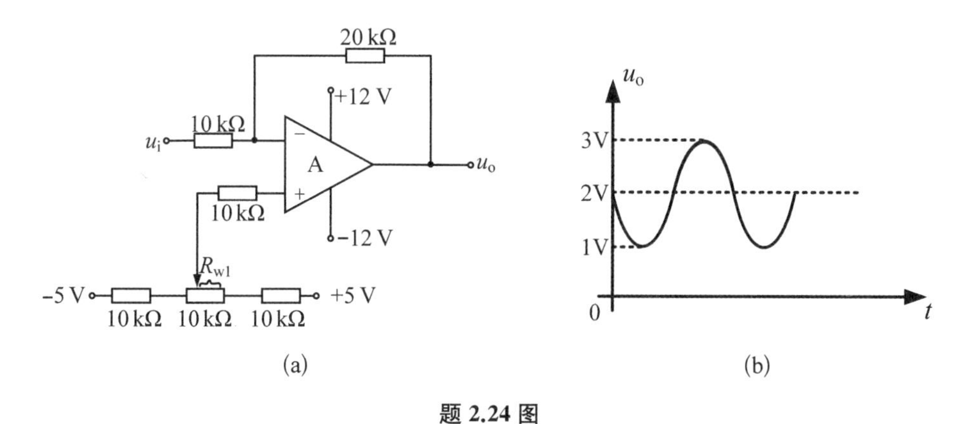

题 2.24 图

2.25　用积分器实现微分运算的电路如题 2.25 图所示，试推导输入输出电压关系式，并分别给出时域表达式和频域表达式。

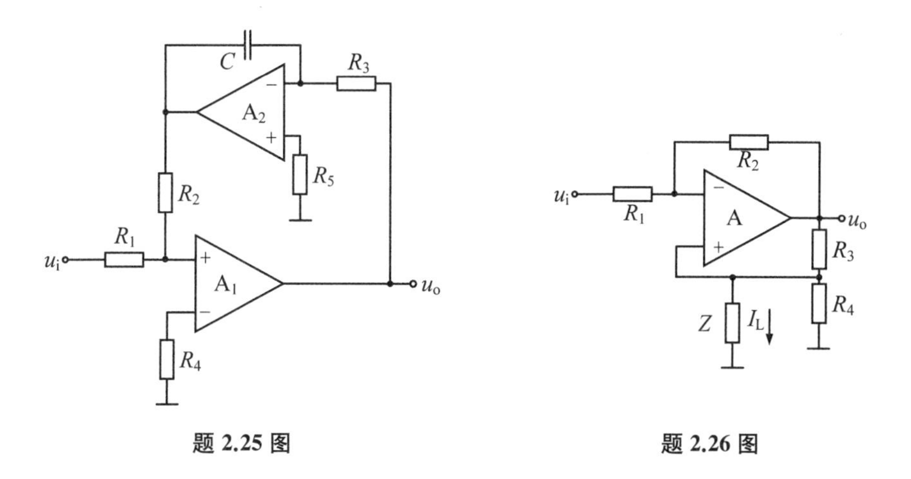

题 2.25 图　　　　题 2.26 图

2.26　电路如题 2.26 图所示，请分析该电路的功能。并求输出电流 $I_{\text{L}}=?$。设 $u_{\text{i}}=2\sin\omega t(\text{V})$，其中 $R_1=10\text{ k}\Omega$，$R_2=40\text{ k}\Omega$，$R_3=20\text{ k}\Omega$，$R_4=5\text{ k}\Omega$。

2.27 试根据下列情况，选择滤波电路。

(1) 抑制 50 Hz 交流电源的干扰；

(2) 处理具有 1 kHz 固定频率的有用信号；

(3) 从输入信号中取出低于 10 kHz 的信号；

(4) 抑制频率为 40 kHz 以上的高频干扰。

2.28 在如题 2.28 图所示的同相输入低通滤波器中，已知 $R_2=50\ \text{k}\Omega$，$R_1=R=10\ \text{k}\Omega$，$C=0.1\ \mu\text{F}$。试求：

(1) 电路的通带电压增益 A_{uI}

(2) 求传输函数 $A(j\omega)=\dfrac{U_{\text{o}}(j\omega)}{U_{\text{i}}(j\omega)}$

(3) 求该电路的上限频率 f_{H}。

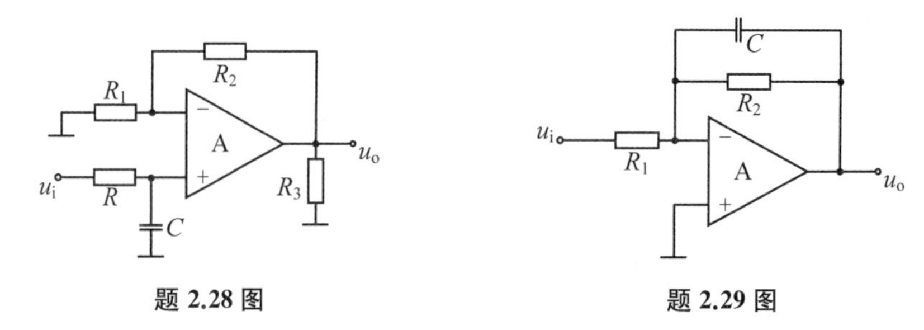

题 2.28 图　　题 2.29 图

2.29 在如题 2.29 图所示的反相一阶低通滤波器中，试求：

(1) 求传输函数 $A(j\omega)=\dfrac{U_{\text{o}}(j\omega)}{U_{\text{i}}(j\omega)}$

(2) 已知 $R_1=10\ \text{k}\Omega$，$R_2=100\ \text{k}\Omega$，求电路的低频电压增益 A_{uI}

(3) 要求该电路的截止频率 $f_{\text{H}}=5\ \text{Hz}$，问 C 值为多少？

2.30 一实用心电信号的简化电路如题 2.30 图所示，设运算放大器均为理想运放，其中 C_1 为低通滤波电容，C_2 为隔直电容。求：

(1) 中频放大倍数 $A_{\text{u}}=\dfrac{u_{\text{o}}}{u_{\text{i1}}-u_{\text{i2}}}=?$

(2) 该电路的上限频率 $f_{\text{H}}=?$、下限频率 $f_{\text{L}}=?$

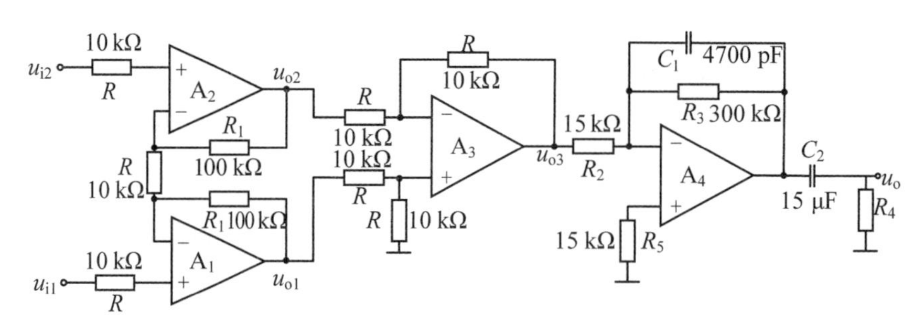

题 2.30 图

2.31　电路如题 2.31 图所示，试回答以下问题：

(1) 若 $C_1=C_2$，$R_1=R_2$，求该电路的传递函数 $A(j\omega)=\dfrac{u_o(j\omega)}{u_i(j\omega)}$，并指出电路的功能，定性画出传递函数的幅频特性。

(2) 若 C_1 短路，定性画出传递函数幅频特性，并指出该电路功能的变化趋势。

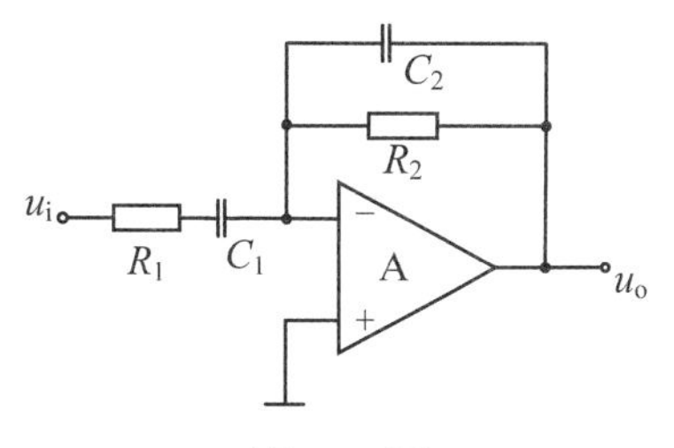

题 2.31 图

(3) 若 C_2 开路，定性画出传递函数幅频特性，并指出该电路功能的变化趋势。

2.32　电路如题 2.32 图所示，试

(1) 分别求该电路的传递函数 $A_a(j\omega)=\dfrac{u_o(j\omega)}{u_i(j\omega)}$ 和 $A_b(j\omega)=\dfrac{u_o(j\omega)}{u_i(j\omega)}$，

(2) 画出各自的传递函数的幅频特性和相频特性。

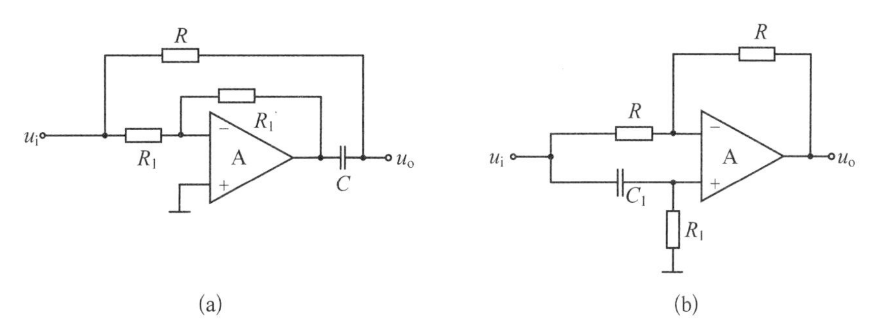

题 2.32 图

2.33　二阶有源滤波器如题 2.33 图所示，试分别指出 4 种电路各属于何种功能的滤波器；定性画出其幅频特性曲线，以及对应的无源滤波器电路。

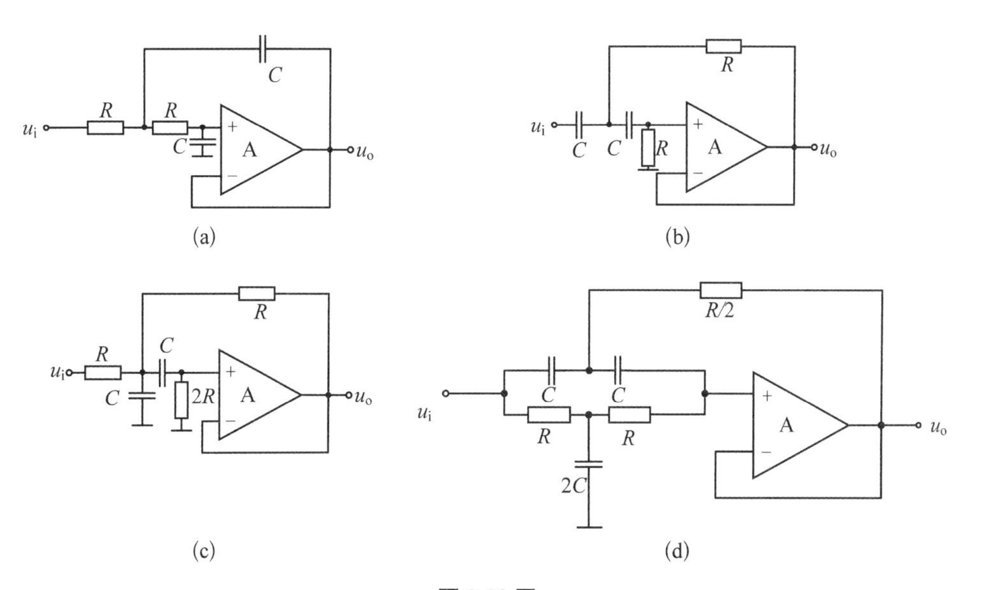

题 2.33 图

2.34 滤波电路如题 2.34(a)和(b)图所示,试分别指出滤波器的类型和阶数。

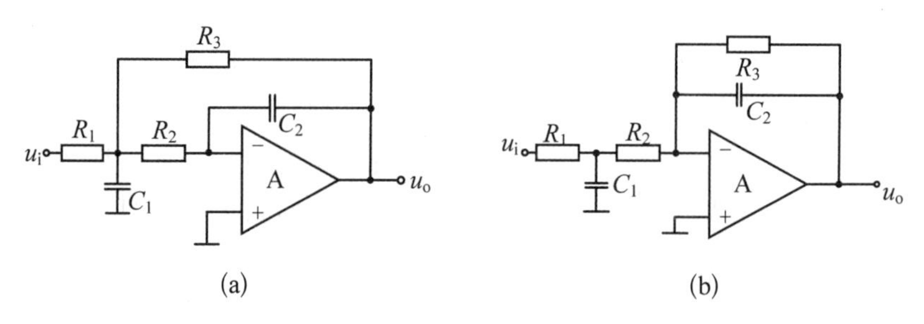

题 2.34 图

2.35 状态变量滤波器电路如题 2.35 图所示,试分别分析从 A、B、C 端输出的滤波器的功能。

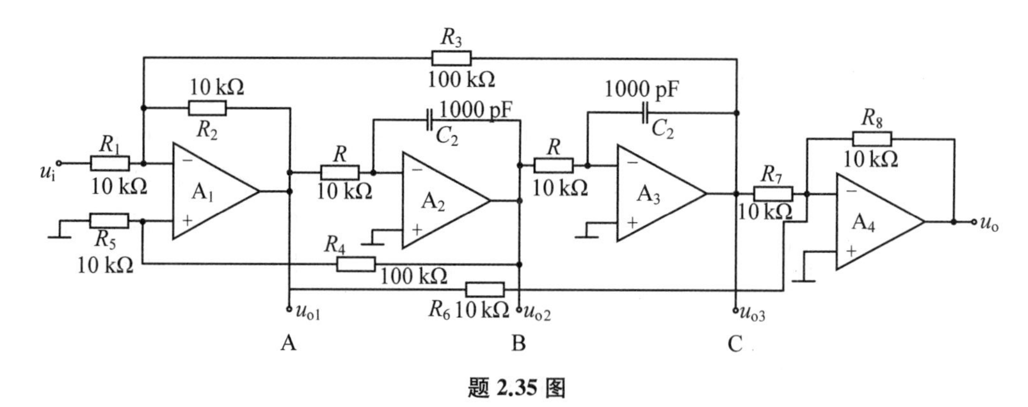

题 2.35 图

第3章

半导体二极管及其应用电路

本章要点： 半导体技术是制造电子器件和集成电路的基础，了解半导体物理基础，有利于理解半导体器件的工作机理及典型应用电路。本章重点介绍本征半导体器件—PN结的特性，掌握二极管的特性曲线和主要参数及其电路分析方法；并进一步掌握其应用电路和简单稳压电路的分析方法。

3.1 半导体基础知识

按导电性能不同，物质可分为导体、绝缘体和半导体。半导体的导电性能介于导体和绝缘体之间，并且会随温度、光照和掺杂而变。半导体具有体积小、重量轻，效率高，寿命长、易于组合等优点，但缺点是工作频率不高，有用功率小，受温度影响大。目前用于制造电子器件的材料主要是硅、锗和砷化镓等。

3.1.1 本征半导体

如图3.1.1(a)和(b)分别表示了硅和锗的原子结构。其共同的特点是其结构中最外层轨道上有四个价电子，图3.1.2为原子简化模型，其中黑点表示电子。

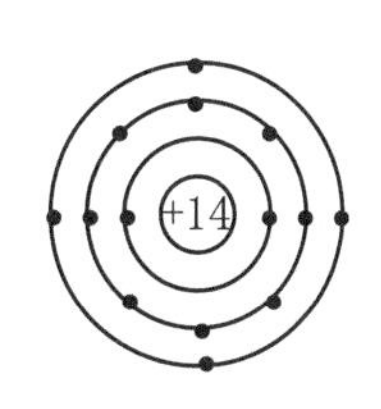

图3.1.1(a) 硅原子结构

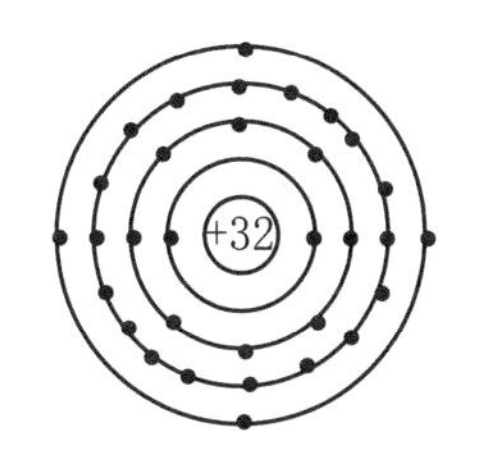

图3.1.1(b) 锗原子结构

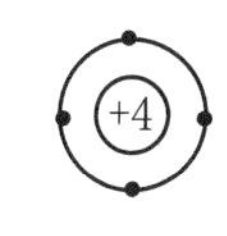

图3.1.2 原子简化模型

纯净的单晶半导体称为本征半导体。在本征半导体中，原子按一定间隔排列成有规律的空间点阵。由于原子间相距很近，使得每个价电子为相邻原子共有，从而形成共价键，图 3.1.3 为单晶硅和锗的共价键结构平面示意图。硅和锗都是四价元素，最能表现其理化特性的是其原子最外层轨道的四个价电子。

在本征半导体晶体中，原子有序排列构成空间点阵(晶格)，外层电子为相邻原子共有，形成共价键，在绝对零度 (—273.15℃) 时，所有价电子都被束缚在共价键内，此时半导体不能导电，如图 3.1.3 所示。当温度上升时，本征半导体受外界能量(热、光、电等)激发，键内电子因热激发而获得能量。部分获得能量较大的价电子能挣脱共价键的束缚，离开原子而成为自由电子，相对应在共价键内留下了与自由电子数目相同的空位。可以把空位视为一种带正电荷的粒子，称之为空穴。这个过程称作本征激发，如图 3.1.4 所示。可见由于热激发，在本征半导体中存在两种极性的载流子：带负电荷的自由电子(简称为电子)和带正电荷的空穴。在外电场的作用下，由于本征激发而产生的电子-空穴对，电子向逆电场方向移动，邻近的键内电子填补该电子留下的空穴(复合)，好像该空穴在作相反(顺电场)方向的运动，这个过程称作本征导电。在常温下，由于本征激发而产生的电子-空穴对数量有限，所以本征导电的能力是有限的。可见电子和空穴两种载流子成对出现；常温下载流子数量少，导电性差，受外界影响大。

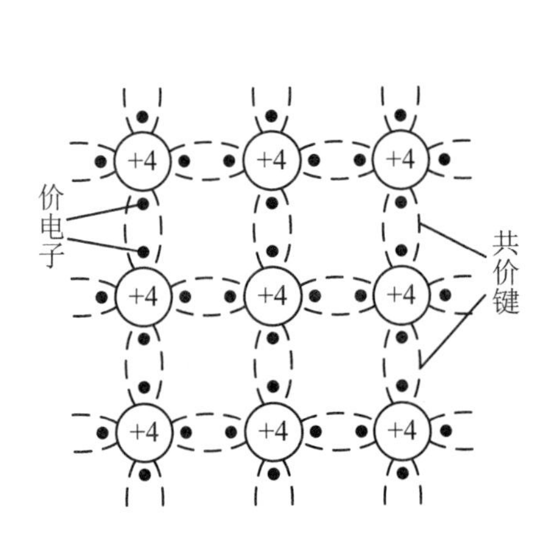

图 3.1.3 单晶硅和锗的共价键结构平面示意图

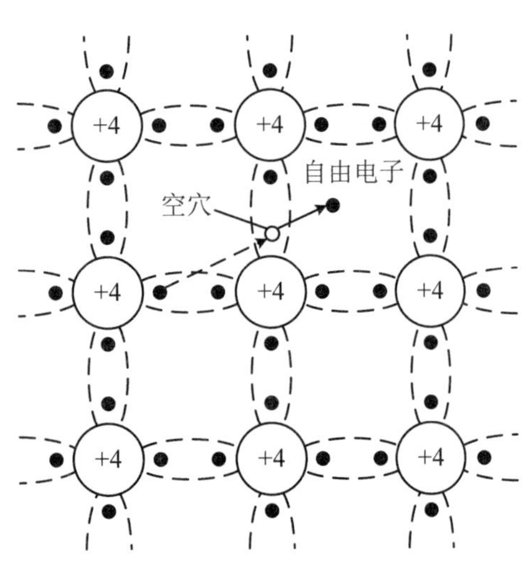

图 3.1.4 本征激发产生电子和空穴对

3.1.2 杂质半导体

在本征半导体中有选择地掺入少量其他元素(杂质)，形成杂质半导体，使其导电性能发生显著变化。在本征硅(锗)中掺入少量五价元素(磷、砷、锑等)，获得 N 型半导体，如图 3.1.5。

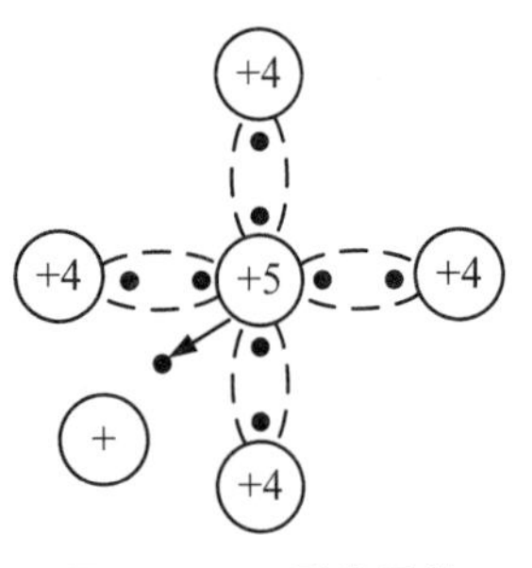

图 3.1.5 N 型半导体

由于五价元素其原子在外层轨道上有 5 个电子，在与邻近四价元素的原子构成共价键时多出(施舍)了一个电子，故称之为施主电子。在 N 型半导体中，本征激发仍旧进行，但电子浓度大于空穴浓度。电子是多数，故称作多数载流子(多子)，空穴为少数，故称为少数载流子(少子)。由于在N型半导体中主要靠电子导电,故N型半导体又称为电子型半导体。

在本征硅(锗)中掺入少量三价元素(硼、铝、铟等),则情况正好相反,获得P型半导体,如图3.1.6。在P型半导体形成共价键时,不少杂质原子第四个键上会留下一个空穴,很小的能量激发就会使邻近共价键内的电子转移过来填补(复合)这个空穴,由于该杂质原子能接受价电子,故称作受主原子。在P型半导体中,空穴浓度大于电子浓度,故多子为空穴,少子为电子。由于在PN型半导体中主要靠空穴电子导电,故PN型半导体又称为空穴电子型半导体。

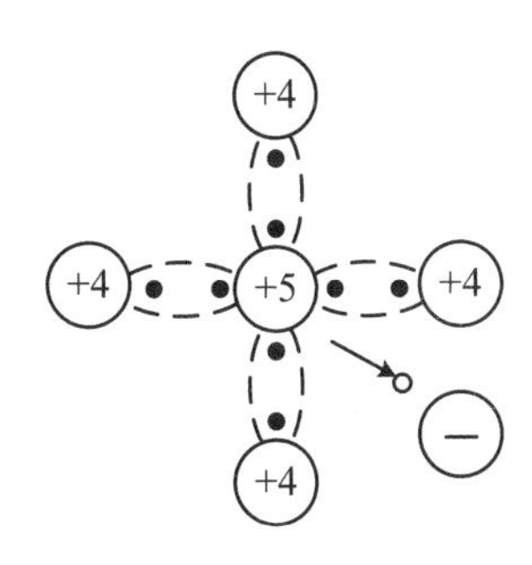

图3.1.6 P型半导体

需要指出的是,由于每个原子本身是电中性的,所以无论是本征半导体还是杂质半导体,对外都是电中性的。

3.1.3 PN结的形成

将P型和N型半导体结合在一起,在它们的交界面处会形成一层很薄的特殊物理层,称为PN结,如图3.1.7。

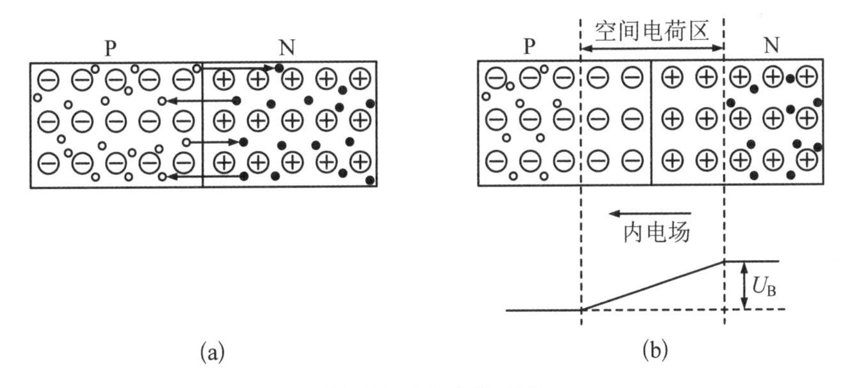

图3.1.7 PN结的形成

由于P区空穴多,N区电子多,界面处存在空穴和电子的浓度差,于是扩散现象产生了。电子与空穴复合的结果,使P区留下了不能移动的受主负离子,N区留下了不能移动的施主正离子。在界面两侧则会形成由等量正、负离子构成的空间电荷区,从而产生了内建电位差,形成了由N区指向P区的内电场。该电场有两个作用——阻止多子的扩散和引起少子的漂移。少子漂移的结果会使空间电荷区的正、负离子成对减少,电荷区缩小,内电场减弱。这又会引起扩散运动上升,使内电场加强。这种对立的运动趋向,最后因浓度差产生的扩散力被电场力抵消而使扩散和漂移运动达到动态平衡。平衡时,空间电荷区的宽度一定,内电场电位差 U_B 也就一定。

3.1.4 PN结的单向导电性

1. 正向偏置特性

使P区电位高于N区的接法称为加正向电压或正向偏置。由于耗尽区没有载流子存在，故称为高阻区。外电场绝大部分降在耗尽区。正偏时，外电场与内电场方向相反，内电场被削弱，变为 U_B-U，有利于多子的扩散，使得多子源源不断地扩散到对方通过回路形成正向电流。由于 U_B 本来就很小(零点几伏)，所以不大的正向电压也会引起很大的电流(静态)，不大的正向电压变化也会引起正向电流的较大变化(动态)，如图 3.1.8(a)所示。

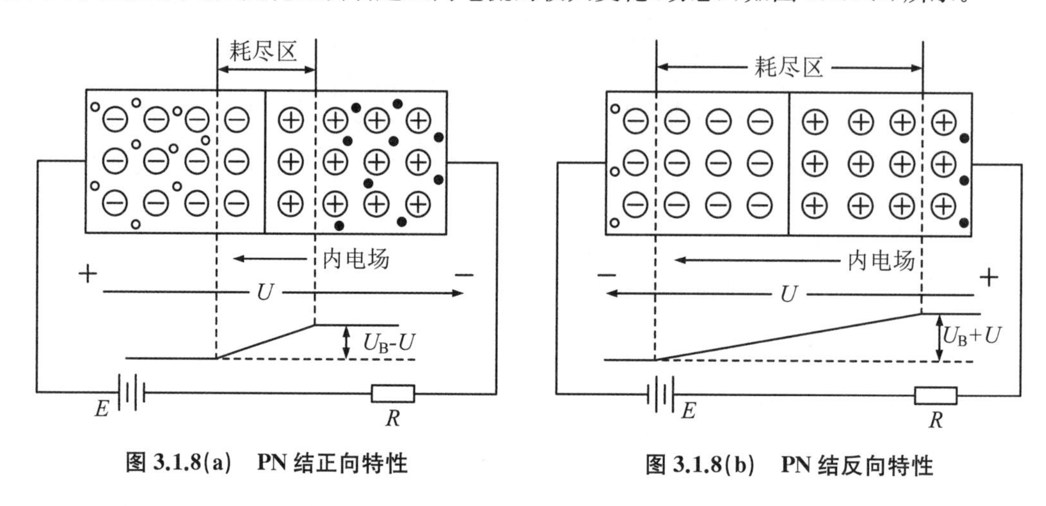

图 3.1.8(a)　PN 结正向特性　　**图 3.1.8(b)　PN 结反向特性**

2. 反向偏置特性

使 P 区电位低于 N 区的接法称为反向偏置，这时外电场与内电场方向一致，外电场的作用是将多子推离耗尽区，使更多的正、负离子显露出来，耗尽区变宽，内电场增强为 U_B+U，结果阻止多子扩散，有利于少子漂移，超过界面的少子通过回路形成反向电流。由于少子浓度很低及耗尽区边界处的少子不多，所以反向电流很小，而且当反向电压增加时，使耗尽区扩展，边界处的少子数量并无多大变化，所以反向电流基本不随外电压变化，如图 3.1.8(b)所示。

综上所述，PN 结具有单向导电的特性。

3.1.5　PN 结的伏安(V-I)特性

理论分析证明，流过 PN 结的电流 i 与所加电压的关系为

$$i=I_s(e^{\frac{qu}{kT}}-1)=I_s(e^{\frac{u}{U_T}}-1) \tag{3.1.1}$$

其中：I_s 为反向饱和电流，取决于 PN 结的材料，及制造工艺、温度等，$U_T=\dfrac{KT}{q}$，为温度的电压当量或热电压，当 $T=300\text{ K}$ 时，$U_T=26\text{ mV}$，K —波耳兹曼常数，T —绝对温度 q —电子电荷，u —外加电压。

3.1.6　PN 结的反向击穿

在测量 PN 结的伏安(V-I)特性时，如果加到 PN 结两端的反向电压增大到一定数值时，即超过 U_{BR} 时，反向电流突然增加，这个现象就称为 PN 结的反向击穿，发生击穿所需的反向电压 U_{BR} 就称为反向击穿电压。

产生 PN 结反向击穿的原因在于，在强电场的作用下，大大增加了自由电子和空穴的数

目，引起反向电流的急剧增加，这种现象的产生分为：雪崩击穿和齐纳击穿。

(1) 雪崩击穿——轻掺杂。轻掺杂的PN结中耗尽区较宽，外加反向电压时，少子通过耗尽区被加速，动能加大，动能正比于反向电压。获得动能的少子与区内中性原子的中价电子相撞，会撞出共价键，产生新的电子-空穴对，新的电子、空穴被电场加速后，再撞出新的电子-空穴对，连锁反应的结果，使反向电流雪崩式增加。

(2) 齐纳击穿——重掺杂。在重掺杂PN结中耗尽区很窄，在不大的反向电压作用时，耗尽区内便形成强电场，当反向电压逐步增大，电场强到一定时足以将耗尽区内中性原子的价电子拉出共价键，产生大量电子-空穴对，使反向电流激增。

一般而言，对硅材料的PN结，当 $U_{BR} > 7$ V 时为雪崩击穿，当 $U_{BR} < 5$ V 时为齐纳击穿。当 $5\text{ V} < U_{BR} < 7$ V，两种击穿都有，只要限制击穿时的电流，使流过PN结的电流与其两端的电压之积不超过其允许功耗时，PN结就不会损坏；而超过其功耗时，结温会急剧上升，烧毁PN结，这称作热击穿。这样PN结就损坏了。

综合上述，可获得PN结的伏安特性曲线，如图3.1.9所示。

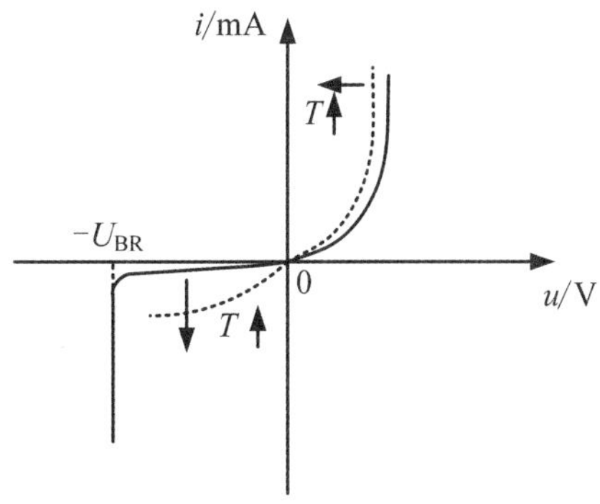

图 3.1.9 PN 结的伏安特性曲线

3.1.7 PN结的电容特性

PN结具有电容效应，它由扩散电容 C_D 和势垒电容 C_r 两部分组成。正偏时以 C_D 为主，通常为几十至几百皮法；反偏时，以 C_r 为主，通常为几至几十皮法。因为 C_D 和 C_r 不大，所以在高频工作时，才会考虑它们的影响。

势垒电容 C_T (反偏应用)—在导电性良好的P区和N区之间夹着一层高阻区。当外加电压增加时将多子推向耗尽区使正、负离子减少，反之增加；这相当于电容中存贮电荷的减少或增加，或相当于一个电容的效应。耗尽区(势垒区)这种电荷量随反偏电压变化而变化的电容效应，称为势垒电容。

扩散电容 C_D (正偏应用)——外加电压为零时，PN结处于平衡状态。加正偏电压时，平衡打破，电子(非平衡少子)，由于不能立即与空穴复合而在边界处积累，然后，在向P区扩散的同时与空穴复合，经过一段距离 L_n 才能完全复合，从而在 L_n 内形成了浓度梯度。P区的空穴在扩散过程中也有类似情况。当正偏电压增加时，扩散到P区少子浓度分布曲线P(N)区的电子(空穴)增加在 $L_n(L_p)$ 段的梯度变化变大，两梯度分布的差值相当于扩散区内的存贮电荷增加，P区增加 ΔQ_n，N区增加 ΔQ_p。这种外加电压变化引起扩散区内存贮电荷变化的特性，就是电容效应，称为扩散电容。

3.1.8 PN结的温度特性

PN结对温度敏感，当保持正向电流不变，温度每升高1℃，结电压降低2～2.5 mV，

$$\Delta u/\Delta T = -(2 \sim 2.5)\text{mV/℃} \tag{3.1.2}$$

反向电流 I_s 每增加 10℃，翻一翻。如 T_1 时为 I_{s1}，T_2 时为 I_{s2}，则

$$I_{s2} \approx I_{s1} 2^{(T_2 - T_1)/10} \tag{3.1.3}$$

当温度升高到一定程度，本征激发产生的少子浓度可能超过掺杂浓度，杂质半导体与本征半导体无异，PN 结特性消失，为使 PN 结特性存在，结温有一定限制，硅 PN 结限制在 150～200℃内，锗 PN 结限制在 75～100℃内。

3.2 半导体二极管

半导体二极管是由 PN 结加上电线、引线和管壳构成，其结构示意图和电路符号如图 3.2.1 所示。在符号中，接到 P 型的引线称为正极（或阳极），接到 N 型的引线称为负极（或阴极）。

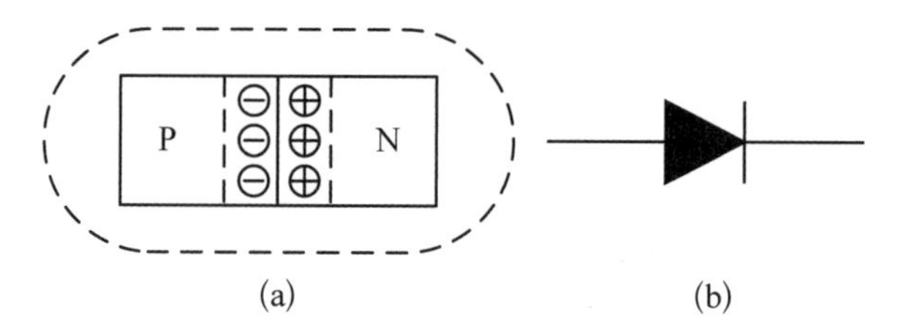

图 3.2.1 半导体二极管结构示意图(a)和电路符号(b)

3.2.1 二极管特性曲线

实际二极管中，由于存在引线的接触电阻、P 区和 N 区体电阻、表面漏电流等，其伏安特性与 PN 结的伏安特性略有差异。

普通二极管的典型伏安特性如图 3.2.2 所示。其伏安特性与 PN 结的伏安特性略有差异。

(1) 正向偏置特性：当电压加到 $U_{D(on)}$ 以上，才有明显正向电流。故 $U_{D(on)}$ 称为死区（导通）电压。在室温下，硅管 $U_{D(on)}$ 约为 0.5 V，锗管为 0.1 V；正向电流小时，伏安特性按指数律变化，电流大时体电阻和接触电阻起作用，伏安特性呈线性关系。

(2) 反向偏置特性：电流很小，硅管小于 0.1 μA，锗管小于几十微安。击穿与温度特性同 PN 结。

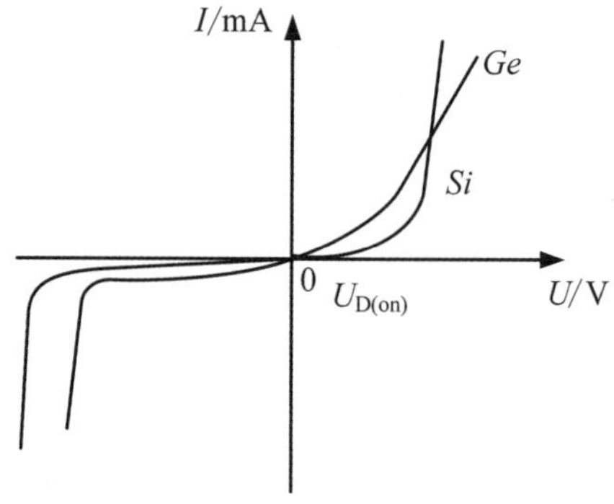

图 3.2.2 普通二极管的典型伏安特性

3.2.2 二极管的主要参数

1. 直流电阻 R_D

R_D 定义为二极管两端所加的电压 U_D 与流过它的电流 I_D 之比

$$R_D = \left. \frac{U_D}{I_D} \right|_Q \tag{3.2.1}$$

Q：二极管的工作点，U_D：二极管两端电压，反偏时符号为 U_{DR}。I_D：流过二极管的电流。正向时，$R_D \propto \frac{1}{I_D}$，反向时，$R_D \propto U_{DR}$。

2. 交流电阻 r_D

r_D 定义为二极管在其工作状态处的电压微变量与电流微变量之比，是其工作点 Q 上切线斜率之倒数。

因为：

$$i = I_s(e^{\frac{qu}{kT}} - 1) \approx I_s e^{\frac{u}{U_T}}; \tag{3.2.2}$$

$$r_D = \frac{\Delta U}{\Delta I}\bigg|_Q \approx \frac{U_T}{I_s e^{\frac{u}{U_T}}}\bigg|_Q \approx \frac{U_T}{I_{DQ}} \tag{3.2.3}$$

常温下

$$T = 300\ \text{K} \quad r_D \approx \frac{26(\text{mA})}{I_Q} \tag{3.2.4}$$

二极管电阻的几何意义见图 3.2.3：

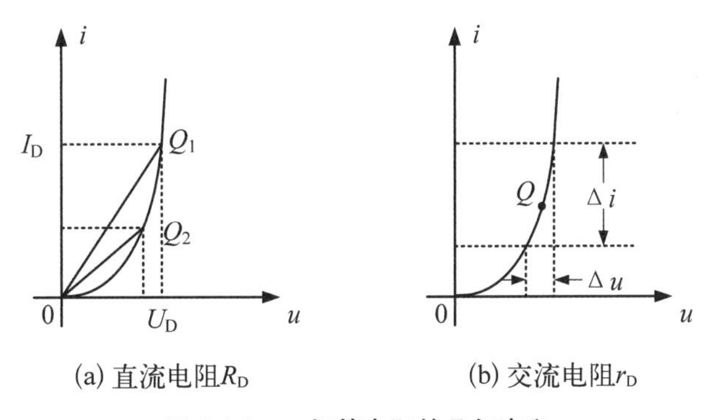

(a) 直流电阻R_D　　(b) 交流电阻r_D

图 3.2.3 二极管电阻的几何意义

最大整流电流 I_F：允许流过的最大正向平均电流，应用时不能超过此值。

最高反向工作电压 U_{RM}：允许加的最大反向电压，超过此值，容易反向击穿。应用时取 U_{RM} 的一半。

反向电流 I_R：二极管反向击穿前的电流，此值越小越好，I_R 与温度有关，应用时应注意温度。

最高工作频率 f_H：取决于极间电容，工作频率高时由于极间电容的作用，二极管单向导电性变差。

3.3 二极管简单电路分析

3.3.1 理想二极管

在大信号作用下，二极管呈单向导电性，当外加电压 $u > U_{D(on)}$ 时，二极管导通，此时具有很小导通电阻 $r_{D(on)}$。外加电压 $u < U_{D(on)}$ 时，二极管截止。当 $u \gg U_{D(on)}$ 时，$U_{D(on)}$ 可忽

略；当负载 $R_L \gg r_{D(on)}$ 时，$r_{D(on)}$ 可忽略。同时满足上述两条件时，二极管呈现理想开关特性（称为理想二极管），即正向偏置时：正向电阻为 0，正向导通电压 $U_{D(on)}=0$，具有短路特性；反向偏置时：反向电阻为∞，反向饱和电流 $I_s=0$，具有开路特性。

【例题 3-1】 计算图 3.3.1 所示理想二极管电路的输出电压 U_o。

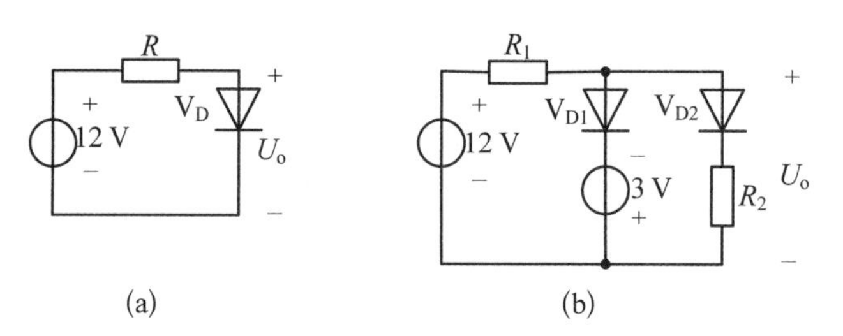

图 3.3.1 例题 3-1

解：(a)图：加入正向电压，二极管导通，$U_o=0$。

(b)图：二极管 V_{D1} 导通，二极管 V_{D2} 截止，$U_o=-3$ V。

3.3.2 二极管折线近似模型

依据二极管的实际工作条件，可引出工程上的二极管模型。如图 3.3.2 所示：(a)图为等效模型，折线化后等效为(b)图；当忽略导通电阻 r_D，而考虑导通电压 $U_{D(on)}$ 时，等效为(c)图；若忽略导通电压 $U_{D(on)}$ 而考虑导通电阻 r_D 时，则等效为(d)图。

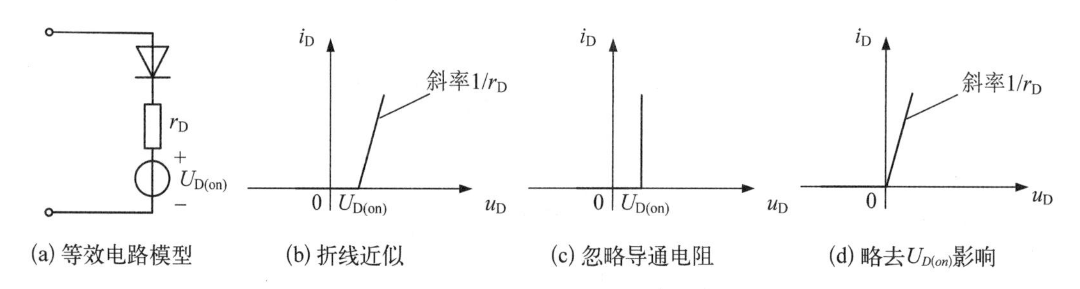

图 3.3.2 二极管折线近似模型

【例题 3-2】 计算图 3.3.3 所示二极管(考虑导通电压)电路的输出电压 U_o。

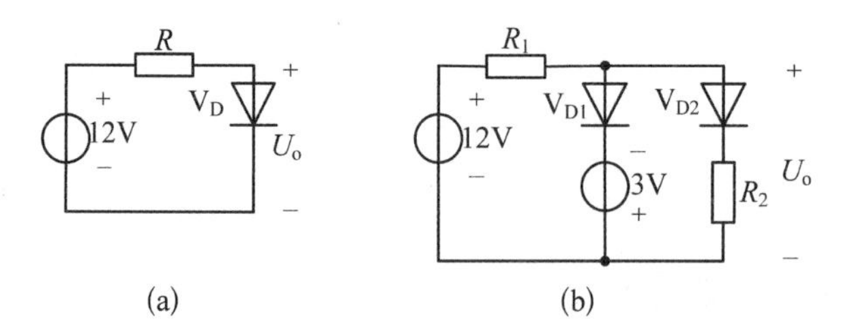

图 3.3.3 例题 3-2

解：(a) 设 $U_{D(on)}=0.7$ V，加入正向电压，二极管导通，$U_o=0.7$ V

(b) 设 $U_{D(on)}=0.3$ V，二极管 V_{D1} 导通，二极管 V_{D2} 截止，$U_o=-2.7$ V

【例题 3-3】 如图 3.3.4 所示电路中，计算流过二极管的电流 I_D。设导通电压 $U_{D(on)}=0.7$ V，忽略导通电阻 r_D。

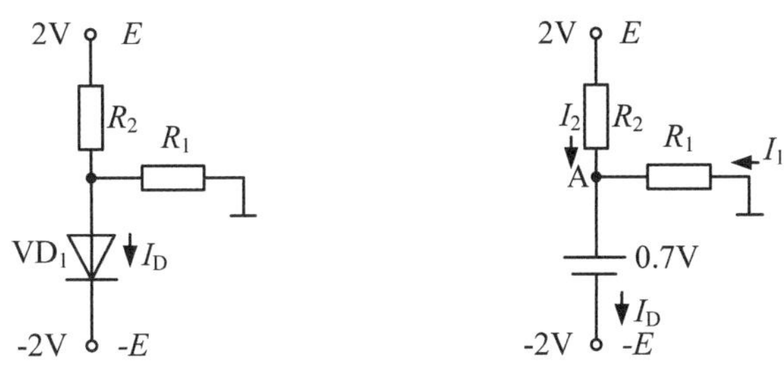

图 3.3.4　例题 3-3　　图 3.3.5　例题 3-3 解答

解：由电路图可得二极管 VD 导通，用图 3.3.2(c)图的等效模型代入电路中，得到图 3.3.5。可计算得到：

$$U_A=U_{D(on)}+(-E)=0.7+(-2)=-1.3\text{ V};$$

$$I_2=\frac{E-U_A}{R_2}=\frac{2-(-1.3)}{1}=3.3\text{ mA};$$

$$I_1=\frac{0-U_A}{R_1}=\frac{0-(-1.3)}{1}=1.3\text{ mA};\text{所以 } I=I_1+I_2=4.6\text{ mA}$$

3.4　二极管的基本应用电路

3.4.1　二极管整流电路

把交流电变为直流电，称为整流。从电流上看，是把双向交流电流变为单向电流。图 3.4.1 所示电路称为半波整流，即在输出信号中只保留输入信号的正(或负)半周的波形。

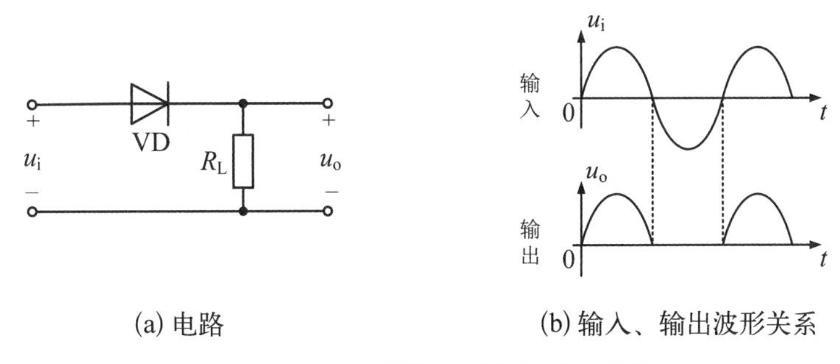

(a) 电路　　(b) 输入、输出波形关系

图 3.4.1　二极管半波整流电路及波形

性能分析：电路由理想二极管组成，当输入信号正半周时，二极管 VD 导通，此时 $u_o=u_i$；当输入信号负半周时，二极管 VD 截止，此时 $u_o=0$。实际运用时，负半周的峰值不应超过 VD 的反向击穿电压 U_{BR} 的一半。

利用四个理想二极管构成桥堆，可实现全波整流电路，即把输入信号的半周波形折到另一半，与原来的半周波形一并输出。如图 3.4.2(a)所示为一二极管全波整流电路。

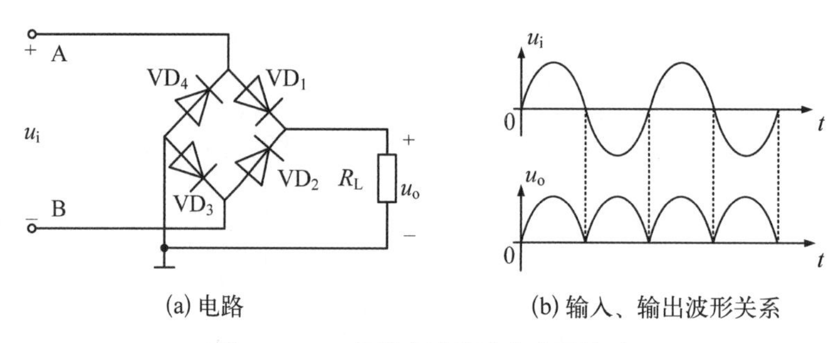

(a) 电路　　(b) 输入、输出波形关系

图 3.4.2　二极管全波整流电路及波形

分析如下：u_i 为正半周时，二极管 VD_1、VD_3 导通，VD_2、VD_4 截止，此时电流的路径为：$A \to VD_1 \to R_L \to VD_3 \to B$。$u_i$ 为负半周时，二极管 VD_2、VD_4 导通，VD_1、VD_3 截止，此时电流的路径为：$B \to VD_2 \to R_L \to VD_4 \to A$。输入、输出电压波形见图 3.4.2(b)。

【例题 3-4】 二极管整流电路如图 3.4.3 所示，设二极管均为理想二极管，已知 $u_i = 100\sin\omega t$(V)。

(1) 画出负载 R_L 两端电压 u_o 的波形。

(2) 若 VD_3 开路，试重新画出的 u_o 的波形。

(3) 若 VD_3 短路，会出现什么现象？

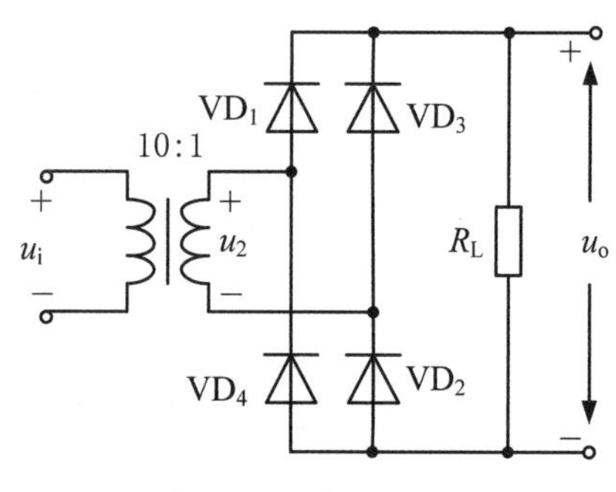

图 3.4.3　例题 3-4

解：(1) 因变压器匝数比为 10：1，故次级端电压为 $u_2 = 10\sin\omega t$(V)。u_2 为正半周时，二极管 VD_1、VD_2 导通，VD_3、VD_4 截止。$u_o = u_2$；u_2 为负半周时，二极管 VD_3、VD_4 导通，VD_1、VD_2 截止。$u_o = -u_2$，$u_o = |u_2|$，电压波型见图 3.4.4(a)。

(2) 若 VD_3 开路，则 u_2 为负半周时，$u_o = 0$，即 u_o 变为半波整流波形，电压波型见图 3.4.4(b)。

(3) 若 VD_3 短路，则 u_2 为正半周时，将 VD_1 短路烧坏。

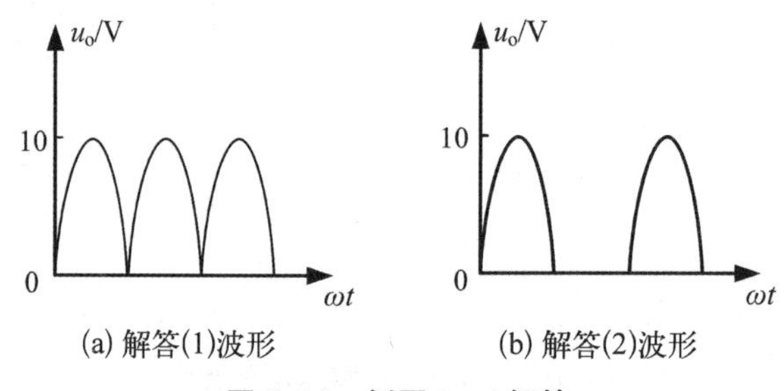

(a) 解答(1)波形　　(b) 解答(2)波形

图 3.4.4　例题 3-4 解答

3.4.2　精密整流电路

普通二极管由于导通(死区)电压的存在，当输入信号电压小于这电压时，二极管截止，

不能完成整流作用。但若利用运放与二极管的组合,可实现无死区工作。

1. 精密半波整流电路

如图 3.4.5(a)是一精密半波整流电路。V_1，V_2是硅材料二极管,其$U_{D(on)}=0.7$ V,运放开环增益为$A_o=10^5$,则当$|u'_{o1}|\geqslant 0.7$ V时,V_1，V_2有一导通,这时u_i只需$0.7/10^5=7\ \mu$V,便消除了死区现象。工作原理如下：

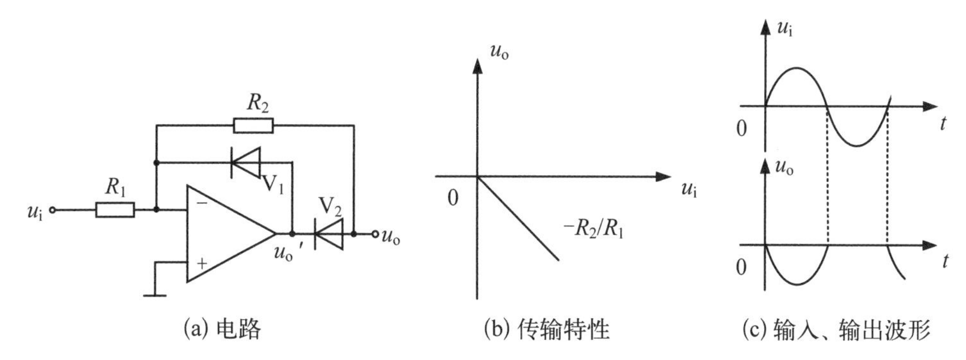

(a) 电路　　(b) 传输特性　　(c) 输入、输出波形

图 3.4.5　精密半波整流电路

(1) 当$u_i>0$，$u'_o<0$，V_1截止,V_2导通，R_1，R_2 构成反相比例放大器：

$$u_o=-\frac{R_2}{R_1}u_i$$

(2) 当$u_i<0$，$u'_o>0$，V_1导通,保证运放工作于闭环状态,V_2截止，$u_o=0$。

(3) 如 V_1、V_2反接或信号在同相端输入情况如何？请自己思考。

分析得到如图 3.4.5(b)、(c)分别是该电路的传输特性和输入、输出波形。

2. 精密全波整流电路——绝对值电路

这类电路可以由两个合适的半波整流电路经并联组合而成,也可用半波整流电路和加法器构成,如图 3.4.6。工作原理如下：

(1) 当$u_i>0$，$u_{o1}=-u_i$，$u_o=-u_i-2u_{o1}=u_i$；

(2) 当$u_i<0$，$u_{o1}=0$，$u_o=-u_i$。

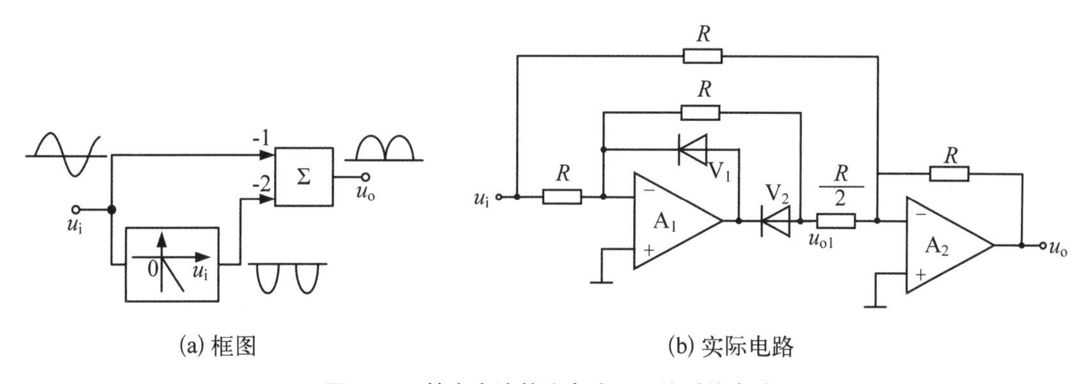

(a) 框图　　(b) 实际电路

图 3.4.6　精密全波整流电路——绝对值电路

综合情况 1、2，得 $u_o = |u_i|$。可见，输出是输入信号的绝对值，故该电路又称作绝对值电路。输入、输出传输特性和波形见图 3.4.7。

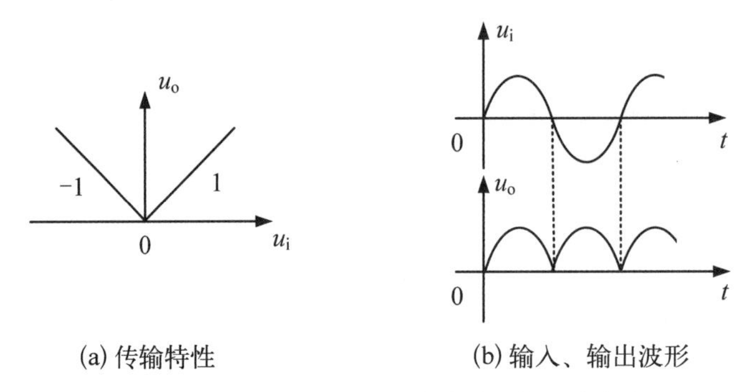

(a) 传输特性　　(b) 输入、输出波形

图 3.4.7　精密全波整流电路的传输特性及输出波形

3.4.3　二极管限幅电路

在某些场合，需要将信号（波形）的幅度限定在一定范围之内，这就需要用到限幅电路。该电路能限制输出电压的变化范围，又可分为上限幅电路、下限幅电路和双向限幅电路。图 3.4.8 为它们的传输特性和输入、输出电压对应的波形。当输入电压 u_i 小于上门限电压 U_{iH} 时，输出电压 u_o 正比于 u_i 变化，而当 $u_i > U_{iH}$ 时，u_o 被限制在最大值 U_{omax} 上，这种限幅称为上限幅；当输入电压 u_i 大于下门限电压 U_{iL} 时，输出电压 u_o 正比于 u_i 变化，而当 $u_i < U_{iL}$ 时，u_o 被限制在最小值 U_{omin} 上，这种限幅称为下限幅；若输入电压 u_i 小于上门限电压 U_{iH} 且大于下门限电压 U_{iL} 时，即 $U_{iL} < u_i < U_{iH}$ 时，输出电压才正比于 u_i 变化，而当 $u_i > U_{iH}$ 且 $u_i < U_{iL}$ 时，u_o 被限制在最大值 U_{omax} 和最小值 U_{omin} 上，这种限幅称为双向限幅。

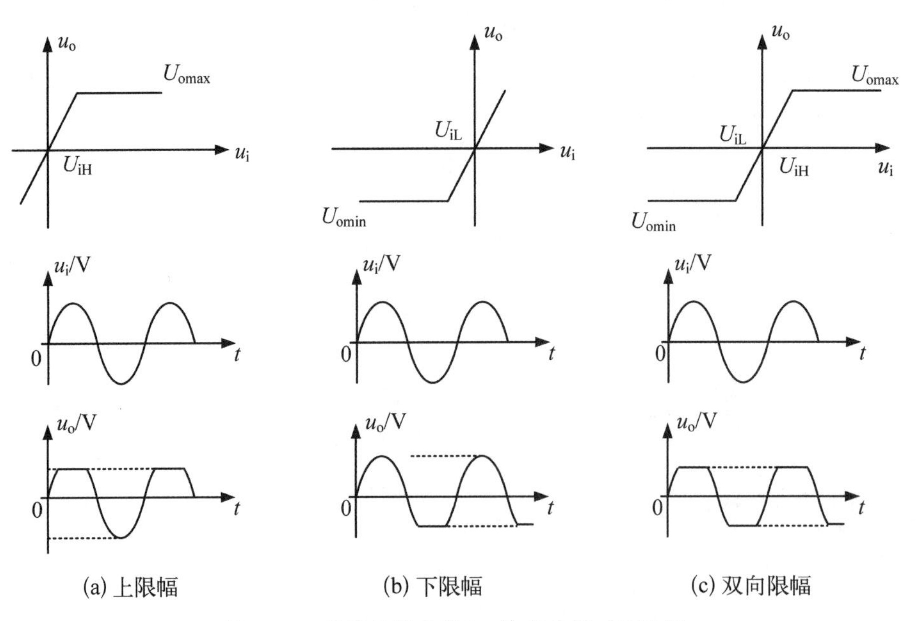

(a) 上限幅　　(b) 下限幅　　(c) 双向限幅

图 3.4.8　传输特性和输入、输出电压对应波形

下图 3.4.9(a)是一种二极管上限幅电路，假定所用二极管是硅管(设导通电压为 0.7 V)。

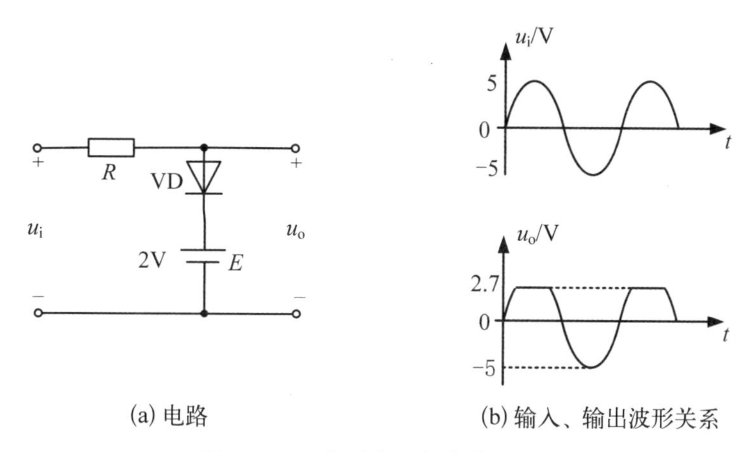

(a) 电路　　(b) 输入、输出波形关系

图 3.4.9　二极管上限幅电路及波形

分析得：当 $u_i \geqslant E=2$ V 时，二极管 VD 导通，此时 $u_o=2$ V。当 $u_i \leqslant E=2$ V 时，VD 截止，此时 $u_o=u_i$。调整 E，可调整至所需的限幅电平。E、VD 倒置可得下限幅电路。输入、输出波形见图 3.4.9(b)。

如图 3.4.10(a)是一双向限幅电路，选择不同的直流电压 E，可获得不同的限幅电平。

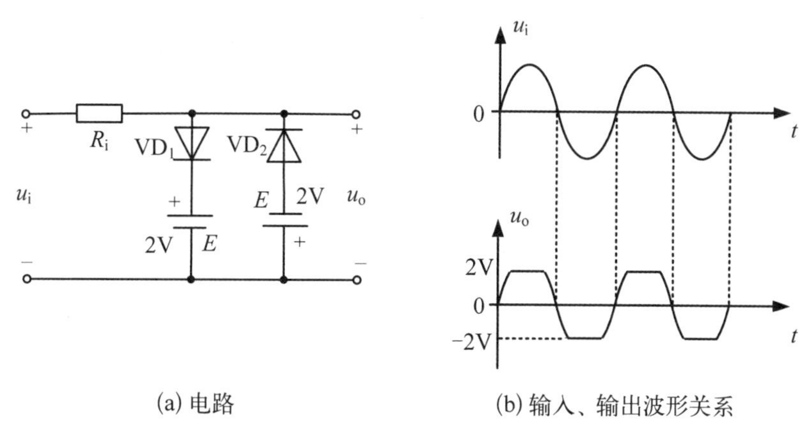

(a) 电路　　(b) 输入、输出波形关系

图 3.4.10　二极管双向限幅电路及波形

分析得：当输入信号为正半周时，二极管 VD_2 始终截止，而二极管 VD_1 在 $u_i \geqslant E=2$ V 时导通，此时 $u_o=2$ V；在 $u_i < E=2$ V 时截止，此时 $u_o=u_i$。当输入信号为负半周时，二极管 VD_1 始终截止，而二极管 VD_2 在 $u_i \leqslant E=2$ V 时导通，此时 $u_o=-2$ V；在 $u_i > -E=-2$ V 时截止，此时 $u_o=u_i$。输入、输出波形见图 3.4.10(b)。

限幅电路的基本用途在于控制输入电压不超过允许范围，保护后级电路的安全工作。图 3.4.11 为二极管保护电路的应用之一。设二极管的导通电压为 $U_{BE(on)}=0.7$ V。图 3.4.11(a)中，当 $-0.7\ \text{V} < u_i < 0.7$ V 时，二极管 VD_1、VD_2 都截止，电阻 R_1 和 R_2 中没有电

流，集成运放的两个输入端之间的电压为 u_i。当 $u_i > 0.7$ V 时，VD_1 导通，VD_2 截止，R_1、VD_1 和 R_2 构成回路，对 u_i 分压，集成运放的输入端电压被限制在 $U_{BE(on)} = 0.7$ V；当 $u_i < -0.7$ V 时，VD_1 截止，VD_2 导通，电阻 R_1 和 R_2 中没有电流，集成运放的两个输入端之间的电压为 u_i。当 $u_i > 0.7$ V 时，VD_1 导通，R_1、VD_2 和 R_2 构成回路，对 u_i 分压，集成运放的输入端电压被限制在 $-U_{BE(on)} = -0.7$ V。该电路把 u_i 限幅在 -0.7 V ~ 0.7 V 之间，保护集成运放。同理，图 3.4.11(b)中，二极管限幅电路把 u_i 限幅在 -0.7 V ~ 5.7 V 之间，保护A/D转换电路，具体可自行分析。

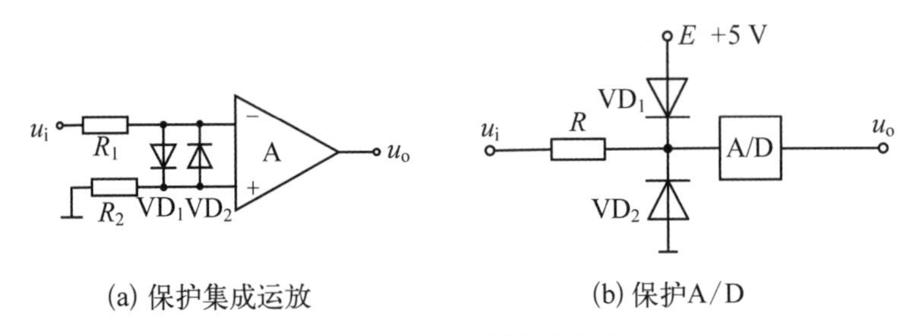

(a) 保护集成运放　　(b) 保护A/D

图 3.4.11　二极管保护电路

3.4.4　二极管电平选择电路

利用二极管的类似开关特性，可实现对多路输入信号中最低或最高电平的选择。图 3.4.12(a)是一个低电平选择电路，输入信号中只要有一个为低电平，输出即为低电平，在脉冲与数字电路中称为"与"电路。

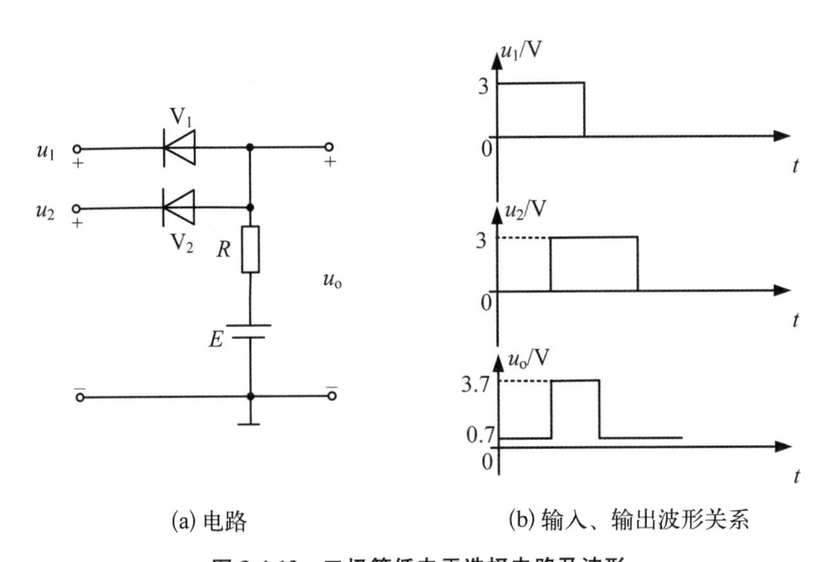

(a) 电路　　(b) 输入、输出波形关系

图 3.4.12　二极管低电平选择电路及波形

设 $E > u_1$，$E > u_2$，则若 u_1、u_2 中有一个为零，u_o 即被限幅在 $U_{D(on)} = 0.7$ V 上，即为低电平。只有当 u_1 和 u_2 全为高时，$u_o = 3\text{ V} + 0.7\text{ V} = 3.7$ V，输出才为高电平。输入、输出波形见图 3.4.12(b)。

3.4.5　峰值检波电路

峰值检波电路主要用于测量仪表等应用。实现这种电路的关键是电容只充电不放电。精确地讲，要有一个漏电极小的"好"电容，有极小的充电时常数和极大的放电时常数，如图3.4.13(a)。

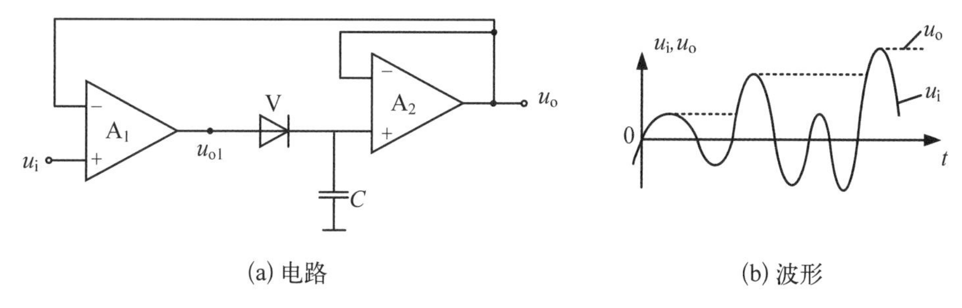

(a) 电路　　(b) 波形

图 3.4.13　峰值检波电路及波形

分析得：当 $u_i > u_o$ 时，二极管 V 导通，电容 C 充电。充电时常数是 V 的正向电阻与 C 之积。两个运放构成跟随器，$u_o = u_c \approx u_i$，输出永远可跟随 u_i 增大。当 $u_i < u_o$，V 截止，反向电阻极大，A_2 的输入电阻也极大，C 有极大的放电时常数，故 $u_o \approx u_c$，处于保持状态，实现了峰值检波。输出波形见图 3.4.13(b)。

【例题 3－5】　二极管电路如图 3.4.14(a)所示，设二极管均为理想二极管，当 B 点输入幅度为±3 V、频率为 1 kHz 的方波，A 点输入幅度为 3 V、频率为 10 kHz 的正弦波时，如图 3.4.14(b)，试画出 u_o 点波形。

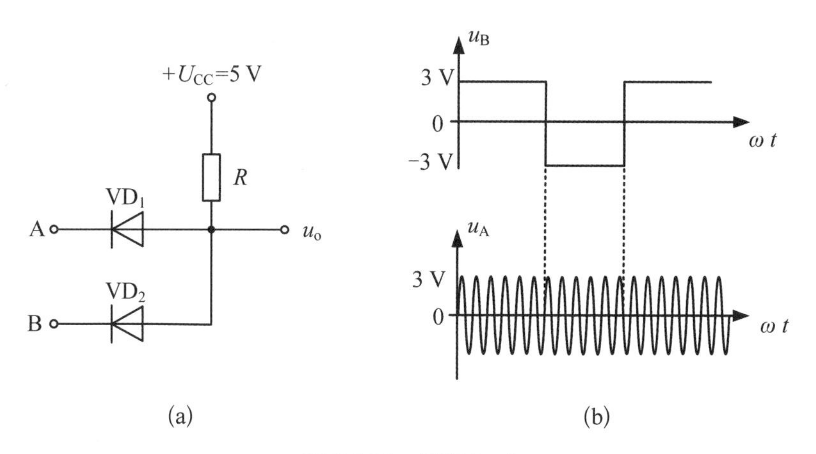

(a)　　(b)

图 3.4.14　例题 3－5

解：当 $u_A < 5$ V，$u_B < 5$ V 时，则 VD_1、VD_2 正偏导通；若 $u_A < u_B$，则输出电压 $u_o = u_A$，VD_2 反偏截止；若 $u_A > u_B$，则输出电压 $u_o = u_B$，VD_1 反偏截止；若 $u_A = u_B$，则输出电压 $u_o = u_A = u_B$。若 u_A 或 u_B 有一个小于 5 V，而另一个大于 5 V，则输出 u_o 等于小的一个。若 u_A 或 u_B 均大于 5 V，则输出 $u_o = 5$ V。综合上述分析可知，此电路相当于一个与门电路。可画出的波形如图 3.4.15 所示。

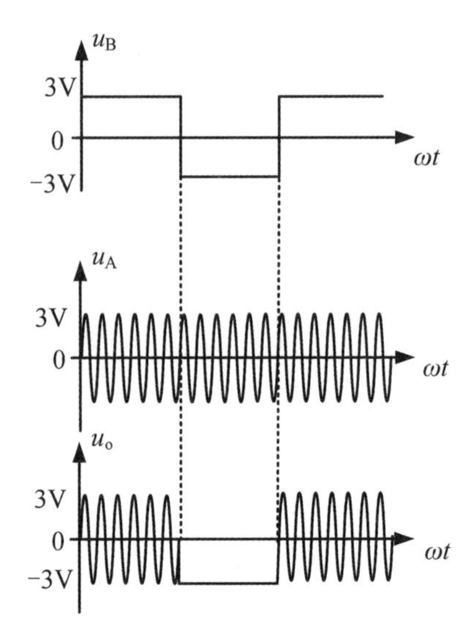

图 3.4.15　例题 3－5 解答

3.5　稳压二极管及稳压电路

稳压二极管是一种用特殊工艺制造的半导体二极管,其特点是利用 PN 结反向击穿时,具有稳压特性。其正、反向特性与普通二极管基本相同。特点是反向击穿后,电流 I_Z 在区间(I_{Zmin}，I_{Zmax})内,其动态电阻 r_Z 很小,这意味着 $I_{Zmin}<I_Z<I_{Zmax}$ 时二极管两端的电压变化很小,实现了稳压作用,如图 3.5.1 所示。

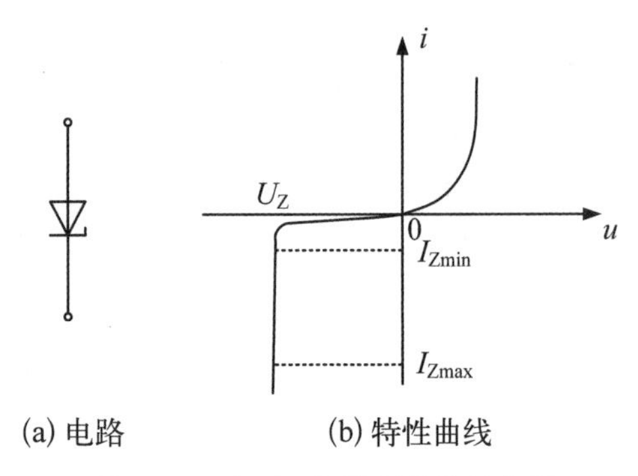

(a) 电路　(b) 特性曲线

图 3.5.1　稳压二极管及其特性曲线

3.5.1　稳压二极管的参数

稳定电压 U_Z ——流过二极管电流为规定值时,管子两端的电压,由于制造工艺原因,相同型号的管子 U_Z 也不同,可测量决定。

额定功耗 P_Z ——由管子温升所限,与 PN 结材料、结构、工艺有关,使用时不许超过此值。

稳定电流 I_Z ——正常工作时的参考电流,电流小于 I_Z 稳定效果差,反之效果好。但受 P_Z 限制,

最大电流 I_{Zmax} —— $I_{Zmax}=\dfrac{P_Z}{U_{Zmax}}$

温度系数 α ——温度变化 1℃ 时稳定电压的变化量,硅稳压管 $U_Z<5$ V 时,为负温系数(齐纳), $U_Z>7$ V 时为正温系数(雪崩), 5 V $<U_Z<$ 7 V 时,温度系数很小。所以 $U_Z=6$ V 左右的稳压管有广泛应用。

动态电阻 r_Z —— $r_Z=\left.\dfrac{\Delta U}{\Delta I}\right|_Q$,即为工作点 Q 上电压、电流变化量之比,是击穿特性工作点 Q 上切线斜率之倒数,工作电流越大 r_Z 愈小。

3.5.2　稳压二极管稳压电路

最常用的电路如图 3.5.2 所示,其中 R 为限流电阻, R_L 为负载, $U_Z=U_o$。所谓稳压是指 U_i，R_L 变化时, U_o 保持不变。要使 $U_Z=U_o$ 不变,需使 I_Z 在 I_{Zmin} 和 I_{Zmax} 之间。若 U_i 在(U_{imin}，U_{imax})内, I_L 在(I_{Lmin}，I_{Lmax})内。所谓电路设计就是要计算出限流电阻 R 的取值范围。

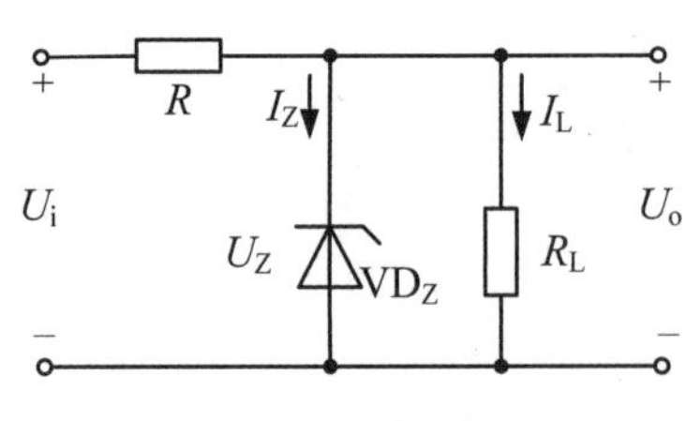

图 3.5.2　稳压二极管稳压电路

当 $U_i=U_{imin}$， $R_L=R_{Lmin}$ 时, I_Z 最小,要使 $U_Z=U_o$，必

须满足

$$\frac{U_{\mathrm{imin}}-U_{\mathrm{Z}}}{R}-\frac{U_{\mathrm{Z}}}{R_{\mathrm{Lmin}}}>I_{\mathrm{Zmin}} \tag{3.5.1}$$

即

$$R<\frac{U_{\mathrm{imin}}-U_{\mathrm{Z}}}{R_{\mathrm{Lmin}}I_{\mathrm{Zmin}}+U_{\mathrm{Z}}}R_{\mathrm{Lmin}}=R_{\mathrm{max}} \tag{3.5.2}$$

当$U_{\mathrm{i}}=U_{\mathrm{imax}}$，$R_{\mathrm{L}}=R_{\mathrm{Lmax}}$，$I_{\mathrm{L}}$ 最大，这时必须满足

$$\frac{U_{\mathrm{imax}}-U_{\mathrm{Z}}}{R}-\frac{U_{\mathrm{Z}}}{R_{\mathrm{Lmax}}}<I_{\mathrm{Zmax}} \tag{3.5.3}$$

即

$$R>\frac{U_{\mathrm{imax}}-U_{\mathrm{Z}}}{R_{\mathrm{Lmax}}I_{\mathrm{Zmax}}+U_{\mathrm{Z}}}R_{\mathrm{Lmax}}=R_{\mathrm{min}} \tag{3.5.4}$$

可见R的取值范围是在R_{min}与R_{max}之间。若计算结果出现$R_{\mathrm{min}}\gg R_{\mathrm{max}}$，则说明给定条件下已超出$V_{z}$的稳压工作范围。这时可改变使用条件或改选大功率稳压管。

【例题3-6】 稳压二极管电路如图3.5.2所示，设$U_{\mathrm{i}}=10\ \mathrm{V}$，稳压电压$U_{\mathrm{Z}}=6\ \mathrm{V}$，负载电阻$R_{\mathrm{L}}=1\ \mathrm{k\Omega}$。当限流电阻$R=200\ \Omega$，求工作电流$I_{\mathrm{Z}}$和输出电压$U_{\mathrm{O}}$；当$R=1\ \mathrm{k\Omega}$，再求工作电流$I_{\mathrm{Z}}$和输出电压$U_{\mathrm{O}}$。

当$R=200\ \Omega$时：$I_{\mathrm{R}}=\dfrac{E-U_{\mathrm{Z}}}{R}=\dfrac{10-6}{0.2}=20\ \mathrm{mA}$，$I_{\mathrm{L}}=\dfrac{U_{\mathrm{Z}}}{R_{\mathrm{L}}}=\dfrac{6}{1}=6\ \mathrm{mA}$；故$I_{\mathrm{Z}}=I_{\mathrm{R}}-I_{\mathrm{L}}=20-6=14\ \mathrm{mA}$；$U_{\mathrm{O}}=U_{\mathrm{Z}}=6\ \mathrm{V}$。

当$R=1\ \mathrm{k\Omega}$时：$I_{\mathrm{R}}=\dfrac{E-U_{\mathrm{Z}}}{R}=\dfrac{10-6}{1}=4\ \mathrm{mA}$，$I_{\mathrm{L}}=\dfrac{U_{\mathrm{Z}}}{R_{\mathrm{L}}}=\dfrac{6}{1}=6\ \mathrm{mA}$；

故$I_{\mathrm{Z}}=I_{\mathrm{R}}-I_{\mathrm{L}}=4-6=-2\ \mathrm{mA}<0$，显然矛盾，稳压管不能起稳压作用，$VD_{\mathrm{Z}}$截止，故$I_{\mathrm{Z}}=0\ \mathrm{mA}$，$U_{\mathrm{O}}=\dfrac{R_{\mathrm{L}}}{R+R_{\mathrm{L}}}\cdot U_{\mathrm{i}}=\dfrac{1}{1+1}\times 10=5\ \mathrm{V}$。

【例题3-7】 稳压二极管电路如图3.5.3(a)所示，设$u_{\mathrm{i}}=2\sin\omega t(\mathrm{V})$，见图3.5.3(b)所示。稳压管$\mathrm{VD_{Z1}}$和$\mathrm{VD_{Z2}}$的稳压电压为$U_{\mathrm{Z}}=6\ \mathrm{V}$。设负载电阻$R_{1}=1\ \mathrm{k\Omega}$，$R_{2}=5\ \mathrm{k\Omega}$。请画出输出电压$u_{\mathrm{o}}$的波形。

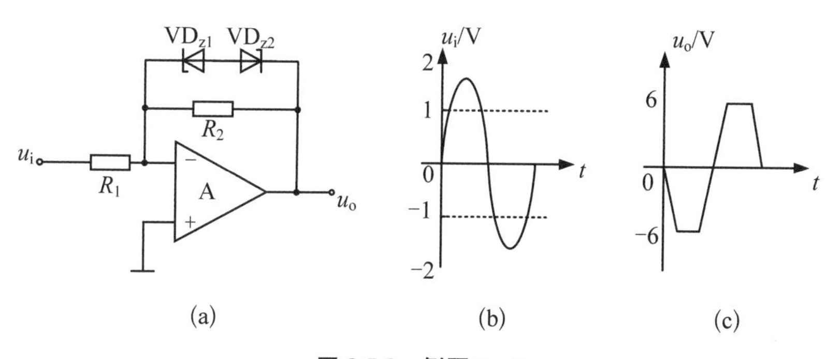

图3.5.3　例题3-7

解：当 $|u_i|<1$ V 时，VD_{Z1} 和 VD_{Z2} 都处于截止状态，其支路相当于开路，电路为反向电压放大器，放大倍数为 $A_u=-\dfrac{R_2}{R_1}=-5$，输出 u_o 最大变化到 ±6 V；当 $|u_i|>1$ V 时，VD_{Z1} 和 VD_{Z2} 一个导通，另一个截止。电流流过跨接在输入、输出两端之间的二极管支路，使输出 u_o 稳定在 ±6 V 之间。由此可得到图 3.5.3(c)。

思考题和习题

3.1 填空题

(1) 半导体是一种导电能力介于________和________之间的物质。

(2) 杂质半导体分____________型和____________型半导体两大类。

(3) N 型半导体是在四价本征半导体中掺入________价元素而形成，其多数载流子是________，少数载流子是________，P 型半导体是在四价本征半导体中掺入________价元素而形成，其多数载流子是________，少数载流子是________。

(4) PN 结具有________性能，即加正向电压时 PN 结________，加反向电压时 PN 结__________。

(5) 当温度升高时，PN 结的反向电流会__________。

(6) 题 3.1(6)图所示各电路，不计二极管正向压降，U_{AB} 电压值分别为：

(a) $U_{AB}=$________　(b) $U_{AB}=$__________　(c) $U_{AB}=$________

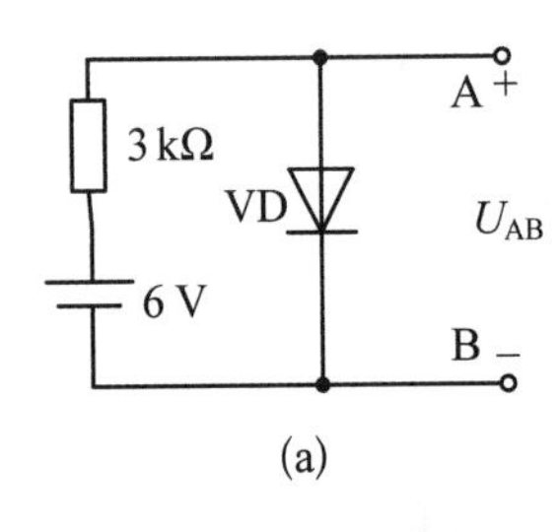

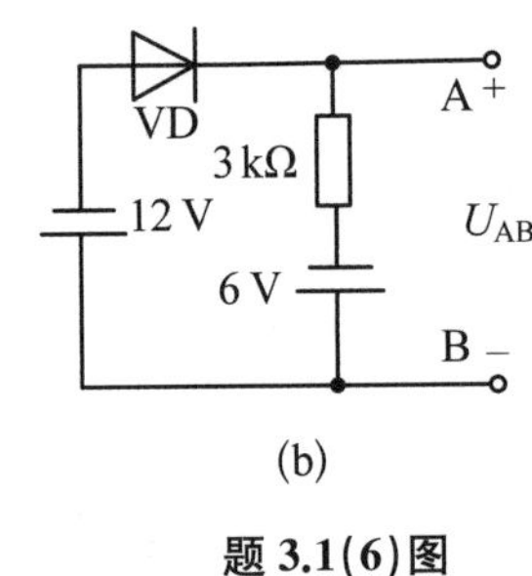

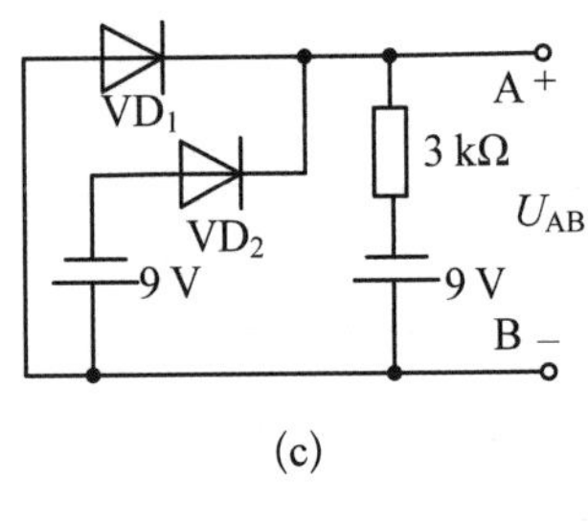

题 3.1(6)图

3.2 有两个 PN 结，一个反向饱和电流为 2 μA，另一个反向饱和电流为 2 nA，当它们串联工作时，流过 PN 结的正向电流为 2 mA，问两个 PN 结的导通电压降分别是多少？

3.3 半导体二极管伏安特性曲线如题 3.3 图所示，求图中 A、B 点的直流电阻和交流电阻。

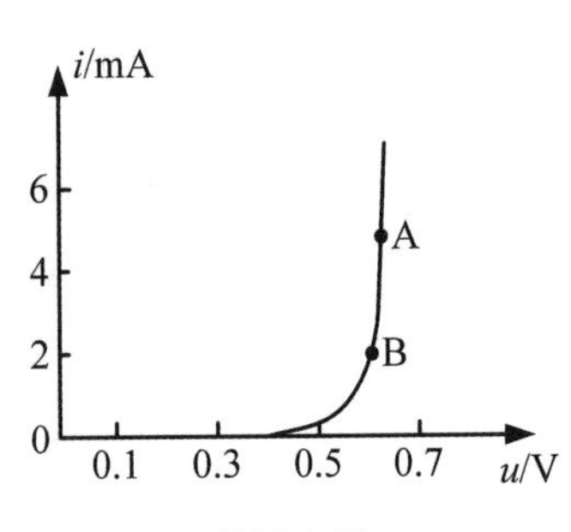

题 3.3 图

3.4 二极管电路如题 3.4 图所示：

(1) 若 $u_i=4$ V 时，流过电阻 R 的电流 $I=3.4$ mA。当输入电压增加到 $u_i=6$ V 时，求此时流过电阻 R 的电流 $I=$？

(2) 用导通电压为 $U_{D(on)}=0.65$ V 的二极管时，流过电阻 R 的电流 $I=13$ mA。当换成 $U_{D(on)}=0.67$ V 的二极管时，则流过电阻 R 的电流 $I=$?

(3) 若 $u_i=10$ V 时，流过电阻 R 的电流 $I=10$ mA。现用一交流电源 $u_i=10\sin\omega t$(V) 代替直流电源，然后用一直流表测量通过 R 的电流，则表中显示的电流值 $I=$?

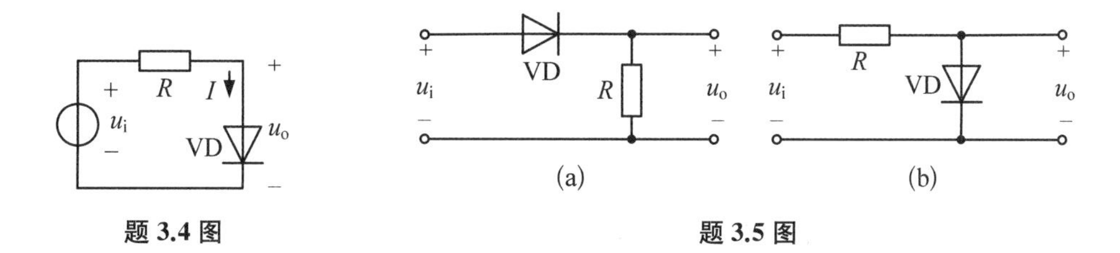

题 3.4 图　　　　**题 3.5 图**

3.5　理想二极管电路如题 3.5 图所示。已知 $u_i=10\sin\omega t$(V)，画出 u_o 相应波形。

3.6　在题 3.6 图电路中，已知 $u_i=5\sin\omega t$(V)，若二极管的正向导通压降为 $U_{D(on)}=0.7$ V，请分别画出 u_o 相应波形。

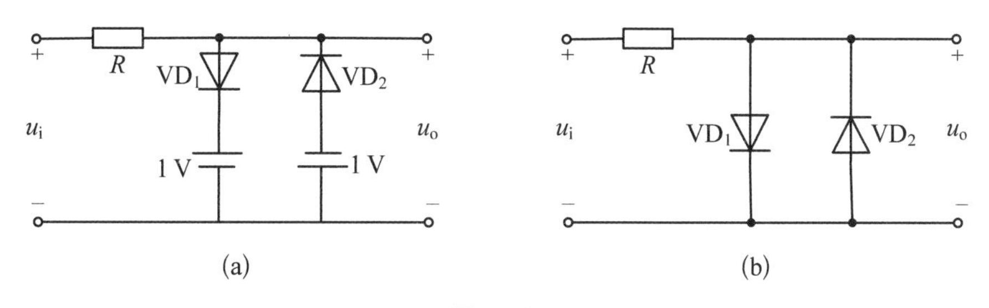

题 3.6 图

3.7　二极管电路如题 3.7 图所示，电阻 $R=1$ kΩ。

(1) 利用硅二极管的理想二极管串联电压源模型，设 $U_{D(on)}=0.7$ V，求流过二极管的电流 I 和输出电压 u_o。

(2) 利用二极管的小信号交流电阻模型(室温 $T=300$ K)，求输出电压 u_o 的变化范围。

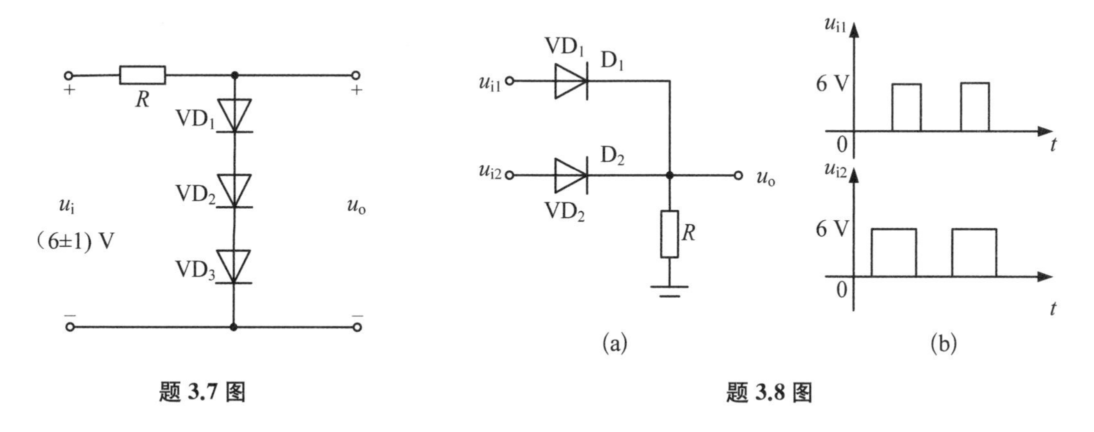

题 3.7 图　　　　**题 3.8 图**

3.8　理想二极管电路如题 3.8 图(a)所示，输入信号 u_{i1} 和 u_{i2} 的波形如图(b)所示。画出输出电压 u_o 的波形。

3.9 试分析判断题 3.9 图各电路中的理想二极管是导通还是截止？并求出输出电压 u_o 的值。

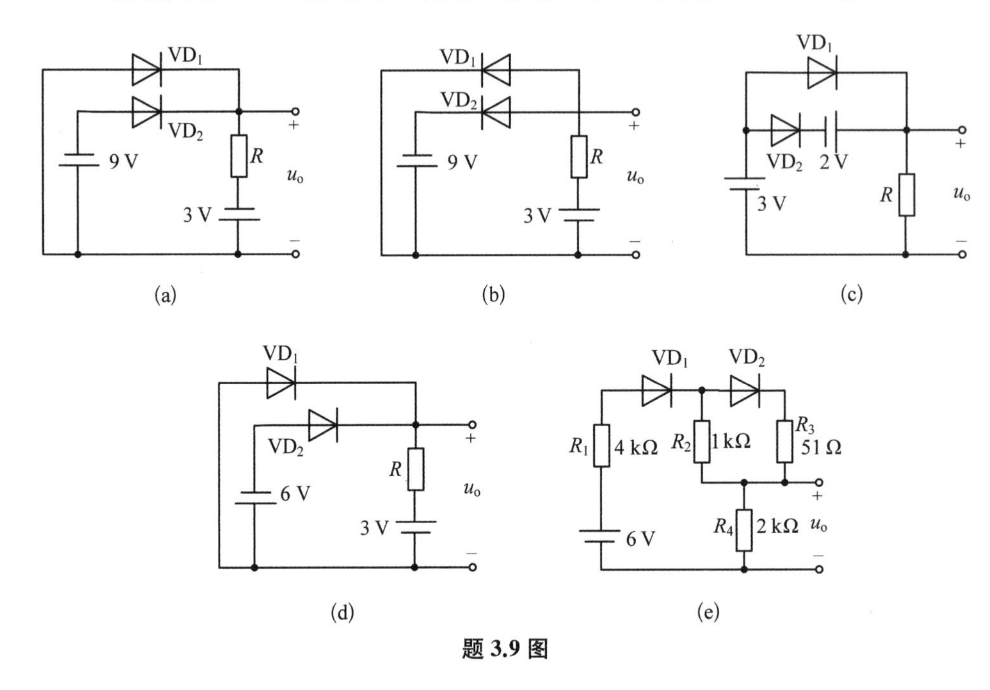

题 3.9 图

3.10 试分析判断题 3.10 图各电路中的理想二极管是导通还是截止？

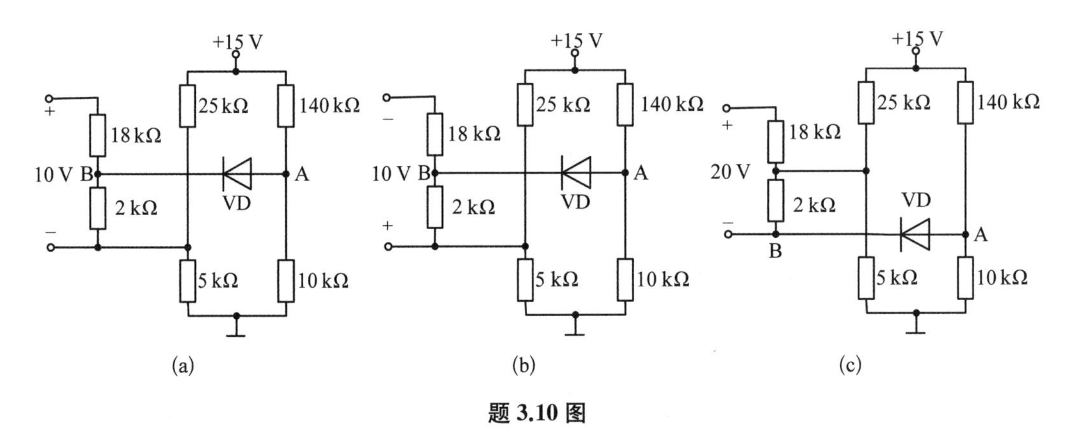

题 3.10 图

3.11 高输入阻抗绝对值电路如题 3.11 图所示，设 A 为理想运算放大器，二极管均为理想。试推导输出电压 u_o 与输入电压 u_i 的关系表达式。

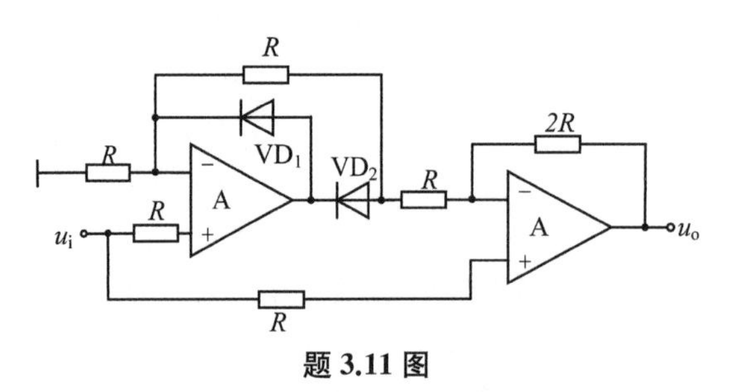

题 3.11 图

3.12　有两个稳压管，其稳压值 $U_{Z1}=6$ V，$U_{Z2}=7.5$ V，正向导通压降 $U_{D(on)}=0.7$ V。若两个稳压管串联时，可以得到哪几种稳压值？若两个稳压管并联时，又可以得到哪几种稳压值？

3.13　如题 3.13 图所示电路和输入电压 u_i 波形，分别画出输出电压 u_o 的波形。

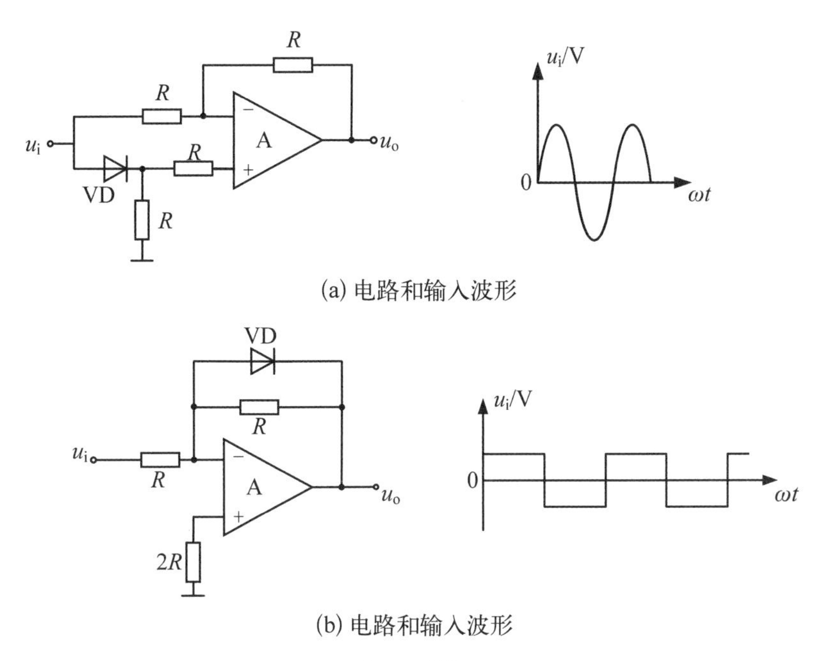

(a) 电路和输入波形

(b) 电路和输入波形

题 3.13 图

3.14　电路如题 3.14 图所示，已知稳压管 VD_{Z1} 的稳压值 $U_{Z1}=6$ V，VD_{Z2} 的稳压值 $U_{Z2}=7$ V，导通电压均为 $U_{D(on)}=0.7$ V，求电路的输出电压 $U_o=$?

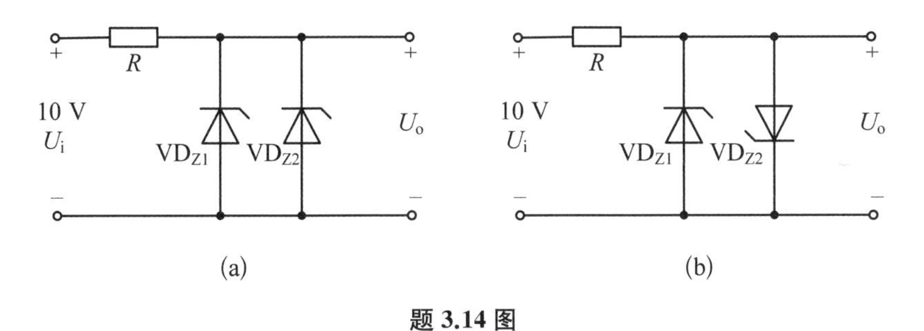

(a)　　(b)

题 3.14 图

3.15　电路如题 3.15 图所示，已知稳压管 VD_Z 的参数为：稳定电压 $U_Z=10$ V，功率 $P_Z=1$ W，最小工作电流 $I_{Zmin}=2$ mA，限流电阻 $R=100\ \Omega$。

(1) 若 $R_L=250\ \Omega$，试求 u_i 允许的变化范围。

(2) 若 $u_i=22$ V，试求 R_L 允许的变化范围。

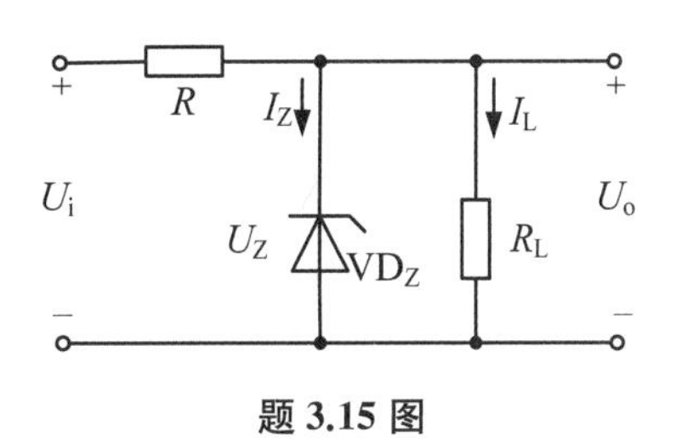

题 3.15 图

3.16 推导如题 3.16 图所示电路的输出电压 u_o 的表达式。

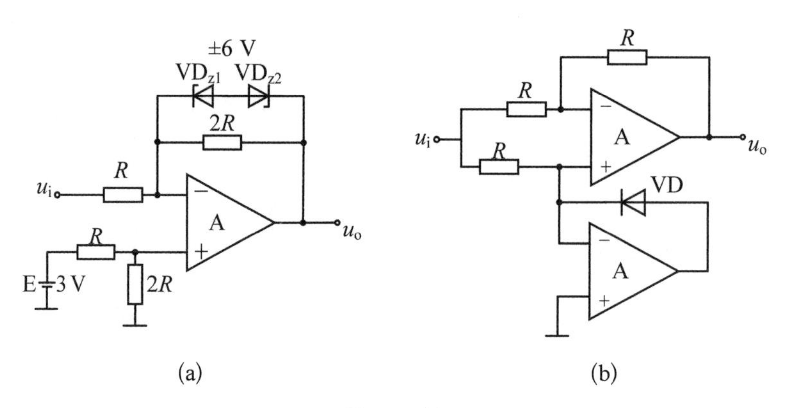

题 3.16 图

第 4 章

晶体三极管和场效应管

本章要点： 本章主要介绍晶体三极管及场效应管的基本概念、工作区域及特性曲线，掌握基本元件的工作原理及分析方法。重点掌握共发射极三极管的特性曲线和工作区域、三极管的电流关系以及三极管的类型和管脚分析方法；针对场效应管的学习，重点掌握其特性曲线和工作区域分析，以及 BJT 和 FET 应用电路的分析及性能比较。

4.1　双极型晶体管

双极型晶体管简称晶体管，是由三层杂质半导体构成的有源器件，制造材料可以是锗，硅，砷化镓等。因为参与导电的有两种极性的载流子(电子、空穴)，故称为双极型，由于有三个电极，故又称晶体三极管。4.1.1 为 NPN 晶体三极管和 PNP 晶体三极管示意图和电路符号。

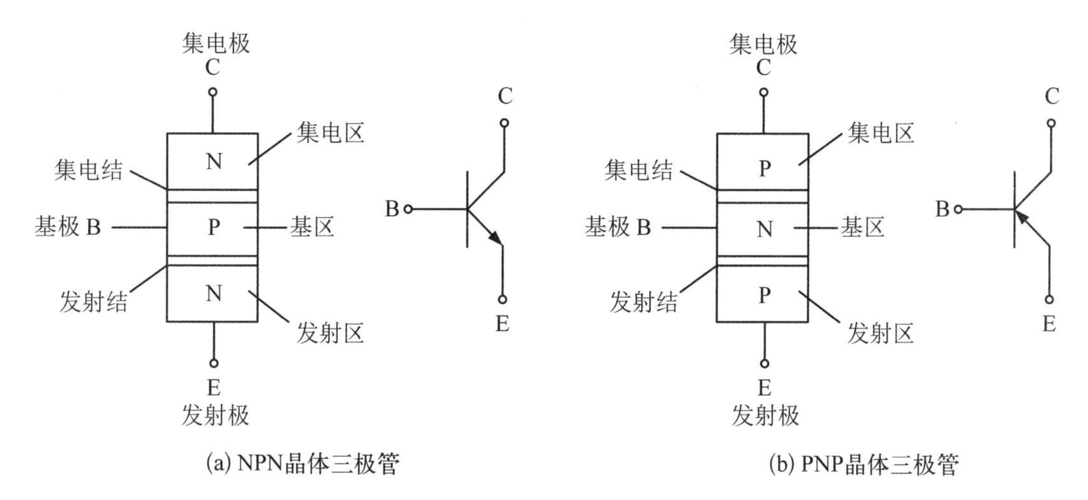

(a) NPN晶体三极管　　(b) PNP晶体三极管

图 4.1.1　晶体三极管示意图和电路符号

晶体三极管的特点：

(a) 发射区相对基区重掺杂；

(b) 基区很薄(零点几 μ 到几 μ；高频管比低频管薄)；

(c) 集电结的面积大于发射结面积；

(d) 线性应用条件：发射结正偏，集电结反偏。

4.1.1 晶体管中载流子的传输过程(以 NPN 管为例)

图 4.1.2 所示为 NPN 晶体管内载流子的运动和各极电流。

1. 发射区向基区注入电子

发射结正偏，结两侧多子(发射区电子，基区空穴)的扩散运动占优势，电子源从发射区进入基区，形成电流 I_{EN}，空穴则相反运动形成 I_{EP}。由于发射区电子浓度远大于空穴，$I_{EP} \ll I_{EN}$，所以 I_{EP} 忽略，发射极电流 $I_E \approx I_{EN}$，方向与电子流相反。

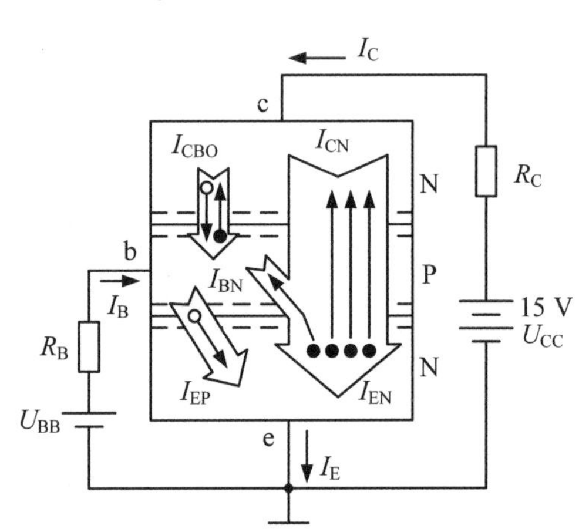

图 4.1.2 晶体管内载流子的运动和各极电流

2. 电子在基区边扩散边复合

注入基区的电子，成为非平衡少子，形成了浓度梯度。由于浓度差的存在会继续向 C 结扩散，扩散过程中部分电子与基区空穴复合而失去。由于基区很薄，故复合的电子数极少，大部分都扩散到 C 结边缘，形成复合电流 I_{BN}，它是基极电流 I_B 的主要组成部分。

3. 扩散到集电结的电子被集电区收集

由于集电结反偏，使扩散到 C 结边缘的电子在该电场的作用下漂移到集电区，形成该区的收集电流 I_{CN}，这是构成集电极电流 I_C 的主要部分。另一方面集电区和基区的少子漂移形成集电结反向饱和电流 I_{CBO}，并流过集电极和基极支路，构成 I_C、I_B 的另一部分(次要)电流。

4.1.2 电流分配关系

三极管三个极上的电流与内部载流子传输形成的电流关系为：

$$I_E \approx I_{EN} = I_{BN} + I_{CN} = (1+\bar{\beta})I_B + (1+\bar{\beta})I_{CBO} \tag{4.1.1}$$

$$I_B = I_{BN} - I_{CBO} = I_E - I_C \tag{4.1.2}$$

$$I_C = I_{CN} + I_{CBO} = \bar{\beta}I_B + (1+\bar{\beta})I_{CBO} \tag{4.1.3}$$

$\bar{\beta}$ 为共 e 极直流电流放大系数。定义为：$\bar{\beta} = \dfrac{I_C - I_{CBO}}{I_B + I_{CBO}}$；一般 $\bar{\beta}$ 在区间(20～200)之内。

$I_{CEO} = (1+\bar{\beta})I_{CBO}$，称为发射极开路时集电极反向穿透电流。当 I_{CBO} 很小时，可忽略，这时 $I_C \approx \bar{\beta}I_B$，$I_E = (1+\bar{\beta})I_B$。

定义共基极直流电流放大系数 $\bar{\alpha}$：

$$\bar{\alpha}=\frac{I_{CN}}{I_{EN}}=\frac{I_C-I_{CBO}}{I_E}<1 \tag{4.1.4}$$

不难求得：

$$I_C\approx\bar{\alpha}I_E \tag{4.1.5}$$

$$I_B\approx(1-\bar{\alpha})I_E \tag{4.1.6}$$

$$I_E=I_C+I_B \tag{4.1.7}$$

由于 $\bar{\alpha}$、$\bar{\beta}$ 都反映了管中基区扩散与复合的关系，内在联系为：

$$\bar{\alpha}=\frac{\bar{\beta}}{1+\bar{\beta}}\quad\bar{\beta}=\frac{\bar{\alpha}}{1-\bar{\alpha}},\ \bar{\beta}\in(20,\ 200),\ \bar{\alpha}\in(0.95,\ 0.995)$$

4.1.3　晶体三极管的特性曲线

晶体管的三种组态——晶体管有三个电极，应用时一个作为输入端，一个作为输出端，还有一个作为输入、输出的公共端，实际应用中可构成三种基本接法，如图 4.1.3 所示。

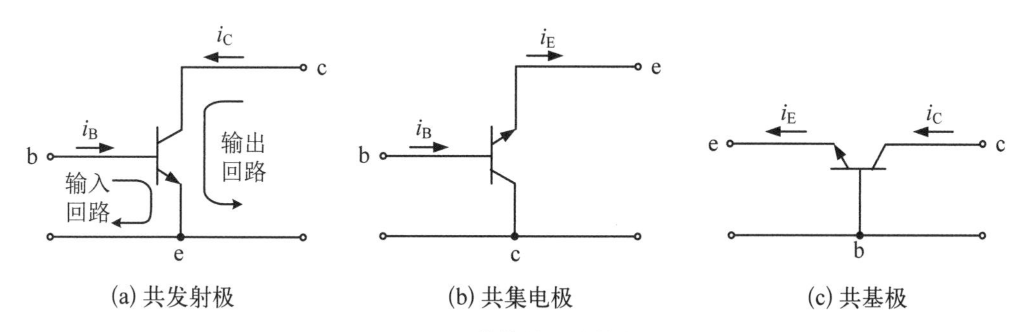

图 4.1.3　晶体管的三种基本接法

注意，基极只能做输入端不能做输出端；发射极既能做输入端又能做输出端；集电极只能做输出端不能做输入端。

晶体管的特性曲线反映了各极电流和极间电压关系，对于了解管子性能及晶体管电路的分析都是有用的。

1. 共射极输出特性

共射极特性曲线测量电路如图 4.1.4 所示(以 NPN 管子为例)。共射极输出特性曲线是以 i_B 为参量时，i_C 与 u_{CE} 的关系曲线，即 $i_C=f(u_{CE})\mid_{i_B=C}$，如图 4.1.5 所示，它反映了二极管的反向工作特性。

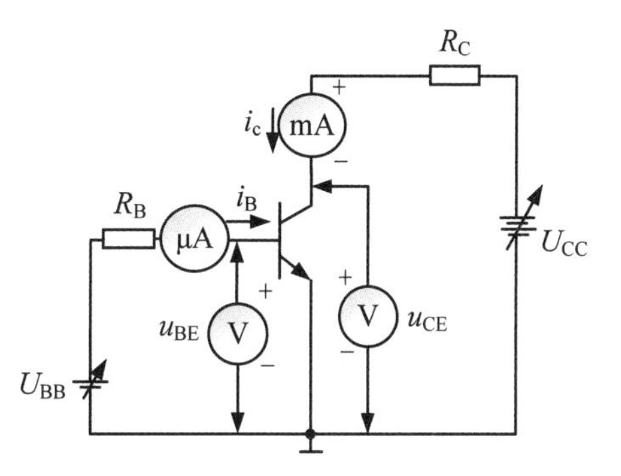

图 4.1.4　共发射极特性曲线测量电路

输出特性划分为三个区域：放大区、截止区和饱和区

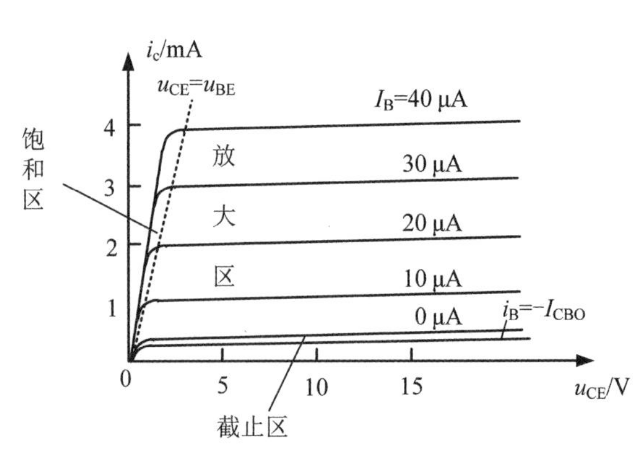

图 4.1.5　共射输出特性曲线

(1) 放大区：发射结正偏，集电结反偏。

特点：

a. i_B 对 i_C 有很强的控制作用，反映在共射极交流放大系数 β 上，定义为：

$$\beta=\left.\frac{\Delta I_C}{\Delta I_B}\right|_{u_{CE}=C}，即\ i_C\approx\beta i_B$$

b. u_{CE} 变化对 i_C 影响很小，i_B 一定时，u_{CE} 增大，i_C 略有增大。表现为恒流特性。

(2) 截止区：发射结反偏，集电结反偏。$i_B\leqslant -I_{CBO}$ 则为截止区。

特点：

(a) 当 $i_B=-I_{CBO}$ 时，则 $i_C=I_{CBO}$，表示 $i_E=0$（相当于 e 极开路）时 C 结的反向饱和电流。

(b) 对小功率管，I_{CEO} 很小，I_{CBO} 更小。$i_B<0$ 的曲线基本与 X 轴重合。

(c) 对大功率管，I_{CEO} 很大，应强调 $i_B\leqslant -I_{CBO}$ 为截止条件。

(d) 截止区内，$I_B=0$，$I_C\approx 0$。

(3) 饱和区：发射结正偏，集电结正偏。当 $u_{CE}=u_{BE}$（C 结零偏）时称为临界饱和，对应轨迹为临界饱和线。

特点：$u_{BE}<u_{CE}$（C 结正偏）管子进入饱和区。C 结正偏，不利于收集电子，当 u_{CE} 为恒值时，随着 i_B 上升，i_C 变化小。因此在饱和区 i_C 不受控制，即 $I_C\neq\bar{\beta}I_B$，此时 $u_{CE}=u_{CE(sat)}$ 称为饱和区压降，小功率管一般为 0.3 V。

2. 共射极输入特性曲线

以 u_{CE} 为参量，i_B 与 u_{BE} 的关系，即 $i_B=f(u_{BE})|_{u_{CE}=C}$。图 4.1.6 为共射极输入特性曲线（以 NPN 管子为例）。其特点类似二极管特性：

(1) 当 $u_{CE}\geqslant 1$ V 时，管子工作在放大区。

当 $u_{BE}<U_{BE(on)}$ 时，$i_B\approx 0$，$U_{BE(on)}$ 为导通电压，硅管(Si)为：0.6 V ~ 0.8 V。锗管(Ge)为：0.1 V ~ 0.3 V。

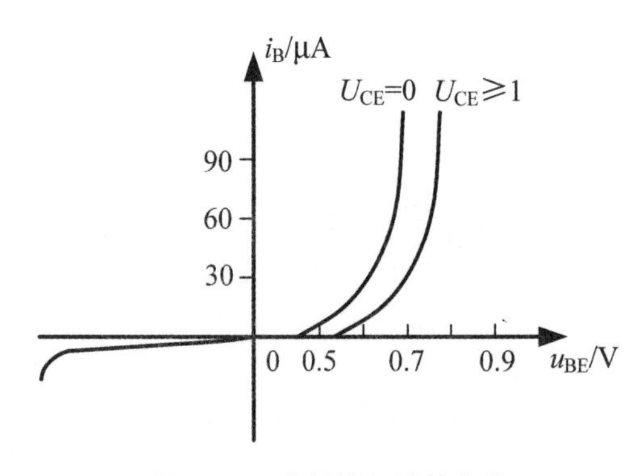

图 4.1.6　共射输入特性曲线

当 $u_{BE}>U_{BE(on)}$ 时，i_B 先按指数律上升，后线性上升，（此时体电阻和接触电阻起作用），当 u_{CE} 上升时，i_B 略小（复合少），曲线略右移。右移量很小，曲线重叠。

(2) 当 $u_{CE}=0$ 时，晶体管等效于两个并联二极管，当 $u_{BE}>U_{BE(on)}$ 时，i_B 上升，曲线左移。

(3) 当 $0<u_{CE}<1$ V 时，随着 u_{CE} 上升，曲线右移。当 $0<u_{CE}<u_{CE(sat)}$ 时，工作在饱和区，右移量大一些，当 $u_{CE(sat)}<u_{CE}<1$ V 时，右移量小一些。

(4) $u_{BE} < 0$，由于晶体管截止，i_B 为反向电流。当 u_{BE} 负到某值时，e 结会被击穿。

可见，NPN 型晶体管的工作区域为：

(1) 放大区：$u_{BE} > U_{BE(on)}$，$u_{CE} > u_{BE}$；

(2) 截止区：$u_{BE} < U_{BE(on)}$；

(3) 饱和区：$u_{BE} > U_{BE(on)}$，$u_{CE} < u_{BE}$。

PNP 型晶体管的工作区域为：

(1) 放大区：$u_{BE} < U_{BE(on)}$，$u_{CE} < u_{BE}$；

(2) 截止区：$u_{BE} > U_{BE(on)}$；

(3) 饱和区：$u_{BE} < U_{BE(on)}$，$u_{CE} > u_{BE}$。

【例题 4-1】 确定图 4.1.7 所示下列管子的工作区域：

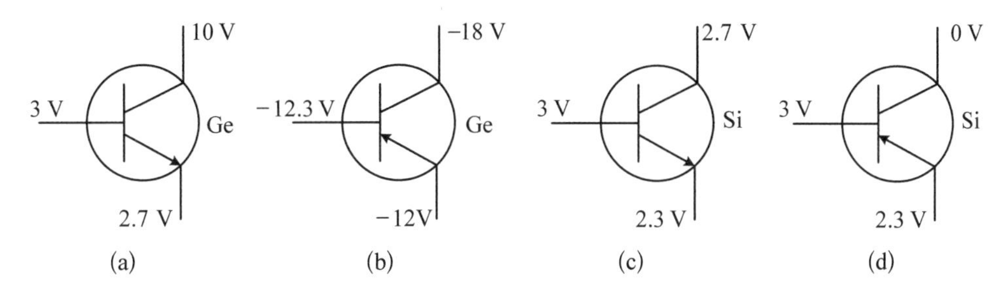

图 4.1.7　例题 4-1

解：

(a) 因为 $u_{BE} = 0.3$ V，$u_{CE} > u_{BE}$，工作在放大区。

(b) 因为 $u_{BE} = -0.3$ V，$u_{CE} < u_{BE}$，工作在放大区。

(c) 因为 $u_{BE} = 0.7$ V，$u_{CE} < u_{BE}$，工作在饱和区。

(d) 因为 $u_{BE} = 0.7$ V，工作在截止区。

【例题 4-2】 已知图 4.1.8 所示管子工作于放大区，确定类型并画出管子符号。

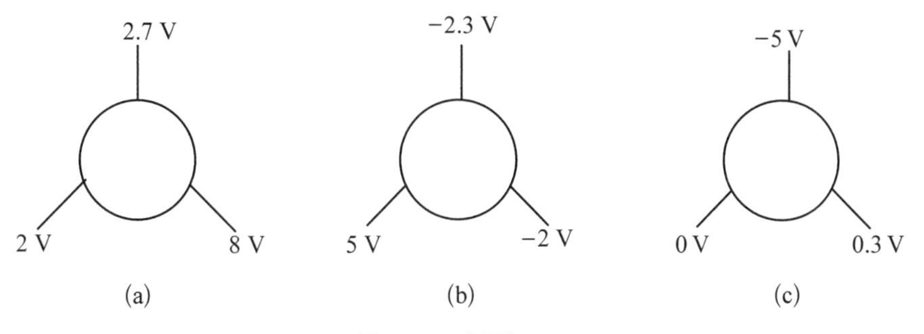

图 4.1.8　例题 4-2

找两个最接近的数据，确定是 Si 管还是 Ge 管。看另一极比前者大还是小，大者为 NPN 管，小者为 PNP 管，且该极是集电极。根据管型确定基极还是发射极，画出管子符号。

解：

(a) 因为 NPN、Si 管工作在放大区。C 点最高，BE 电压相差近 0.7 V。所以管子极性如图 4.1.9(a)。

(b) 因为 NPN、Ge 管工作在放大区。C 点最高，BE 电压相差近 0.3 V。所以管子极性如图 4.1.9(b)。

(c) 因为 PNP、Ge 管工作在放大区。E 点最高，BE 电压相差近 -0.3 V。所以管子极性如图 4.1.9(c)。

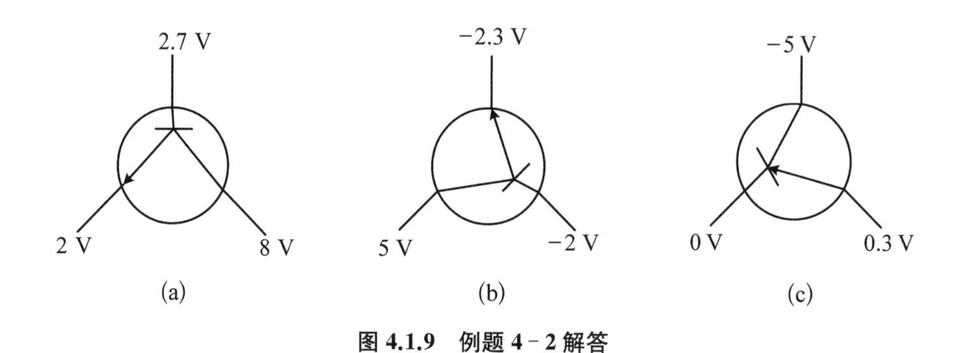

图 4.1.9　例题 4-2 解答

4.2　晶体三极管交流小信号模型(共射为例)

应用条件：

(1) 静态工作点选择恰当，晶体管工作在放大区。

(2) 输入信号较小，非线性失真可忽略。

4.2.1　混合 π 型电路模型

晶体管如图 4.2.1 所示，分析为：

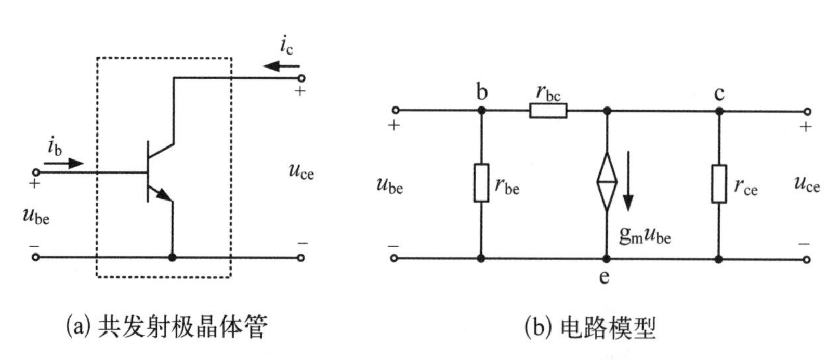

图 4.2.1　晶体管放大过程分析及电路模型

u_{be} 对 i_b 的控制作用，等效为 b-e 间的交流结电阻 r_{be}，其值为

$$r_{be}=\frac{u_{be}}{i_b}=\frac{\partial u_{BE}}{\partial i_B}\bigg|_Q=\frac{\partial i_E}{\partial i_B}\cdot\frac{\partial u_{BE}}{\partial i_B}\bigg|_Q=(1+\beta)r_e \tag{4.2.1}$$

r_e 为发射结交流电阻。而 $i_e\approx I_s e^{u_{BE}/U_T}$，所以

$$r_e=\frac{1}{\partial i_E/\partial u_{BE}|_Q}=\frac{1}{\frac{1}{U_T}I_s e^{U_{BEQ}/u_t}}=\frac{U_T}{I_{EQ}}=\frac{26\text{ mV}}{I_{EQ}} \tag{4.2.2}$$

通过 i_b 对 i_c 的控制可等效为一个流控电流源

$$i_c=\beta i_b,\text{其中 }\beta=\frac{\partial i_C}{\partial i_B}\bigg|_Q=\frac{i_c}{i_b} \tag{4.2.3}$$

或直接用一个压控电流源来表示：$i_c=g_m u_{be}$，其中跨导

$$g_m=\frac{\partial i_C}{\partial u_{BE}}\bigg|_Q=\frac{i_c}{u_{be}}=\frac{\partial i_C}{\partial i_B}\bigg/\frac{\partial u_{BE}}{\partial i_B}\bigg|_Q=\frac{\beta}{r_{be}}\cong\frac{1}{r_e} \tag{4.2.4}$$

r_{ce} ——输出特性上 Q 点处切线斜率之倒数，表明 r_{ce} 对 i_c 的影响。

$r_{ce}=\frac{\partial u_{CE}}{\partial i_C}\Big|_Q=\frac{u_{ce}}{i_C}$，百 kΩ 数量级。

r_{bc} ——输入特性上 Q 点处 Δu_{CE} 对 Δi_B 的影响。

$r_{bc}=\frac{\partial u_{CE}}{\partial i_B}\Big|_Q=\frac{\partial i_C}{\partial i_B}\cdot\frac{\partial u_{CE}}{\partial i_C}\Big|_Q=\frac{u_{ce}}{i_b}=\beta r_{ce}$，极大，常可忽略。

真正的晶体管还有寄生效应的影响，如图 4.2.2 所示，它们是三个掺杂区的体电阻 $r_{bb'}$，$r_{ee'}$，$r_{cc'}$，其中 $r_{bb'}$ 基区体电阻因该区很窄，数值较大，一般高频管数十欧，低频管数百欧，另两个较小，可忽略。还有两个结的结电容，发射结电容 $C_{b'e}$（正偏势垒），集电结电容 $C_{b'c}$（反偏扩散），低频工作时可忽略。

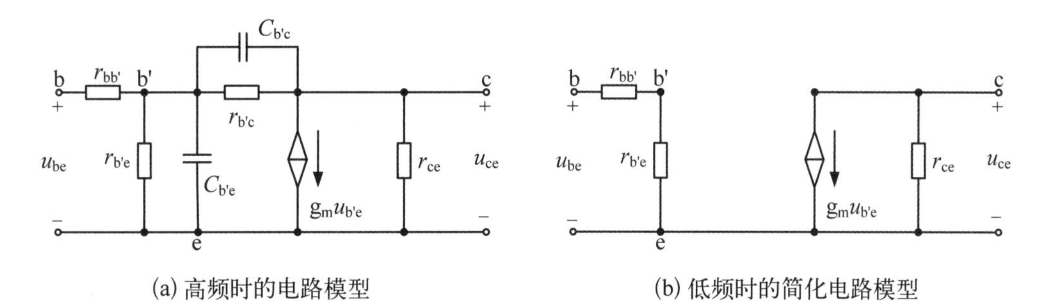

(a) 高频时的电路模型　　(b) 低频时的简化电路模型

图 4.2.2　完整的混合 π 型电路模型

考虑基区体电阻 $r_{bb'}$，则 b－e 结的电阻可表示为：

$$r_{be}=300+(1+\beta)\frac{26\text{ mV}}{I_{EQ}}[\Omega] \tag{4.2.5}$$

4.2.2 低频 H 参数电路模型

将晶体管视为一个双端口回路时，可将其看成一个黑匣子，仅根据其输入、输出回路的电流、电压关系及黑匣子的参数来求解电路。

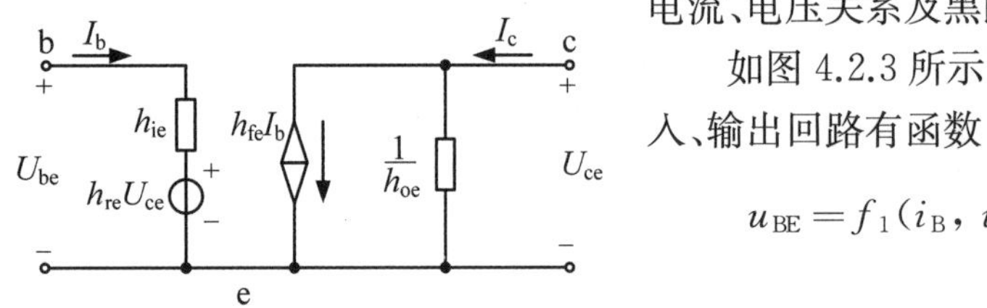

图 4.2.3 共发射极晶体管 H 参数电路模型

如图 4.2.3 所示，若取 i_B 和 u_{CE} 为自变量，则输入、输出回路有函数

$$u_{BE}=f_1(i_B,\ u_{CE});\quad i_C=f_2(i_B,\ u_{CE}) \tag{4.2.6}$$

在工作点 Q 处对上二式取全微分有

$$du_{BE}=\left.\frac{\partial u_{BE}}{\partial i_B}\right|_Q\cdot di_B+\left.\frac{\partial u_{BE}}{\partial u_{CE}}\right|_Q\cdot du_{CE},\quad di_C=\left.\frac{\partial i_C}{\partial i_B}\right|_Q\cdot di_B+\left.\frac{\partial i_C}{\partial u_{CE}}\right|_Q\cdot du_{CE} \tag{4.2.7}$$

当输入为正弦量，并用有效值表示则上二式为

$$U_{be}=h_{ie}I_b+h_{re}U_{ce} \tag{4.2.8}$$

$$I_c=h_{fe}I_b+h_{oe}U_{ce} \tag{4.2.9}$$

用矩阵式表示为

$$\begin{bmatrix}U_{be}\\ I_c\end{bmatrix}=\begin{bmatrix}h_{ie} & h_{re}\\ h_{fe} & h_{oe}\end{bmatrix}\begin{bmatrix}I_b\\ U_{ce}\end{bmatrix} \tag{4.2.10}$$

其中，令 $u_{CE}=0$ 表示输出短路；$i_B=0$ 表示输入开路

交流输入电阻 $$h_{ie}=\left.\frac{\partial u_{BE}}{\partial i_B}\right|_Q=\left.\frac{U_{be}}{I_b}\right|_{U_{ce}=0} \tag{4.2.11}$$

反向电压传输系数 $$h_{re}=\left.\frac{\partial u_{BE}}{\partial u_{CE}}\right|_Q=\left.\frac{U_{be}}{U_{ce}}\right|_{I_b=0} \tag{4.2.12}$$

正向电流传输系数 $$h_{fe}=\left.\frac{\partial i_C}{\partial i_B}\right|_Q=\left.\frac{I_c}{I_b}\right|_{I_b=0} \tag{4.2.13}$$

交流输出电导 $$h_{oe}=\left.\frac{\partial i_C}{\partial u_{CE}}\right|_Q=\left.\frac{I_c}{U_{ce}}\right|_{I_b=0} \tag{4.2.14}$$

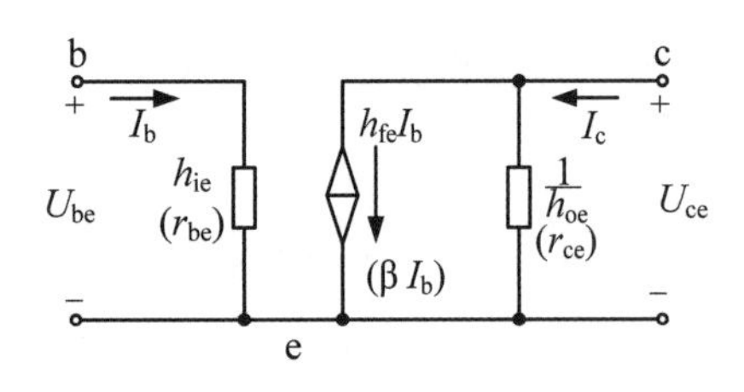

图 4.2.4 实用的低频 H 参数电路模型

如图 4.2.4 所示，H 参数与混合 π 型电路参数之关系为

$$h_{ie}=r_{bb'}+r_{b'e}=r_{bb'}+(1+\beta)r_e=r_{be} \tag{4.2.15}$$

$$h_{re}\approx 0 \tag{4.2.16}$$

$$h_{fe} \approx g_m r_{b'e} = \beta \tag{4.2.17}$$

$$h_{oe} \approx \frac{1}{r_{ce}} \tag{4.2.18}$$

4.2.3 晶体三极管的主要参数

1. 电流放大系数

(1) 共射直流电流放大系数 $\bar{\beta}$ 和交流电流放大系数 $\tilde{\beta}$

$$\bar{\beta} = \frac{I_C - I_{CBO}}{I_B + I_{CBO}}, \quad \tilde{\beta} = \left.\frac{\Delta I_C}{\Delta I_B}\right|_{U_{ce}=c} \tag{4.2.19}$$

(2) 共基直流电流放大系数 $\bar{\alpha}$ 和交流电流放大系数 $\tilde{\alpha}$

$$\bar{\alpha} = \frac{I_C - I_{CBO}}{I_E}, \quad \tilde{\alpha} = \left.\frac{\Delta I_C}{\Delta I_E}\right|_{U_{CB}=c} \tag{4.2.20}$$

2. 极间反向电流

(1) I_{CBO} 射极开路,集-基反向电流,集电极反向饱和电流。

(2) I_{CEO} 基极开路,集-射反向电流,集电极穿透电流。

(3) I_{EBO} 集电极开路,射-基反向电流。

3. 结电容

发射结电容 $C_{b'e}$,集电结电容 $C_{b'c}$,它们影响晶体管的频率特性。

4. 极限参数

1) 击穿电压

$U_{(BR)CBO}$,射极开路,集-基反向击穿电压。

$U_{(BR)CEO}$,基极开路,集-射反向击穿电压,$U_{(BR)CEO} < U_{(BR)CBO}$。

$U_{(BR)EBO}$,集电极开路,射-基反向击穿电压,一般仅几伏。

2) 集电极最大允许电流 I_{CM}

i_C 增大,β 减小,I_{CM} 为 β 下降至正常值 2/3 时的 i_C。

$i_C \gg I_{CM}$,管子不至于损坏,但 β 明显下降,不利于线性应用。

3) 集电极最大允许耗散功率 P_{CM}

放大状态下,集电结承受较高的反向电压,流过较大电流。因此,消耗一定的功率,结温升高。温度过高时,管子性能会下降,甚至烧坏。因而要规定一个限值 $P_{CM} = I_C U_{CE}$,此值与管芯材料、大小、散热条件和环境温度有关。

P_{CM} 在共射极输出特性上是一条双曲线。管子在 P_{CM},$U_{(BR)CEO}$,I_{CM} 限定的范围内工作,才是安全的。如图 4.2.5 所示。

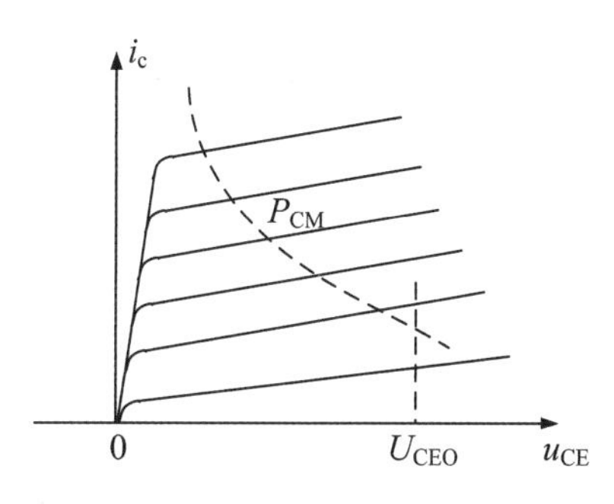

图 4.2.5 共射输出特性安全工作曲线

4.2.4 温度对晶体管的主要影响

温度对晶体管 U_{BE} 的影响：温度上升，使输入特性曲线左移，集电极电流 I_C 增大。温度对 I_{CBO} 的影响：温度上升，使输出特性曲线上移，集电极电流 I_C 增大。温度对 β 的影响：温度上升，使输出特性曲线间距离增大，集电极电流 I_C 增大。可见，温度上升，使集电极电流 I_C 增大，影响期间器件的稳定性。

4.2.5 晶体管应用电路举例

1. 对数、反对数运算器

(1) 对数运算

最简单的对数运算器，是将反相比例放大器中的反馈电阻用二极管或三极管代替。如图 4.2.6 所示。

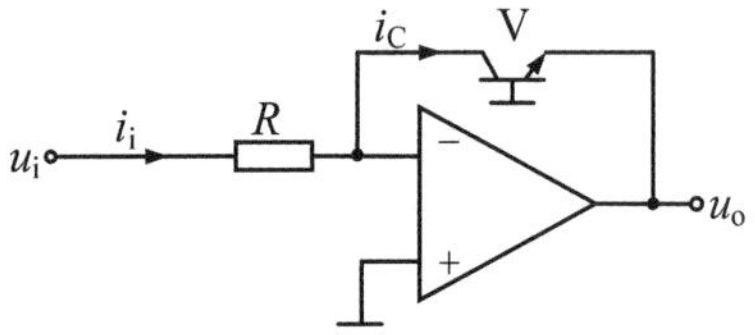

$$u_o = -u_{BE} = -U_T \ln \frac{i_C}{I_s} = -U_T \ln \frac{u_i}{I_s R} \qquad (4.2.21)$$

图 4.2.6　对数放大器

晶体管 V 的集电极电流：$i_c = i_i = \frac{u_i}{R}$；$U_T = \frac{kT}{q}$，$I_s$ 是三极管的反向饱和电流。上式表明 u_o 与 u_i 成对数关系。

该电路的缺点：

(a) u_i 必须为正。

(b) I_s 和 U_T 与温度 T 有关，运算结果受温度影响大。

(2) 指数(反对数)运算器

如图 4.2.7，将晶体管与反馈电阻对换即为指数运算器。

$$u_o = -Ri_f = -Ri_c \approx -RI_s e^{\frac{u_{BE}}{U_T}} \qquad (4.2.22)$$

而 $u_{BE} = u_i$，故实现了对输入信号 u_i 的指数运算。由于 I_s 与 U_T 也有温度稳定性差的缺点，亦可用温度补偿的方法解决。

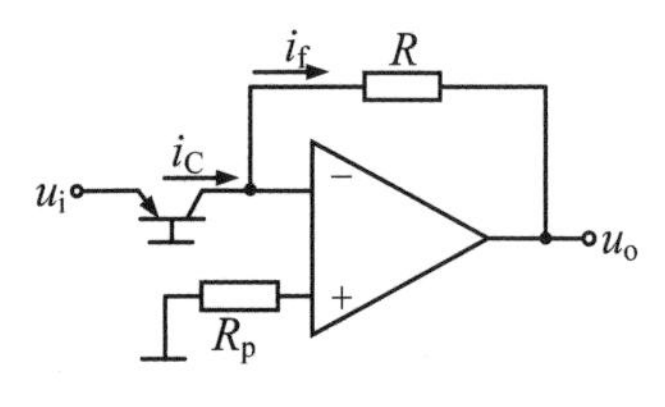

图 4.2.7　指数(反对数)运算电路

应用：

(a) 实现两个输入电压的乘除法。

(b) 对传输信号的动态范围进行压缩(对数)和扩展(指数)，提高小信号器的信噪比。其中，对数运算的压缩信号(发端)恢复动态特性(提高 S/N)，指数扩展运算信号(收端)。

2. β 测量电路

图 4.2.8 所示电路可用于测量晶体管的共发射极电流放大倍数 β。

$$\beta = \frac{I_C}{I_B} = \frac{U_1 - U_2}{U_o} \frac{R_2}{R_1} \qquad (4.2.23)$$

根据电压表的读数 U_o，结合预设电压 U_1，U_2 和电阻 R_1，R_2，可计算得到 β。

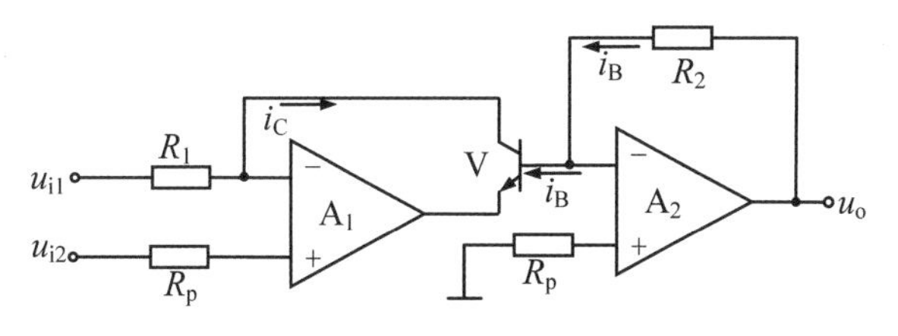

图 4.2.8　$\boldsymbol{\beta}$ 测量电路

3. 恒流源电路

如图 4.2.9 所示，稳压二极管的稳定电压，通过集成运放 A 传递到电阻 R_2 上端，于是有：

$$I_o = I_C \approx I_E = \frac{U_Z}{R_2} = 20\ \mathrm{mA}$$

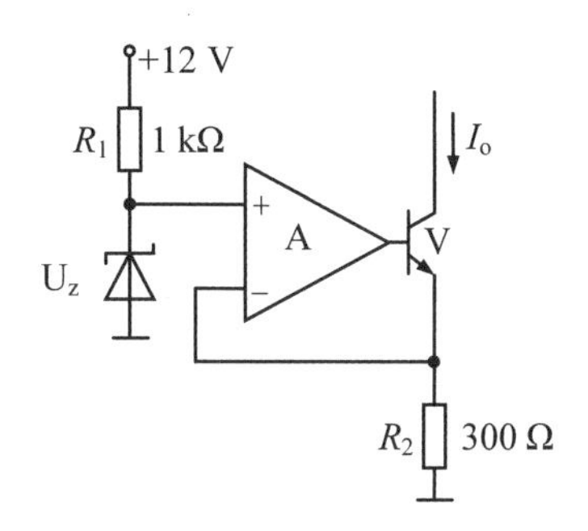

图 4.2.9　恒流源电路

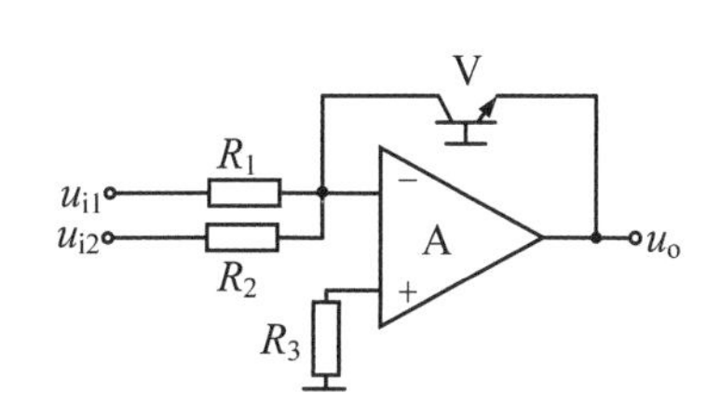

图 4.2.10　例题 4－3 图

【例题 4－3】　对数运算电路如图 4.2.10 所示，试推导输出电压的表达式。

解：由公式(4.2.21)可得：$u_o = -u_{BE} = -U_T \ln \dfrac{i_C}{I_s}$

$$由于\ i_C = \frac{u_{i1}}{R_1} + \frac{u_{i2}}{R_2}，故\ u_o = -U_T \ln\left(\frac{u_{i1}}{R_1} + \frac{u_{i2}}{R_2}\right)$$

【例题 4－4】　电路如图 4.2.11 所示，运放 A_1、A_2、A_3、A_4 均具有理想特性，管子 V_1、V_2、V_3 特性相同。试写出 u_o 与输入电压 u_{i1} 和 u_{i2} 的关系表达式 $u_o = f(u_{i1}, u_{i2})$。

解：由电路图可知，A_1 构成对数电路，由公式(4.2.22)知：输出 $u_{o1} = -U_T \ln \dfrac{u_{i1}}{I_S R}$。同理 A_2 构成对数电路，所以输出 $u_{o2} = -U_T \ln \dfrac{u_{i2}}{I_S R}$。$A_3$ 构成反相相加器，则输出 $u_{o3} = -\dfrac{R}{R} u_{o1} + \left(-\dfrac{R}{R} u_{o2}\right) = U_T \left(\ln \dfrac{u_{i1}}{I_S R} + \ln \dfrac{u_{i2}}{I_S R}\right)$。$A_4$ 构成反对数电路，由公式(4.2.22)知：$u_o = -I_S R \cdot e^{\frac{u_{o3}}{U_T}}$；所以最后输出：

$$u_o = -I_S R \cdot e^{\frac{u_{o3}}{U_T}} = -I_S R \cdot e^{\frac{U_T\left(\ln \frac{u_{i1}}{I_S R} + \ln \frac{u_{i2}}{I_S R}\right)}{U_T}} = -I_S R \cdot e^{\ln\left(\frac{u_{i1}}{I_S R} \cdot \frac{u_{i2}}{I_S R}\right)} = K u_{i1} \cdot u_{i2}$$

可见该电路可实现两信号的相乘。

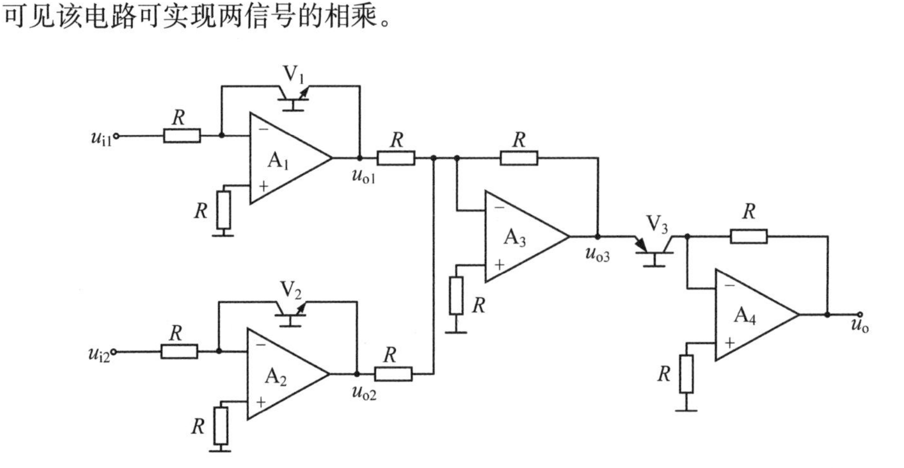

图 4.2.11 例题 4-4

4.3 场效应管

场效应管也是一种具有正向受控作用的器件，利用输入电压形成的电场来控制输出电流，简记为 FET。FET 有三电极：源(S)、漏(D)、栅(G)，

其分类如图 4.3.1 所示：

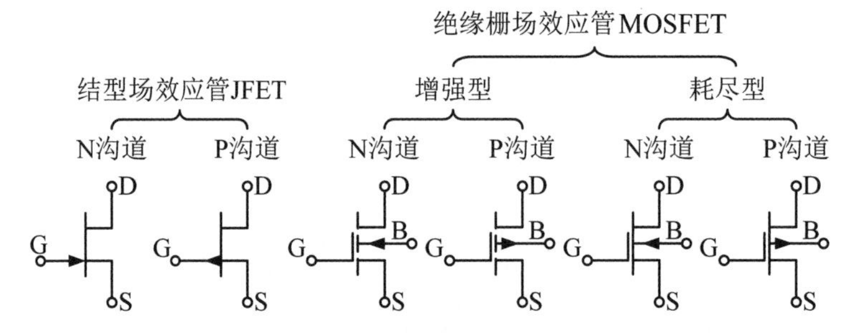

图 4.3.1 场效应管的分类

可利用“符号记忆法”对上述类型进行区分：

(1) 栅极一层为结型 FET，栅极二层为绝缘栅 FET。

(2) 箭头向里：N 沟道，箭头向外：P 沟道。

(3) 漏源一段耗尽型，漏源三段增强型。

耗尽型、增强型特点：

(1) 耗尽型 $U_{GS}=0$ 时，能导电(存在导电沟道)。

(2) 增强型 $U_{GS}=0$ 时，不能导电(不存在导电沟道)。

4.3.1 结型场效应管(JFET)的结构与工作原理(以 N 沟道为例)

N 沟道 JFET 在物理结构上是一根 N 型半导体棒，其两侧用高浓度扩散法制出两个 P^+

型区，形成两个PN结，在P^+区引出一电极称为栅，在棒的两端各引一个电极分别成为源、漏极(完全等效，可互换)。正常工作时，栅源之间加负电压，即$U_{GS}<0$，栅源之间的PN结处于反偏，栅极呈高阻，I_G可忽略，I_D的大小由沟道电阻决定，而电阻由材料及尺寸来决定，尺寸由U_{GS}控制。

栅源电压U_{GS}对沟道及I_D的控制作用见图4.3.2。

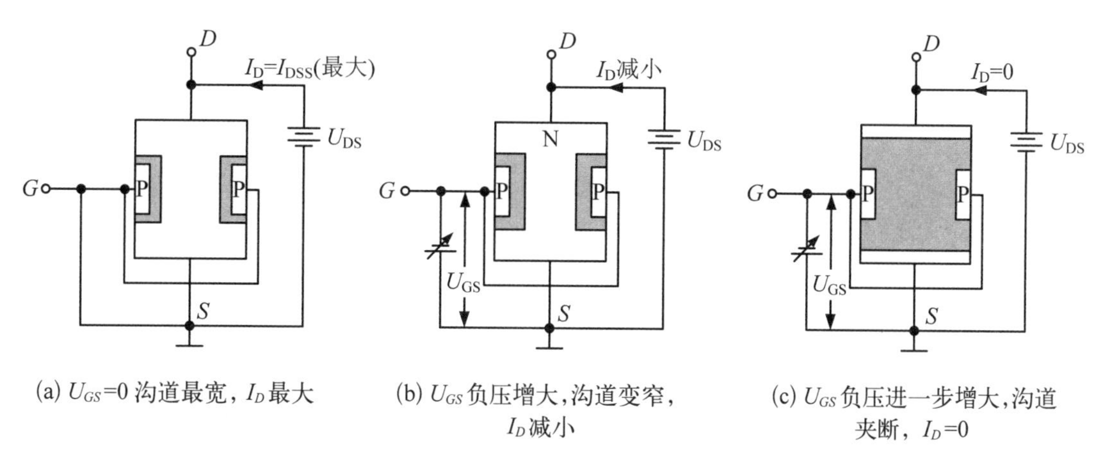

(a) $U_{GS}=0$ 沟道最宽，I_D最大　(b) U_{GS}负压增大，沟道变窄，I_D减小　(c) U_{GS}负压进一步增大，沟道夹断，$I_D=0$

图4.3.2 栅源电压U_{GS}对沟道及I_D的控制作用示意图

(1) U_{GS}对沟道宽度的控制

当$U_{DS}=0$时，栅源之间的P^+N结之空间电荷区随U_{GS}反向增加而加宽，当$U_{GS}=U_{GSoff}$时沟道消失，这时即使$U_{DS}>0$，$I_D=0$，称为夹断，相当于开关关断。U_{GSoff}称为夹断电压，一般约几伏。

(2) U_{DS}对I_D的控制

当$U_{GS}=0$，I_D受控于U_{DS}。当$U_{DS}=0$，沟道上下等宽。$U_{DS}>0$时漏端反偏电场大于源端，耗尽区上宽，下窄。当$U_{DS}=U_{GSoff}$时，漏端合拢，该状态称作预夹断。当$U_{DS}>U_{GSoff}$，合拢区向下延伸，但延伸量不大，因夹断区为高阻，电场大部分降于此处，对下端影响不大。预夹断时的$I_D=I_{DSS}$，称作漏极饱和电流。预夹断后，U_{DS}对I_D的控制作用不大，I_D呈恒流特性，该工作状态区间称作放大区、恒流区或饱和区。场效应管作为放大元件，应工作于该区。

(3) 实际工作时，U_{GS}，U_{DS}均不为零，当源极接电路中最低电位时，沟道宽度与栅漏极相对电位有关。当$U_{GD}\leqslant U_{GSoff}$时，管子达预夹断。因为$U_{GD}=U_{GS}+U_{SD}=U_{GS}-U_{DS}$，故达到预夹断时，漏源电压为$U_{DS}\geqslant U_{GS}-U_{GSoff}$。

4.3.2 结型场效应管的特性曲线

1. 转移特性

如图4.3.3(a)，$i_D=f(u_{GS})|_{U_{DS=C}}$，$u_{DS}$一定时，$u_{GS}$对$i_D$起控制作用，数学方程为：

$$i_D=I_{DSS}\left(1-\frac{u_{GS}}{U_{GSoff}}\right)^2 \tag{4.3.1}$$

可见结型场效应管是一个平方律器件(非线性)。

2. 输出特性

如图 4.3.3(b),它是一组以 u_{GS} 为参数的,i_D 与 u_{DS} 的关系曲线。通常分为四个区:

1) 压控电阻区(或称线性电阻区,可变电阻区、非饱和区)

条件是: $$U_{GSoff} < u_{GS} < 0;\quad 0 < u_{DS} < u_{GS} - U_{GSoff} \tag{4.3.2}$$

可见 u_{DS} 较小时,工作于该区,这时漏源之间导电沟道畅通,呈线性电阻,阻值大小受控于 u_{GS},u_{GS} 越大沟道越宽,电阻变小,反之越大。该特性可用来作电控衰减器。

2) 饱和区(或称恒流区,放大区)

条件是: $$U_{GSoff} < u_{GS} < 0;\quad u_{DS} > u_{GS} - U_{GSoff} \tag{4.3.3}$$

这时器件工作于所谓预夹断区,i_D 主要受 u_{GS} 控制,与 u_{DS} 基本无关,呈恒流特性。器件作放大器时工作于该区域。

3) 截止区

条件是: $$u_{DS} > 0;\quad u_{GS} < U_{GSoff} \tag{4.3.4}$$

这时器件处于开路状态,$i_D = 0$,器件开关工作时,可用到该区域。

4) 击穿区

当 u_{DS} 增大到 $U_{(BR)DSO}$ 时,i_D 迅速上升,P^+N 结击穿。为防器件损坏,工作时应避免进入该区。

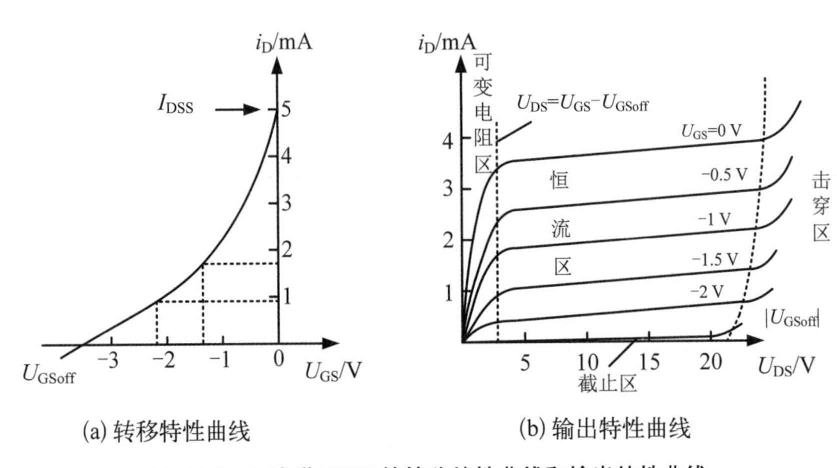

图 4.3.3 N 沟道 JFET 的转移特性曲线和输出特性曲线

4.3.3 绝缘栅场效应管(IGFET) 的结构与工作原理(以 N 沟道为例)

IGFET 的栅极与沟道之间隔了一层薄薄的绝缘体(SiO_2),比 JFET 反偏的 PN 结有更高的输入阻抗(10^{12} Ω),功耗低,更易集成。N 沟道 IGFET 是在一块 P 型半导体基片(衬底)上,扩散两个 N^+ 区,分别为源区和漏区,其引出线为源、漏极,衬底引出线为栅极。在源、漏区之间覆盖 0.1 μm 的 SiO_2 作绝缘层,再在其上蒸铝,并引线成为栅板。从垂直剖面上看,其结构是金属-氧化物-半导体,又称为 MOSFET。以 N 沟道增强型 MOSFET 为例,如图 4.3.4 所示:

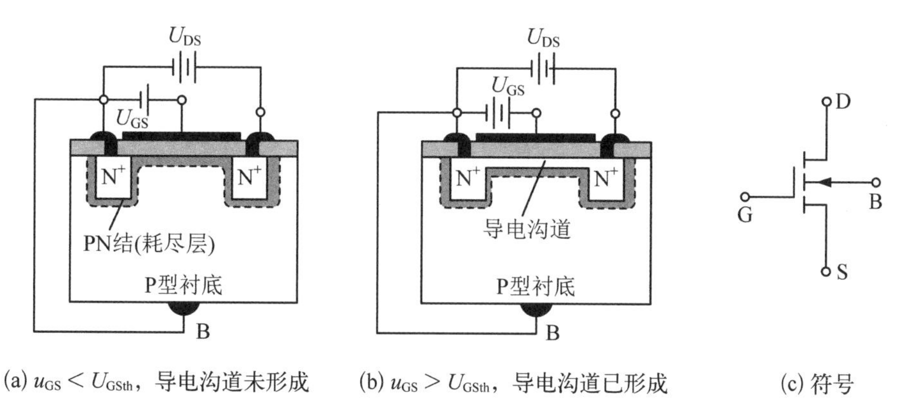

(a) $u_{GS} < U_{GSth}$，导电沟道未形成　(b) $u_{GS} > U_{GSth}$，导电沟道已形成　(c) 符号

图 4.3.4　N 沟道增强型 MOS 场效应管的沟道形成及符号

1. 导电沟道的形成及工作原理

在正常工作时衬底 B 必须接电路中最低电位点或与 S 极相连。$u_{GS}=0$ 时，N^+ 源、漏之间被 P 型衬底隔开，像两个背靠背 PN 结，不论 u_{DS} 为何值，$i_D=0$，相当于关断。当 $u_{GS}>0$ 时，栅、衬之间形成指向衬底的电场，P 型衬底中的少子，即电子被吸引到上部，多子，即空穴则被排斥到底部。当 u_{GS} 增加时，上部电子增加。到 $u_{GS}=U_{GSth}$，上部电子数大于空穴数时，即成了 N 型区，又称为反型层。刚好形成反型层的 u_{GS} 值 U_{GSth}，称为开启电压(一般为 2～10 V)，u_{GS} 再加大，反型层(沟道)越宽，电阻越小，导电能力亦增加。

2. 转移特性

$$i_D=\frac{\mu_n C_{ox}}{2}\cdot\frac{W}{L}(u_{GS}-U_{GSth})^2 \tag{4.3.5}$$

非线性(平方律)器件，U_{GSth} 为开启电压，μ_n 为沟道电子迁移率，C_{ox} 为单位面积栅极电容，W 为沟道宽度，L 为沟道长度，$\frac{W}{L}$ 为 MOS 管的宽长比，控制宽长比可控制其跨导，在集成制造工艺中常用到此特性，其转移特性曲线如图 4.3.5 所示。

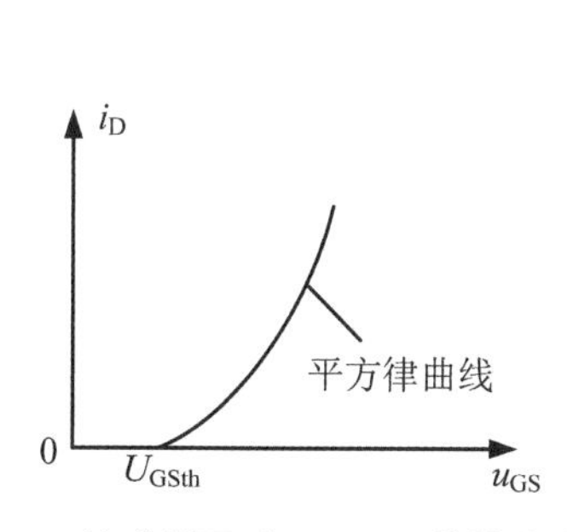

图 4.3.5　N 沟道增强型 MOSFET 的转移特性曲线

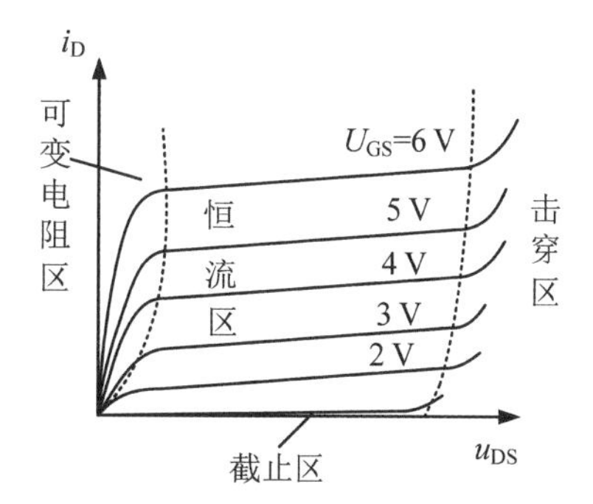

图 4.3.6　N 沟道增强型 MOSFET 输出特性曲线

3. 输出特性

与 JFET 一样可分为四个区，如图 4.3.6 所示。

(1) 截止区：$u_{GS}\leqslant U_{GSth}$，沟道未形成，$i_D=0$。

(2) 恒流区：u_{GS} 对 i_D 控制力强，u_{DS} 对 i_D 控制力弱，进入恒流区的条件为：$u_{DS} \geq -U_{GSth}$。与 JFET 一样，当 u_{GS}、u_{DS} 均不为零时有 $u_{GD}=u_{GS}-U_{DS}$，当 u_{DS} 增加时，近漏沟道先被夹断(预夹断)，预夹断后 u_{DS} 再增加，因形成了高阻区，对横向电场影响不大，i_D 变化不大，形成恒流特性。

(3) 可变电阻区：在预夹断前有 $u_{DS} < -U_{GSth}$

(4) 击穿区：同结型场效应管。

4. N 沟道耗尽型 MOSFET

耗尽型 MOSFET，在栅极下 SiO_2 绝缘层中掺入了碱金属正离子(Na^+ 或 K^+)这些离子的作用如同预加了一个正栅压一样。在外加 $u_{GS}=0$ 时，导电沟道已经存在了；当 $u_{GS}>0$，指向衬底的电场加强，沟道变宽，i_D 增大；反之，若 $u_{GS}<0$，沟道变窄，i_D 变小；当 $u_{GS}=U_{GSoff}$ 时沟道消失，$i_D=0$，管子夹断。

转移特性：
$$i_D = I_{DO}\left(1-\frac{u_{GS}}{U_{GSoff}}\right)^2 \tag{4.3.6}$$

其中 I_{DO} 为 $u_{GS}=0$ 时对应的漏极电流。

4.3.4 各种场效应管输入、输出特性曲线

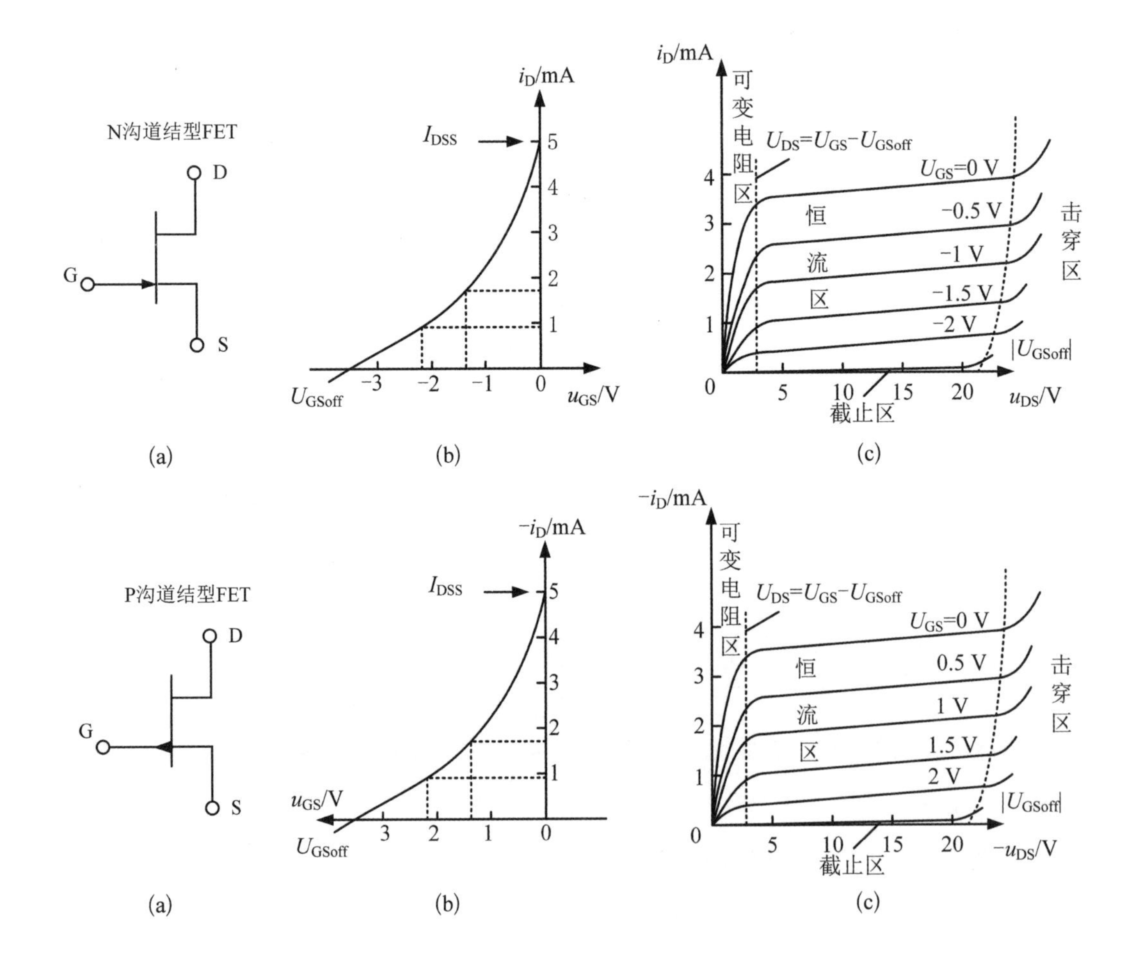

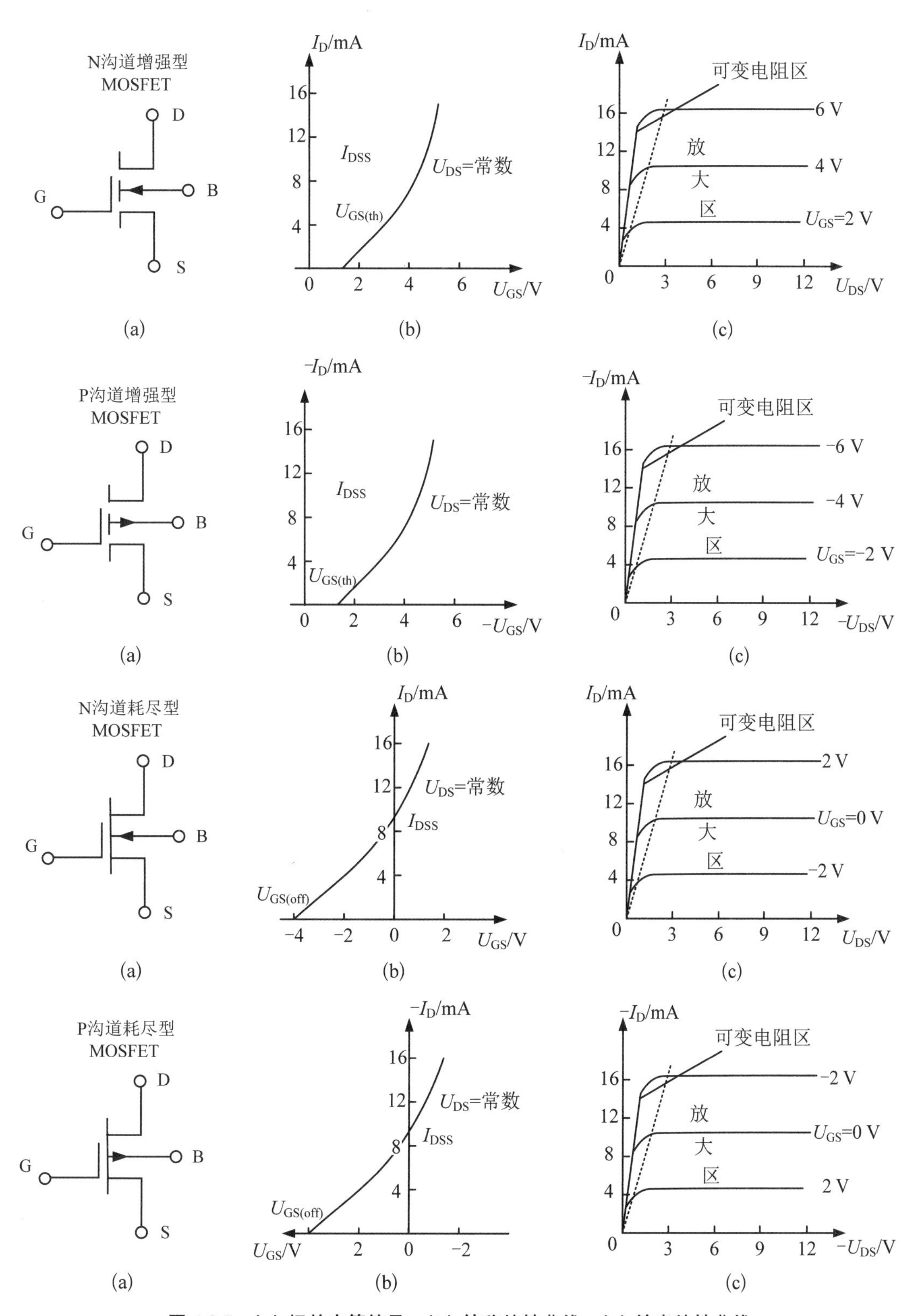

图 4.3.7　(a) 场效应管符号　(b) 转移特性曲线　(c) 输出特性曲线

4.3.5 场效应管的小信号模型

1. 低频等效电路

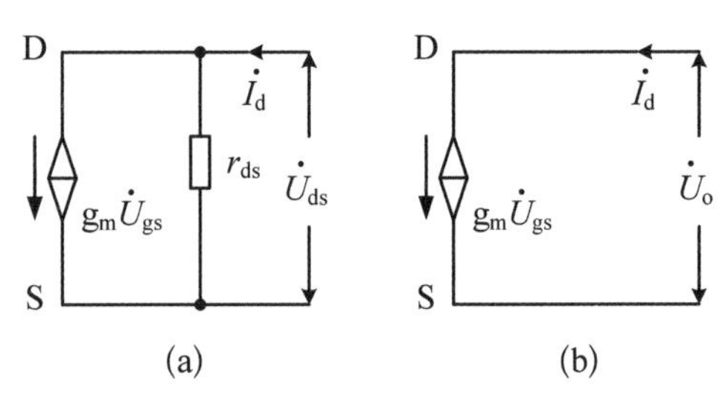

图 4.3.8 场效应管低频小信号简化模型

如图 4.3.8 所示，通常栅极视为开路，栅极电压 u_{GS} 对漏极电流 i_D 的控制作用，用跨导表示

$$g_m=\left.\frac{di_D}{du_{GS}}\right|_{u_{DS}=C} \tag{4.3.7}$$

对 JFET，在工作点上的跨导 g_m 为：

因为 $i_D=I_{DSS}\left(1-\dfrac{u_{GS}}{U_{GSoff}}\right)^2$；则 $di_D=-\dfrac{2I_{DSS}}{U_{GSoff}}du_{GS}+\dfrac{2I_{DSS}}{U_{GSoff}^2}u_{GS}du_{GS}$

$$g_m=\frac{di_D}{du_{GS}}=-\frac{2I_{DSS}}{U_{GSoff}}\left(1-\frac{U_{GSQ}}{U_{GSoff}}\right)=-\frac{2I_{DSS}}{U_{GSoff}}\sqrt{\frac{I_{DQ}}{I_{DSS}}} \tag{4.3.8}$$

其中，I_{DQ}：工作点漏极电流；U_{GSQ}：工作点栅极电压。

对 MOSFET 耗尽型，g_m 与上式一样只要用 I_{DO} 代 I_{DSS} 即可。

对 MOSFET 增强型；因为 $i_D=\dfrac{\mu_o C_{ox}}{2}\cdot\dfrac{W}{L}(u_{GS}-U_{GSth})^2$；则

$$g_m=\frac{\mu_o C_{ox}W}{L}(u_{GS}-U_{GSth})=\left[\frac{2\mu_o C_{ox}W}{L}\cdot I_{DQ}\right]^{1/2} \tag{4.3.9}$$

注意：g_m 正比于 $\sqrt{I_{DQ}}$ 和 $\sqrt{W/L}$。

输出电阻 r_{ds} 定义为：

$$r_{ds}=\left.\frac{du_{DS}}{di_D}\right|_{U_{GSQ}} \tag{4.3.10}$$

在恒流区：$r_{ds}=\dfrac{|U_A|}{I_{DQ}}$，一般为几十千欧到几兆欧。

2. 高频等效电路

这时必须考虑极间电容 C_{gs}，C_{gd}，C_{ds} 的影响。具体可见后面频率响应一章的讨论。

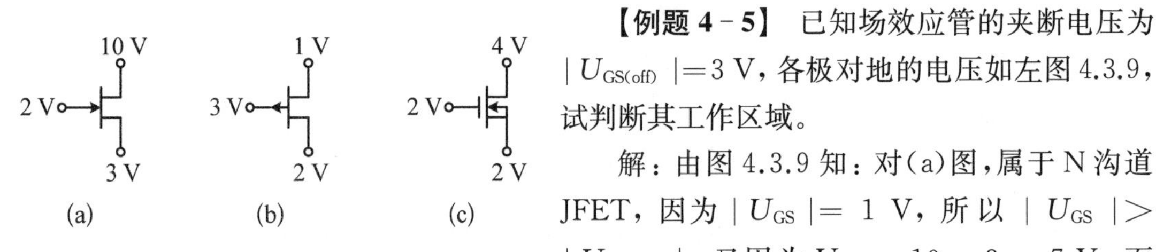

图 4.3.9 例题 4 - 5

【例题 4 - 5】 已知场效应管的夹断电压为 $|U_{GS(off)}|=3$ V，各极对地的电压如左图 4.3.9，试判断其工作区域。

解：由图 4.3.9 知：对(a)图，属于 N 沟道 JFET，因为 $|U_{GS}|=1$ V，所以 $|U_{GS}|>|U_{GS(off)}|$，又因为 $U_{DS}=10-3=7$ V，而

$|U_{GS(off)}|-|U_{GS}|=2\ V<7\ V$，故管子工作在放大区（恒流区、饱和区）。对(b)图，属于P沟道JFET，因为$|U_{GS}|=1\ V$，所以$|U_{GS}|>|U_{GS(off)}|$，又因为$|U_{DS}|=|1-2|=1\ V$，而$|U_{GS(off)}|-|U_{GS}|=2\ V>1\ V$，故工作在可变电阻区。对(c)图而言，属于N沟道耗尽型MOSFET，因为$|U_{GS}|=0\ V$，所以$|U_{GS}|>|U_{GS(off)}|$，又因为$U_{DS}=4-2=2\ V$，而$|U_{GS(off)}|-|U_{GS}|=3-0=3\ V>2\ V$，故工作在可变电阻区。

4.3.6 场效应管应用电路举例

1. 取样保持电路

该电路由取样开关和保持电容组成。两个集成运放构成跟随器，起传递电压、隔离电流的功能。取样脉冲u_s控制JFET开关V的状态。如图4.3.10，一般设定输入u_i的幅度大于u_c。当取样脉冲到来时，取样开关闭合（导通），因$u_{o1}=u_i$，$u_i(u_{o1})$向C充电，在$u_i>u_c$下，$u_c=u_i$（充电使电容上的电压被限制在u_c上），当$u_i<u_c$时，C通过开关，向A_1的输出电阻放电。当取样脉冲过去时，取样开关断开，A_2跟随，使u_c保持不变。这样每取样一次，u_c就保持住该时的u_i值。取样开关一般用FET器件构成。

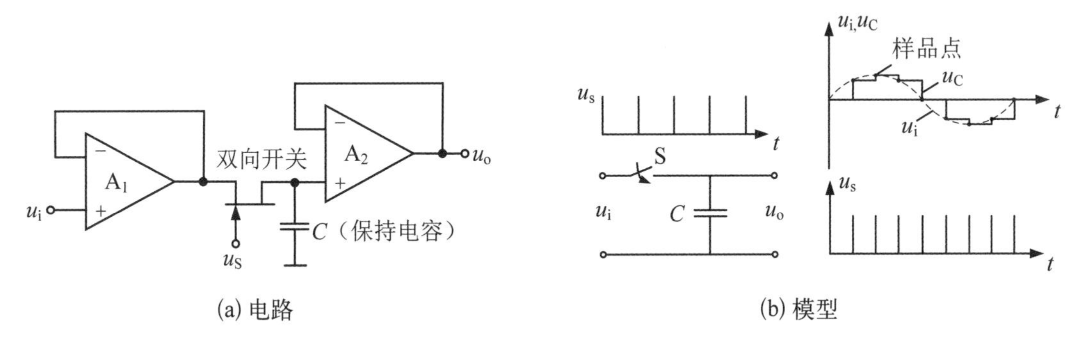

图4.3.10　取样保持电路

2. 相敏检波电路

如图4.3.11(a)所示电路，其中u_G作为起开关作用的JFET管子V的控制电压，当u_G为低压电平时，开关V打开，即集成运放A_1构成的前级放大器电路如图4.3.11(b)所示，此时$u_{o1}=u_i$。当u_G为高电平时，V闭合，前级放大器等效电路如图4.3.11(c)所示，此时$u_{o1}=-u_i$，所以

$$A_{u1}=\frac{u_{o1}}{u_i}=\begin{cases}1 & u_G\text{ 为低电平}\\-1 & u_G\text{ 为高电平}\end{cases}$$

前级放大器又称为符号电路。集成运放A_2构成低通滤波器，取出u_{o1}的直流分量，即时间平均值u_o。u_G与u_i同频但反相时，即相位差最大时，u_o最大，如图4.3.11(d)；u_G与u_i之间相位差减小，u_o随之减小，如图4.3.11(e)；u_G与u_i之间相位差减小到90°时，u_o减小到0，如图4.3.11(f)。因为该电路的u_o取决于u_G与u_i之间相位差，故又称为相敏检波电路。

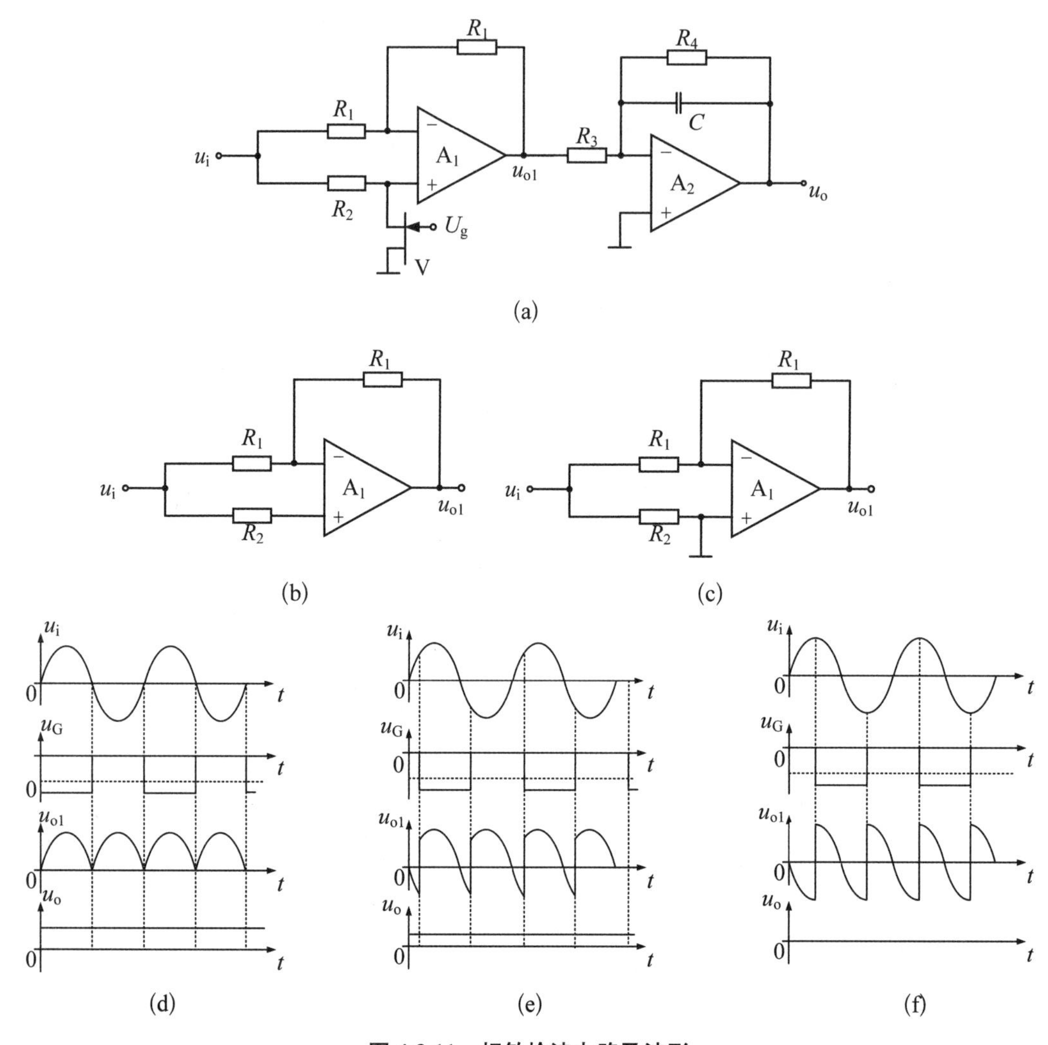

图 4.3.11 相敏检波电路及波形

思考题和习题

4.1 某晶体三极管因故无符号标注，因用万用表测量该管，测得：1 脚对地电压为 8 V，2 脚对地电压 4.6 V，3 脚对地电压 4 V，则问该三极管：

(1) 是硅管还是锗管？

(2) 是 PNP 型还是 NPN 型？

(3) 是否处在放大状态？

(4) 三个管脚所属电极。

4.2 有甲、乙两个三极管，均工作在放大区，从电路中可以测得它们各个管脚的对地电压为：甲管 $U_{X1}=12$ V，$U_{X2}=6$ V，$U_{X3}=6.7$ V；乙管 $U_{Y1}=-15$ V，$U_{Y2}=-7.8$ V，$U_{Y3}=$

-7.5 V。试判断它们是锗管还是硅管？是 PNP 型还是 NPN 型？哪个极是基极、发射极和集电极？

4.3　晶体管工作在放大区，测得当 $I_B=10\ \mu A$ 时，$I_C=1$ mA；当 $I_B=30\ \mu A$ 时，$I_C=2$ mA，求该管交流放大系数 β 和直流放大系数 $\bar{\beta}$。

4.4　题 4.4 图中给出了八个 BJT 各个电极的电位，其中导通电压均为 $|U_{BE(on)}|=0.7$ V，饱和压降均为 $|U_{CES}|=1$ V。试判断这些 BJT 是否处于正常工作状态？如果不正常，是短路还是烧断？如果正常，是工作于放大状态、截止状态还是饱和状态？

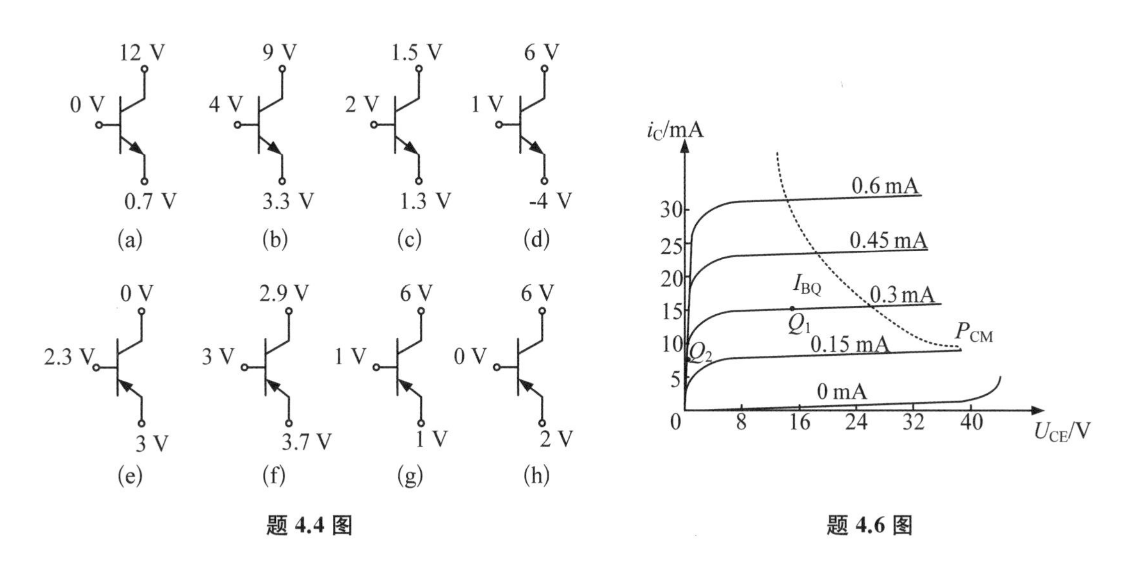

题 4.4 图　　　　**题 4.6 图**

4.5　测得某放大器三个电极上的电流分别为 $I_1=3$ mA、$I_2=0.06$ mA、$I_3=3.06$ mA，试估算该管的 $\bar{\beta}$ 值。

4.6　某晶体管的共射输出特性曲线如图所示，

(1) 求 $I_{BQ}=0.3$ mA 时，Q_1、Q_2 点的 β 值。

(2) 确定该管的 $U_{(BR)CEO}$ 和 P_{CM}。

4.7　四个场效应管的输出特性和转移特性曲线如题 4.7 图所示，试问：它是哪种类型的场效应管？若是耗尽型的，指出夹断电压和漏极饱和电流；若是增强型的，指出开启电压是多少？

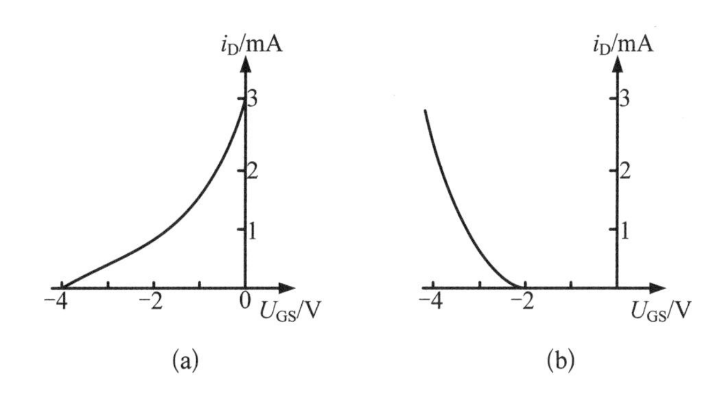

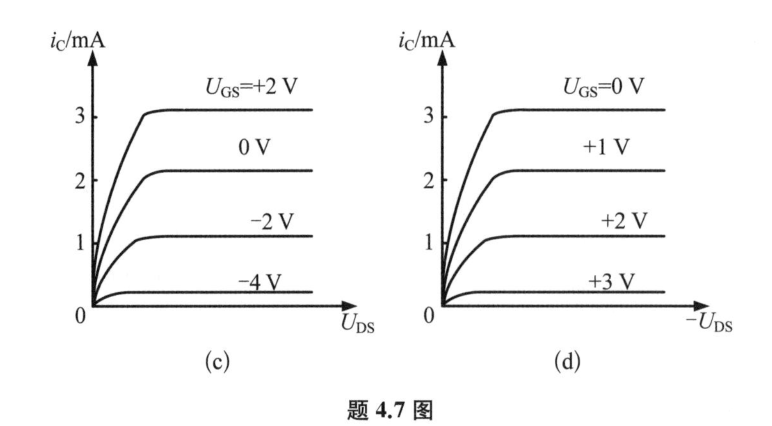

题 4.7 图

4.8 两个场效应管如题 4.8 图(a)和(b)所示。试判断它们工作于什么状态?

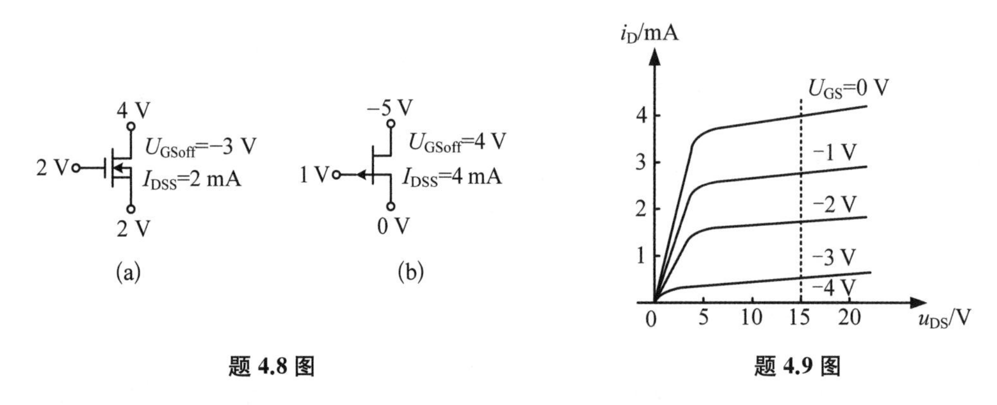

题 4.8 图　　题 4.9 图

4.9 N 沟道 JFET 的输出特性如题 4.9 图所示。漏源电压 $U_{DS}=15$ V,试确定其漏极饱和电流 I_{DSS} 和夹断电压 $U_{GS(off)}$。并计算 $U_{GS}=-2$ V 时的跨导 g_m。

4.10 电路如题 4.10 图所示,已知 JFET 的 $I_{DSS}=3$ mA, $U_{GS(off)}=-3$ V, $V_{DD}=15$ V。指出下列情况下,管子处于什么工作区域(可变电阻区、饱和区或夹断区)?

(1) $R_D=3.9$ kΩ　(2) $R_D=10$ kΩ　(3) $R_D=0$　(4) $R_D=5$ kΩ

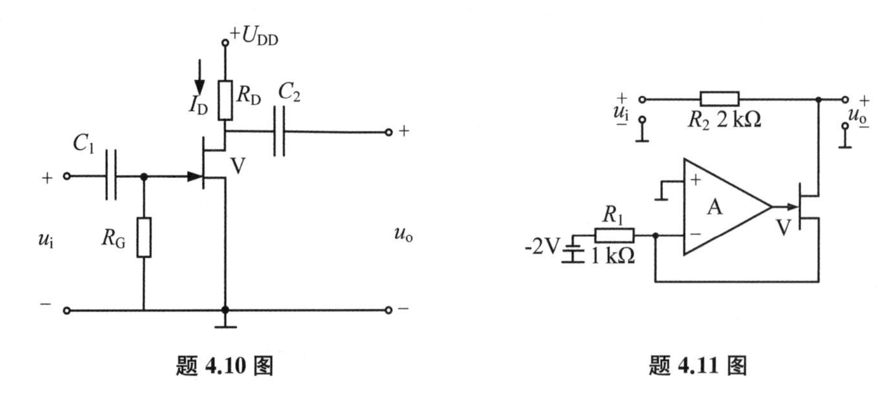

题 4.10 图　　题 4.11 图

4.11 一信号传输电路如图所示,图中运算放大器 A 具有理想特性。已知 $u_i=9+$

$0.2\sin\omega t$(V)，试求 u_o 的表达式。

4.12　电路如题4.12图所示，运算放大器A具有理想特性，晶体管 V_1，V_2 特性相同，导通电压均为 $|U_{BE(on)}|=0.7$ V。试分别求出 $I_{C1}=?$ 和 $I_{C2}=?$

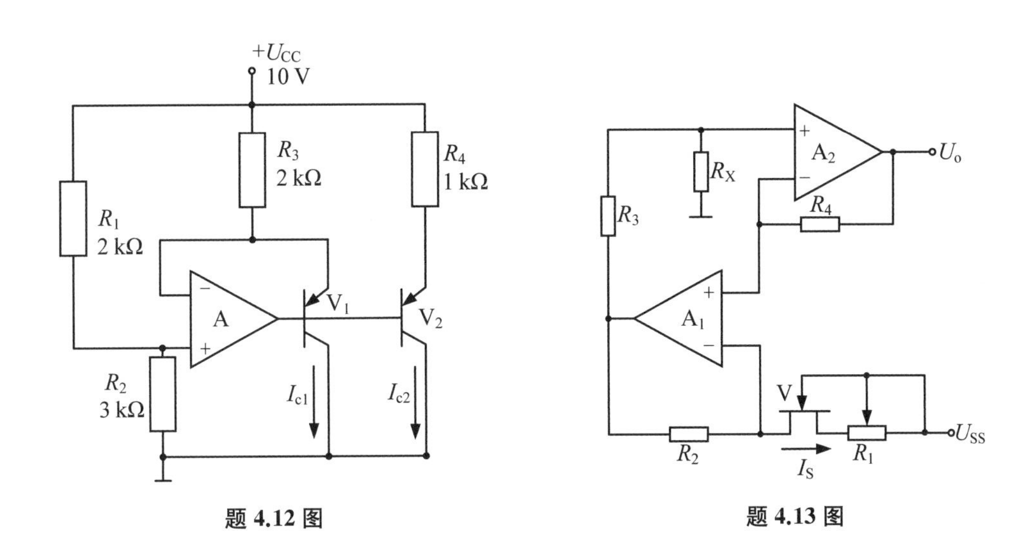

题4.12图　　　　题4.13图

4.13　电路如题4.13图所示，运放 A_1、A_2 具有理想特性，试写出用 U_O 表示阻值 R_X 的函数表达式 $U_O=f(R_X)$。

4.14　电路如题4.14图所示，运算放大器均具有理想特性，晶体管 V_1，V_2，V_3 特性相同。试写出 u_o 与输入电压 u_{i1} 和 u_{i2} 的关系表达式 $u_o=f(u_{i1},u_{i2})$，并说明该电路的功能。

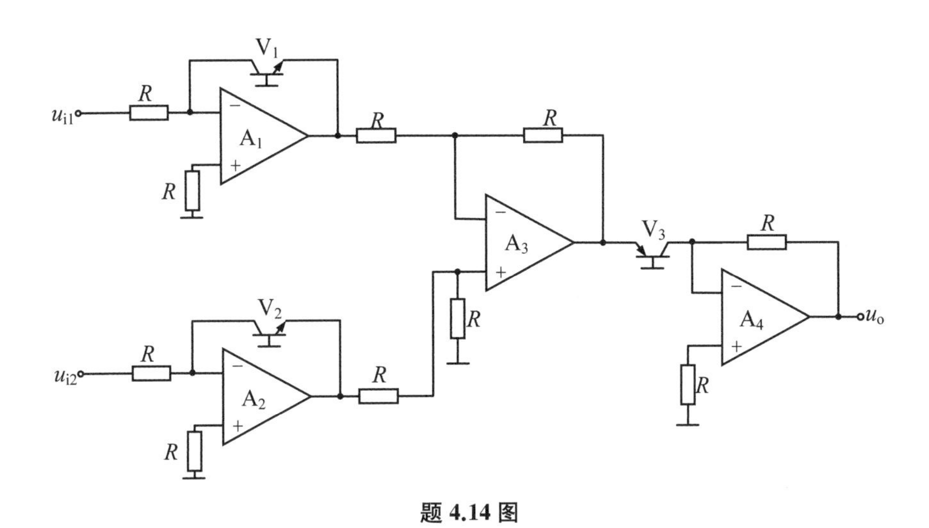

题4.14图

4.15　电路如题4.15图所示，试分析该电路的功能。

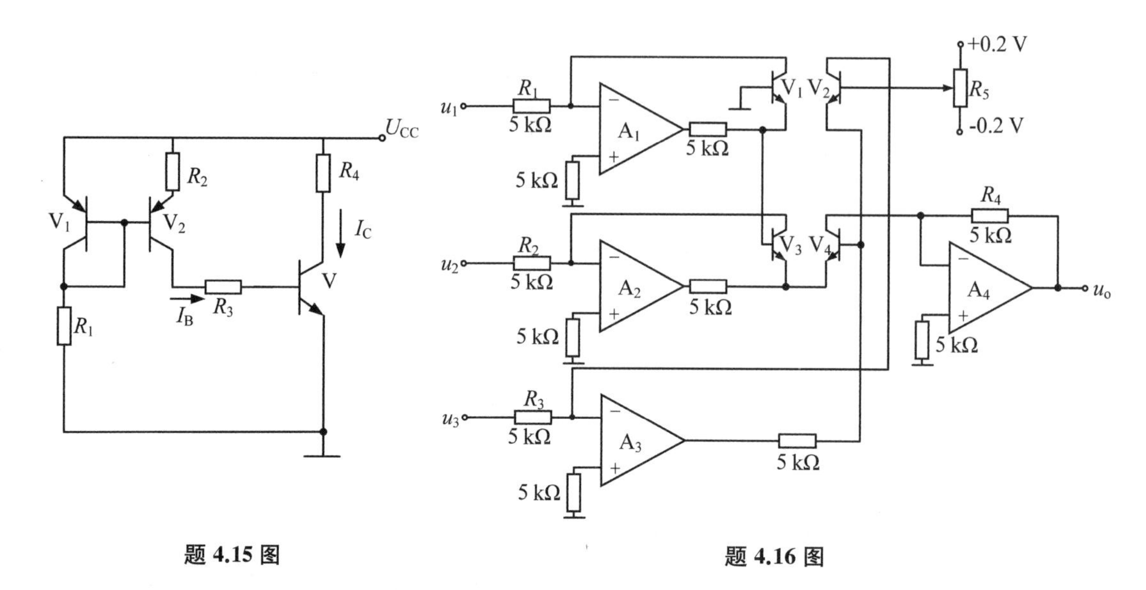

题 4.15 图　　　　题 4.16 图

4.16　由对数与反对数电路构成的模拟运算电路如题 4.16 图所示，$V_1 \sim V_4$均具有相同特性。试求 u_o 的表达式。

4.17　对数放大器电路如题 4.17 图所示。

(1) 说明 V_1、V_2管的作用。

(2) 说明热敏电阻 R_4 的作用。

(3) 试求输出电压 u_o 的表达式。

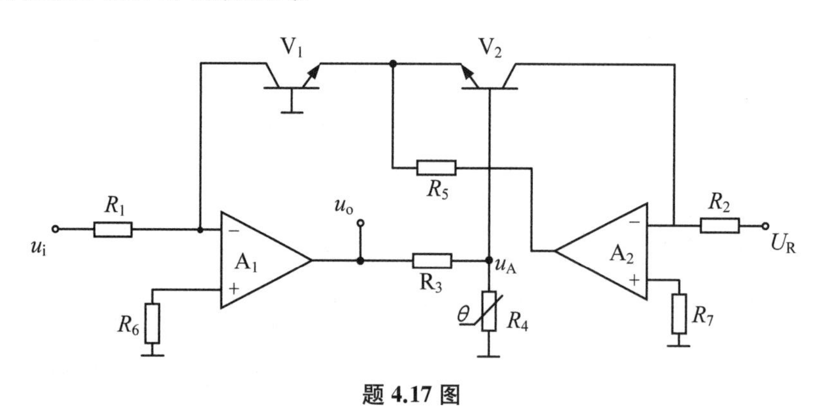

题 4.17 图

第 5 章

放大器电路基础

本章要点： 本章主要介绍晶体管、场效应管放大器工作原理，掌握晶体管、场效应管放大器电路的交直流分析方法。进一步学习放大器主要性能指标、多级放大器电路分析方法以及功率放大器。

5.1 基本放大电路的组成及其工作原理

晶体管的一个基本应用就是构成放大器。基本放大器是由一个晶体管组成的放大电信号的装置，其基本任务是将微弱信号不失真地放大到所需的幅值，即用较小的信号去控制较大的信号。如图 5.1.1。

图 5.1.1 放大器基本任务

构成放大器的器件主要有：电子管、晶体管、集成电路等。主要用途是用于对输入的电压、电流、功率信号进行放大。根据输入与输出回路公共端所接电极的不同，可以将放大器分成共射极、共集电极和共基极这三种组态。

放大器的主要功能是不失真地放大电信号。基本的放大电路如图 5.1.2 所示。放大器可看成一个二端口的模型，对信号源而言，放大器相当于它的负载，形成输入回路。对负载而言，放大器又相当于负载的信号源，形成放大器的输出回路。放大器电路的输入与输出回路电流、电压的关系可用大小写结合表示：静态（直流）用大写（U_{BEQ}、U_{CEQ}、I_{BQ}、I_{CQ}）；动态（交流）用小写（u_{be}、u_{ce}、i_b、i_c），则输入回路总瞬时值为：

$$u_{BE}=U_{BEQ}+u_{be};\quad i_B=I_{BQ}+i_b \quad (5.1.1)$$

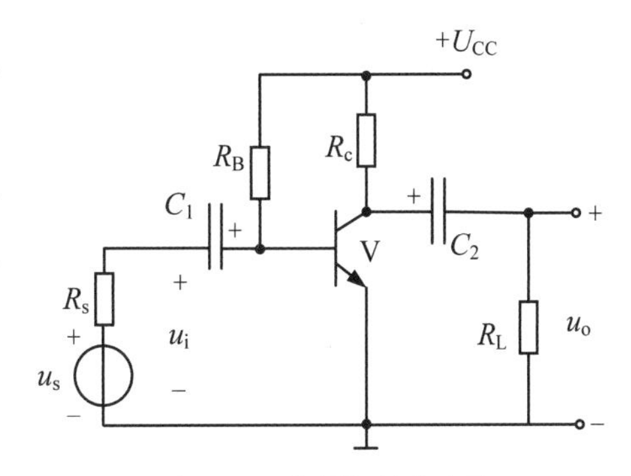

图 5.1.2 共射极放大电路

输出回路总瞬时值为：

$$u_{CE}=U_{CEQ}+u_{ce}; \quad i_C=I_{CQ}+i_c \tag{5.1.2}$$

1. 电路的组成及各节点信号

电路如图 5.1.2 所示。晶体管是电路的核心元件，工作在放大状态。控制能量的转换，将直流供电电源 U_{CC} 转换成输出信号的能量。R_B 是基极偏置电阻，对晶体管提供一个静态的基极工作电流 I_{BQ}，使交流信号 u_i 输入的整个周期中，晶体管的发射极均处于正偏状态，使晶体管始终工作于放大区。其中 U_{CC} 是集电极直流电源，它提供晶体管工作在放大区所必需的 U_{CE} 电压，被放大信号的能量实际上是从 U_{CC} 转换而来。R_C 是集电极电阻，将受控的、变化的 i_c 电流转化为变化的 u_o 输出。C_1、C_2 用于隔断直流信号，而交流信号可以顺利通过。

2. 放大器工作原理

图示的放大器各节点信号可以很清楚地反映放大器的工作原理，输入信号 u_i 加在基极和发射极之间，产生一个变化规律和 u_i 相同的 i_B，此 i_B 叠加在静态工作点基极电流 I_{BQ} 上，合成为 $i_B= I_{BQ}+i_b$，为了使放大器始终工作在放大区，必须使 $i_B>0$，同时 i_B 的最大值不能使晶体管进入饱和区。在集电极产生的受 i_b 控制的 i_c，其规律和 i_b 一致，但大小已放大了 β 倍，该 i_c 叠加在静态工作点集电极电流 I_{CQ} 上，合成为 $i_C=I_{CQ}+i_c$，只要信号始终工作在放大区，则 i_C 的信号波形不会产生顶部的饱和失真和底部的截止失真。该变化的 i_c 经 R_C，在晶体管集电极产生一个变化规律和 u_i 相反的交流输出信号 u_o，该信号经 C_2 耦合输出。图 5.1.3 为共射极放大器的电压、电流波形。

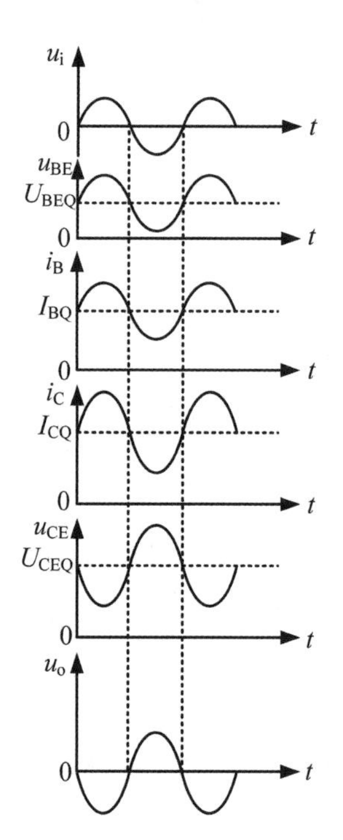

图 5.1.3 共射极放大器的电压、电流波形

3. 输入信号应加在 b-e 回路

因为当 $u_{BE}>U_{BE(on)}$ 后，u_{BE} 对 i_C 有灵敏度的控制作用，如公式(5.1.3)所示：

$$i_E=I_s(e^{\frac{U_{BE}}{U_T}}-1)\approx i_C \tag{5.1.3}$$

4. 放大器的晶体管必须有合适的静态工作点

所谓静态工作点是指当 $u_i=0$ 时，I_B，I_C，U_{CE}，U_{BE} 记作 I_{BQ}，I_{CQ}，U_{CEQ}，U_{BEQ}。从放大器工作原理可知，要保证放大器工作在放大区，静态工作点必须选在避免使信号进入饱和区和截止区的位置。

5.2 直流工作状态分析及偏置电路

5.2.1 放大状态下的偏置电路

1. 固定偏流电路

固定偏流电路如图 5.2.1 所示，直流电源 U_{CC} 经过 R_B 对 b-e 回路提供静态的偏置电流：

$$I_{BQ}=\frac{U_{CC}-U_{BEQ}}{R_B}=\frac{U_{CC}-0.7}{R_B}\approx\frac{U_{CC}}{R_B} \tag{5.2.1}$$

集电极电流：

$$I_{CQ}=\beta I_{BQ} \tag{5.2.2}$$

发射极与集电极之间的电压：

$$U_{CEQ}=U_{CC}-I_{CQ}R_C \tag{5.2.3}$$

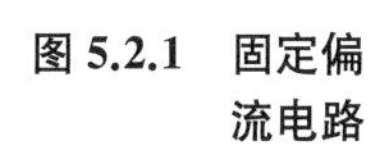

图 5.2.1　固定偏流电路

电路特点：电路简单，但工作点稳定性不理想，因为该电路提供的是固定的 I_{BQ} 而不是 I_{CQ}，所以当温度变化引起 β 变化时，$I_{CQ}=\beta I_{BQ}$ 也会产生变化，另外若调换放大器晶体管，由于 β 不一样，也会使 I_{CQ} 不一样。

2. 分压式稳定偏置电路

如图 5.2.2 所示，图中 R_{B1}、R_{B2} 和 U_{CC} 对晶体管基极 B 提供稳定的基极电压 U_B，当流经 R_{B1}、R_{B2} 的电流 I_1，$I_2\gg I_{BQ}$ 时，则

$$U_B=\frac{R_{B2}}{R_{B1}+R_{B2}}U_{CC}\quad U_E=U_B-U_{BEQ}=U_B-0.7 \tag{5.2.4}$$

$$I_{EQ}=\frac{U_E}{R_E}\quad I_{CQ}=\alpha I_{EQ}\approx I_{EQ} \tag{5.2.5}$$

$$U_{CEQ}=U_{CC}-I_{CQ}(R_C+R_E) \tag{5.2.6}$$

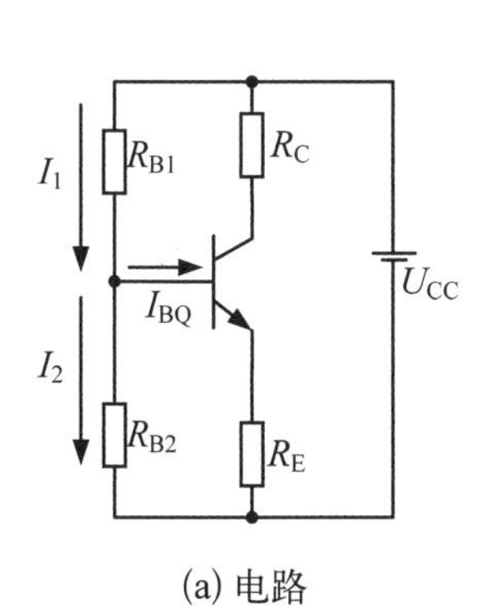

(a) 电路

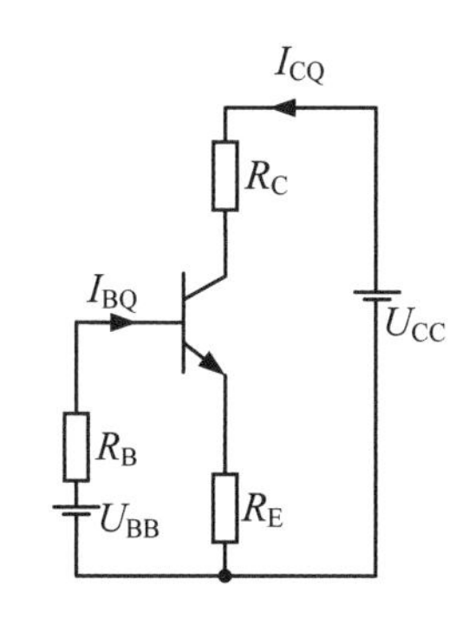

(b) 用戴维宁定理等效后的电路

图 5.2.2　分压式偏置电路

由于 R_E 的存在，不管什么原因，当 I_{CQ} 有增大趋势，电路会产生自动调节作用：

$I_{CQ}\uparrow\Rightarrow I_{EQ}\uparrow\Rightarrow U_{BEQ}\uparrow\Rightarrow I_{BQ}\downarrow\Rightarrow I_{CQ}\downarrow$，反之亦然，这种情况称为负反馈。

从上述计算中可见，由于 U_{BQ} 是和晶体管参数无关的一个稳定电压，从而导致 I_{EQ} 及

I_{CQ}也是稳定的。在设计过程中一般取：$I_1=(5\sim10)I_{BQ}$。硅管：$I_1=(10\sim20)I_{BQ}$，锗管：$U_B=\left(\frac{1}{5}\sim\frac{1}{3}\right)U_{CC}$。

【例题 5-1】 固定偏流电路如图 5.2.2，已知：$U_{BE(on)}=0.7\text{ V}$，$\beta=40$，$U_{CC}=12\text{ V}$，$R_b=24\text{ k}\Omega$，$R_c=3\text{ k}\Omega$。求静态工作点 Q。

解：$I_{BQ}=\dfrac{12-0.7}{240K}\approx50\ \mu\text{A}$，$I_{CQ}=\beta I_{BQ}=2\text{ mA}$；$U_{CEQ}=12-2\times3=6\text{ V}$

讨论：

(1) 若基极接地或负电压，则偏置电流 $I_{BQ}=0$，管子截止，此时 $U_{CEQ}=U_{CC}$。

(2) 若 $R_b=60\text{ k}\Omega$，则 $I_{BQ}=200\ \mu\text{A}$，$I_{CQ}=8\text{ mA}$，$U_{CEQ}=-12\text{ V}$，这是不可能的。此时放大器工作在饱和状态，$U_{CEQ}=U_{CE(sat)}$，$I_{CQ}=\beta I_{BQ}$ 此时不再成立。

(3) 最大 $I_{CQM}=\dfrac{U_{CC}-U_{CE(sat)}}{R_c}$，$I_{BQ}<\dfrac{I_{CQM}}{\beta}$，放大器工作在放大区。

5.2.2 直流通路和交流通路

为对放大器进行定量分析，首先要做两件事：

(1) 计算直流工作点，估算管子工作点处各极间直流电流和电压(静态分析)。

(2) 在输入交流信号下，确定各极电流和极间电压的变化量，从而计算放大器的交流指标(动态分析)。

为此要确定其直流通路和交流通路，方法是：

(1) 直流通路：将原放大器中所有电容开路，电感短路，保留直流电源。

(2) 交流通路：根据工作频率高低，将电抗模值小的大电容、小电感短路，电抗极大的小电容、大电感开路，保留电抗不容忽略的电感、电容，直流电压源短路(因其内阻极小忽略)。

由图 5.1.2 的共射放大电路得到的交、直流通路如图 5.2.3 所示：

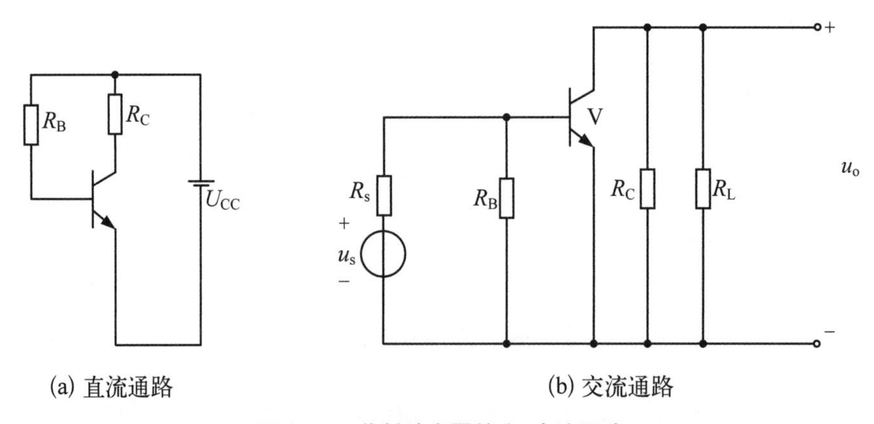

图 5.2.3 共射放大器的交、直流通路

【例题 5-2】 画出图 5.2.4 的交、直流通路。

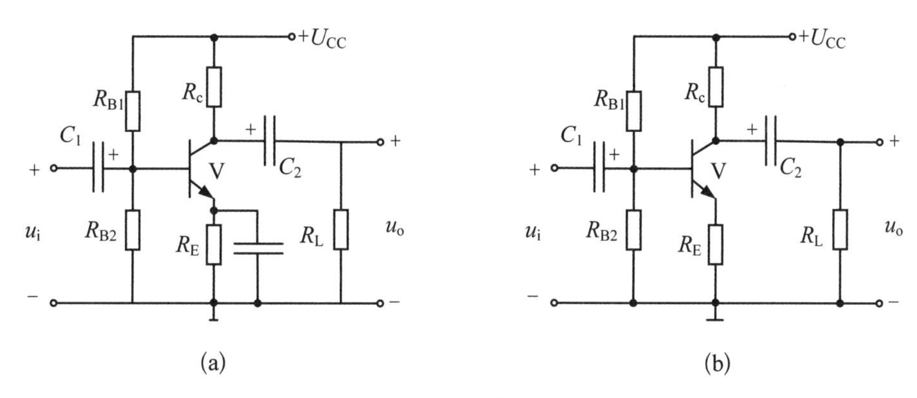

图 5.2.4　例题 5-2

解：交流通路将电抗小的大电容短路，直流电压源短路（因其内阻极小忽略）见图5.2.5，其中 $R_B = R_{B1} // R_{B2}$。直流通路将原放大器中所有电容开路，保留直流电源，见图5.2.6。

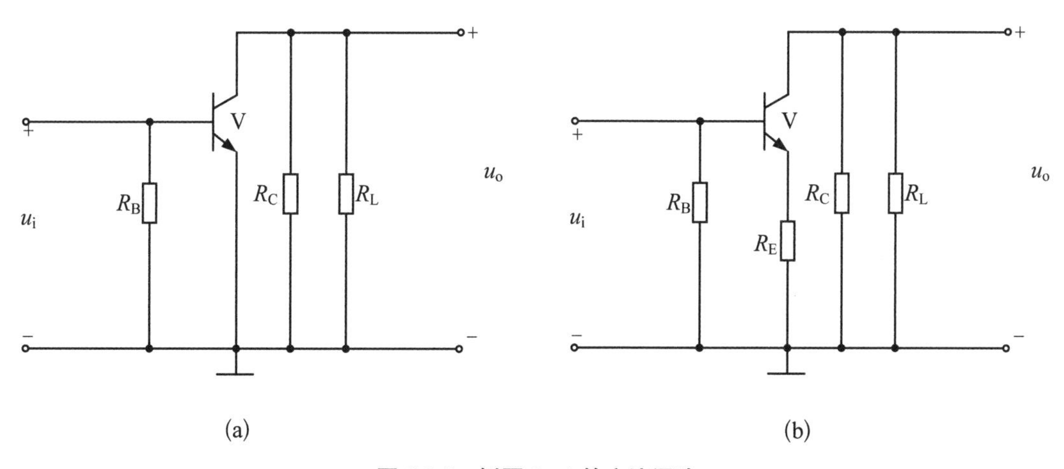

图 5.2.5　例题 5-2 的交流通路

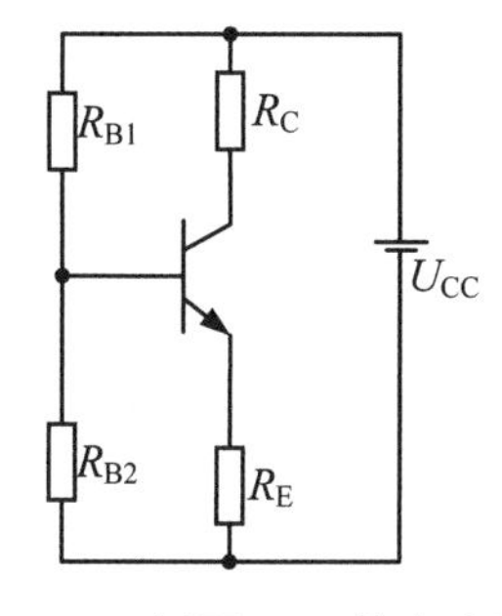

图 5.2.6　例题 5-2 的直流通路

【例题 5-3】　画出图5.2.7的交、直流通路。

解：结果见图5.2.8，其中 $R_B = R_{B1} // R_{B2}$。

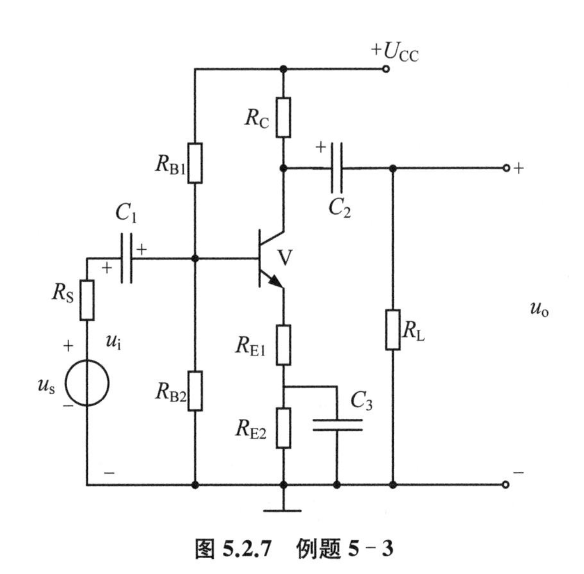

图 5.2.7　例题 5－3

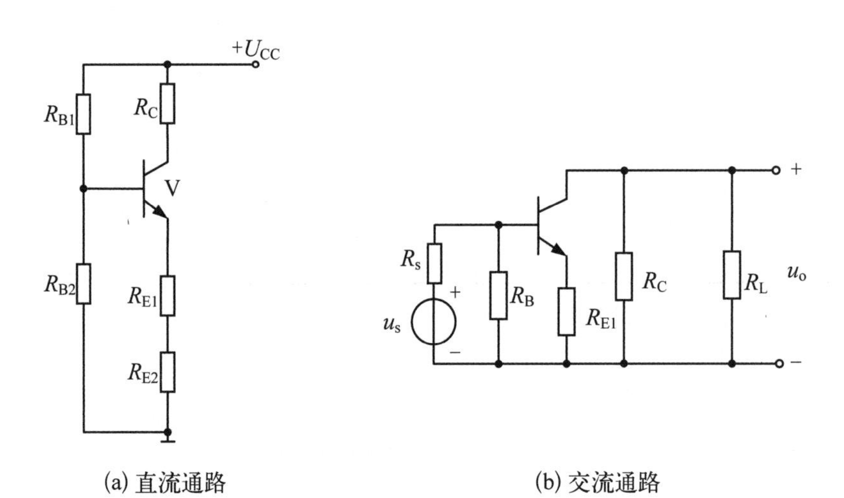

图 5.2.8　例题 5－3 解答

5.3　放大电路的图解分析法

放大器的分析方法有两种：

(1) 图解分析法：在晶体管特性曲线上通过作图确定工作点及其信号作用下的相对变化量。优点是形象、直观，但难以准确定量分析。

(2) 等效电路法：对器件建模进行电路分析，优点是运算简便，结果误差小。仅适用于交流小信号工作状态。

5.3.1　直流图解分析法(以共射极放大器为例)

放大器的直流图解分析见图5.3.1。由前述方法,估算出 I_{BQ}、U_{CEQ}、I_{CQ}。在晶体管的输出特性上找出两个特殊的点,$M\left(0,\dfrac{U_{CC}}{R_C}\right)$,$N(U_{CC},0)$,用直线连接 MN,其斜率为 $-\dfrac{1}{R_C}$,称为直流负载线,它和 I_{BQ} 线的交点 Q 称为静态工作点,该点对应的纵坐标值为 I_{CQ},横坐标值为 U_{CEQ}。

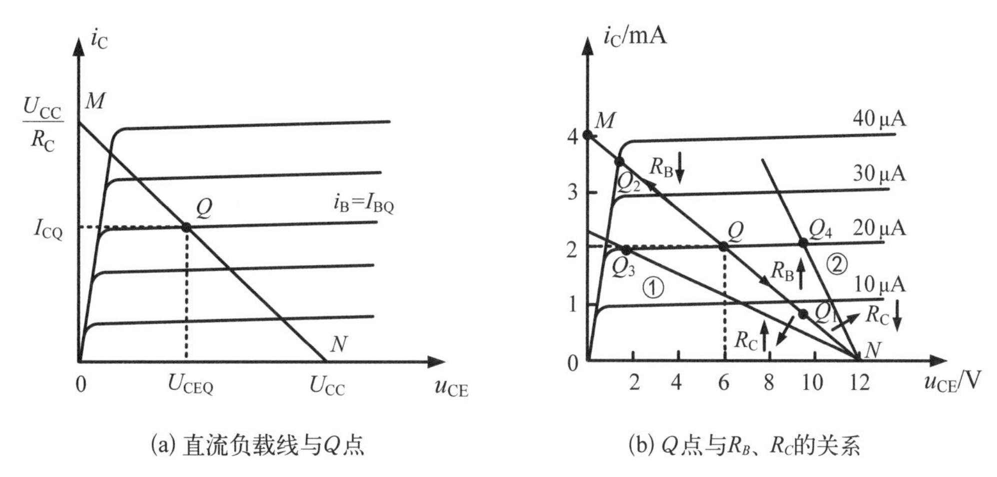

(a) 直流负载线与Q点　　(b) Q点与R_B、R_C的关系

图5.3.1　放大器的直流图解分析

当 R_C 不变,R_B 减小,I_{BQ} 增大,Q 点沿负载线上移,极限位置为 Q_2,对应的横坐标值为 $U_{CE(sat)}$,表明静态时晶体管已在饱和状态。

反之,R_B 增大,I_{BQ} 减小,Q 点沿负载线下移至 Q_1,极限位置为 N,对应的横坐标值为 U_{CC},表示晶体管已工作在截止状态了。上述两种状态下晶体管都不能正常放大信号,正确的方法是 Q 点应设置在负载线的中点。

当 I_{BQ} 不变时,R_C 增大,负载线斜率变小,Q 点移至 Q_3。反之,R_C 减小,负载线斜率增大,Q 点移至 Q_4。Q 点如果不在负载线中点,将影响正常放大。这时应重新设置 I_{BQ} 值。

5.3.2　交流图解分析法(以共射极放大器为例)

放大器交流图解分析见图5.3.2,就交流信号而言,集电极负载为 $R'_L=R_C /\!/ R_L$,由于隔直电容 C_2 的存在,R_L 接与不接不影响工作点 Q。过 Q 点作斜率为 $-\dfrac{1}{R'_L}$ 的直线,即为交流负载线。作好交流负载线后,若输入是正弦信号,根据交流电流 i_b 的变化规律,可画出对应的 i_c 和 u_{ce} 波形。在一个周期中,$u_i\uparrow$,$i_B\uparrow$,$i_C\uparrow$,从 $Q\rightarrow Q_1(0°\sim 90°)$;$u_i\downarrow$,$i_B\downarrow$,$i_C\downarrow$,从 $Q_1\rightarrow Q(90°\sim 180°)$;$u_i\downarrow$,$i_B\downarrow$,$i_C\downarrow$,从 $Q\rightarrow Q_2(180°\sim 270°)$;$u_i\uparrow$,$i_B\uparrow$,$i_C\uparrow$,从 $Q_2\rightarrow Q(270°\sim 360°)$。而 $u_{CE}=U_{CC}-i_C R'_L$,故变化规律正好相反,因此,在共射极放大器中,输出电压与输入电压是反相的。

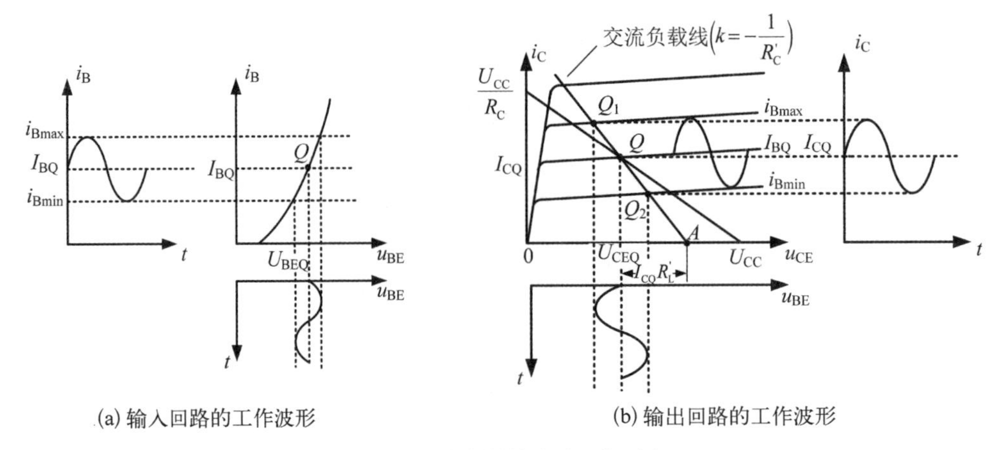

(a) 输入回路的工作波形　　(b) 输出回路的工作波形

图 5.3.2　放大器的交流图解分析

5.3.3　直流工作点与放大器非线性失真

放大器非线性失真图解分析见图 5.3.3，良好设计的放大器工作点应位于交流负载线的中点。不然当工作点过低，信号负半周时会进入截止区。因受截止失真限制，最大不失真输出电压幅度为

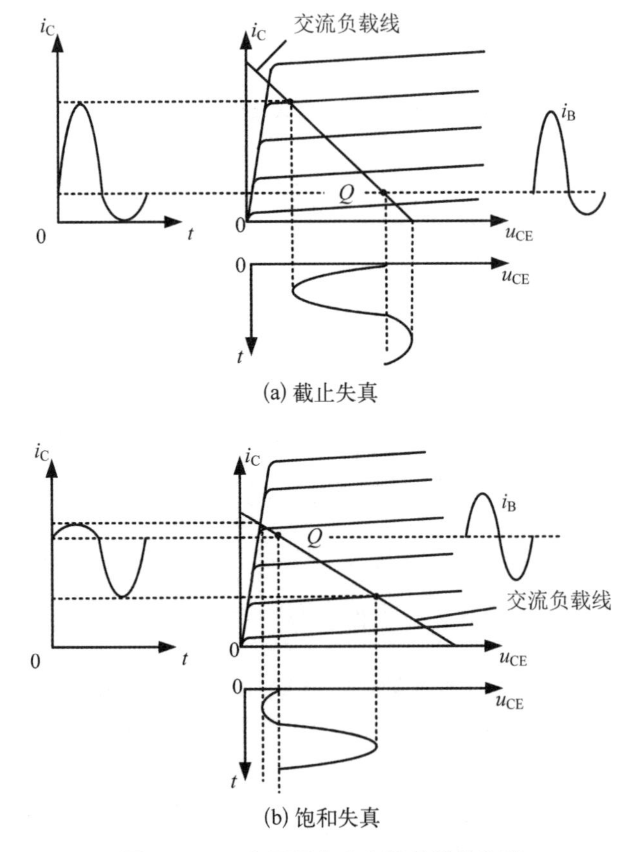

(a) 截止失真

(b) 饱和失真

图 5.3.3　Q 点不适合产生的非线性失真

$$u_{\mathrm{om}} = I_{\mathrm{CQ}}R'_{\mathrm{L}} \tag{5.3.1}$$

当工作点过高，信号正半周时会进入饱和区，因受饱和失真限制，最大不失真输出电压幅度为

$$u_{\mathrm{om}} = U_{\mathrm{CEQ}} - U_{\mathrm{CE(sat)}} \tag{5.3.2}$$

工作点在负载线中点时，上述二式是近似相等的。若工作点不在中点时，可取小的一个，最大不失真信号的峰峰值即为该值的两倍。即不失真的输出最大幅度为：

$$u_{\mathrm{om}} = \min\{I_{\mathrm{CQ}}R'_{\mathrm{L}},\ U_{\mathrm{CEQ}} - U_{\mathrm{CE(sat)}}\} \tag{5.3.3}$$

小结：

(1) 放大器中的各个量 u_{BE}，i_{B}，i_{C} 和 u_{CE} 都由直流分量和交流分量两部分组成。由于 C_2 的隔直作用，放大器的输出电压 u_{o} 等于 u_{CE} 中的交流分量，且与输入电压 u_{i} 反相。

(2) 放大器的电压放大倍数可由 u_{o} 与 u_{i} 的幅值之比或有效值之比求出。负载电阻 R_{L} 越小，交流负载线越陡，使 u_{om} 减小，电压放大倍数下降。

(3) 静态工作点 Q 设置得不合适，会产生非线性失真。即若 Q 点选得偏高，易产生饱和失真；若 Q 点选得偏低，易产生截止失真。

【例题 5-4】 已知电路及管子输出特性曲线如图 5.3.4 所示，其中管子饱和压降 $U_{\mathrm{ce(sat)}} = 0.5\ \mathrm{V}$，求：

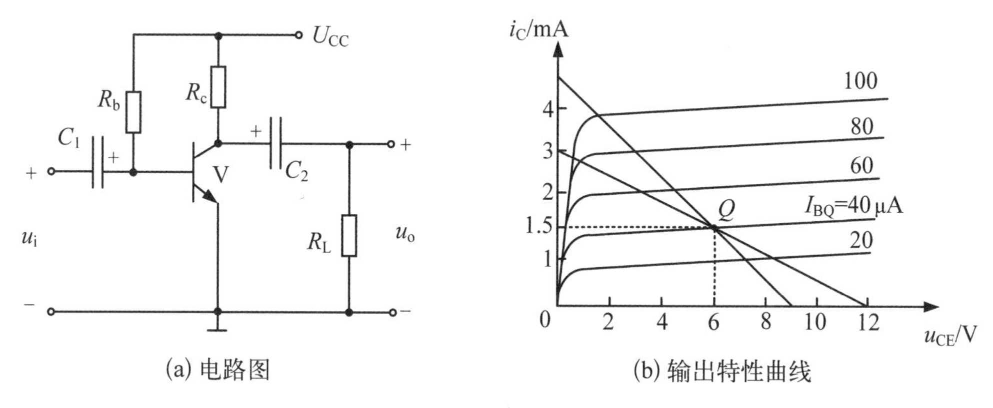

(a) 电路图　　(b) 输出特性曲线

图 5.3.4　例题 5-4

(1) 若基极加入交流电流为 $i_{\mathrm{b}} = 20\cos\omega t\,(\mu\mathrm{A})$，则该电路输出电压幅度 $u_{\mathrm{om}} \approx ?$

(2) 该电路的最大不失真输出电压幅度 $u_{\mathrm{om}} = ?$

(3) 若基极加入交流电流为 $i_{\mathrm{b}} = 45\cos\omega t\,(\mu\mathrm{A})$，画出该电路的输出电压 u_{o} 波形。

解：(1) 按要求作出图解如图 5.3.5(a)，可见此时输出电压幅度为 $u_{\mathrm{om}} \approx 1.8\ \mathrm{V}$。

(2) 从图(a)中可得出，$u_{\mathrm{om}} = \min\{U_{\mathrm{CEQ}} - U_{\mathrm{ces}},\ I_{\mathrm{CQ}}R'_{\mathrm{L}}\} = \min\{(6-0.5),\ (9-6)\} \approx 3\ \mathrm{V}$。

(3) 从图 5.3.5(b)可得出输出电压 u_{o} 出现截止失真，画出输出波形如图 5.3.5(c)。

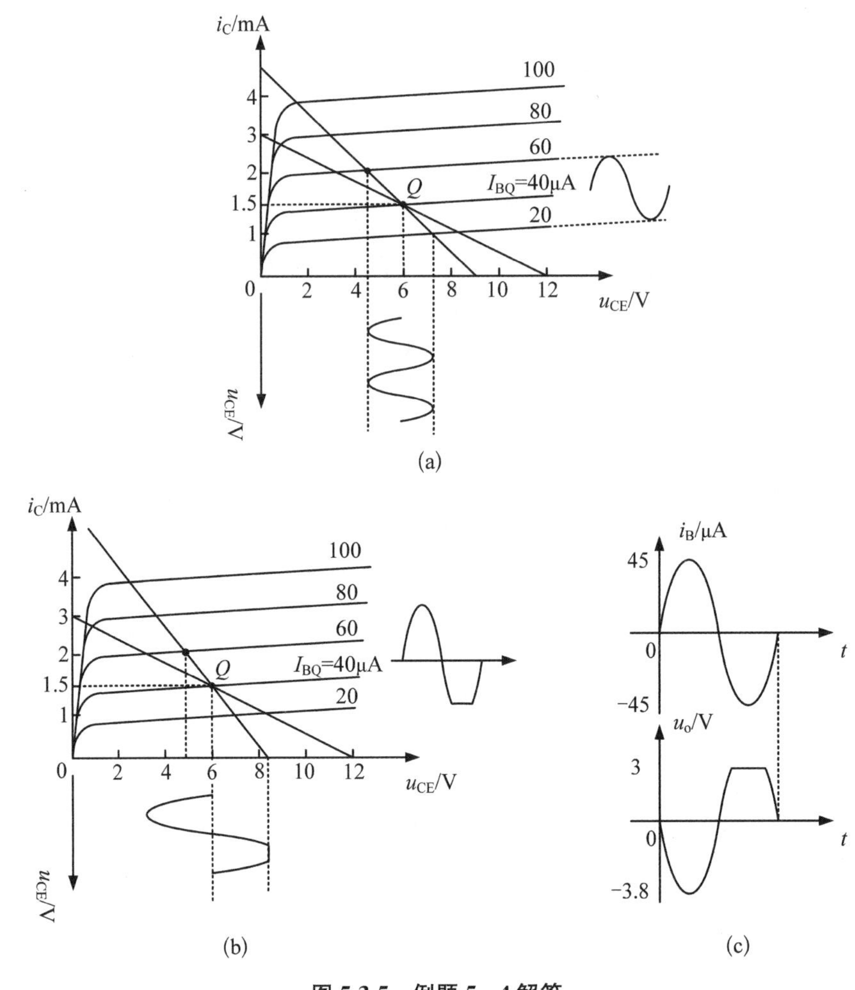

图 5.3.5　例题 5-4 解答

5.4　放大电路的交流等效电路分析法

非线性元件晶体管在工作点附近的微小范围内,可等效成一个线性电路,此时放大电路可用线性电路的分析方法来分析。应用条件:① 静态工作点选择恰当,晶体管工作在放大区。② 输入信号较小,非线性失真可忽略。

共射极放大器的电路如图 5.4.1 所示,分析步骤有以下几步:

(1) 估算直流工作点 Q,并求出 r_{be}。

(2) 确定放大器交流通路(晶体管用小信号交流模型表示)。

(3) 晶体管用交流小信号等效电路代替。

(4) 根据交流等效电路计算放大器的各项交流指标。

交流性能:

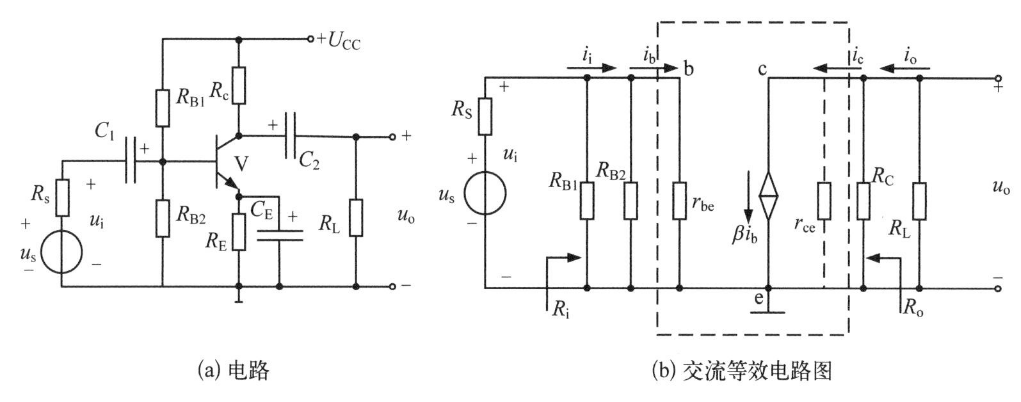

(a) 电路　　(b) 交流等效电路图

图 5.4.1　共射极放大器及其交流等效电路

1. 电压增益 A_u

输入交流电压：$$u_i = i_b r_{be}$$

输出交流电压：$$u_o = -i_c(R_C \,/\!/\, R_L) = -\beta i_b(R_C \,/\!/\, R_L)$$

电压放大倍数：$$A_u = \frac{u_o}{u_i} = -\frac{\beta(R_C \,/\!/\, R_L)}{r_{be}} = -\frac{\beta R'_L}{r_{be}} \tag{5.4.1}$$

式中：$R'_L = R_C \,/\!/\, R_L$，$r_{be} = r_{bb'} + (1+\beta)r_e = r_{bb'} + (1+\beta)\dfrac{26\ \text{mV}}{I_{CQ}(\text{mA})}[\Omega]$

讨论：

(1) A_u 式中的负号表示共射极放大器的输出电压与输入电压反相

(2) 由于 $r_{bb'}$ 不大，将其忽略，A_u 可表示为：

$$A_u \approx -\frac{1}{r_e} = -g_m R'_L = -\frac{R'_L}{26} I_{CQ} = -38.5 I_{CQ}(\text{mA}) R'_L(\text{k}\Omega) \tag{5.4.2}$$

A_u 与 β 几乎无关，而与 I_{CQ} 成正比，因此适当增加 I_{CQ}，可提高 A_u，当然也不能无限增大，否则可能会引起失真。

(3) R'_L 越大，A_u 越大。因而适当增加 R_c、R_L 可提高 A_u，同样也不能使 R_c 和 R_L 无限增大。

2. 电流增益 A_i

$$u_o = -i_o R_L = -(i_o - i_c)R_L;\quad i_o = i_c \frac{R_C}{R_C + R_L} = \beta i_b \frac{R_C}{R_C + R_L}$$

而：$u_o = i_i(R_B \,/\!/\, r_{be}) = i_b r_{be}$；即 $i_i = i_b \dfrac{R_B + r_{be}}{R_B}$，$R_B = R_{B1} \,/\!/\, R_{B2}$

由此可得：$$A_i = \frac{i_o}{i_i} = \beta \frac{R_B}{R_B + r_{be}} \cdot \frac{R_c}{R_c + R_L} \tag{5.4.3}$$

当满足 $R_B \gg r_{be}$，$R_L \ll R_C$ 时，则 $A_i \approx \beta$。

一般条件 $R_B \gg r_{be}$ 易满足，这时：

$$A_{\mathrm{i}} \approx \beta \frac{R_{\mathrm{c}}}{R_{\mathrm{c}}+R_{\mathrm{L}}}=\frac{R'_{\mathrm{L}}}{R_{\mathrm{L}}} \tag{5.4.4}$$

功率增益 G_{P}：

$$G_{\mathrm{P}}=|A_{\mathrm{u}}A_{\mathrm{i}}|=\beta^2 \frac{R'_{\mathrm{L}}}{R_{\mathrm{L}}} r_{\mathrm{be}} \tag{5.4.5}$$

3. 输入电阻 R_{i}：

$$R_{\mathrm{i}}=\frac{u_{\mathrm{i}}}{i_{\mathrm{i}}}=R_{\mathrm{B1}} /\!/ R_{\mathrm{B2}} /\!/ r_{\mathrm{be}}, \quad \text{当} R_{\mathrm{B1}} /\!/ R_{\mathrm{B2}} \gg r_{\mathrm{be}}, R_{\mathrm{i}} \approx r_{\mathrm{be}} \tag{5.4.6}$$

4. 输出电阻 R_{o}：

$$R_{\mathrm{o}}=\left.\frac{u_{\mathrm{o}}}{i_{\mathrm{o}}}\right|_{\substack{U_{\mathrm{S}}=0 \\ R_{\mathrm{L}}=\infty}}=R_{\mathrm{C}} \tag{5.4.7}$$

5. 源电压增益 A_{us}：

定义为输出电压 u_{o} 与信号源电压 u_{s} 之比

$$A_{\mathrm{us}}=\frac{u_{\mathrm{o}}}{u_{\mathrm{s}}}=\frac{u_{\mathrm{o}}}{u_{\mathrm{i}}} \cdot \frac{u_{\mathrm{i}}}{u_{\mathrm{s}}}=\frac{R_{\mathrm{i}}}{R_{\mathrm{i}}+R_{\mathrm{s}}} \cdot A_{\mathrm{u}} \tag{5.4.8}$$

原因：u_{i} 是信号源内阻与放大器输入电阻分压的结果。当 $R_{\mathrm{i}} \gg R_{\mathrm{S}}$ 时，$A_{\mathrm{us}} \approx A_{\mathrm{u}}$。

6. 将发射极旁路电容 C_{E} 开路

发射极接电阻时的共射极放大器及其交流等效电路如图 5.4.2。

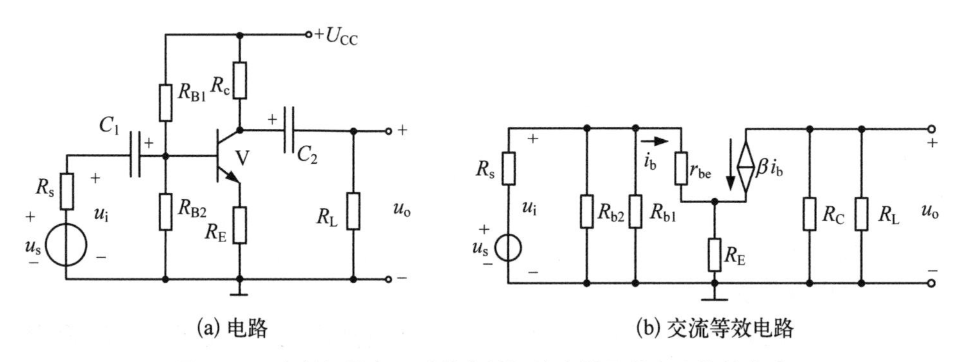

(a) 电路　　(b) 交流等效电路

图 5.4.2　发射极接电阻时的共射极放大器及其交流等效电路

对交流而言，发射极将通过 R_{E} 接地，现在：

$$u_{\mathrm{i}}=i_{\mathrm{b}}r_{\mathrm{be}}+i_{\mathrm{e}}R_{\mathrm{E}}=i_{\mathrm{b}}r_{\mathrm{be}}+(1+\beta)i_{\mathrm{b}}R_{\mathrm{E}};\ u_{\mathrm{o}}=-\beta i_{\mathrm{b}}R'_{\mathrm{L}}$$

电压放大倍数：

$$\begin{aligned} A_{\mathrm{u}} &=\frac{u_{\mathrm{o}}}{u_{\mathrm{i}}}=-\frac{\beta i_{\mathrm{b}}(R_{\mathrm{C}} /\!/ R_{\mathrm{L}})}{i_{\mathrm{b}}[r_{\mathrm{be}}+(1+\beta)R_{\mathrm{E}}]} \\ &=-\frac{g_{\mathrm{m}}u_{\mathrm{be}}R'_{\mathrm{L}}}{u_{\mathrm{be}}+i_{\mathrm{e}}R_{\mathrm{E}}} \approx-\frac{g_{\mathrm{m}}u_{\mathrm{be}}R'_{\mathrm{L}}}{u_{\mathrm{be}}+g_{\mathrm{m}}u_{\mathrm{be}}R_{\mathrm{E}}}=-\frac{g_{\mathrm{m}}R'_{\mathrm{L}}}{1+g_{\mathrm{m}}R_{\mathrm{E}}} \end{aligned} \tag{5.4.9}$$

$$i_{\mathrm{e}} \approx i_{\mathrm{c}}=g_{\mathrm{m}}u_{\mathrm{be}}=\beta i_{\mathrm{b}} \tag{5.4.10}$$

可见 A_u 变小了。这是 R_E 自动调节(负反馈)的作用,使净输入量减小引起的。

当 $(1+\beta)i_bR_E \gg r_{be}$ 或 $g_mR_E \gg 1$ 时,有

$$A_u=-\frac{R'_L}{R_E} \tag{5.4.11}$$

而从 b 极看进去的输入电阻为:

$$R'_i=\frac{u_i}{i_i}=r_{be}+(1+\beta)R_E,而\ R_i=R_{B1}\ /\!/\ R_{B2}\ /\!/\ R'_i \tag{5.4.12}$$

后一项是 R_E 折合到 b 极支路的值,因此放大器的输入电阻明显增加了。

对于输出电阻,则改变不大,从输出端看进去:$R_o=R_C$

【例题 5-5】 电路如图 5.4.3 所示,已知:$U_{CC}=12\ \text{V}$, $R_s=1\ \text{k}\Omega$, $R_b=300\ \Omega$, $R_c=3\ \text{k}\Omega$, $R_L=3\ \text{k}\Omega$, $r_{bb'}=300\ \Omega$, $\beta=50$。

试求:(1) R_L 接入和断开两种情况下电路的电压增益 A_u;

(2) 输入电阻 R_i 和输出电阻 R_o;

(3) 输出端开路时的源电压增益 A_{us}。

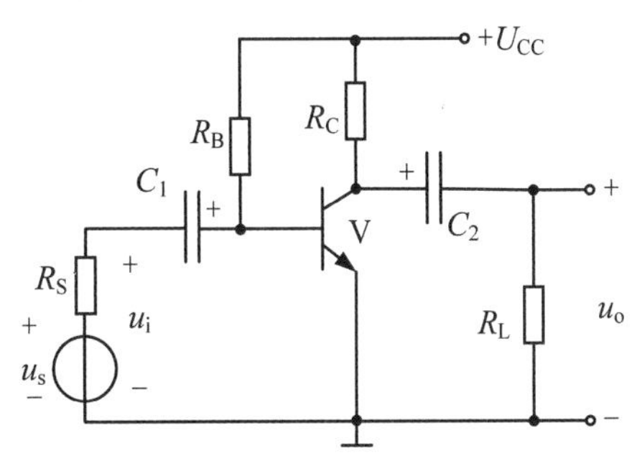

图 5.4.3　例题 5-5

解:先求静态工作点 Q

$$I_{BQ}=\frac{U_{CC}-U_{BEQ}}{R_B}\approx\frac{U_{CC}}{R_B}=40\ \mu\text{A};\ I_{CQ}=\beta I_{BQ}=2\ \text{mA};\ U_{CEQ}=U_{CC}-I_{CQ}R_C=6\ \text{V}$$

再计算 r_{be}:

$$r_{be}=r_{bb'}+(1+\beta)\frac{26\ \text{mV}}{I_{CQ}(\text{mA})}\Omega=300+(1+50)\frac{26\ \text{mV}}{2(\text{mA})}\Omega=963\ \Omega$$

(1) R_L 接入时的电压放大倍数 $A_u=-\dfrac{\beta R'_L}{r_{be}}=-\dfrac{50\times\dfrac{3\times3}{3+3}}{0.963}=-78$

R_L 断开时的电压放大倍数 $A_u=-\dfrac{\beta R_c}{r_{be}}=-\dfrac{50\times3}{0.963}=-156$

(2) 输入电阻 R_i:

$$R_i=R_B\ /\!/\ r_{be}=200\ /\!/\ 0.963\approx0.96\ \text{k}\Omega$$

输出电阻 R_o:

$$R_o=R_C=3\ \text{k}\Omega$$

(3) $A_{us}=\dfrac{u_o}{u_s}=\dfrac{u_o}{u_i}\cdot\dfrac{u_i}{u_s}=\dfrac{R_i}{R_i+R_s}\cdot A_u=\dfrac{0.963}{1+0.963}\times(-156)=-76.4$

【例题 5-6】 电路如图 5.4.2 所示,$U_{CC}=12\ \text{V}$, $U_{BEQ}=0.7\ \text{V}$, $R_{B1}=20\ \text{k}\Omega$, $R_{B2}=10\ \text{k}\Omega$, $R_c=3\ \text{k}\Omega$, $R_L=3\ \text{k}\Omega$, $R_E=2\ \text{k}\Omega$, $r_{bb'}=300\ \Omega$, $\beta=50$。试估算静态工作点,并求电

压增益、输入电阻和输出电阻。

解：先求静态工作点 Q：$\dfrac{10}{20+10}\times 12 \approx \dfrac{U_B-U_{BEQ}}{R_E}$

$U_B=\dfrac{R_{B2}}{R_{B1}+R_{B2}}U_{CC}=\dfrac{10}{20+10}\times 12=4\text{ V}$；$I_{CQ}=I_{EQ}=\dfrac{4-0.7}{2}=1.65\text{ mA}$；

$U_{CEQ}=U_{CC}-I_{CQ}(R_C+R_E)=12-1.65\times(3+2)=3.75\text{ V}$。

再计算 r_{be}：$r_{be}=r_{bb'}+(1+\beta)\dfrac{26\text{ mV}}{I_{CQ}(\text{mA})}\Omega=300+(1+50)\dfrac{26\text{ mV}}{1.65(\text{mA})}\Omega=1\,100\ \Omega$

(1) 电压放大倍数：$A_u=-\dfrac{\beta R'_L}{r_{be}}=-\dfrac{50\times\dfrac{3\times 3}{3+3}}{1.1}=-68$

(2) 输入电阻 R_i：$R_i=R_{B1}\ /\!/\ R_{B2}\ /\!/\ r_{be}=20\ /\!/\ 10\ /\!/\ 1.1\approx 0.994\text{ k}\Omega$

(3) 输出电阻 R_o：$R_o=R_C=3\text{ k}\Omega$

5.5 共集电极和共基极放大器

5.5.1 共集电极放大器

采用分压式偏置的共集电极电路及其交流等效电路图如图 5.5.1 所示(注意：集电极交流接地)，利用晶体管的交流模型可分析其交流性能指标：

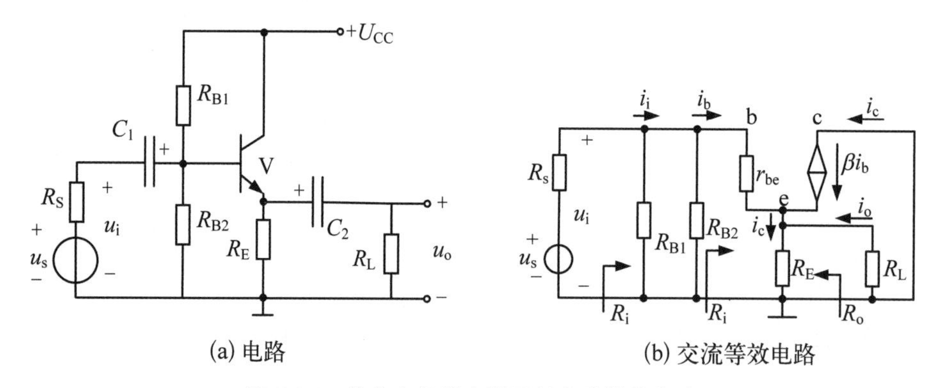

图 5.5.1 共集电极放大器及其交流等效电路

1. 电压增益 A_u

$$u_o=i_e(R_E\ /\!/\ R_L)(1+\beta)i_bR'_L;\quad u_i=i_br_b+(1+\beta)i_bR'_L$$

$$A_u=\frac{u_o}{u_i}=\frac{(1+\beta)i_bR'_L}{[r_{be}+(1+\beta)R'_L]i_b}<1 \tag{5.5.1}$$

$$\text{当}(1+\beta)R'_L\gg r_{be}\text{；则 }A_u\approx 1 \tag{5.5.2}$$

共集电极输入和输出电压同相，增益近似为 1，似输出跟随输入变化而变化，故又称作射极跟随器，简称射随器。

2. 电流增益 A_i

$$(i_o - i_c)R_E = i_o R_L;\ i_o = i_e \frac{R_E}{R_E + R_L} = (1+\beta) i_b \frac{R_E}{R_E + R_L}$$

当忽略 R_{B1}、R_{B2} 分流作用时，$i_b = i_i$，故：

$$A_i = \frac{i_o}{i_i} = (1+\beta)\frac{R_E}{R_E + R_L} \gg 1 \tag{5.5.3}$$

功率增益 $|A_i||A_u| \gg 1$

3. 输入电阻 R_i

从 b 极看进去

$R'_i = r_{be} + (1+\beta)R'_L$，第二项是射极支路电阻折合到基极的值。

$R_i = R_{B1} // R_{B2} // R'_i$；

与共射电路相比，由于 R_i 显著提高，共集放大电路的输入电阻大大提高了。

4. 输出电阻 R_o

输出电阻的计算见图 5.5.2：

$$u_o = -i_b(r_{be} + R'_s);\quad R'_s = R_s // R_{B1} // R_{B2};$$

$$i_o = -i_e = -(1+\beta) i_b$$

则从 e 极看进去电阻：$R'_o = \dfrac{u_o}{i_o} = \dfrac{R'_s + r_{be}}{1+\beta}$；故输出电阻 R_o 为：

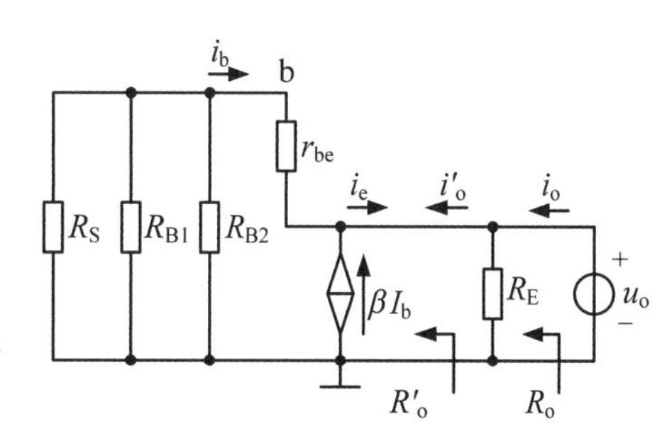

图 5.5.2　共基极输出电阻的计算

$$R_o = \frac{u_o}{i_o}\Bigg|_{\substack{U_s = 0 \\ R_L = \infty}} = R_E // R'_o = R_E // \frac{R'_s + r_{be}}{1+\beta} \tag{5.5.4}$$

R'_o 是基极支路总电阻折合到射极的值，R_o 是该值与 R_E 之并联，故 R_o 很小，通过以上分析可知射随器的特点：A_u 近似为 1；A_i 很大；R_i 很大；R_o 很小。

5.5.2　共基极放大器

采用分压式偏置的共基极电路及其交流等效电路图如图 5.5.3(注意输入、输出的交流公共端是 b 极)。

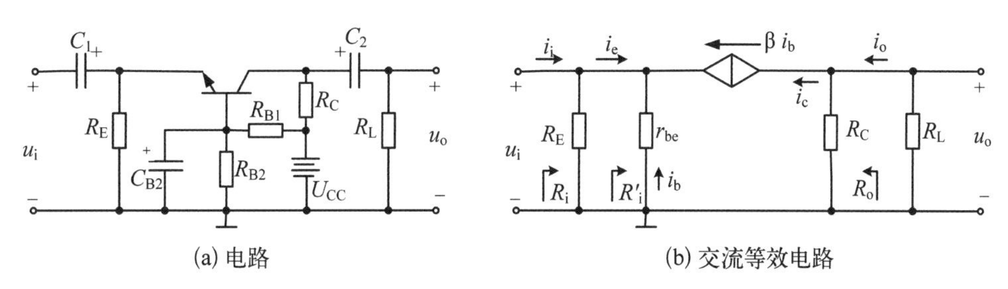

图 5.5.3　共基极放大器及其交流等效电路

交流指标分析如下：

1. 电压增益 A_u

输入交流电压 $u_i = -i_b r_{be}$；输出交流电压 $u_o = -\beta i_b (R_C // R_L)$，则

$$A_u = \frac{u_o}{u_i} = \frac{\beta R'_L}{r_{be}} \gg 1 \tag{5.5.5}$$

输出电压与输入电压同相。

2. 电流增益 A_i

$$u_o = -i_o R_L = (i_o - i_c) R_c;\ i_o = i_c \frac{R_C}{R_C + R_L} = \beta i_b \frac{R_C}{R_C + R_L};\ i_i \approx i_e;$$

所以：

$$A_i = \frac{i_o}{i_i} = \frac{i_c}{i_e} \frac{R_C}{R_C + R_L} = \alpha \frac{R_C}{R_C + R_L} = \alpha \frac{R'_L}{R_L} < 1 \tag{5.5.6}$$

可见电流增益小，但 $A_u \gg 1$，故功率增益还是存在。

3. 输入电阻 R_i

由射极看进去电阻为

$$R'_i = \frac{u_i}{i_e} = \frac{r_{be}}{1+\beta} \tag{5.5.7}$$

上式表示了基极支路电阻折入射极支路的值。

$$R_i = R_{B1} // R_{B2} // \frac{r_{be}}{1+\beta} \tag{5.5.8}$$

该式与共集放大电路输出电阻一致，很小。

4. 输出电阻 R_o

按定义，当 $u_s = 0$，$u_i = 0$，$i_b = 0$，$\beta i_b = 0$（受控电流源开路），则

$$R_o = R_c \tag{5.5.9}$$

5.5.3 三种基本放大器的比较

三种基本放大器的比较见表 5-1：

表 5-1 共射、共基、共集放大器性能比较

性能	共射放大器	共基放大器	共集放大器
A_u	$-\frac{\beta R'_L}{r_{be}}$； 大（几十～几百） u_i 与 u_o 反相	$\frac{\beta R'_L}{r_{be}}$； 大（几十～几百） u_i 与 u_o 同相	$\frac{(1+\beta) i_b R'_L}{[r_{be} + (1+\beta) R'_L] i_b}$； 小（≈1） u_i 与 u_o 同相

续　表

性能	共射放大器	共基放大器	共集放大器
A_i	约为 β（大）	约为 $\alpha \leqslant 1$	约为 $1+\beta$（大）
G_P	大(几千)	大(几千)	大(几千)
R_i	r_{be} 中(几百～几千欧)	$r_{be}/(1+\beta)$ 低(几～几十欧)	$r_{be}+(1+\beta)R_L$ 大(几十千欧)
R_o	高 $(\approx R_c)$	高 $(\approx R_c)$	低 $\left(\approx \dfrac{R'_s+r_{be}}{1+\beta}\right)$
高频特性	好	好	好
用途	单级放大或多级放大器的中间级	宽带放大、高频电路	多级放大器的输入、输出级和中间缓冲级

5.6　场效应管放大器

5.6.1　偏置方式

常见的偏置有：分压式偏置，适用于增强型。自给偏置，适用于耗尽型。混合式偏置，适用于增强型、耗尽型。恒流源偏置，广泛应用于集成电路中。如图 5.6.1 所示为场效应管的两种偏置电路。

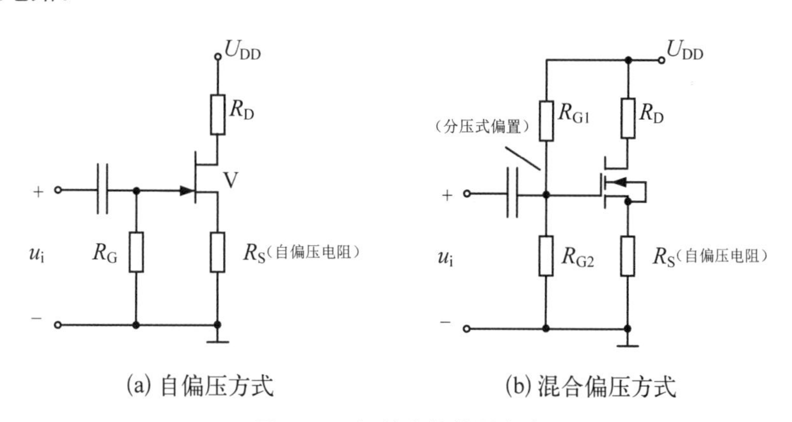

(a) 自偏压方式　　(b) 混合偏压方式

图 5.6.1　场效应管偏置方式

1. 自偏压静态计算

由输入回路 $U_{GS}=-I_D R_s$ 和管子特性 $I_D=I_{DSS}\left(1-\dfrac{U_{GS}}{|U_{GSoff}|}\right)^2$，求出 U_{GSQ} 和 I_{DQ}，由输出回路 $U_{DSQ}=U_{DD}-I_D(R_d+R_s)$，求出 U_{DSQ}。

2. 混合偏压静态计算

由输入回路 $U_{GS}=U_G-I_DR_s$，$U_G=U_{DD}\dfrac{R_{G2}}{R_{G1}+R_{G2}}$，管子特性 $I_D=I_{DSS}\left(1-\dfrac{U_{GS}}{U_{GSoff}}\right)^2$，求出 U_{GSQ} 和 I_{DQ}，由输出回路 $U_{DSQ}=U_{DD}-I_D(R_d+R_s)$，求出 U_{DSQ}。

5.6.2 场效应管放大器分析

与晶体管电路相似，场效应管放大器也有共源、共栅、共漏三种组态。

1. 共源放大器

共源放大器电路如图 5.6.2(a)所示，其低频小信号等效电路图为图 5.6.2(b)，这是一个混合偏置式电路。注意 R_{G3} 是为提高输入电阻而加入，因几乎无栅流，故 R_{G3} 上无压降。

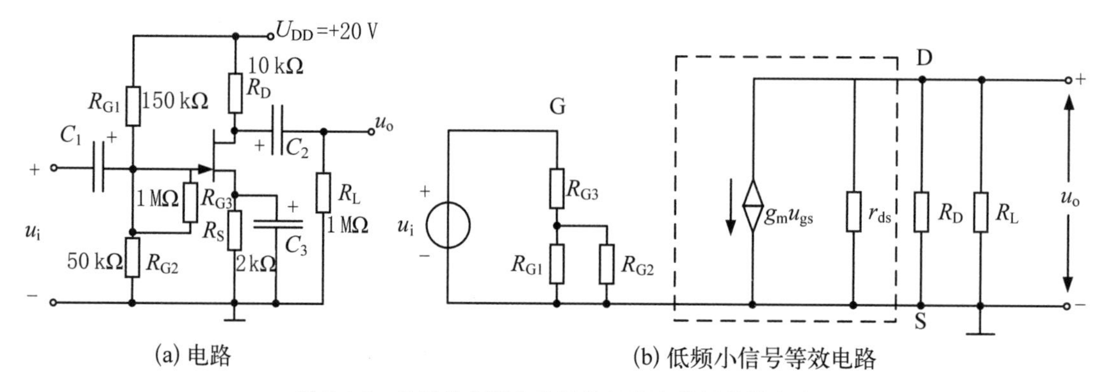

图 5.6.2 共源放大器电路及其低频小信号等效电路

设 $U_{GSoff}=-5$ V，$I_{DSSf}=1$ mA

1）直流状态

$$U_G=U_{DD}\frac{R_{G2}}{R_{G1}+R_{G2}}=20\times\left(\frac{50}{50+150}\right)=5\text{ V},$$

$$U_{GS}=U_G-I_DR_s=5-10I_{DQ},$$

$$I_D=I_{DSS}\left(1-\frac{U_{GS}}{U_{GSoff}}\right)^2=\left(1-\frac{5-10I_{DQ}}{5}\right)^2$$

解之得：

$I_{D1}=0.61$ mA，$I_{D2}=1.63$ mA，代入 $U_{GSQ}=5-10I_{DQ}$ 得：

$U_{GSQ1}=-1.1$ V，$U_{GSQ2}=-11.4$ V <-5 V 不合理，舍去。

将 $U_{GSQ1}=-1.1$ V，$I_{D1}=0.61$ mA 代入输出回路方程得

$U_{DSQ}=U_{DD}-I_D(R_d+R_S)=20-0.61\times20=7.8$ V。

2）交流状态

$$g_m=-\frac{2I_{DSS}}{U_{GSoff}}\left(1-\frac{U_{GSQ}}{U_{GSoff}}\right)=-\frac{2\times1}{-5}\left(1-\frac{-1.1}{-5}\right)=0.312\text{ ms}$$

由图 5.6.2(b)可得：$u_o = -g_m u_{gs}(r_{ds} /\!/ R_D /\!/ R_L)$，负号表示输入、输出电压反相。$u_i = u_{gs}$，且一般 $R_D /\!/ R_L \ll r_{ds}$，

$$A_u = \frac{u_o}{u_i} = -g_m(R_D /\!/ R_L) = 0.312 \times 10 = 3.12 \tag{5.5.10}$$

因 FET 的 g_m 比 BJT 小得多，故电压增益不如 BJT 的共射电路。

输入电阻 $R_i = R_{G3} + R_1 /\!/ R_2 = 1.037\,5\ \text{M}\Omega$，可获高输入阻抗是 FET 电路特点。

输出电阻 $R_o = R_D /\!/ r_{ds} \approx R_D = 10\ \text{k}\Omega$，输出电阻计算与 BJT 电路一致。

2. 共漏放大器

共漏放大器电路如图 5.6.3(a)所示，其低频小信号等效电路图为图 5.6.3(b)。直流状态解法同共源放大电路。

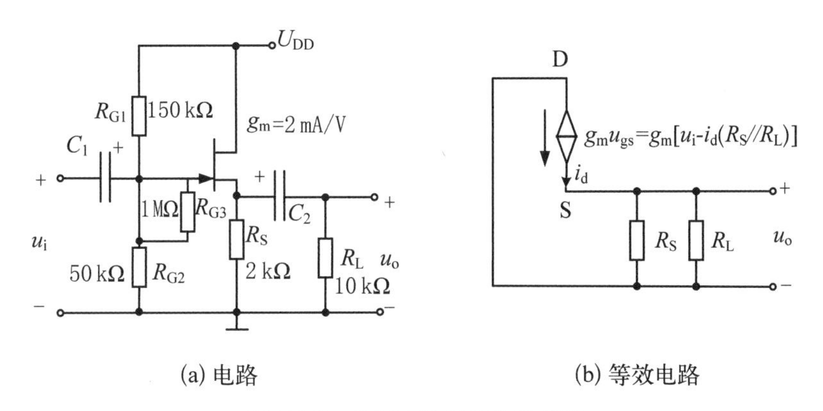

(a) 电路　　(b) 等效电路

图 5.6.3　共漏电路及其等效电路

解：交流状态，假定 $g_m = 2$ ms

电压增益 A_u：

$$A_u = \frac{u_o}{u_i} = \frac{i_d(R_s /\!/ R_L)}{i_i} = \frac{i_d R'_L}{i_i};\ i_d = g_m u_{gs} = g_m(u_i - i_d R'_L) = \frac{g_m}{1+g_m R'_L} u_i$$

所以：$A_u = \dfrac{g_m R'_L}{1+g_m R'_L}$；$R'_L = R_s /\!/ R_L$；

$$A_u = \frac{g_m R'_L}{1+g_m R'_L} = \frac{2\times10^{-3}\times(2\ \text{k}\Omega /\!/ 10\ \text{k}\Omega)}{1+2\times10^{-3}\times(2\ \text{k}\Omega /\!/ 10\ \text{k}\Omega)} = 0.76$$

输入电阻：$R_i = R_{G3} + R_1 /\!/ R_2 = 1.037\,5\ \text{M}\Omega$

输出电阻：$R_o = \dfrac{u_o}{u_o/R_s + g_m u_o} = \dfrac{1}{1/R_s + 1/1/g_m} = R_s /\!/ \dfrac{1}{g_m} = 0.4\ \text{k}\Omega$

一般可近似认为：$R_s \gg \dfrac{1}{g_m}$

共栅电路与共基电路相似，读者可自行分析。

5.6.3 场效应管三种组态性能比较

性能比较见表 5-2：

表 5-2 场效应管三种组态放大器性能比较

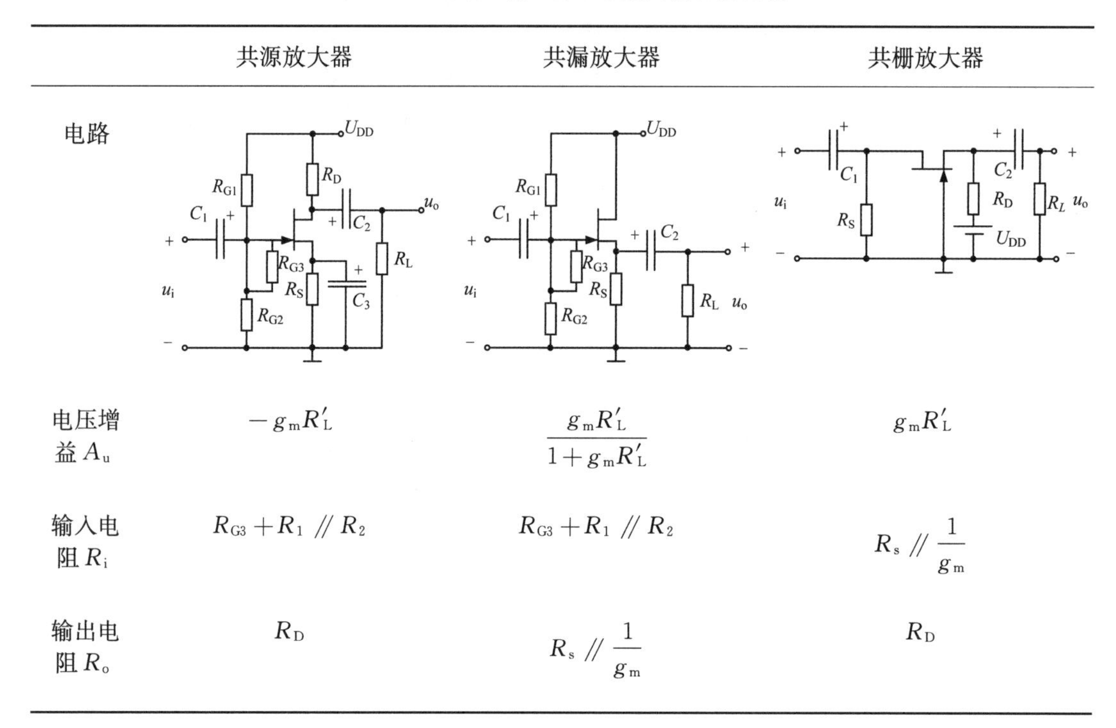

	共源放大器	共漏放大器	共栅放大器
电路			
电压增益 A_u	$-g_m R'_L$	$\dfrac{g_m R'_L}{1+g_m R'_L}$	$g_m R'_L$
输入电阻 R_i	$R_{G3}+R_1 /\!/ R_2$	$R_{G3}+R_1 /\!/ R_2$	$R_s /\!/ \dfrac{1}{g_m}$
输出电阻 R_o	R_D	$R_s /\!/ \dfrac{1}{g_m}$	R_D

5.7 多级放大器

在许多场合，要求放大器有较大的放大倍数和输入、输出电阻时，单级不能实现，则可用几个单级放大器级联起来构成多级放大器。多级放大器有许多不同的组合方式，按总的技术要求，合理进行设计组合，满足对放大倍数和输入、输出电阻的要求。

5.7.1 级间耦合方式

多级放大器各级之间的连接方式称为级间耦合方式。耦合时注意要点：① 确保各级直流工作点不受影响。② 应使前级信号尽可能不衰减地输至下级。

常用耦合方式及其优缺点：

(1) 直接耦合　优点：可放大从直流开始的信号。缺点：静态工作点要根据要求统一考虑，不能独立计算，即所谓电平配置、温度变化会引起各极工作点漂移。

(2) 变压器耦合　优点：易实现阻抗匹配；原、副边可以不共地；输出电压的极性可随意改变。缺点：体积大，尤其是低频工作时。

(3) 阻容耦合　优点：容易实现，工作点可以独立计算。缺点：低频工作时，信号较难通过耦合电容。

多级放大器的性能指标计算：分析多级放大器的性能指标，一般采用的方法为通过计算单级指标来分析多级指标。

1. 电压增益

多级电压增益等于每个单级的乘积。

$$A_u = \frac{u_o}{u_i} = \frac{u_{o1}}{u_i} \cdot \frac{u_{o2}}{u_{o1}} \cdots \frac{u_o}{u_{o(n-1)}} = A_{u1} \cdot A_{u2} \cdots A_{un} \tag{5.7.1}$$

其中，后级电路的输入电阻作为前级的负载电阻，即此负载电阻即为后级放大器的输入电阻。

2. 输入电阻

$$R_i = R_{i1} \mid_{R_L = R_{i2}} \tag{5.7.2}$$

其中，输入电阻即为第一级大输入电阻，不过在计算 R_{i1} 时应将后继的输入电阻 R_{i2} 作为其负载电阻。前级的负载电阻，即此负载电阻即为后级放大器的输入电阻。

3. 输出电阻

$$R_o = R_{on} \mid_{R_{on} = R_{o(n-1)}} \tag{5.7.3}$$

其中，输出电阻即为末级的输出电阻，不过在计算 R_{on} 时应将前级的输出电阻 $R_{o(n-1)}$ 作为其信号源内阻。

【例题 5-6】　电路如图 5.7.1(a)所示，设三极管 V_2参数为 $U_{BE(on)}=0.7$ V，$U_{CES}=1$ V，$\beta=100$，场效应管 V_1的转移特性曲线如图 5.7.1(b)所示，试判断管子 V_1，V_2处于何种工作状态(BJT：放大区，饱和区，截止区；FET：可变电阻区，饱和区或放大区或恒流区，截止区)，请说明理由。

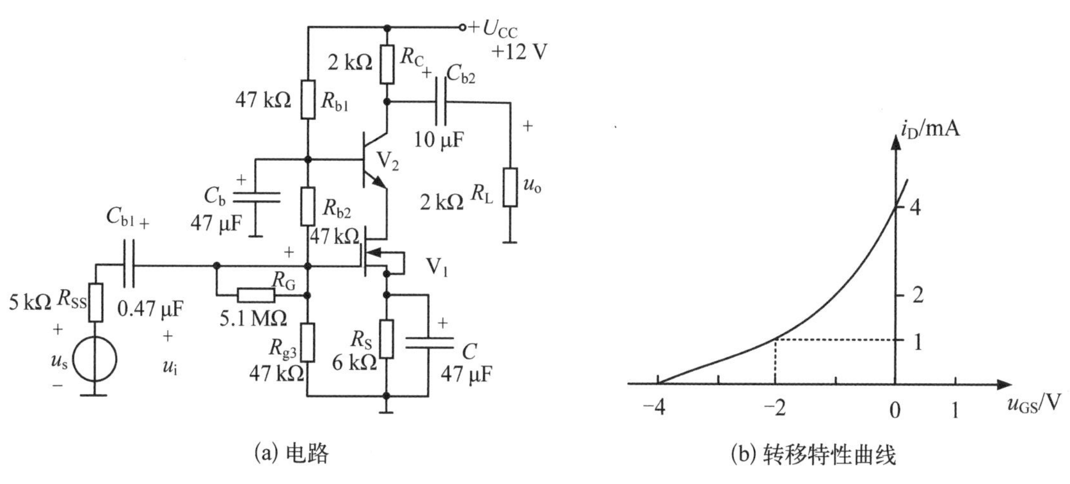

图 5.7.1　例题 5-6

解：由图(a)知：场效应管 V_1的 $U_{GSQ}=U_G-U_S=\frac{R_{g3}}{R_{b1}+R_{b2}+R_{g3}} \cdot U_{CC}-U_S=4-U_S$；

在图(b)上作出此负载线如图 5.7.2，则得到：$U_{GSQ}=-2\ V$，$I_{DQ}=1\ mA$。三极管 V_1 的 $U_{BQ}=\dfrac{R_{b2}+R_{g3}}{R_{b1}+R_{b2}+R_{g3}}\cdot U_{CC}=\dfrac{2}{3}\times 12=8\ V$；$U_{EQ}=U_{DQ}=U_{BQ}-0.7=8-0.7=7.3\ V$，

故 $U_{DSQ}=U_D-U_S=U_D-I_{DQ}\cdot R_S=7.3-1\times 6=1.3\ V$。

从图（b）上可得场效应管的夹断电压为 $U_{GS(off)}=-4\ V$；

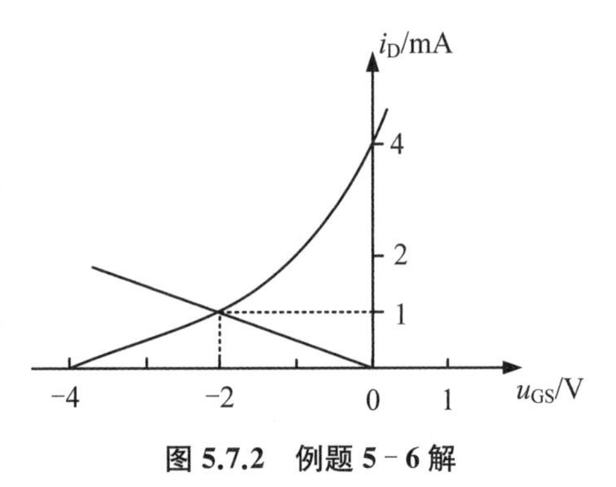

图 5.7.2 例题 5-6 解

故 $U_{DSQ}<|U_{GSQ}-U_{GS(off)}|=|-2+4|=2\ V$；故可知 V_1 工作在可变电阻区。

又：$U_{CE2Q}=U_{CC}-I_{CQ}R_C-U_{E2}=12-1\times 2-7.3=2.7\ V$；$U_{CE2Q}=2.7\ V>U_{CES}=1V$；故 V_2 工作在放大区。

V_1 管的工作点（$U_{GSQ}=-2\ V$，$I_{DQ}=1\ mA$，$U_{DSQ}=1.3\ V$），工作区为可变电阻区。

V_2 管的工作点（$I_{CQ}=1\ mA$；$U_{CE2Q}=2.7\ V$），工作区为放大区。

5.7.2 CE-CE 级联

共射-共射组合电路如图 5.7.3 所示。它的特点为：R_i，R_o 与单级 C-E 电路类似，A_u 是两级电压增益之乘积。性能计算如下：

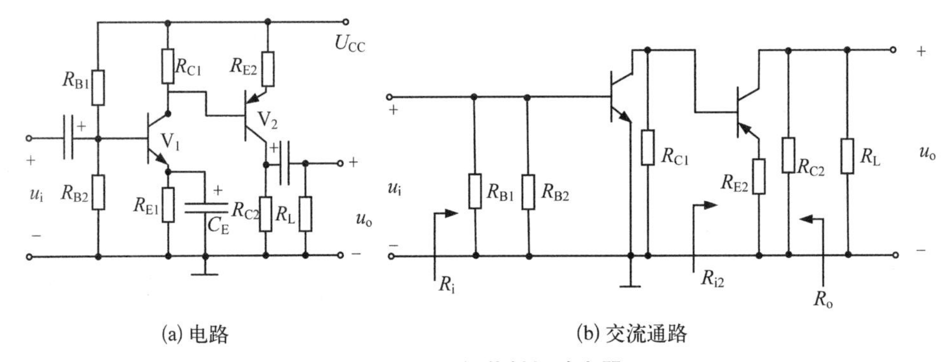

图 5.7.3 两级共射极放大器

（1）电压放大倍数 $A_u=\dfrac{u_o}{u_i}=A_{u1}\cdot A_{u2}$

$A_{u1}=-\dfrac{\beta_1(R_{C1}\ /\!/\ R_{i2})}{r_{be1}}$；$R_i=r_{be2}+(1+\beta_2)R_{E2}$。$A_{u2}=\dfrac{\beta_2(R_{C2}\ /\!/\ R_L)}{r_{be2}+(1+\beta_2)R_{E2}}$。

（2）输入电阻 $R_i=R_{B1}\ /\!/\ R_{B2}\ /\!/\ r_{be1}$，取决于第一级。

（3）输出电阻 $R_o=R_{o2}=R_c$，取决于第二级。

5.7.3 CE-CB 级联

共射-共基电路如图 5.7.4 所示。它的特点为：CB 的输入电阻是 CE 的负载，CE 增益很小，主要取决于 CB 的增益。$I_{C2}=I_{E2}=I_{C1}$，CE 的输出电流几乎不衰减地传输到输出端，即

所谓电流接续器。第一级的低增益，可使得电路工作稳定，频率响应好，适用于高频工作。性能计算如下：

(1) 电压放大倍数：$A_u = \dfrac{u_o}{u_i} = A_{u1} \cdot A_{u2}$

$A_{u1} = \dfrac{u_{o1}}{u_i} = -\dfrac{\beta_1 R_{i2}}{r_{be1}}$；$R_{i2} = \dfrac{r_{be2}}{1+\beta_2}$；$A_{u2} = \dfrac{u_o}{u_{i2}} = \dfrac{\beta_2 R'_L}{r_{be2}}$。

$r_{be1} = r_{bb'1} + (1+\beta_1)\dfrac{26\ \text{mV}}{I_{EQ1}}$；$r_{be2} = r_{bb'2} + (1+\beta_2)\dfrac{26\ \text{mV}}{I_{EQ2}}$

而 $I_{CQ2} = I_{EQ2} = I_{CQ1} = I_{EQ1}$，又一般 $\beta > 10$，

则 $A_u = \left(-\dfrac{\beta_1 R_{i2}}{r_{be1}}\right) \cdot \left(\dfrac{\beta_2 R'_L}{r_{be2}}\right) = -\dfrac{\beta_1}{r_{be1}} \cdot r_{be2}/(1+\beta_2) \cdot \dfrac{\beta_2 R'_L}{r_{be2}} = -\dfrac{\beta_1 R'_L}{r_{be1}}$

即增益相当于以 R'_L 为负载的一级 CE 电路

(2) 输入电阻 $R_i = R_{B1} \mathbin{/\!/} R_{B2} \mathbin{/\!/} r_{be1}$，取决于第一级。

(3) 输出电阻 $R_o = R_{o2} = R_c$，取决于末级。

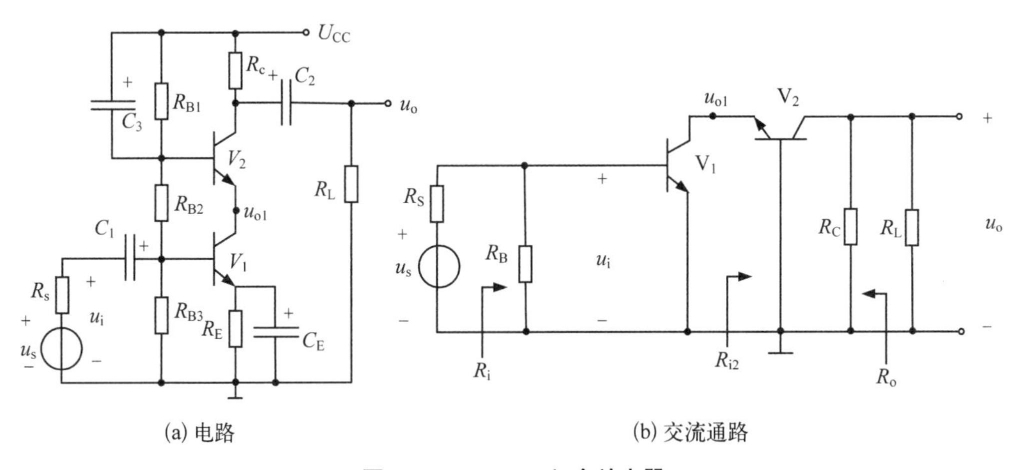

图 5.7.4　CE - CB 组合放大器

5.7.4　CC - CE - CC 级联

共集-共射-共集电路如图 5.7.5。它的特点为：高输入电阻 R_i，低输出电阻 R_o，较高的放大倍数 A_u，频率从 0 Hz 开始，温度稳定性好。

假定无信号时输入、输出端对地电位为零，令 $I_{EQ3} = 2\ \text{mA}$，$I_{EQ1} = I_{EQ2} = 1\ \text{mA}$，$R_S = R_L = R_B = 600\ \Omega$。

1. 直流工作点的计算与电路中元件的计算

$U_o = 0$，$U'_o = 1.4\ \text{V}$，$U_{BQ3} = U_{CQ2} = 2.1\ \text{V}$，$U_{BQ1} = U_{BQ2} = 0$，$U_{EQ1} = U_{EQ2} = -0.7\ \text{V}$

$R_E = \dfrac{U_{EE} - 0.7}{I_{EQ3}} = \dfrac{6-0.7}{2} = 2.65\ \text{k}\Omega$，$R_{C2} = \dfrac{U_{CC} - U_{CQ2}}{I_{EQ2}} = \dfrac{6-2.1}{1} = 3.9\ \text{k}\Omega$，$R_{E3} = \dfrac{U_{EE}}{I_{EQ3}} = \dfrac{6}{2} = 3\ \text{k}\Omega$

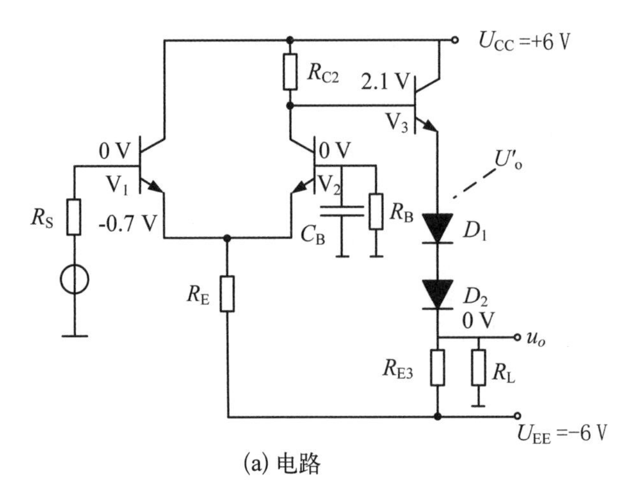

(a) 电路

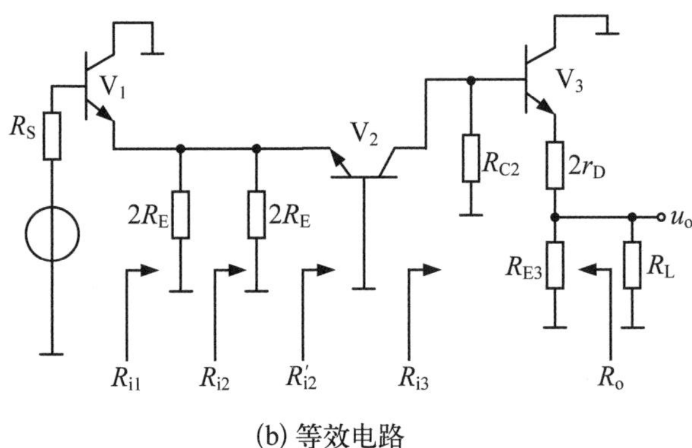

(b) 等效电路

图 5.7.5 共集-共射-共集电路

2. 交流性能计算

$$A_u=\left(-\frac{\beta_1 R_{i2}}{r_{be1}}\right)\cdot\left(\frac{\beta_2 R'_L}{r_{be2}}\right)=-\frac{\beta_1}{r_{be1}}\cdot\frac{r_{be2}}{1+\beta_2}\cdot\frac{\beta_2 R'_L}{r_{be2}}=-\frac{\beta_1 R'_L}{r_{be1}}$$

假定 $r_{bb'}=r_{bb'1}=r_{bb'2}=100\ \Omega$，$\beta_1=\beta_2=100$

$$A_{us}=\frac{u_o}{u_s}=\frac{u_i}{u_s}\cdot\frac{u_{o1}}{u_i}\cdot\frac{u_{o2}}{u_{o1}}\cdot\frac{u'_o}{u_{o2}}\cdot\frac{u_o}{u'_o}$$

$$\frac{u_i}{u_s}=\frac{R_{i1}}{R_{i1}+R_s},\ R_{i1}=r_{be1}+(1+\beta_1)R'_{L1}$$

$$r_{be1}=r_{be2}=r_{bb'1}+(1+\beta_1)\frac{26\ \text{mV}}{I_{EQ1}}=100+101\times\frac{26\ \text{mV}}{I_{EQ1}}=2.73\ \text{k}\Omega;$$

$R'_{L1}=2R_E\ //\ 2R_E\ //\ R'_{i2}$；$R'_{i2}=\dfrac{r_{be2}}{1+\beta_2}=\dfrac{r_{be1}}{101}=27\ \Omega$；

$R'_{L1}=2R_E\ //\ 2R_E\ //\ R'_{i2}=5.3\ \text{k}\Omega\ //\ 5.3\ \text{k}\Omega\ //\ 27\ \Omega\approx 27\ \Omega$；

$R_{i1}=2.73\ \text{k}\Omega+101\times 27\ \Omega=5.45\ \text{k}\Omega$；

$$\frac{u_i}{u_s}=\frac{5.45}{5.45+0.6}=0.9;$$

$$A_{u1}=\frac{u_{o1}}{u_i}=\frac{(1+\beta_1)R'_{L1}}{r_{be1}+(1+\beta_1)R'_{L1}}=\frac{101\times 27\ \Omega}{2.73\ \text{k}\Omega+101\times 27\ \Omega}=0.5;$$

$$A_{u2}=\frac{u_{o2}}{u_{o1}}=\frac{\beta R'_{L2}}{r_{be2}};\ R'_{L2}=R_c\ //\ R'_{i3};\ R'_{i3}=r_{be3}+(1+\beta)(2r_D+R'_L)$$

$$r_{be3}=r_{bb'3}+(1+\beta_3)\frac{26\ \text{mV}}{I_{EQ3}}=100+101\times\frac{26\ \text{mV}}{2}=1.4\ \text{k}\Omega;$$

$$R'_L=R_{E3}\ //\ R_L=3\ //\ 0.6=500\ \Omega;\ r_D=\frac{26\ \text{mV}}{I_{EQ3}}=13\ \Omega$$

$$R'_{i3}=r_{be3}+(1+\beta)(2r_D+R'_L)=1.4\ \text{k}\Omega+101\times(2\times 13\ \Omega+500\ \Omega)=54.5\ \text{k}\Omega;$$

$$R'_{L2}=R_c\ //\ R'_{i3}=3.9\ \text{k}\Omega\ //\ 54.5\ \text{k}\Omega=3.7\ \text{k}\Omega;\ A_{u2}=\frac{u_{o2}}{u_{o1}}=\frac{\beta R'_{L2}}{r_{be2}}=\frac{100\times 3.7}{2.73}=135;$$

$$A_{u3}=\frac{u'_o}{u_{o2}}=\frac{(1+\beta_3)(R'_L+2r_D)}{r_{be3}+(1+\beta_3)(R'_L+2r_D)}\approx 0.93;$$

$$\frac{u_o}{u'_o}=\frac{R_{E3}\ //\ R_L}{2r_D+R_{E3}\ //\ R_L}=\frac{500}{526}\approx 0.95;$$

$$A_{us}=\frac{u_o}{u_s}=0.9\times 0.5\times 135\times 0.93\times 0.95=58.6$$

$$R_i=R_{i1}=5.45\ \text{k}\Omega;$$

$$R_o=R_{E3}\ //\ \left(\frac{R_{C2}+r_{be3}}{1+\beta_3}+2r_D\right)\approx 77\ \Omega$$

【例题5-7】 在图5.7.6(a)所示的两级放大电路中,已知:$U_{cc}=10$ V,$\beta_1=\beta_2=50$,$R_s=5\ k\Omega$,$R_{b1}=200$ kΩ,$R_{c1}=1.5$ kΩ,$R_{c2}=2$ kΩ,$R_e=1.5$ kΩ,$U_{BE(on)1}=0.6$ V,$U_{BE(on)2}=-0.3$ V,$r_{bb1}=r_{bb2}=200$ Ω,求:

(1) 静态工作点 Q;

(2) 放大器的 A_u、R_i 和 R_o。

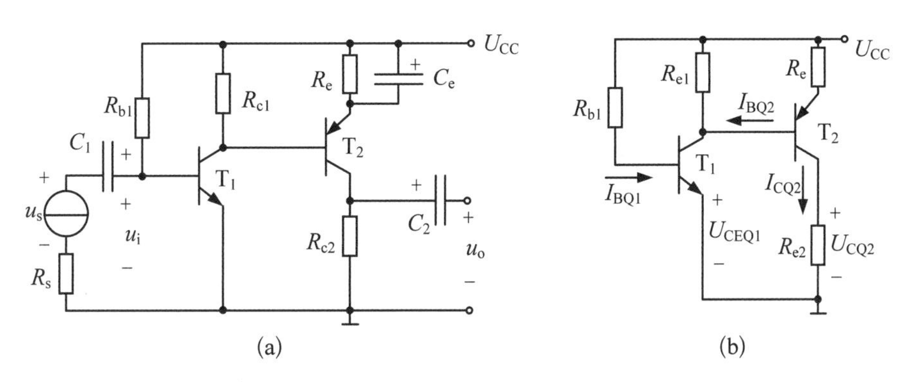

图5.7.6 例题5-7图

解：(1) 先画出电路的直流通路，如图 5.7.6(b)所示，列出表达式得

$$I_{BQ1}=\frac{U_{CC}-U_{BE(on)1}}{R_{b1}}=\frac{10-0.6}{200}=0.047\ mA$$

$$I_{CQ1}=\beta_1 I_{BQ1}=50\times 0.047=2.35\ mA$$

$$U_{CEQ1}=U_{CC}-(I_{CQ1}-I_{BQ2})R_{c1}\approx U_{CC}-I_{CQ1}R_{c1}=10-3.525\approx 6.48\ V$$

$$I_{CQ2}\approx I_{EQ2}=\frac{U_{CC}-(U_{CEQ1}+0.3)}{R_c}=\frac{10-6.78}{1.5}\approx 2.15\ mA$$

$$I_{BQ2}=\frac{I_{CQ2}}{\beta_2}=\frac{2.15}{50}=0.043\ mA$$

$$U_{CEQ2}\approx -U_{CC}+I_{CQ2}(R_e+R_{c2})=-10+2.15\times 3.5\approx -2.5\ V$$

(2) 画出电路的微变等效电路如图 5.7.7 所示

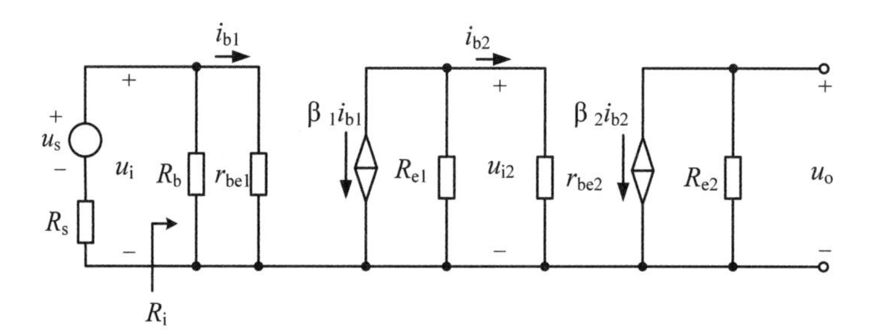

图 5.7.7　电路的微变等效电路

由(1)中的分析结果得

$$r_{be1}=200+(1+\beta_1)\frac{26\ mV}{I_{CQ1}}\approx 200+51\times\frac{26}{2.35}=764\ \Omega$$

$$r_{be2}=200+(1+\beta_2)\frac{26\ mV}{I_{CQ2}}\approx 200+51\times\frac{26}{2.15}=817\ \Omega$$

$$R'_{L1}=R_{c1}\ //\ r_{be2}=\frac{1.5\times 0.817}{1.5+0.817}=0.529\ k\Omega$$

$$A_{u1}=-\beta_1\frac{R'_{L1}}{r_{be1}}=-50\times\frac{0.529}{0.764}=-34.6$$

$$A_{u2}=-\beta_2\frac{R_{c2}}{r_{be2}}=-50\times\frac{2}{0.817}=-122$$

$$A_u=\frac{u_o}{u_i}=A_{u1}\cdot A_{u2}=-34.6\times(-122)=4\ 221.2$$

5.8　音频功率放大器

以为负载提供足够大的功率为目的的放大器称作功率放大器。功率放大器应用十分广泛，如音响系统中的驱动扬声器，计算机及电视机中驱动显像管的偏转线圈，恒温系统中驱动 PTC 的致冷器件，自动控制系统中的驱动电机、电磁阀，等等，都需要用到功放电路。

特点：给负载提供足够大功率、大信号工作。分析以图解法为主，不能再应用等效电路分析法。同时非线性失真矛盾突出，某些场合（如音响、扫描），需要克服非线性失真。提高效率成为主要任务，放大器中的有源器件是个能量转换器，电源功率一部分转为输出功率，一部分使器件产热，称为功耗。因此，功率器件的安全问题必须考虑。对于晶体管，必须工作在安全区内。

工作状态分类：

如图 5.8.1 所示，根据静态偏置工作点 Q 的位置不同，放大器可分为三类：甲(A)类、乙(B)类、丙(C)类。

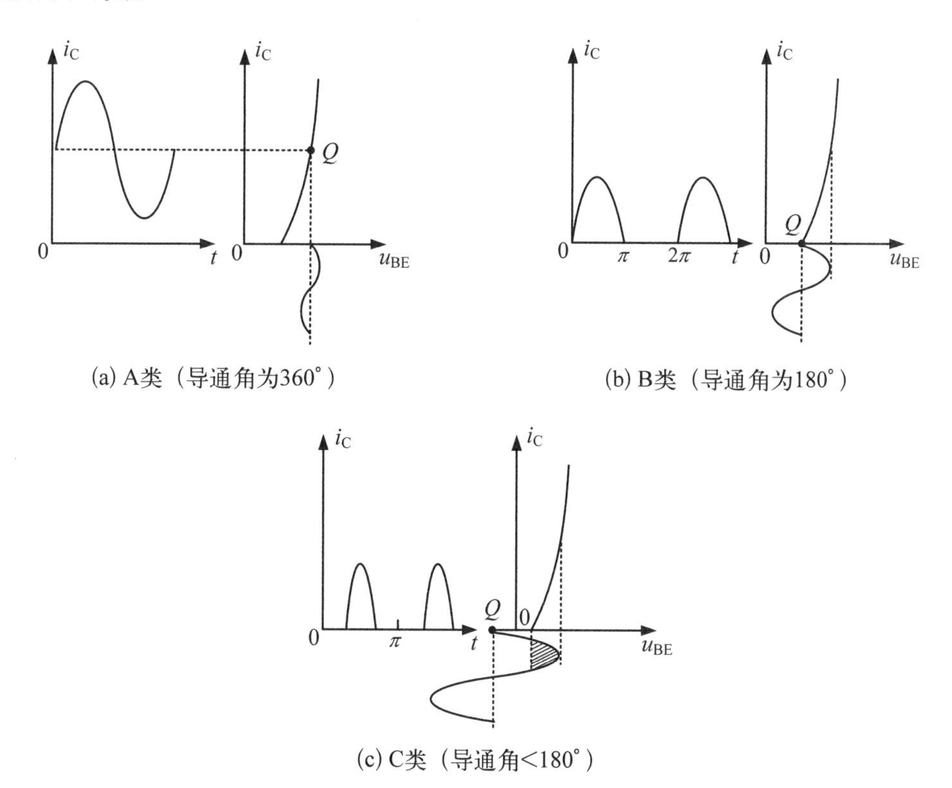

图 5.8.1　放大器的工作状态分类

各类的工作状态及特点：

甲类，Q 较高，信号在 360° 内变化，管子均导通，称导通角为 360°。甲类放大器失真较小，但不管有无信号 I_{CQ} 都流过管子，成为无用功耗，效率低，目前很少应用。

乙类，Q 在截止点，管子只导通半周期，即导通角为 180°。需用两个管子互补工作，使信号正、负半周由两个管轮流担任，失真小，效率高。乙类放大器工作时，为克服晶体管转移特性起始段的弯曲（非线性），也应加一点偏置以解决交越失真问题。所以，放大器实际是工作于甲、乙类状态，其效率介于甲类和乙类之间，导通角介于 180° 与 360° 之间。

丙类，Q 在截止点以下，导通角小于 180°。此类型放大器效率高，主要用于高频功率放大器中。失真产生的谐波由谐振回路滤除。为追求更高的效率，人们又发展了丁(D)类放大器，这是一种全新概念的放大形式，功率管工作于开关状态。有兴趣的读者可参考有关书籍。

5.8.1 双电源互补跟随乙类功放(OCL 电路)

1. 电路

基本电路如图 5.8.2，要求向负载提供大的信号电压和电流。即希望 $R_o \to 0$，故一定采用射随器或互补射随器，亦称推挽放大器，由 PNP 和 NPN 管子串接而成，两管轮流工作，各放大半个周期信号。其最大输出信号幅度（忽略管子饱和压降）为 $U_{CC}(U_{EE})$，最大输出电流为 U_{CC}/R_L。由于硅晶体管存在 0.7 V 左右的导通电压，在输入信号小于 0.7 V 时，两管截止，因此输出波形在两管轮流工作的交接处会失真，称为交越失真，见图 5.8.3。克服方法是给两管以正向偏置。其值等于或稍大于导通电压。实际电路见图 5.8.4。负载线及工作点表示见图 5.8.5。

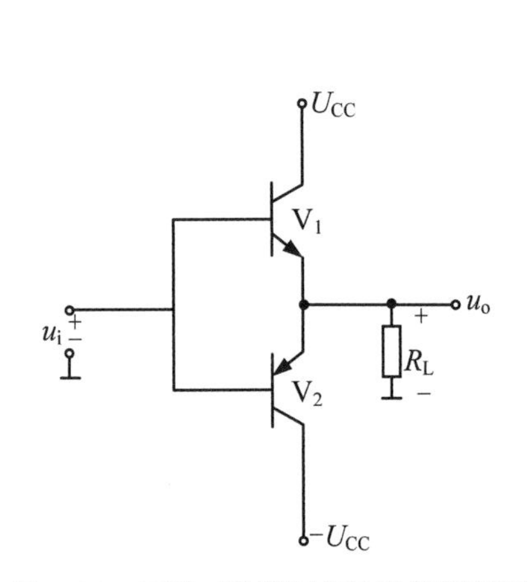

图 5.8.2 互补对称型射极输出器原理图

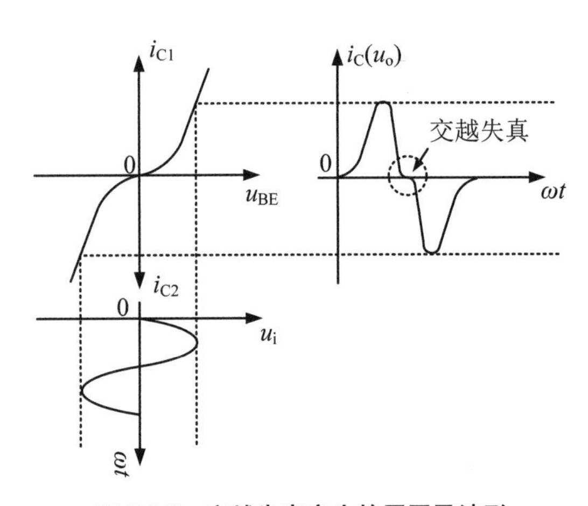

图 5.8.3 交越失真产生的原因及波形

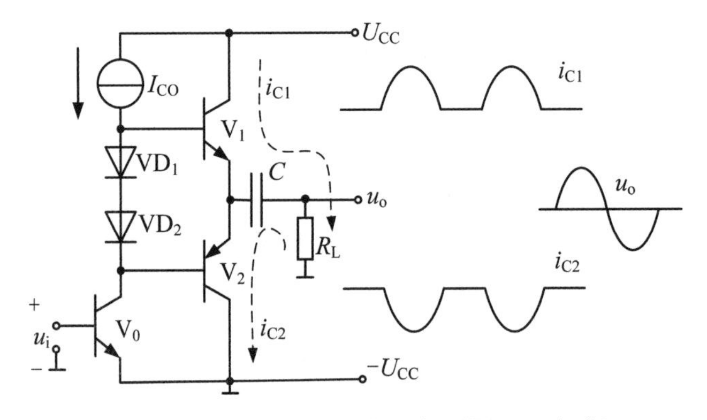

图 5.8.4 互补跟随乙类功率放大器(OCL 电路)

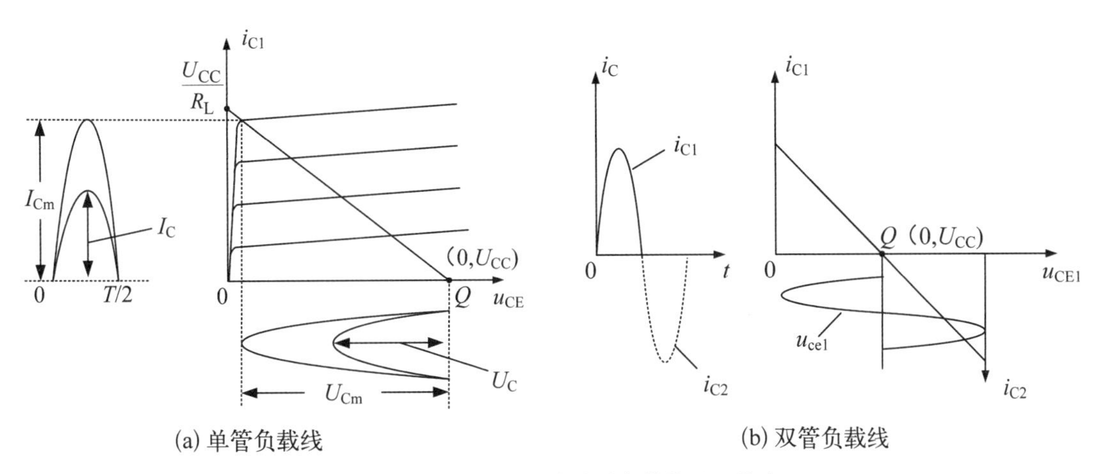

(a) 单管负载线　　(b) 双管负载线

图 5.8.5　互补跟随乙类功放负载线及工作点

2. 功率与效率计算

设 $i_c = I_{cm}\sin\omega t$，$u_o = U_{cm}\sin\omega t$

1）电源提供的平均功率 P_E

乙类时，$I_{CQ}=0$，电源不提供功率，随着信号增大，i 增大，电源提供功率随之增大。这点与甲类有本质区别。

$$P_E = \frac{1}{T}\int_0^T (U_{cc}I_{cm1}\sin\omega t + U_{EE}I_{cm2}\sin\omega t)dt = U_{CC}\frac{I_{cm1}}{\pi} + |U_{EE}|\frac{I_{cm2}}{\pi}$$

当 $U_{cc}=|U_{EE}|$，$I_{cm1}=I_{cm2}=I_{cm}$ 时，$P_E = 2U_{cc}\frac{I_{cm1}}{\pi} = 2U_{cc}\frac{U_{om}}{\pi R_L}$ 　　(5.8.1)

当信号达最大时，$U_{om}\approx U_{cc}$（忽略饱和压降），电源提供最大功率（忽略饱和压降）。

$$P_E = \frac{2U_{cc}^2}{\pi R_L} \tag{5.8.2}$$

2）负载得到的交流功率 P_L

管 V_1，V_2 各工作半周，但负载上是完整的正弦波。因此，负载得到的交流功率 P_L 为：

$$P_L = \frac{1}{T}\int_0^T (U_{om}\sin\omega t \cdot I_{Lm}\sin\omega t)dt = \frac{1}{2}I_{Lm}U_{om} = \frac{U_{om}^2}{2R_L} \tag{5.8.3}$$

令 $\xi = \frac{U_{om}}{U_{cc}}$，为电压利用率，则 $P_L = \frac{\xi^2 U_{cc}^2}{2R_L}$，信号越大，$U_{om}$ 越大，电压利用率越高，若忽略饱和压降则有 $\xi=1$，故最大输出功率为：

$$P_{Lm} = \frac{U_{cc}^2}{2R_L} \tag{5.8.4}$$

3）每管的能量转换效率 η

$$P_{C}=\frac{1}{2}P_{E}-\frac{1}{2}P_{L}=\frac{1}{\pi}\frac{U_{cc}U_{om}}{R_{L}}-\frac{1}{4}\frac{U_{om}^{2}}{R_{L}} \tag{5.8.5}$$

当 $\xi=1$，信号最大时：$\eta_{max}=\frac{\pi}{4}=78.5\%$。考虑到实际工作于甲、乙类状态有 I_{CQ} 损耗和饱和压降的存在，效率低于此值，但比甲类远高（甲类最大为 50%）。

4）每管的管子功耗 $P_{C}=\frac{1}{2}P_{E}-\frac{1}{2}P_{L}=\frac{1}{\pi}\frac{U_{cc}U_{om}}{R_{L}}-\frac{1}{4}\frac{U_{om}^{2}}{R_{L}}=P_{C}(U_{om})$；是 U_{om} 的函数。那么何时发生最大管耗？可令 $\frac{dP_{c}}{dU_{om}}=\frac{1}{R_{L}}\left(\frac{U_{cc}}{\pi}-\frac{U_{om}}{2}\right)=0$；得 $U_{om}=\frac{2}{\pi}U_{cc}$ 时，每管损耗为最大：

$$P_{cm}=\frac{U_{cc}}{\pi}\cdot\frac{2U_{cc}}{\pi R_{L}}-\frac{1}{4}\left(\frac{2U_{cc}}{\pi}\right)^{2}\cdot\frac{1}{R_{L}}=\frac{U_{cc}^{2}}{\pi^{2}}\cdot\frac{1}{R_{L}} \tag{5.8.6}$$

最大输出功率 P_{Lm} 与最大管耗 P_{cm} 之间关系为

$$\frac{P_{cm}}{P_{Lm}}=\frac{\frac{1}{\pi^{2}}\frac{U_{cc}^{2}}{R_{L}}}{\frac{1}{2}\frac{U_{cc}^{2}}{R_{L}}}=\frac{2}{\pi^{2}}\approx 0.2 \tag{5.8.7}$$

上式为功放管的选择提供了功耗要求的依据。

3. 选择晶体管

为保证晶体管在大功率下安全工作，同时满足输出功率的要求，管子的选择原则如下：

1）已知 P_{Lm}，R_{L} 选 U_{cc}

$$P_{Lm}=\frac{U_{cc}^{2}}{2R_{L}}\rightarrow U_{cc}\geqslant\sqrt{2P_{Lm}P_{L}} \tag{5.8.8}$$

如考虑饱和压降，取大于。

2）已知 P_{Lm} 选管子的 P_{CM}

$$P_{CM}>P_{cm}=0.2P_{Lm} \tag{5.8.9}$$

3）管子的击穿电压 $U_{BR(CEO)}$

信号最大时一管全导通，一管截止，截止管上电压是 $U_{CC}+|U_{EE}|=2U_{CC}$，故：

$$U_{BR(CEO)}>2U_{CC} \tag{5.8.10}$$

4）管子允许最大电流 I_{CM}

$$I_{CM}\geqslant I_{cm}=\frac{U_{cc}}{R_{L}} \tag{5.8.11}$$

注意：I_{CM}、P_{CM}、$U_{BR(CEO)}$ 必须同时满足。当功放有频响要求时，注意选择管子的 f_T。上式为功放管的选择提供了功耗要求的依据。

5.8.2 单电源互补跟随乙类功放(OTL)

上一节的电路需正、负两种电源，在某种场合应用如便携式半导体收、录机等会带来不便。所以首先发展的是如图 5.8.6 所示的单电源电路，由于输出端口没有变压器，故称作OTL电路(Output Transformer Less)，但静态时输出端 a 点有电压 $U_{CC}/2$，与负载之间必须接隔直电容 C，C 的接入影响了下限频率 f_T。之后又发展了双电源电路，称为OCL电路(Output Capacitor Less)和桥式电路，这种结构的电路均可去掉电容 C。由于仅用一组电源，交流最大振幅为：$u_{om}=\dfrac{1}{2}U_{CC}$。最大输出功率：$P_{Lm}=\dfrac{u_{om}^2}{2R_L}=\dfrac{U_{CC}^2}{8R_L}$。其他指标，凡涉及 U_{CC} 处用 $u_{om}=\dfrac{1}{2}U_{CC}$ 代之即可(其他指标可自行分析)。为保证良好低频响应，C 要满足：$C\geqslant\dfrac{1}{2\pi R_L f_T}$。例：$R_L=8\ \Omega$，下限频率 $f_L=50$ Hz，则 $C\geqslant 40\ \mu$F。

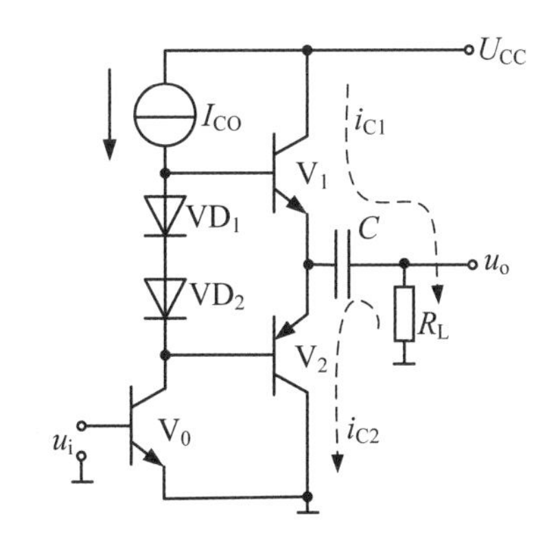

图 5.8.6 单电源互补跟随乙类功放电路

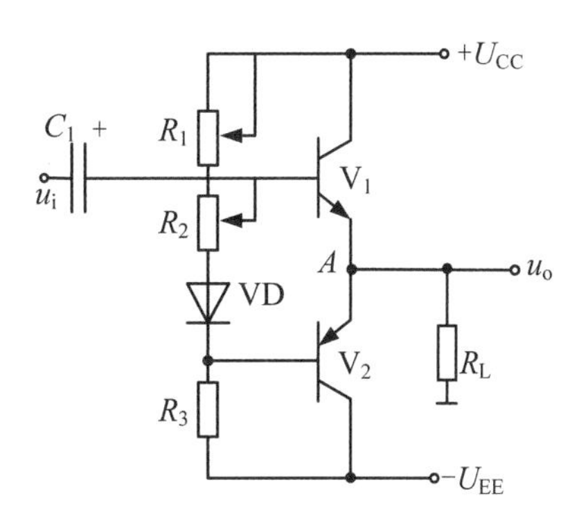

图 5.8.7 例题 5-8

【例题 5-8】 双电源供电的OTL电路如图 5.8.7 所示，设电源电压 $U_{CC}=\pm18$ V，功率管饱和压降 $U_{CES}=1$ V，负载 $R_L=8\ \Omega$，求：

(1) 静态时，调整哪个电阻可使 $u_o=0$？

(2) 当 $u_i\neq0$，发现输出波形产生交越失真。应该调节哪个电阻，如何调节？

(3) 二极管 VD 的作用是什么？若二极管 VD 反接，对 V_1、V_2 管子有何影响？

(4) 当输入信号峰峰值为 $20\sqrt{2}$ V 时，求此时电路的最大输出功率 $P_{om}=$?，电源供给功率 $P_E=$? 单管的管耗 $P_C=$? 电路的效率 $\eta=$?

(5) 若 V_1、V_2 管的极限参数为：$P_{CM}=10$ W、$I_{CM}=5$ A、$U_{(BR)CEO}=40$ V，问功率管是否安全？

解答：(1) 静态时，调整电阻 R_1，可使 $u_o=0$。

(2) 调整并增大电阻 R_2，可以适当消除交越失真。

(3) 二极管 VD 正向导通时，在功率管的基极与发射极之间提供了一个适当的正向偏置

(微导通状态),使之工作在甲、乙类状态。若二极管反接,则流过电阻 R_1 的静态电流全部成为 V_1、V_2 管的基极电流,这将导致 V_1、V_2 管的基极电流过大,甚至有可能烧坏功率管。

(4) 输入信号峰峰值为 $20\sqrt{2}$ V,最大值为 $10\sqrt{2}$ V,电路跟随器输出 $u_{om}=u_{im}=10\sqrt{2}$ V,故此时电路的最大输出功率:

$$P_{om}=\frac{u_{om}^2}{2R_L}=\frac{(10\sqrt{2})^2}{2\times8}=12.5\ \mathrm{W}$$

电源供给功率:

$$P_E=\frac{2u_{om}}{\pi R_L}U_{CC}=\frac{2\times10\sqrt{2}}{\pi\times8}\times18=20.3\ \mathrm{W}$$

单管的管耗

$$P_C=\frac{1}{2}(P_E-P_{om})=3.9\ \mathrm{W}$$

电路的效率:

$$\eta=\frac{P_{om}}{P_E}=61.6\%$$

(5) 要判断此电路中功率管是否安全工作,则需考察最大管耗、最大工作电压和最大工作电流是否超过额定值。

最大管耗:

$P_{CM}=0.2P_{om}=0.2\dfrac{(U_{CC}-U_{CES})^2}{2R_L}=0.2\times\dfrac{17^2}{2\times8}=3.6\ \mathrm{W}$;$P_{CM}=3.6\ \mathrm{W}<5\ \mathrm{W}$,在范围内。

最大工作电压:

$u_{omM}=2(U_{CC}-U_{CES})=34\ \mathrm{V}<40\ \mathrm{V}$;$u_{omM}=34\ \mathrm{V}<40\ \mathrm{V}$,在范围内。

最大工作电流:

$I_{omM}=\dfrac{U_{CC}-U_{CES}}{R_L}=\dfrac{17}{8}=2.125\ \mathrm{A}$;$I_{omM}=2.125\ \mathrm{A}<5\ \mathrm{A}$,在范围内。

通过分析可得:该功放电路中的功率管工作在安全状态。

5.8.3 复合管及准互补乙类功放

功放管要在大功率情况下工作,用同种材料(如硅)要制出极性互补、参数一致的管子较困难;其次,大功率管的 β 值一般较小,这就要求前级给出较大的驱动功率。为解决这类问题,引进了复合管,又称达林顿管,即用一个中小功率管(β_1)与一个大功率管(β_2)按一定规则组合起来,则复合管的 β 值为:$\beta\approx\beta_1\beta_2$。复合管的 β 增大,意味着前级驱动电流可减小。复合管可自己组合构成,亦有现成品。

组成原则为:

(1) 电流流向要一致。

(2) 复合管的管型取决于前一个的管型。

(3) 若等效管是同类管复合而成，则 U_{BE} 导通电压为 1.4 V。若是异类管复合而成，则 U_{BE} 导通电压是 0.7 V，加偏置时要注意。

(4) 为防止前管的 I_{CEO1} 注入后管使等效总穿透电流增大，可在后管的 BE 之间并接一小电阻，它同时还可提高后管的击穿电压。

按上述组成原则，正确接法有四种，如图 5.8.8。用互补达林顿管构成的乙类功放，称准互补功放，见图 5.8.9。

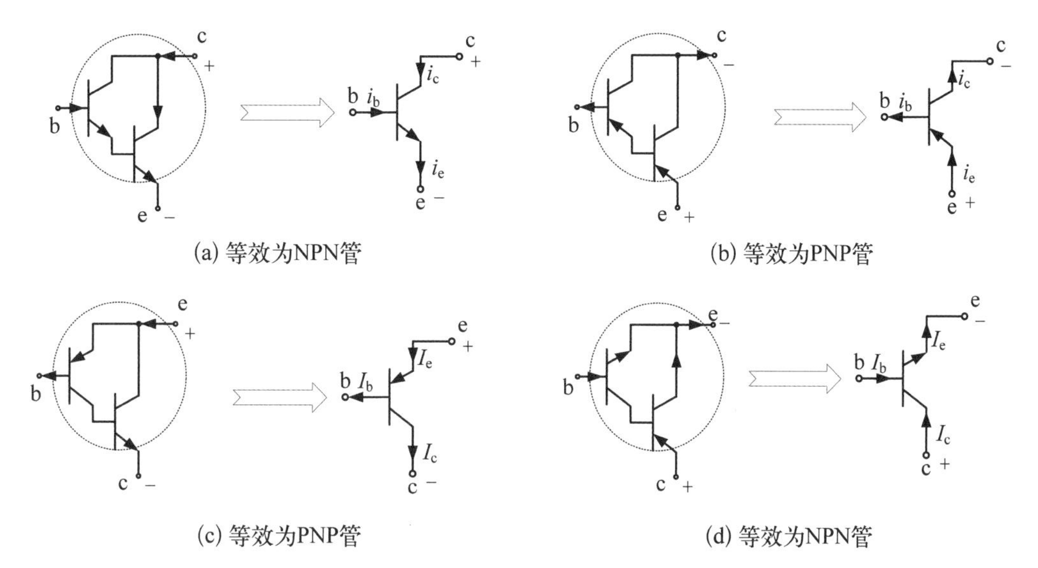

(a) 等效为NPN管　(b) 等效为PNP管

(c) 等效为PNP管　(d) 等效为NPN管

图 5.8.8　复合管的组成

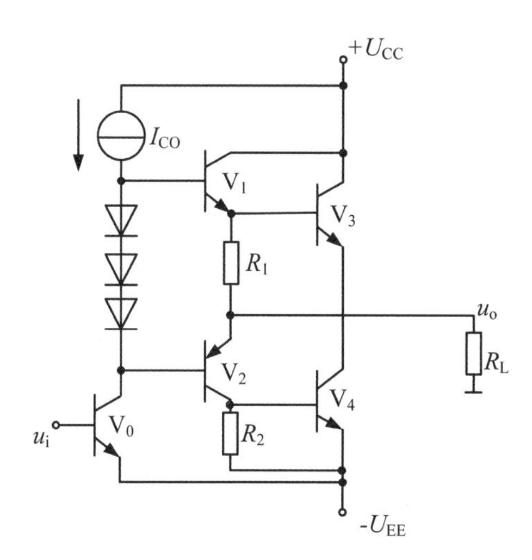

图 5.8.9　准互补乙类功率放大器电路

【例题 5－9】　图 5.8.10 所示的各复合管接法是否正确？若不正确，请改正。

解：图 5.8.10(a)所示接法错误，正确为图 5.8.11(a)，等效为 NPN 管；

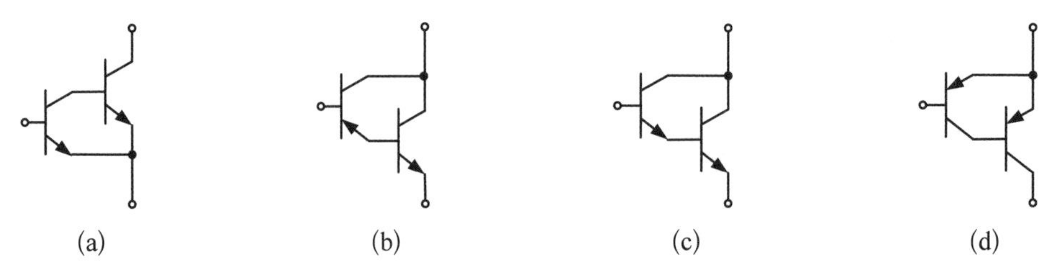

图 5.8.10 例题 5-9

图 5.8.10(b)所示接法错误,正确为图 5.8.11(b),等效为 NPN 管;

图 5.8.10(c)所示接法正确,等效为 NPN 管;

图 5.8.10(d)所示接法错误,正确为图 5.8.11(c),等效为 PNP 管。

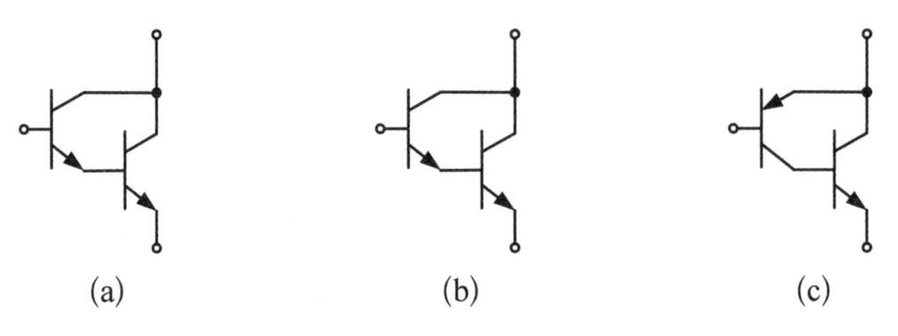

图 5.8.11 例题 5-9 解答

5.8.4 集成功率放大器

集成化是功率放大器的必然,目前集成功放大都应用在音频段,广泛应用于收录机、组合音响机中,当然亦可运用于其他方面。电路型号很多,现举例说明:

1. 以 MOS 功率管做输出级的集成功率放大器

如图 5.8.12(a)所示为 SHM1150Ⅱ型双极型晶体管与 MOS 管混合的音频集成功率放大器,其应用接线图如图 5.8.12(b)所示。其主要技术指标为:工作电压 $\pm 12 \sim \pm 50$ V,最大输出功率 $P_{om}=150$ W。

电路结构:V_1、V_2组成为差分输入级,其中 V_1集电极输出的 u_{o1} 与 u_i 成反相关系;V_4、V_5、R_8 为双输入单输出差分电路,构成高增益的中间放大级,其中 V_5以电流源 I_2 作有源负载,V_4与 R_8 组成电压跟随器,得 $u_{E4} \approx u_{o2}$,则加载在 V_5发射结上的输入信号为 $u_{be5}=u_{o1}-u_{E4} \approx u_{o1}-u_{o2}$,信号由 V_5集电极输出,将输入级 V_1、V_2上的双端输出信号转化为单端输出信号。末级由 V_7、V_9和 V_8、V_{10}等构成。其中 V_7、V_9为复合管,等效为 NPN 管;V_8、V_{10}也是复合管,等效为 PNP 管,它们构成了乙类互补型电路。其中 V_9和 V_{10}为 VMOS 管,有较好的线性,可输出大的功率。V_6、R_9、R_{10} 组成电压 U_{BE} 倍增电路,其作用是为末级提供合适的直流偏置,使电路工作在甲、乙类,防止产生交越失真。C 为密勒补偿电容,用于克服闭环后可能的自激。整个电路依靠 R_2 和 R_f 构成串联电压负反馈,决定了总的电压增益,同时稳定静态工作点。

2. BJT 集成音频功率放大器(LM380)

BJT 集成音频功率放大器(LM380)是一种很流行的固定增益的功率放大器,能提供大到 5 W 的交流信号功率输出。该功放原理图如图 5.8.13(a)所示,由输入级、中间级、输出级

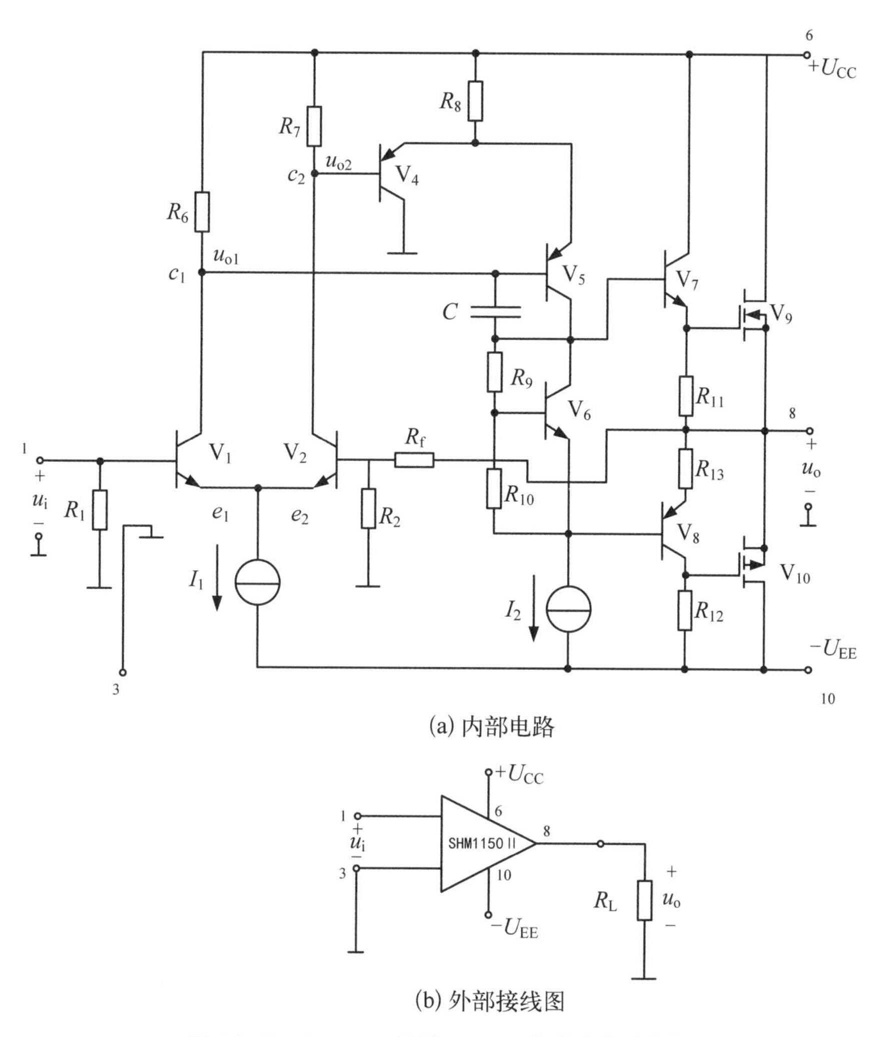

(a) 内部电路

(b) 外部接线图

图 5.8.12　SHM1150Ⅱ型 BiMOS 集成功率放大器

组成。输入级由 V_1～V_4构成复合管差分电路，且以 V_5、V_6构成的镜像电流源作为有源负载。输入级(6 端)单端信号传送至由 V_{12}和有源负载 V_{10}及 V_{11}构成的共发射级中间级，以提高电压放大倍数。其中密勒补偿电容为 C_C，它可以克服闭环后可能的自激振荡，用来保证电路的稳定工作。V_7、V_8和 V_9构成的复合管、VD_1、VD_2组成通常的互补对称输出级。

差分输入级的静态工作电流通过电阻 $R_{1A}+R_{1B}$ 和 R_2 来供给。当两输入端接地时，则 $(U_{CC}-3U_{BE})/(R_{1A}+R_{1B})\approx(U_O-2U_{BE})/R_2$；$U_O$ 为直流输出电压，其值近似为$U_{CC}/2$。因而静态时，R_3 中几乎没有支流电流流过。

电路引入了电压串联交流负反馈，其反馈系数为 $F_u=\dfrac{(R_{1A}+R_{1B})/2}{R_2+R_3/2}$，从而保持整个电路的电压倍数的稳定性。

按照图中给出的参数，其电路的电压放大倍数为：

$$A_u\approx\frac{1}{F_u}=\frac{R_2+R_3/2}{(R_{1A}+R_{1B})/2}=\frac{25+1/2}{(25+25)/2}=51$$

LM380 的输入信号可以从两端输入，也可以从单端输入，由于 V_1、V_2 的输入回路各有电阻 R_4、R_5 构成偏流通路，故允许一端开路。图 5.8.13(b)所示是一种双端输入的外部接线图。

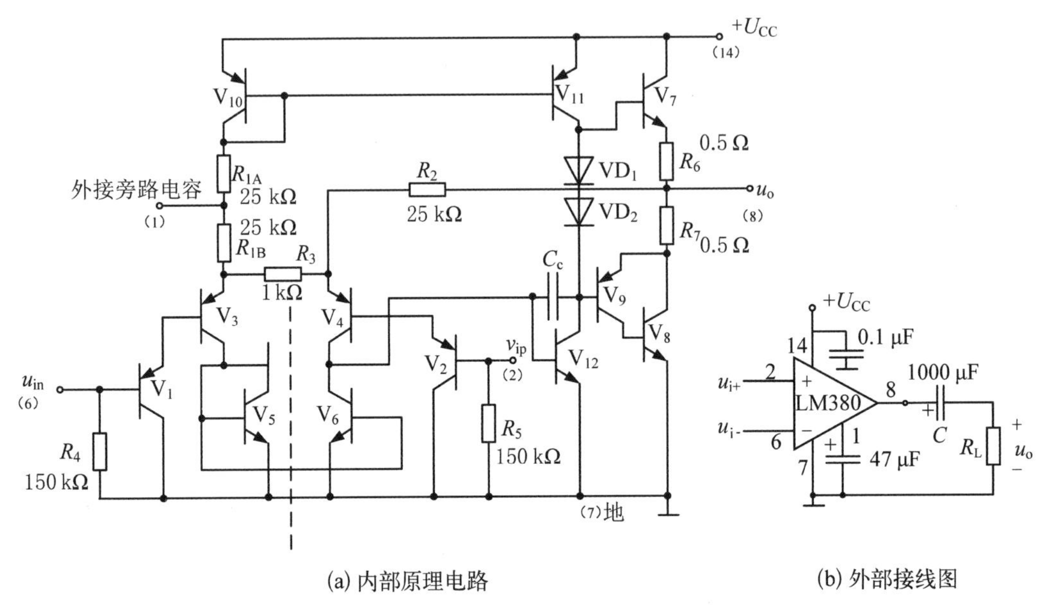

图 5.8.13 LM380 集成音频功率放大器

思考题和习题

5.1 填空和选择题

(1) 测得某 NPN 管的 $U_{BE}=0.7$ V，$U_{CE}=0.2$ V，由此可判定它工作在________区。

(2) 在基本放大电路中，如果集电极的负载电阻是 R_C，那么 R_C 中(　　)

a. 只有直流　　b. 有交流　　c. 既有直流，又有交流

(3) 下列说法哪个正确(　　)

a. 基本放大电路，是将信号源的功率加以放大；

b. 在基本放大电路中，晶体管受信号的控制，将直流电源的功率转换为输出的信号功率；

c. 基本放大电路中，输出功率是由晶体管提供的。

(4) 放大电路的输出电阻越小，放大电路输出电压的稳定性(　　)。

(5) 若适当增加 β，放大电路的电压放大倍数将(　　)。

(6) 两个电压放大电路甲和乙，它们的电压放大倍数相同，但它们的输入输出电阻不同。对同一个具有一定内阻的信号源进行电压放大，在负载开路的条件下测得甲的输出电压小。问哪个电路的输入电阻大？

(7) 某放大电路在负载开路时的输出电压的有效值为 4 V，接入 3 kΩ 负载电阻后，输出电压的有效值降为 3 V，据此计算放大电路的输出电阻(　　)。

a. 1 kΩ　　b. 1.5 kΩ　　c. 2 kΩ　　d. 4 kΩ

(8) 放大电路如题5.1(8)图所示，试选择以下三种情形之一填空。

a. 增大　　　　b. 减少　　　　c. 不变(包括基本不变)

要使静态工作电流 I_C 减少，则 R_{b1} 应________。

R_{b1} 在适当范围内增大，则电压放大倍数________，输入电阻________，输出电阻________。

R_C 在适当范围内增大，则电压放大倍数________，输入电阻________，输出电阻________。

从输出端开路到接上 R_L，静态工作点将________，交流输出电压幅度要________。

U_{CC} 减少时，直流负载线的斜率________。

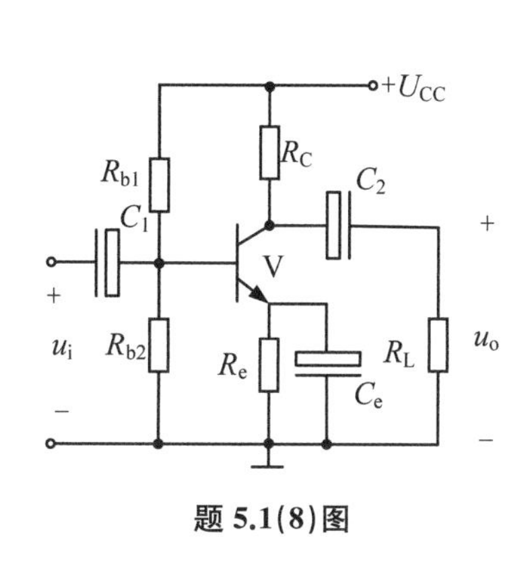

题5.1(8)图

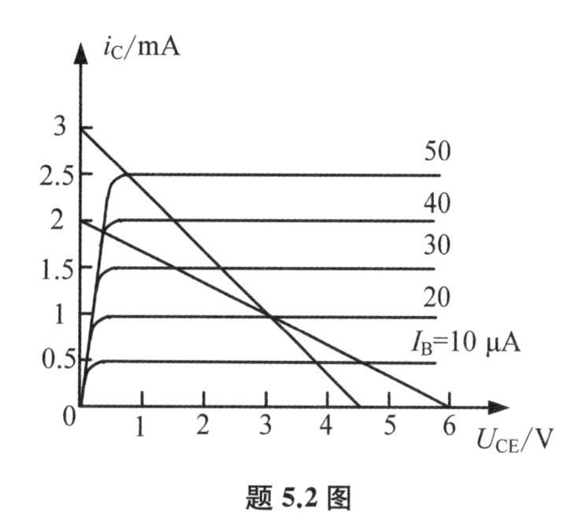

题5.2图

5.2 某固定偏流放大电路中三极管的输出特性及交、直流负载线如题5.2图所示，试求：

(1) 电源电压 $U_{CC}=$?　静态电流 $I_b=$?　$I_C=$?　和 $U_{CE}=$?

(2) 电阻 R_b、R_C 的值。

(3) 输出电压的最大不失真幅度。

(4) 要使该电路能不失真地放大，基极正弦电流的最大幅度是多少?

5.3 试根据放大电路的组成原则，判断题5.3图所示电路是否具备放大条件，说明原因并加以改正。

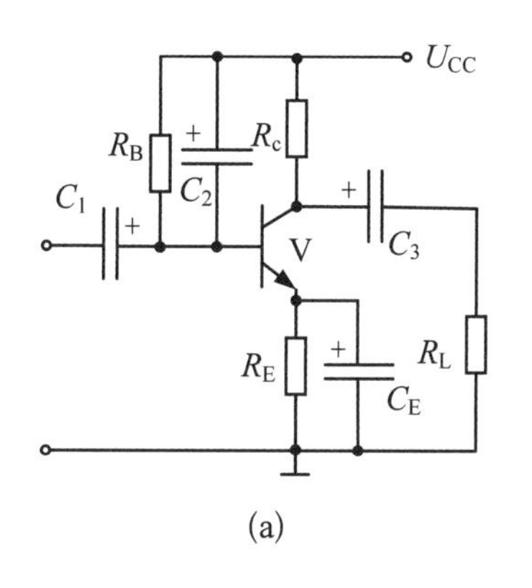

(a)

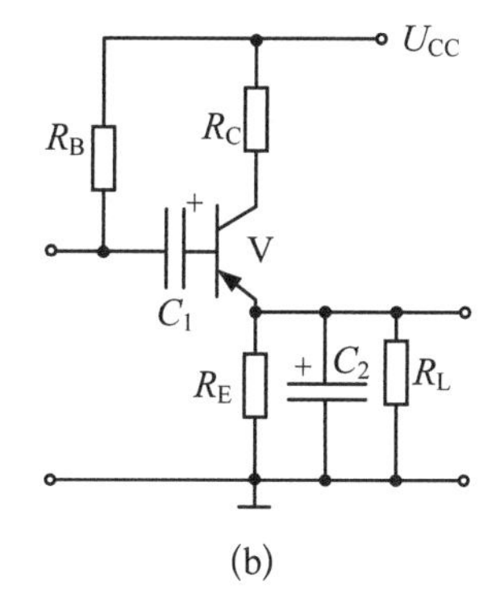

(b)

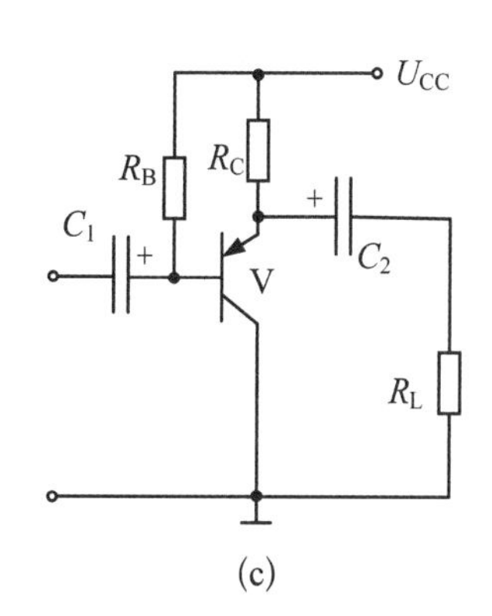

(c)

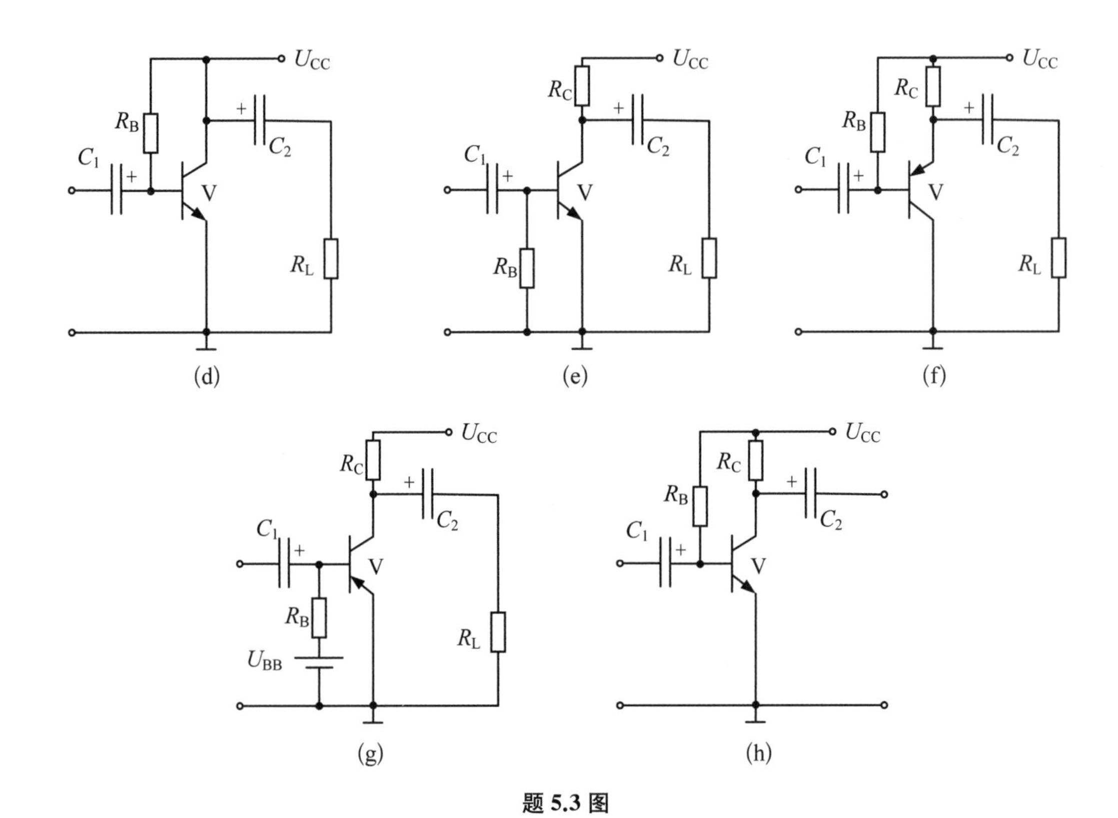

题 5.3 图

5.4 题 5.4 图所示的电路中，设晶体管的 $\beta=100$，$U_{BE}=0.7$ V。当开关 K 分别接到 a、b、c 三点时，BJT 各工作在什么状态？

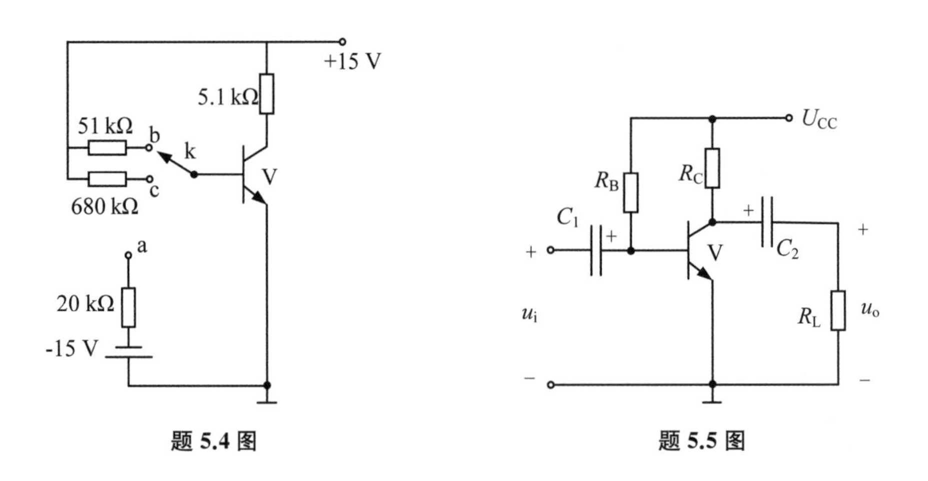

题 5.4 图 **题 5.5 图**

5.5 电路如题 5.5 图所示，BJT 的 $\beta=50$，$U_{BE}=0.7$ V，$U_{CC}=12$ V，$R_b=45$ kΩ，$R_C=3$ kΩ，问：

(1) 电路处于什么工作状态(饱和、放大、截止)？

(2) 要使电路工作在放大区，可以调整电路中的哪几个参数？

(3) 在 $U_{CC}=+12$ V 的前提下，如果保持 R_C 不变，应使 R_B 为多大，才能保证 $U_{CEQ}=6$ V?

5.6　晶体管电路如题 5.6 图所示，BJT 的 $\beta=50$，$U_{BE}=-0.3$ V，问：

(1) 估算直流工作点（$I_{CQ}=$? $U_{CEQ}=$? ）

(2) 若偏置电阻 R_{B1}、R_{B2} 分别开路，试分别估算集电极电位 U_C 的值，并分别说明各自的工作状态。

(3) 若 R_{B2} 开路，应使 R_{B1} 为多大，才能保证 $I_{CQ}=2$ mA?

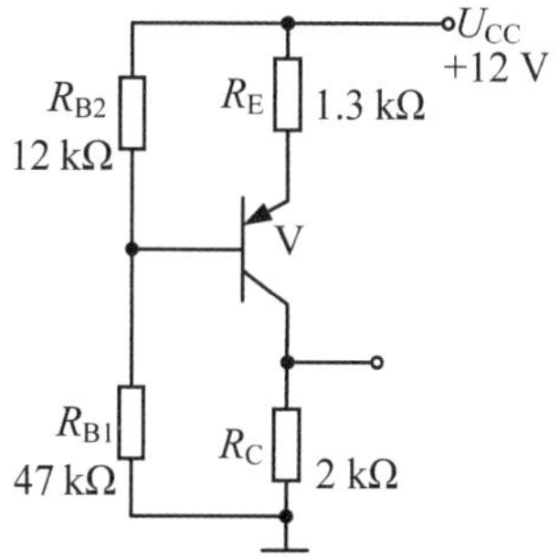

题 5.6 图

5.7　单管放大电路及特性曲线如题 5.7 图所示。若 $U_{CC}=12$ V，$R_C=3$ kΩ，$R_B=200$ kΩ，BJT 的 $U_{BE}=0.7$ V。

(1) 用图解法确定静态工作点 $I_{BQ}=$? $I_{CQ}=$? 和 $U_{CEQ}=$?

(2) 若 $R_C=4$ kΩ 时，静态工作点移至何处？

(3) 若 $R_C=3$ kΩ 不变，$R_B=150$ kΩ 时，Q 点将有何变化？

(4) 若 $R_C=3$ kΩ 不变，$R_B=200$ kΩ 也不变，而 $U_{CC}=6$ V 时，Q 点将有何变化？

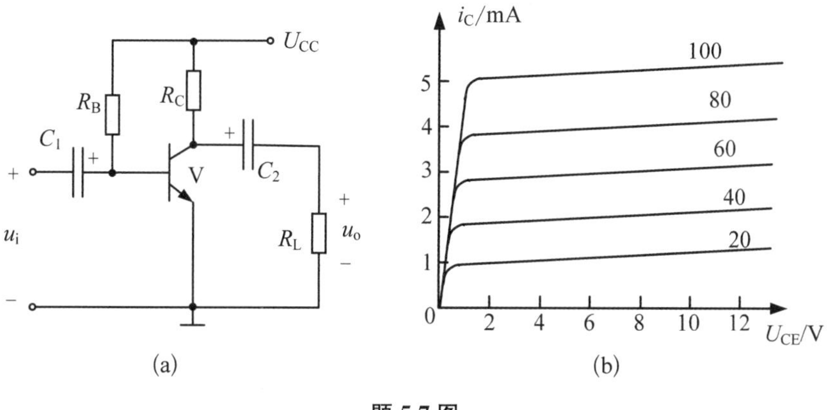

题 5.7 图

5.8　在如题 5.7 图(a)所示的基本放大电路中，输出端接有负载电阻 R_L，输入端加有正弦信号电压。若输出电压波形出现底部削平的饱和失真，在不改变输入信号的条件下，减小 R_L 的值，将会出现什么现象？

5.9　在题 5.5 图电路中，设 R_L 开路。调整 R_B 的大小，使 $U_{CEQ}=5$ V，如果不考虑 BJT 的反向饱和电流 I_{CEO} 和饱和压降 U_{CES}，当输入信号 u_i 的幅度逐渐加大时，最先出现的是饱和失真还是截止失真？电路可以得到的最大不失真输出电压的峰值为多大？

5.10　某一单管放大电路及输出交直流负载线如题 5.10 图(a)和(b)所示，其中管子饱和压降为 $U_{CES}=-0.5$ V，求：

(1) 该电路的最大不失真输出电压幅度为多少？

(2) 若基极加入交流电流为 $i_b=45\cos\omega t$(μA) 时，试定性画出输出电压波形。

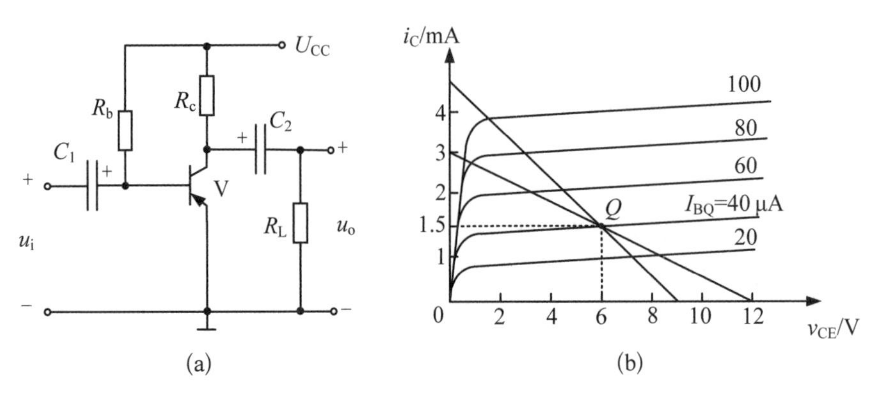

题 5.10 图

5.11 电路如题5.11图所示，设场效应管的参数为 $g_{m1}=1\ \text{mS}$，$g_{m2}=0.2\ \text{mS}$，且满足 $\dfrac{1}{g_{m1}} \ll r_{ds1}$，$\dfrac{1}{g_{m2}} \ll r_{ds2}$，求 $A_u=\dfrac{u_o}{u_i}=?$

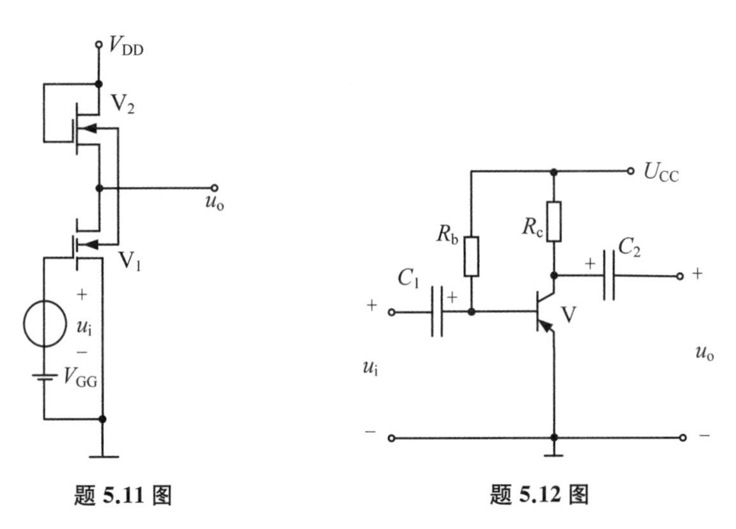

题 5.11 图 **题 5.12 图**

5.12 电路如题5.12图所示。电路参数为：$R_B=560\ \text{k}\Omega$，$R_C=2\ \text{k}\Omega$，$U_{CC}=-12\ \text{V}$，$\beta=100$，$I_E=2\ \text{mA}$，$U_{BE}=-0.3\ \text{V}$，电容 C_1、C_2 足够大，求电路的电压放大倍数 A_u，输入电阻 R_i 和输出电阻 R_o。

5.13 电路如题5.13图所示。电路参数为：$U_{CC}=+15\ \text{V}$，$R_{b1}=60\ \text{k}\Omega$，$R_{b2}=30\ \text{k}\Omega$，$R_e=2\ \text{k}\Omega$，$R_C=3\ \text{k}\Omega$，$R_L=3\ \text{k}\Omega$，管子参数为：$\beta=60$，$r_{bb'}=300\ \Omega$，$U_{BE}=0.7\ \text{V}$。电容 C_1、C_2、C_e 足够大。问：

(1) 试求电路的静态工作点 $I_{BQ}=?$ $I_{CQ}=?$ 和 $U_{CEQ}=?$

(2) 画出电路的交流小信号等效电路图。

(3) 计算电路的输入电阻 R_i 和输出电阻 R_o。

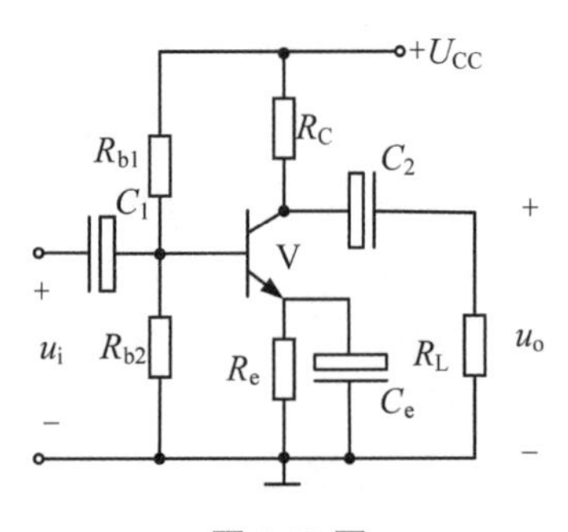

题 5.13 图

5.14 稳定电路如题5.14图所示。已知管子 $r_{bb'}=0$，$\beta=$

100，$U_{BE}=0.6\ V$，$U_{CES}=0.6$ V。求：

（1）计算静态工作点 $I_{CQ}=?$ $U_{CEQ}=?$

（2）画出交流小信号等效电路图。

（3）估算此电路的电压放大倍数 $A_u=?$ $R_i=?$ $R_o=?$

（4）在输出波形不失真的前提下，计算输入信号的幅度 u_{sm} 的值。

（5）在信号增大过程中，输出首先出现何种失真？如何消除？

（6）若 $\beta=50$，则此电路的电压放大倍数如何变化？

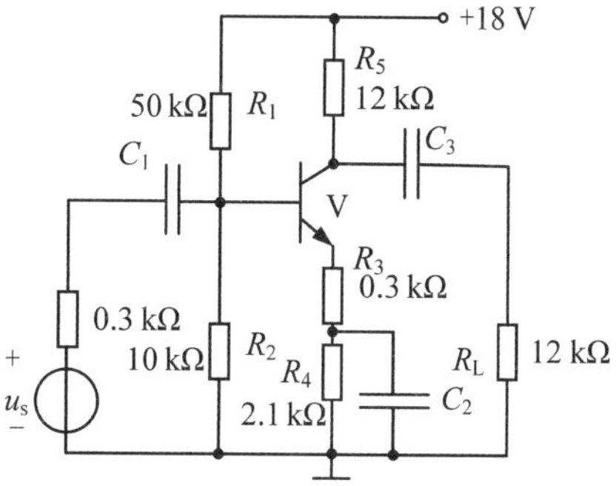

题 5.14 图

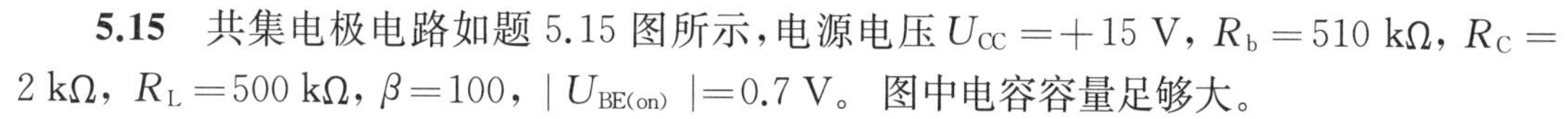

5.15　共集电极电路如题 5.15 图所示，电源电压 $U_{CC}=+15$ V，$R_b=510$ kΩ，$R_C=2$ kΩ，$R_L=500$ kΩ，$\beta=100$，$|U_{BE(on)}|=0.7$ V。图中电容容量足够大。

（1）确定电路的静态工作点 $I_{BQ}=?$ $I_{CQ}=?$ 和 $U_{CEQ}=?$

（2）试求电路的电压放大倍数 $A_u=?$

（3）计算电路的输入电阻 $R_i=?$　和输出电阻 $R_o=?$

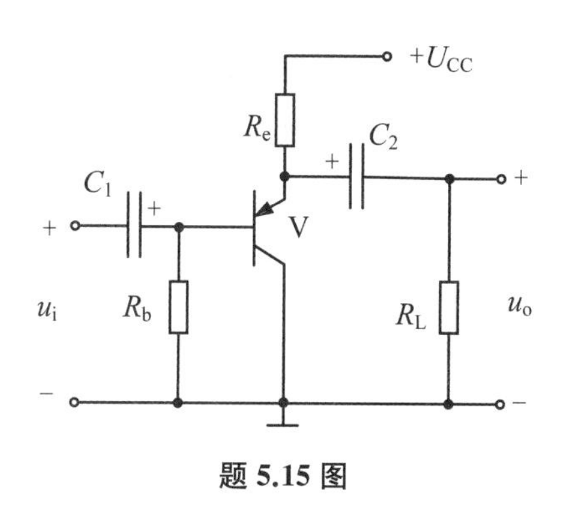

题 5.15 图

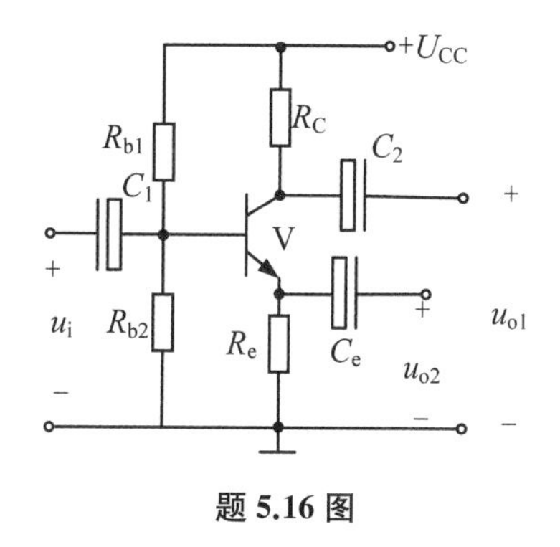

题 5.16 图

5.16　电路如题 5.16 图所示，电源电压 $U_{CC}=+15$ V，$R_{b1}=15$ kΩ，$R_{b2}=30$ kΩ，$R_e=3$ kΩ，$R_C=3.3$ kΩ，$\beta=100$，$U_{BE(on)}=0.7$ V，图中电容容量足够大。试求：

（1）计算电路的静态工作点 $I_{BQ}=?$ $I_{CQ}=?$ 和 $U_{CEQ}=?$。

（2）分别计算电路的电压放大倍数 $A_{u1}=\dfrac{u_{o1}}{u_i}$ 和 $A_{u2}=\dfrac{u_{o2}}{u_i}$。

（3）求电路的输入电阻 $R_i=?$

（4）分别计算电路的输出电阻 R_{o1} 和 R_{o2}。

5.17　采用自举措施的射极输出电路如题 5.17 图所示，已知晶体管 $U_{BE(on)}=0.7$ V，$\beta=50$，$r_{bb'}=100$ Ω。试求：

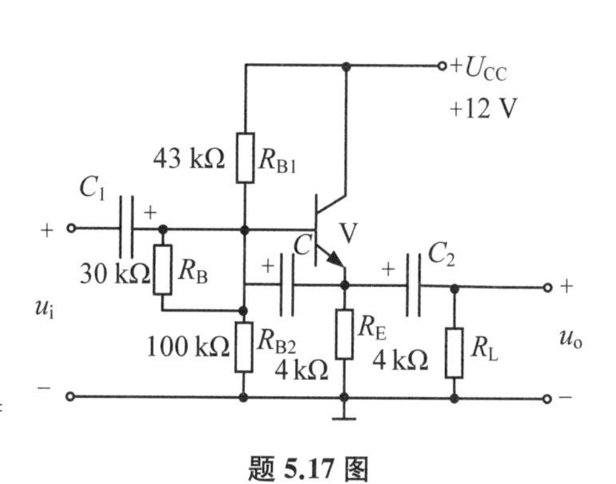

题 5.17 图

(1) 计算电路的静态工作点。

(2) 计算电路的电压放大倍数 $A_u=\dfrac{u_o}{u_i}$ 和输出电阻 $R_o=?$

(3) 说明自举电容 C 对输入电阻的影响。

5.18 共基相加电路如题 5.18 图所示。试证明：

$$u_o \approx \frac{R_C /\!/ R_L}{R_{E1}}u_{i1}+\frac{R_C /\!/ R_L}{R_{E2}}u_{i2}+\frac{R_C /\!/ R_L}{R_{E3}}u_{i3}$$

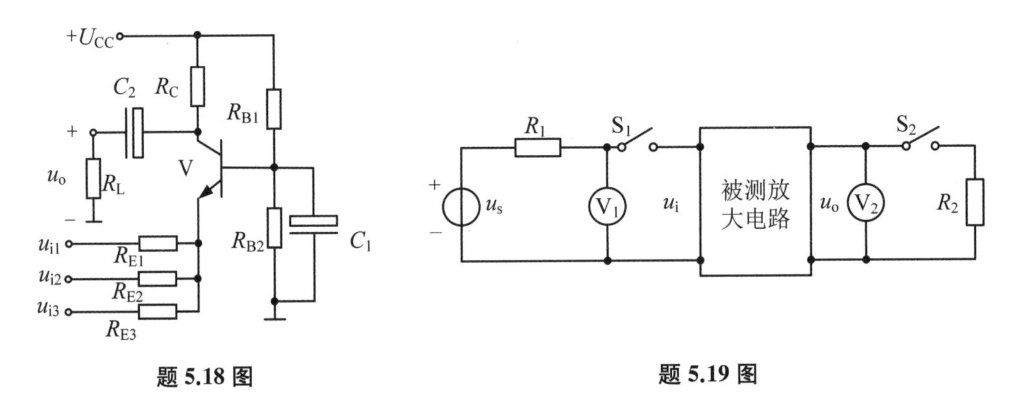

题 5.18 图　　　　题 5.19 图

5.19 题 5.19 图所示电路可用来测量放大电路的输入、输出电阻，已知 $R_1=1\ \mathrm{k\Omega}$，$R_2=4\ \mathrm{k\Omega}$，设测量过程是在不失真的情况下进行的。求：

(1) S_1 闭合时，电压表 V_1 的读数为 50 mV；而 S_1 打开时，电压表 V_1 的读数为 100 mV，试求输入电阻。

(2) S_2 闭合时，电压表 V_2 的读数为 1 V；而 S_2 打开时，电压表 V_2 的读数为 2 V，试求输出电阻。

5.20 电路如题 5.20 图(a)所示，电容对交流信号为短路，管子特性曲线如图(b)所示。

(1) 求电路的静态工作点 I_{DQ}、U_{DSQ}。

(2) 问 V 管工作在何种状态？

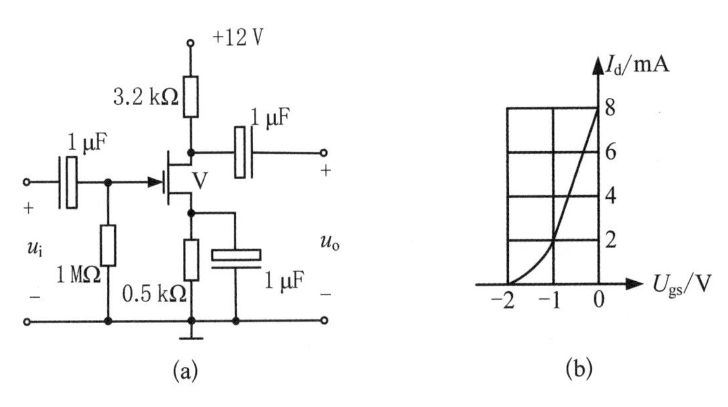

题 5.20 图

5.21　电路如题 5.21 图所示，$U_{DD}=+28$ V，$R_o=5$ kΩ，$R_g=5$ MΩ，$R_s=2$ kΩ，$R_L=7.5$ kΩ，$I_{DSS}=4$ mA，夹断电压 $U_{GS(off)}=-4$ V，$g_m=4$ mS，电容 C_1、C_2、C_S 足够大。

(1) 计算电路的静态工作点 $I_{DQ}=$? $U_{GSQ}=$?　和 $U_{DSQ}=$?

(2) 计算电路的电压放大倍数 $A_u=$?

(3) 若不接旁路电容 C_S，求电路的输入电阻 R_i 和输出电阻 R_o。

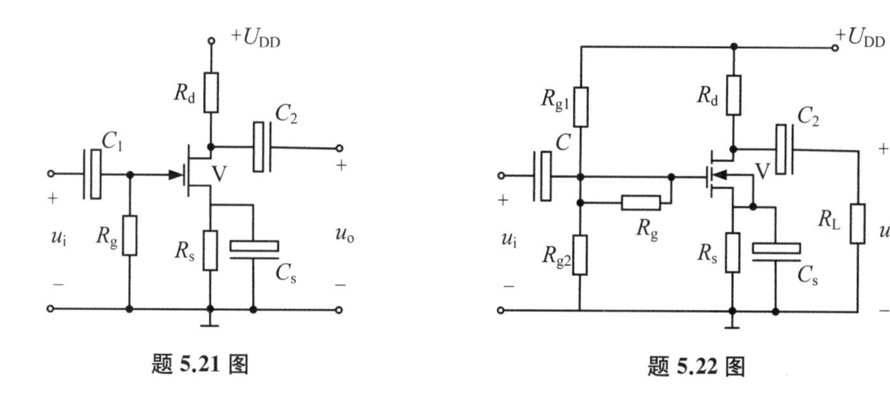

题 5.21 图　　　　**题 5.22 图**

5.22　电路如题 5.22 图所示

(1) 画出该电路的交流小信号等效电路图。

(2) 写出 A_u、R_i、R_o 的表达式。

5.23　源极输出器电路如题 5.23 图所示，$U_{DD}=+12$ V，$R_{g1}=300$ kΩ，$g_m=0.9$ mS，$R_{g2}=100$ kΩ，$R_g=2$ MΩ，$R_S=12$ kΩ，$R_L=3$ kΩ，电容 C_1、C_2 足够大。试求：

(1) 求电路的电压放大倍数 A_u。

(2) 计算电路的输入电阻 R_i 和输出电阻 R_o。

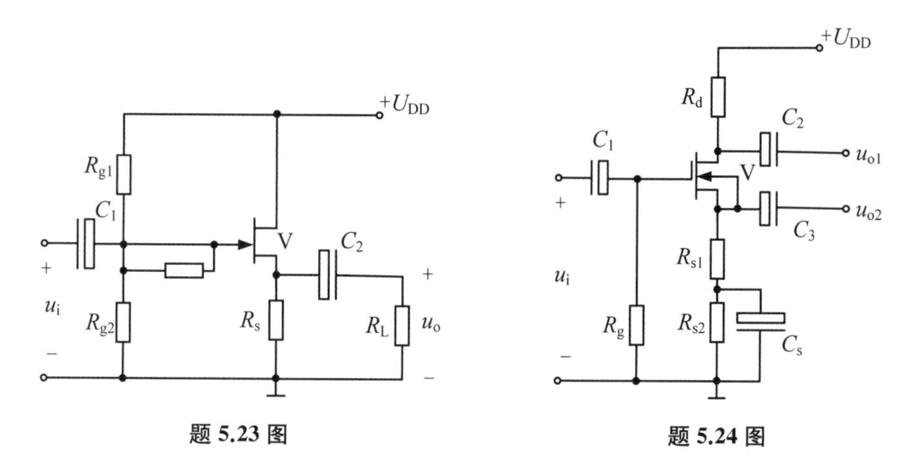

题 5.23 图　　　　**题 5.24 图**

5.24　电路如题 5.24 图所示，$U_{DD}=+40$ V，$R_g=1$ MΩ，$R_d=10$ kΩ，$R_{s1}=100$ Ω，$R_{s2}=400$ Ω，N 沟道耗尽型 MOS 管夹断电压 $U_{GS(off)}=-6$ V，$I_{DSS}=6$ mA，$g_m=3$ mS。试求：

(1) 计算电路的静态工作点 $I_{DQ}=$? $U_{GSQ}=$?　和 $U_{DSQ}=$?

(2) 分别计算电路的电压放大倍数 $A_{u1}=\dfrac{u_{o1}}{u_i}$ 和 $A_{u2}=\dfrac{u_{o2}}{u_i}$。

(3) 分别计算电路的输出电阻 R_{o1} 和 R_{o2}。

5.25 两级放大电路如题 5.25 图所示，已知 $U_{CC}=+10\ \text{V}$，$R_{b1}=20\ \text{k}\Omega$，$R_{b2}=60\ \text{k}\Omega$，$R_{e1}=2\ \text{k}\Omega$，$R_{e2}=500\ \Omega$，$R_{C1}=R_{C2}=2\ \text{k}\Omega$，$R_L=5\ \text{k}\Omega$，$\beta_1=\beta_2=50$，$U_{BE1}=U_{BE2}=0.7\ \text{V}$，所有电容都足够大。

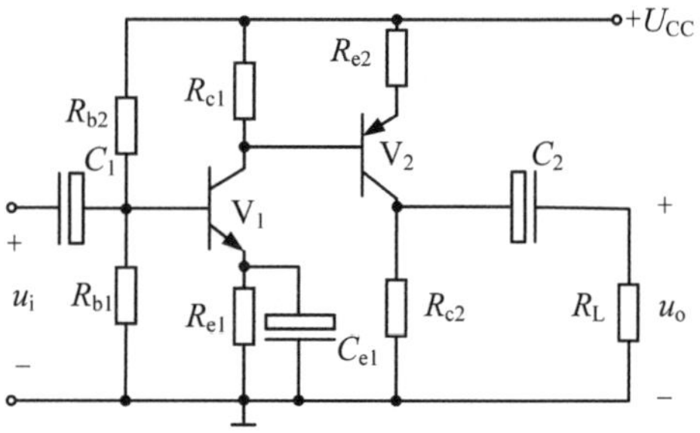

题 5.25 图

(1) 计算电路的静态工作点 I_{CQ1}、U_{CEQ1}、I_{CQ2} 和 U_{CEQ2}（忽略 I_{BQ2} 的影响）；

(2) 计算电路的电压放大倍数 A_u；

(3) 计算电路的输入电阻 R_i 和输出电阻 R_o。

5.26 放大电路如题 5.26 图所示。

(1) 画出交流通路，说明为何种组合放大器；

(2) 求电压放大倍数 A_u、输入电阻 R_i 和输出电阻 R_o 的表达式。

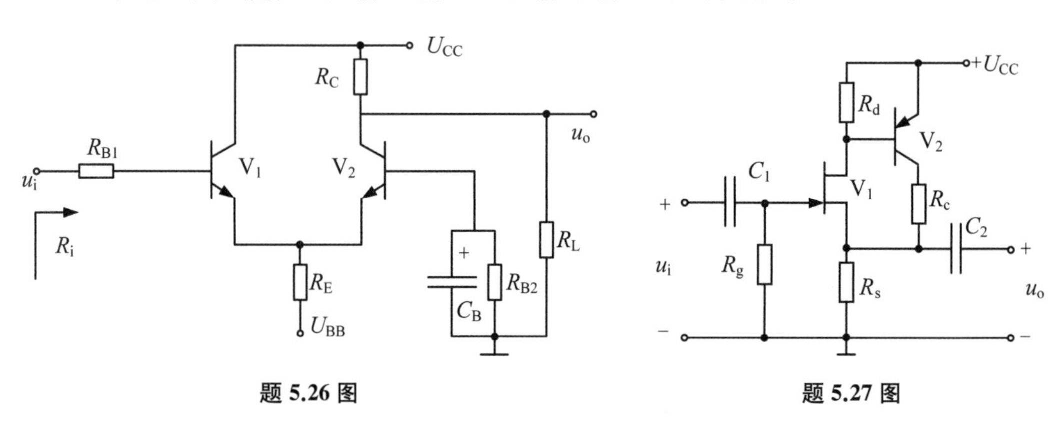

题 5.26 图

题 5.27 图

5.27 电路如题 5.27 图所示，设三极管 V_2 的交流参数为 r_{be}、β，场效应管 V_1 的交流参数为 g_m，且满足：$r_{be}\ll R_D$，$r_{be}\ll r_{ds}$，$\beta\gg 1$。求：

(1) 画出交流小信号等效电路图（设所有电容对信号可视为短路）；

(2) 求该电路的电压放大倍数 $A_u=\dfrac{u_o}{u_i}$。

5.28 电路如题 5.28 图所示，电路参数为：已知 $U_{CC}=12\ \text{V}$，$R_{b11}=100\ \text{k}\Omega$，$R_{b12}=40\ \text{k}\Omega$，$R_{b21}=20\ \text{k}\Omega$，$R_{b22}=80\ \text{k}\Omega$，$R_{e1}=2.6\ \text{k}\Omega$，$R_c=R_L=5\ \text{k}\Omega$，$\beta_1=\beta_2=100$，$U_{CES}=0.7\ \text{V}$，$U_{BE1}=U_{BE2}=0.7\ \text{V}$，所有电容都足够大。求：

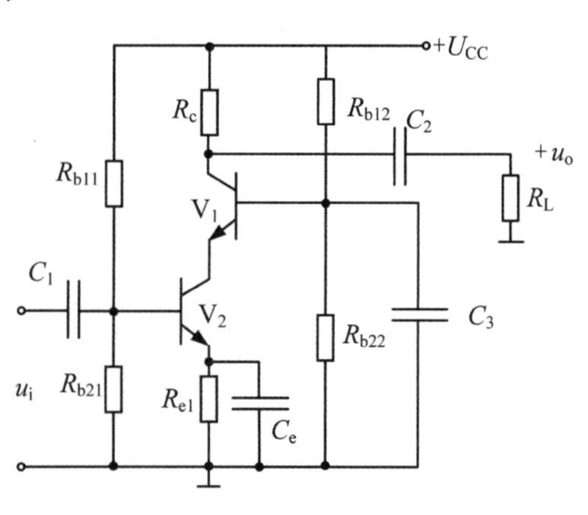

题 5.28 图

(1) 求管 V_1、V_2 静态工作点；

(2) 求电压放大倍数；

(3) 求输入电阻 R_i 和输出电阻 R_o。

5.29　试判断各电路属于何种放大器，并说明输出信号相对输入信号的相位关系。

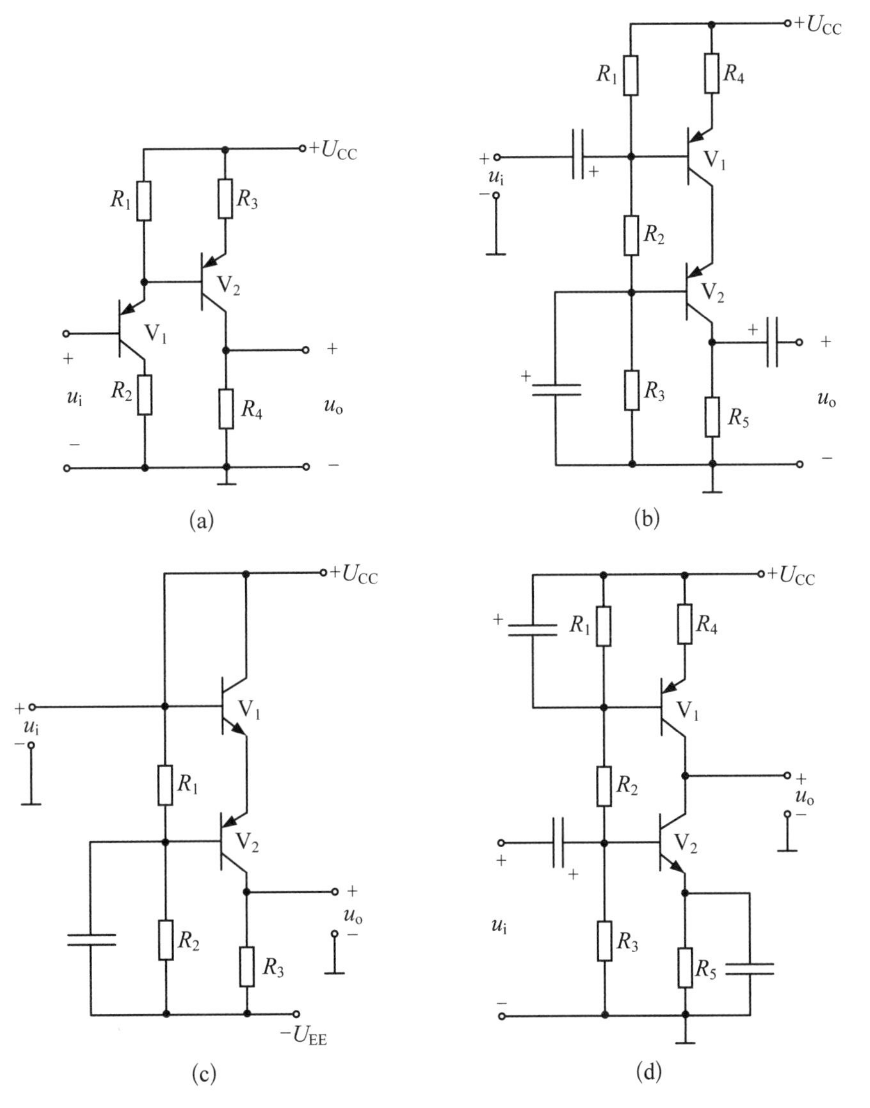

题 5.29 图

5.30　OTL 电路如题 5.30 图所示。已知 $U_{CC}=U_{EE}=20\text{ V}$，负载 $R_L=8\ \Omega$，忽略管子的饱和压降 U_{CES}，试求：

(1) 测得负载电压有效值为 10 V，求此时电路的输出功率，单管的管耗，直流电源供给功率和能量转换效率分别为多少？

(2) 管耗最大时，电路的输出功率和效率各为多少？

(3) 若取负载为 16 Ω，并且要求此时的输出功率为 8 W，试确定功率管要求的极限参数值：$P_{CM}=$?

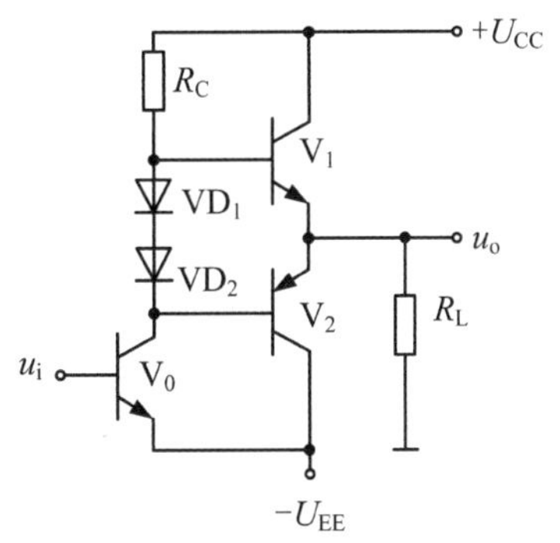

题 5.30 图

$U_{(BR)CEO}$=? I_{CM}=?

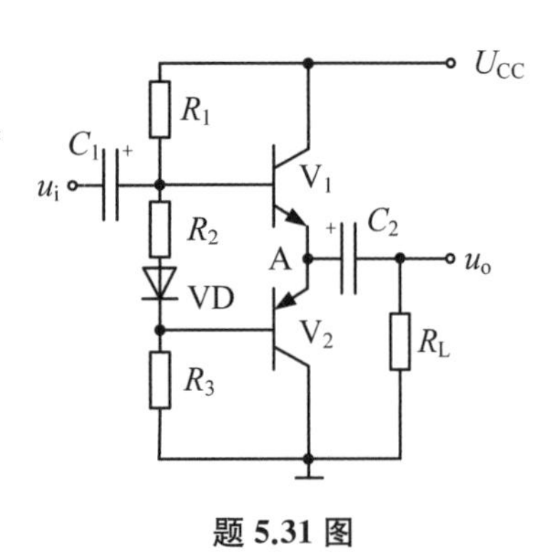

题 5.31 图

5.31 功率放大电路如题 5.31 图所示。已知 U_{CC} = 15 V、R_L = 8 Ω，功率管饱和压降 U_{CES} = 1 V，试问：

(1) 二极管 VD 的作用是什么？若二极管反接，对 V_1、V_2管会产生什么影响？

(2) 若 R_2 断开，对 V_1、V_2管会产生什么影响？

(3) 求电路输出功率 P_{om}=？ 管耗 P_{cm}=？ 电路的效率 η=?

(4) 电容承受的直流电压为多少？调节什么元件值，可以改变 U_{C2} 的直流电压？

(5) 交流动态时，若波形出现交越失真，应调节哪个电阻？如何调？

5.32 单电源供电的功率放大电路如题 5.32 图所示。已知负载电流振幅值为 I_{Lm} = 0.45 A。试求：

(1) 负载上所获得的功率 P_o=?

(2) 电源供给的直流功率 P_E=?

(3) 每管的管耗 P_c=? 及每管的最大管耗 P_{cm}=?

(4) 放大电路的效率 η=?

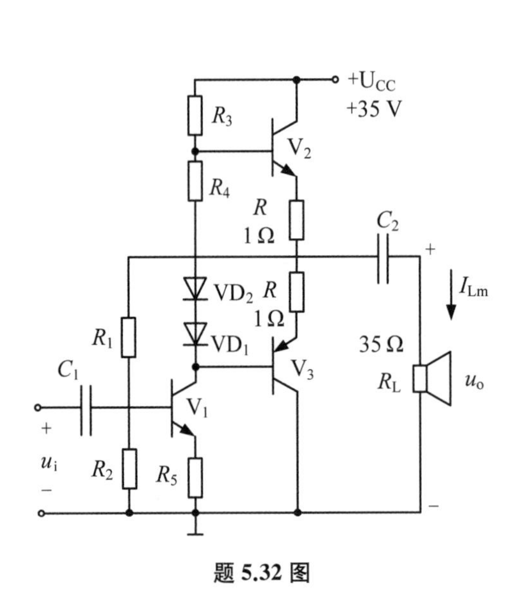

题 5.32 图

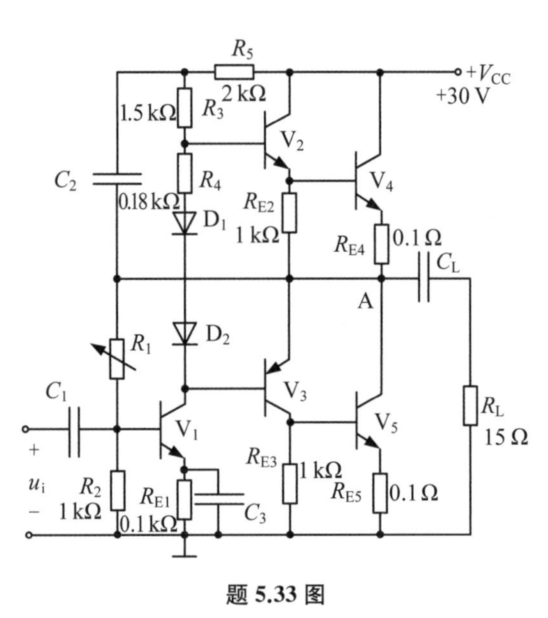

题 5.33 图

5.33 电路如题 5.33 图所示。设电容 C_1、C_2、C_3、C_L 对交流均可视为短路，三极管和二极管的导通电压均为 0.7 V，β 足够大。求：

(1) 设 V_2～V_5管的 U_{CES} = 0 V，R_{E4}、R_{E5} 上的压降可以忽略，试估算：

(a) R_L 上获得的最大不失真输出功率 P_{omax}=?

(b) 电源电压 U_{CC} 提供的直流功率 P_E=?

(c) V_4～V_5每管承受的最大集电极功耗 P_{cm}=?

(2) 若考虑 $V_4 \sim V_5$ 管的 $U_{CES}=0.5\ V$，则 R_L 上可获得的最大不失真输出功率 $P_{omax}=?$

(3) 为使静态时 A 点对地的直流电压为 15 V，试问 R_1 约为何值？

5.34 用集成功放 LM384 组成的功率放大器如题 5.34 图所示，已知电路在通带内的电压增益为 40 dB，在负载 $R_L=8\ \Omega$ 时不失真的最大输出电压峰峰值可达 18 V，问当输入 u_i 为正弦信号时，求：

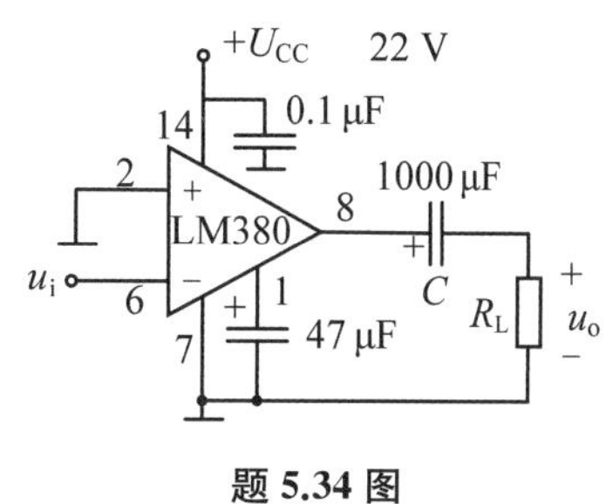

题 5.34 图

(1) 最大不失真输出功率 $P_{omax}=?$

(2) 输出功率最大时的输入电压有效值是多少？

5.35 单电源供电的音频功率放大器如题 5.35 图所示。试回答：

(1) $V_1 \sim V_6$ 构成何种组态电路？

(2) $VD_1 \sim VD_3$ 的作用是什么？

(3) R_2、R_3 和 R_6、R_7、R_8 的作用是什么？

(4) C_1、C_8、C_L 的作用是什么？

(5) V_7、V_8 以及 $V_9 \sim V_{11}$ 各等效为 NPN 管还是 PNP 管？

(6) 电路的交流闭环增益 $A_{uf}=\dfrac{u_o}{u_i}=?$

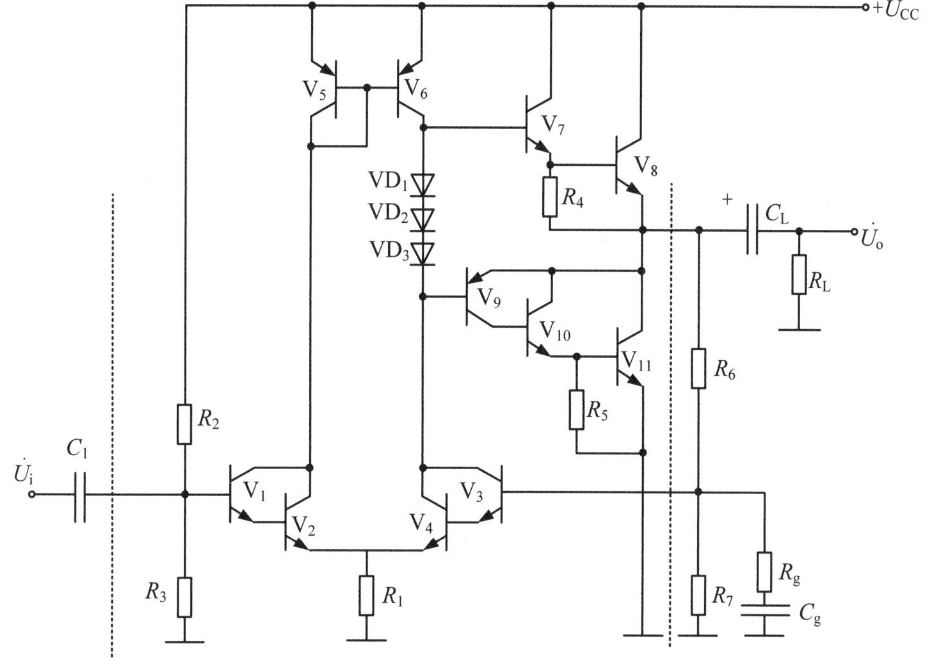

题 5.35 图

第6章

放大器频率响应

本章提要： 频率响应是衡量放大电路对不同频率输入信号适应能力的一项重要技术指标，本章重点从概念和思路上探讨放大器的频率响应与哪些因素有关。本章首先介绍频率响应的一般概念，随后用等效电路分析方法对各类典型的放大器进行频率响应分析。

6.1 频率响应基本概念

实际信号大多是由不同相位、不同频率分量组成的复杂信号，即占用一定的频谱，如语音、电视、生物电信号等。当输出信号与输入信号的时域、频域不一样时，就会发生放大器的失真。失真主要有两种：

(1) 非线性失真：由电路中的非线性元件引起，如晶体管、场效应管的非线性特性等，非线性特性输出信号中产生了输入信号中没有的新的频率分量。

(2) 线性失真：由电路中实际存在的电抗元件引起，如管子的极间电容，电路的负载电容、分布电容、引线电感等，使放大器对不同频率信号分量增益不同，延迟时间不同，使输出信号与输入信号不一样，但没有新的频率分量出现。

对放大器而言，一般希望输出信号与输入信号的时域、频域一样，即不发生放大器失真，这就要求放大器具有理想频率响应。这对应如下特性：

(1) 放大器件必须是线性的，或用的是非线性器件，但工作于小信号状态，近似于线性。

(2) 放大器的幅频特性应为常数，即对各种频率分量的增益应相同。放大器的相频特性是线性的，即对各种频率分量的延迟量应相同。即为：

$$\dot{A}_u(j\omega) = |A_u(j\omega)| e^{j\phi(j\omega)} = |A_u(j\omega)| \angle\phi(j\omega) \tag{6.1.1}$$

其中，幅频特性 $|A_u(j\omega)| = K$（常数）；相频特性 $\phi(j\omega) = \omega t_d$（常数）；或相频特性对频率求导，定义为群时延：$\dfrac{d\phi(j\omega)}{d\omega} = t_d$（常数）。

实际放大器的幅频特性，一般如图 6.1.1 所示。在低频区和高频区增益有所下降，而中频区一段比较平坦。根据幅频特性，可以划分为三个区域：低频区、中频区、高频区，分界点由上限频率 f_H、下限频率 f_L 决定，上、下限频率之间定义为通频带 BW，上、下限频率定义为高、低频区增益下降为中频区的 0.707 倍时所对应的频率。

$$|A_u(jf_H)| = 0.707A_{uI};\ |A_u(jf_L)| = 0.707A_{uI} \tag{6.1.2}$$

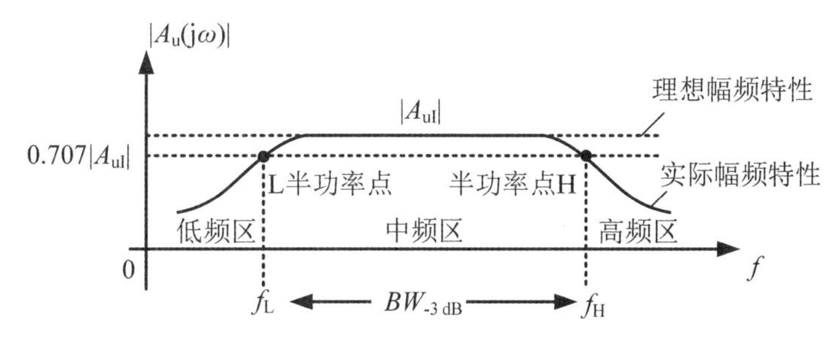

图 6.1.1 实际的放大器幅频响应

其中，A_{uI} 为中频区的增益。

$$BW = f_H - f_L \approx f_H - 3\ \text{dB} \tag{6.1.3}$$

若用分贝来表示上、下限频率处的增益（半功率点处的增益）为：

$$G_H = 20\lg|A_u(jf_H)| = 20\lg|A_{uI}| - 3\ \text{dB};$$

$$G_L = 20\lg|A_u(jf_L)| = 20\lg|A_{uI}| - 3\ \text{dB}; \tag{6.1.4}$$

中频区增益与通频带是放大器的两个重要指标，且往往是矛盾的，为此可以利用增益带宽积来表征放大器的性能，定义如下：

$$G \cdot BW = |A_{uI} \cdot BW| \approx |A_{uI} \cdot f_H|\ G \cdot BW \tag{6.1.5}$$

一般希望有大的 $G \cdot BW$。但 BW 并非越大越好，只要与被放大信号的频谱相适应即可，过大的 BW 会引进过多的干扰和噪声。

【例题 6-1】 某放大器的中频增益 $A_{uI}=40$ dB，上限频率 $f_H=2$ MHz，下限频率 $f_L=50$ Hz。输出不失真电压的动态范围 $U_{OPP}=10$ V，判断下列各种输入信号是否会产生失真？若失真，是产生什么失真？

(1) $u(t)=0.1\sin(2\pi\times10^4t)$(V)

(2) $u(t)=0.01\sin(2\pi\times10^4t)$(V)

(3) $u(t)=10\sin(2\pi\times10t)+10\sin(2\pi\times10^3t)$(mV)

解：

(1) 输入信号为单一频率正弦波，所以不存在频率失真。由于输入信号频率为 10 kHz，幅度为 0.1 V，经过 40 dB(100 倍)放大后，峰峰值为 $0.1\times100\times2=20$ V，已超过输出不失真电压动态范围 $U_{OPP}=10$ V，故输出信号将产生非线性失真（波形出现限幅状态）。

(2) 输入信号为单一频率正弦波，所以不存在频率失真。由于输入信号幅度为 0.01 V，经过 40 dB(100 倍)放大后,峰峰值为 $0.01\times100\times2=2$ V,在输出不失真电压动态范围 $U_{OPP}=10$ V 内,故输出信号将不产生任何失真。

(3) 输入信号为两个频率的正弦波,频率为 10 Hz,幅度为 0.01 mV 的一信号,由于输入信号频率 10 Hz $<f_L$(50 Hz),在低频区,放大倍数为 $\dfrac{100\times5}{50}=10$;另一信号频率为 50 Hz$<$1 kHz$<$2 MHz,在中频区,放大倍数为 100,故该信号经过放大器放大后会出现频率失真(线性失真)。同时输出幅值分别为 $0.01\times10=0.1$ V 和 $0.01\times100=1$ V,在输出不失真电压动态范围 $U_{OPP}=10$ V 内,故输出信号将不产生非线性失真。

6.2 单级共射放大器的高频响应

6.2.1 晶体管的高频等效电路及参数

考虑了结电容 $C_{b'e}$、$C_{b'c}$ 的晶体管小信号混合 π 型等效电路如图 6.2.1 所示。高频区两个电容的阻抗减小,对电流有分流作用从而影响了晶体管的高频放大性能。

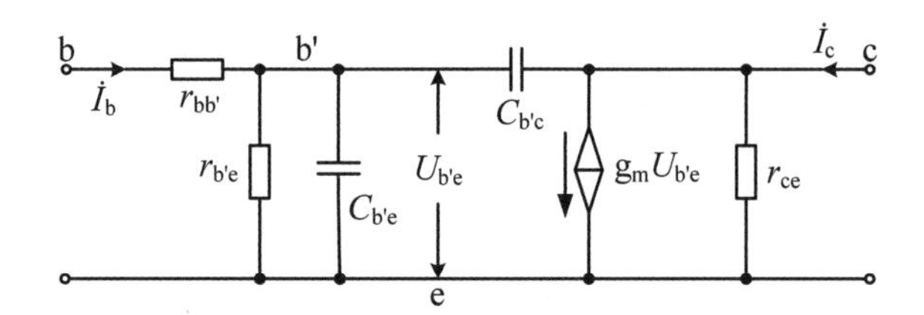

图 6.2.1 晶体管的高频小信号混合 π 型等效电路

6.2.2 晶体管的高频参数

晶体管的高频参数主要为:

1. 共射短路电流放大系数 $\beta(j\omega)$ 及其上限频率 f_β

$$\beta(j\omega)=\left.\frac{\dot{I}_c}{\dot{I}_b}\right|_{c,e短路}=\frac{g_m\dot{U}_{b'e}}{\dot{I}_b}=\frac{\beta_o}{(1+\beta_o)r_e}=\frac{\beta_o}{r_{b'e}} \tag{6.2.1}$$

其中 $C_{b'c}$ 一般很小,忽略其对 $\dot{I}_b$ 的分流,则

$$\dot{U}_{b'e}=\dot{I}_b\left(r_{b'e}\ /\!/\ \frac{1}{j\omega C_{b'e}}\right)=\dot{I}_b\frac{r_{b'e}}{1+j\omega r_{b'e}C_{b'e}}$$

$$\beta(j\omega)=\frac{\beta_o}{1+j\omega r_{b'e}C_{b'e}}=\frac{\beta_o}{1+j\dfrac{\omega}{\omega_\beta}}=\frac{\beta_o}{1+j\dfrac{f}{f_\beta}}=\left|\beta(j\omega)\right|\angle\arctan\frac{f}{f_\beta} \tag{6.2.2}$$

其中 $f_\beta=\dfrac{1}{2\pi r_{b'e}C_{b'e}}$ 为 $\beta(j\omega)$ 的上限频率,即 $|\beta|$ 下降为 $0.707\beta_o$ 时对应的频率。

2. 特征频率 f_T：即 $|\beta(j\omega)|=1$ 时对应的频率

$$|\beta(jf_T)|=\frac{\beta_o}{\sqrt{1+\left(\frac{f_T}{f_\beta}\right)^2}}=1 \qquad (6.2.3)$$

解之得 $f_T\approx\beta_o f_\beta=\frac{1}{2\pi r_e C_{b'e}}\gg f_\beta$，$|\beta(jf_T)|$ 与频率的关系见图 6.2.2。

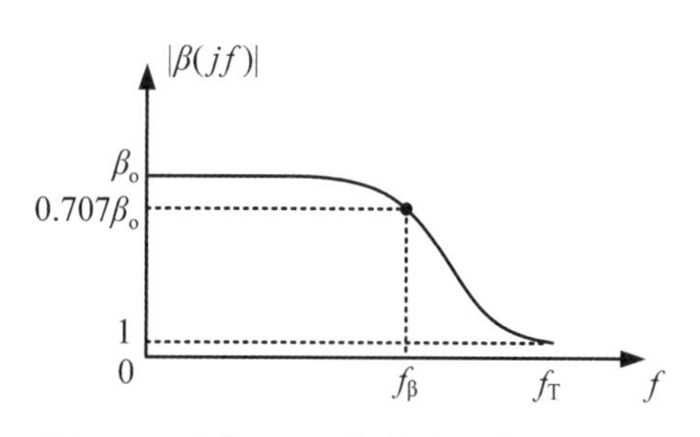

图 6.2.2 $|\beta(jf_T)|$ 与频率 f 的关系曲线

实际中，为保证放大器在较高频率时仍有较大电流放大系数，必须选择管子的 $f_T>3f_{max}$（f_{max} 为输入信号中的最高频率分量）。

3. 共基极短路电流放大系数 $\alpha(j\omega)$ 及 f_α

因为：$\alpha(j\omega)=\frac{\beta(j\omega)}{1+\beta(j\omega)}=\frac{\alpha_o}{1+j\frac{\omega}{\omega_\alpha}}$；其中 $\omega_\alpha=(1+\beta_o)\alpha_o$，$\alpha_o=\frac{\beta_o}{1+\beta_o}$，故有：$f_\alpha\approx f_T\gg f_\beta$。$f_T$ 是一个重要参数，手册中会给出。当 I_{CQ} 决定后，r_e 一定，则 $C_{b'e}$ 可求出：$C_{b'e}=\frac{1}{2\pi r_e f_T}$，$r_e=\frac{26\ \text{mV}}{I_{CQ}}$。

【例题 6-2】 已知某晶体管的参数为 $f_T=300\ \text{MHz}$，工作点电流 $I_{CQ}=1\ \text{mA}$，求发射结电容 $C_{b'e}$。若另一晶体管的参数为 $f_T=1\ \text{GHz}$，工作点电流 $I_{CQ}=2\ \text{mA}$，求发射结电容 $C_{b'e}$。

解：$r_{e1}=\frac{U_T}{I_{EQ}}\approx\frac{26(\text{mV})}{1(\text{mA})}=26\ \Omega$；$C_{b'e1}=\frac{1}{2\pi\times 26\times 3\times 10^8}=20.4\ \text{pF}$；$r_{e2}=\frac{U_T}{I_{EQ}}\approx\frac{26(\text{mV})}{2(\text{mA})}=13\ \Omega$；$C_{b'e2}=\frac{1}{2\pi\times 13\times 1\times 10^9}=12.2\ \text{pF}$。

6.2.3 共射放大器的高频响应分析

图 6.2.3 示出了共射放大器的电路及其高频交流小信号等效电路，由于 $C_{b'c}$ 的存在使计算十分复杂，可采用密勒定理将 $C_{b'c}$ 的作用等效折合到输入端与输出端，以简化计算。这就是所谓的单向化模型，如图 6.2.4 所示。

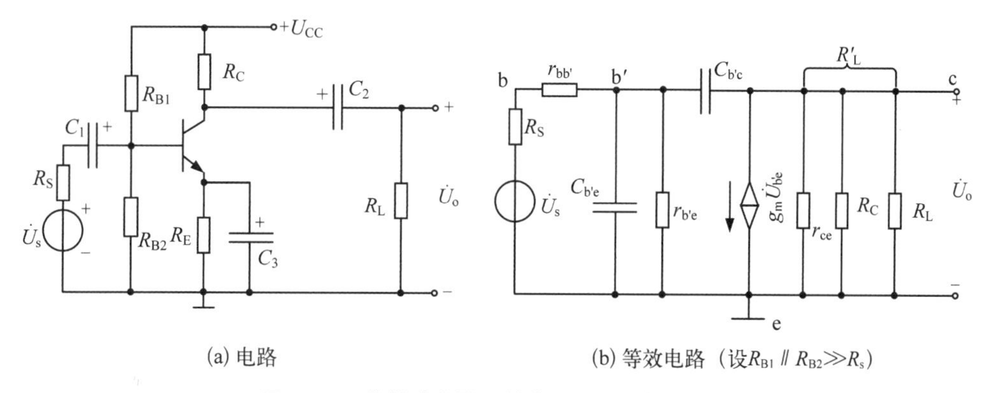

图 6.2.3 共射放大器及其高频小信号等效电路

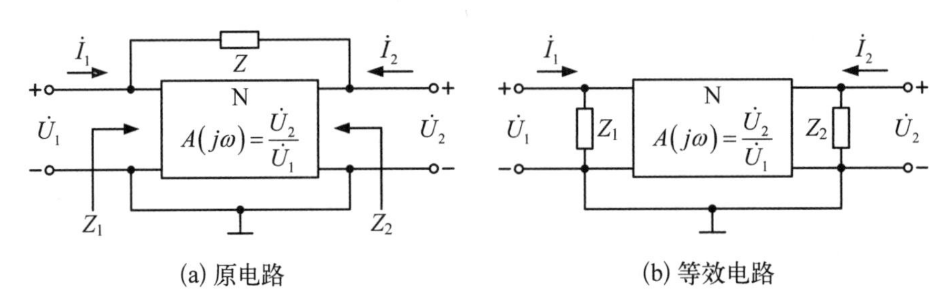

图 6.2.4　密勒定理及等效阻抗

其中：

$$Z_1=\frac{\dot{U}_1}{\dot{I}_1}=\frac{\dot{U}_1}{\frac{\dot{U}_1-\dot{U}_2}{Z}}=\frac{Z}{1-\frac{\dot{U}_2}{\dot{U}_1}}=\frac{Z}{1-A_u};\ Z_2=\frac{\dot{U}_2}{\dot{I}_2}=\frac{\dot{U}_2}{\frac{\dot{U}_2-\dot{U}_1}{Z}}=\frac{A_u}{A_u-1}\cdot Z\approx Z$$

其中，$A_u=\frac{\dot{U}_2}{\dot{U}_1}$为网络的电压增益。应用密勒定理，$C_{b'c}$的作用可折合到输入端、输出端。令$Z=\frac{1}{j\omega C_{b'c}}$，则$Z_1=\frac{1}{j\omega C_M}$，$Z_2=\frac{1}{j\omega C'_M}$，其中$A_u=\frac{\dot{U}_2}{\dot{U}_1}\approx -g_m R'_L$。

可用密勒等效电容进行描述：

输入端
$$C_M=C_{b'c}(1-A_u)\approx C_{b'c}(1+g_m R'_L) \tag{6.2.4}$$

输出端
$$C'_M=C_{b'c}\frac{A_u-1}{A_u}\approx C_{b'c} \tag{6.2.5}$$

可见C_M比$C_{b'c}$大了$(1+g_m R'_L)$倍，称为密勒倍增效应。而C'_M与$C_{b'c}$相当，较小，常可忽略，则图 6.2.3 的图(b)可简化为图 6.2.5。

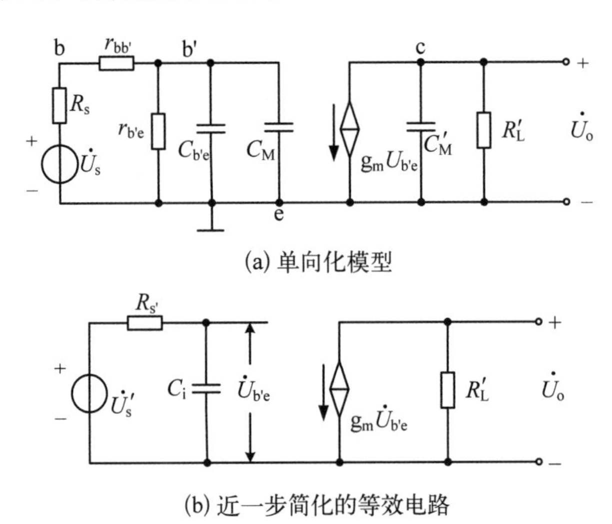

图 6.2.5　密勒等效后的单向化等效电路

其中：$C_i = C_{b'e} + C_M = C_{b'e} + (1 + g_m R'_L) C_{b'c}$；

$$R'_s = r_{b'e} \mathbin{/\!/} (R_s + r_{bb'}) \tag{6.2.6}$$

$$\dot{U}'_S = \frac{r_{b'e}\dot{U}_s}{R_s + r_{bb'} + r_{b'e}} = \frac{r_{b'e}\dot{U}_s}{R_s + r_{be}}$$

$$\dot{U}_o = -g_m R'_L \dot{U}_{b'e} = -g_m R'_L \cdot \frac{\dfrac{1}{j\omega C_i}}{R'_s + \dfrac{1}{j\omega C_i}} \dot{U}'_S = -g_m R'_L \cdot \frac{r_{b'e}}{R_s + r_{be}} \cdot \frac{1}{1 + j\omega R'_s C_i} \dot{U}_s$$

则电压源增益：

$$A_{us}(j\omega) = \frac{\dot{U}_o}{\dot{U}_s} = A_{usI} \frac{1}{1 + j\dfrac{\omega}{\omega_H}} \tag{6.2.7}$$

中频区源电压增益：

$$A_{usI} = -g_m R'_L \cdot \frac{r_{b'e}}{R_s + r_{be}} = -\frac{\beta R'_L}{R_s + r_{be}} \tag{6.2.8}$$

上限角频率：

$$\omega_H = \frac{1}{R'_s C_i} \tag{6.2.9}$$

其中 $R'_s C_i$ 称为输入回路的时间常数，由等效电路可见，输入回路是一个 RC 低通滤波器，其−3 dB 转折频率取决于 RC 之乘积，即为上限角频率。因此放大器的幅频、相频特性分别为：

$$|A_{us}(j\omega)| = \frac{|A_{uIs}|}{\sqrt{1 + \left(\dfrac{f}{f_H}\right)^2}} \tag{6.2.10}$$

$$\varphi(j\omega) = -180^\circ - \arctan\frac{f}{f_H} = -180^\circ - \Delta\varphi(j\omega) \tag{6.2.11}$$

公式(6.2.11)中 -180° 表示是反相放大器，$\Delta\varphi(j\omega) = \arctan\dfrac{f}{f_H}$ 表示与频率有关的附加相移。用图来表示见图 6.2.6(a)、(b)，图 6.2.6(c)、(d)是相应的折线化的近似，分别称为幅频和相频特性波特图。波特图表示法详见下小节。

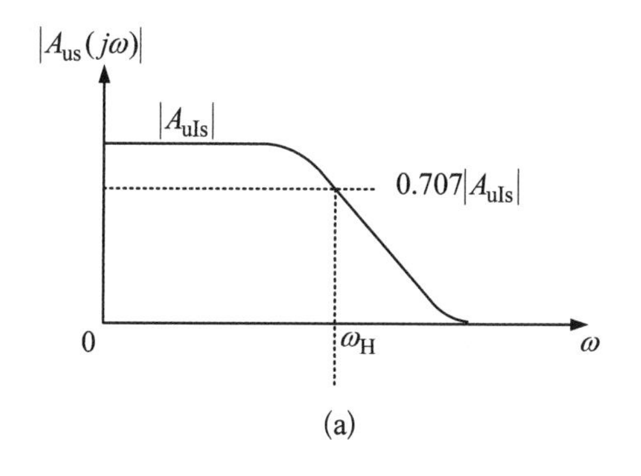

(a)

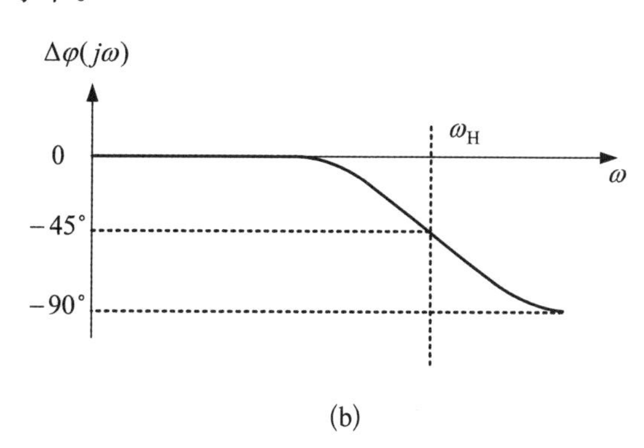

(b)

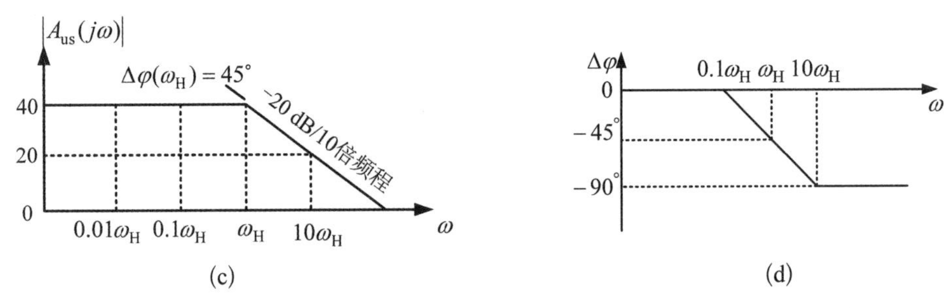

图 6.2.6 考虑管子极间电容影响的共射放大器频率响应：(a) 幅频特性；(b) 相频特性；(c) 幅频特性波特图；(d) 相频特性波特图

6.2.4 频率特性的波特图表示法

在波特图中，X 轴和 Y 轴都用对数表示(相频特性相位不取对数)。这样 X 轴(频率轴)每隔十倍频程以等间隔排列。幅频特性中 Y 轴为：

$$20\lg|A_{us}(jf)|=20\lg\left|\frac{A_{uIs}}{1+jf/f_H}\right|$$

因只有一个储能元件 C_i，这是一个单极点系统。在 $f=f_H$ 处有一拐点，高频区以 -20 dB/10 倍频程的斜率下降。拐点处与实际的幅频特性有 -3 dB 误差，而相频特性在 $f=f_H$ 处是 $-45°$，斜率为 $-45°$/ 10 倍频程。忽略误差的波特图又称渐近波特图。

【例题 6-3】 用波特图画出式 $A_u=\dfrac{-10^5}{\left(1+j\dfrac{f}{10^3}\right)\left(1+j\dfrac{f}{10^5}\right)\left(1+j\dfrac{f}{10^6}\right)}$ 幅频和相频渐进波特图。

解：按波特图的解法，画出的结果见图 6.2.7

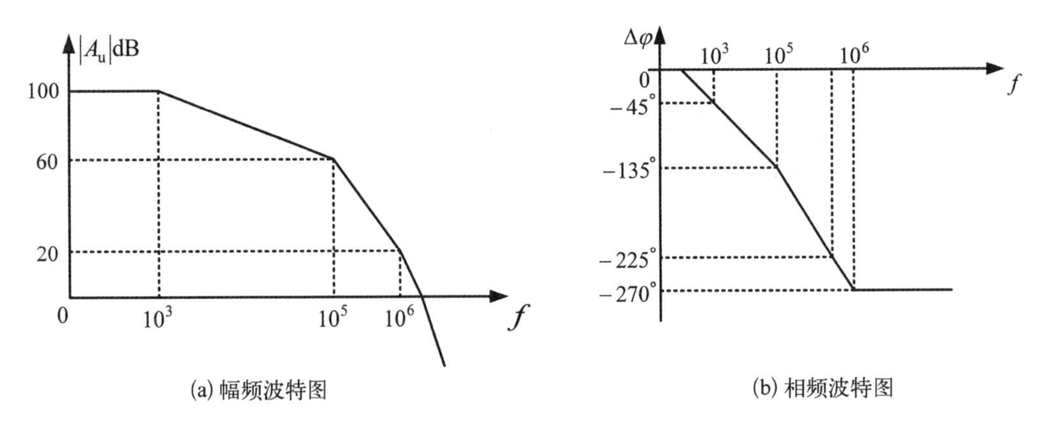

图 6.2.7 例题 6-3 的结果

6.2.5 负载电容和分布电容对高频响应的影响

上述讨论只考虑了管子内部电容的影响，而且负载是纯电阻，但实际上含有容性成分，如导线之间，元件、导线与地之间的分布电容，多级放大时下级有输入电容等，均会对放大器的上限频率 f_H 产生影响。如图 6.2.8(a)所示，用 C_L 表示所有这些电容的总和(包括 C_M)，则输出回路的等效图为图 6.2.8(b)，其中 $R'_o=R_c \,/\!/\, R_L \,/\!/\, r_{ce} \approx R'_L$，可见该电路是一个 RC 低通。因有两个储能元件，系统为双极点系统，即具有二阶低通特性。

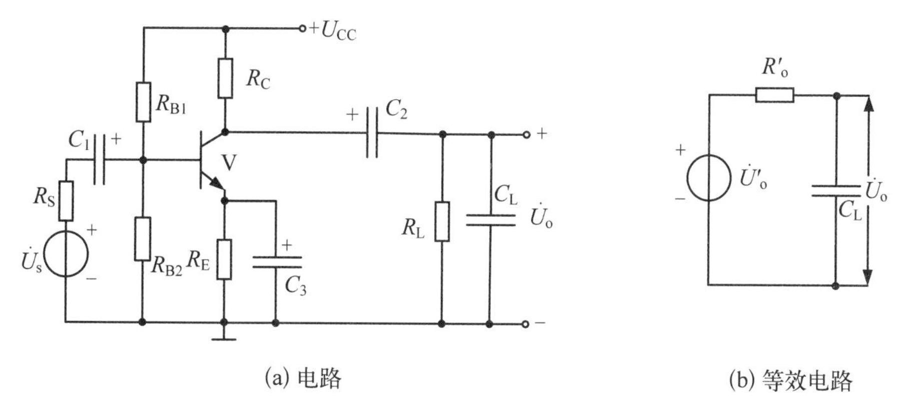

(a) 电路 (b) 等效电路

图 6.2.8 考虑负载电容和分布电容对高频响应的影响

则：

$$A_{us}(j\omega)=\frac{\dot{U}_o}{\dot{U}_s}=A_{usI}\cdot\frac{1}{1+j\dfrac{\omega}{\omega_{H1}}}\cdot\frac{1}{1+j\dfrac{\omega}{\omega_{H2}}} \tag{6.2.12}$$

其中 $\omega_{H1}=\dfrac{1}{R'_sC_i}$ 取决于输入回路时间常数；$\omega_{H2}=\dfrac{1}{R'_oC_L}$ 取决于输出回路时间常数，放大器总的上限角频率 ω_H 可用并联公式近似算出：

$$\omega_H^2=\omega_{H1}^2 \,/\!/\, \omega_{H2}^2 \tag{6.2.13}$$

若其中一个极点远离另一个极点，那么低的一个对频率特性起主要作用，称作主极点，这时上限角频率 ω_H 等于该极点。一般要满足主极点条件，需两个极点的频率相差 4 倍以上。

从上述讨论可见，要求一个宽带放大器，需注意：

选择 f_T 高的晶体管；信号源内阻 R_s 要小(电压源激励)；集电极电阻 R_c 要小；要减小 C_L 对其影响。由于放大器的上限角频率取决于输入回路和输出回路的时间常数，减小这两个时间常数可提高两个的转折频率，从而提高 f_H。其中涉及晶体管的参数是要求减小 $C_{b'c}$，$C_{b'e}$，$r_{bb'}$，即选 f_T 高的管子。涉及 R_s 的 R'_s，R_s 减小即减小了 R'_s。不行时可在前插入一级共集放大电路，使高的 R_s 转化为低的共集输出电阻。涉及 R_c 的是 $R_o \approx R_L$，减小 R_C 可同时提高 ω_{H1} 和 ω_{H2}，但也降低了放大器的增益，这是一对矛盾。通常电路参数选定之后，$G\cdot BW$ 是一个常数。故选择 R_C 时要注意兼顾 A_{uI} 和 f_H。选择原则为：一般宽带时，R_c 为几十 Ω～几百 Ω；窄带时，R_c 为几十 kΩ～几百 kΩ。涉及 C_L 的有布线工艺，好的工艺可使分布电容减小。亦可在后面插入共集放大电路以减小 R_o 的作用，因为共集电路的低输出电阻，有很强的负载能力。

6.3 单级共集电极和共基极放大器的高频响应——定性分析

6.3.1 共集电极放大器的高频响应

共集电路高频响应的讨论电路见图 6.3.1。

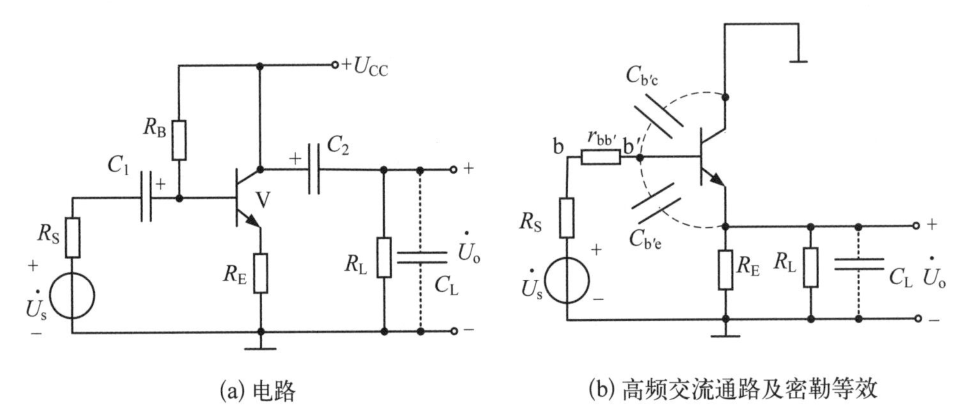

图 6.3.1　共集电路高频响应的讨论

1. $C_{b'c}$ 的影响

由于 C 极交流接地，$C_{b'c}$ 为内基极和地之间电容，故不存在密勒倍增效应。且 $C_{b'c}$ 一般很小，只要 R_s 和 $r_{bb'}$ 不大，$C_{b'c}$ 对高频响应影响很小。

2. $C_{b'e}$ 的影响

$C_{b'e}$ 接在输出端和输入端之间，按密勒定理折合到输入端的电容为 $C_M = C_{b'e}(1-A_u)$，而共集电路 A_u 接近于 1，故 $C_M \ll C_{b'c}$，对高频响应影响也甚小。理论分析表明 $f_{H1} \to f_T$。

3. C_L 的影响

共集电路的输出电阻为 $R'_o=\dfrac{R_S+r_{be}}{1+\beta}\approx\dfrac{R_s}{1+\beta}+r_e\approx\dfrac{R_s}{1+\beta}+\dfrac{26\text{ mA}}{I_{CQ}}$。只要 I_{CQ} 较大，R_s 较小时(电压源激励)则 R'_o 很小，所以时间常数 R'_oC_L 很小，则 f_H 将很高。综上所述，共集电路的上限频率将大于共射电路。

6.3.2 共基极放大器的高频响应

共基极电路高频响应的讨论电路见图 6.3.2。

1. $C_{b'e}$ 的影响

如忽略 $r_{bb'}$，则 $C_{b'e}$ 直接接在输入端，$C_i = C_{b'e}$，则不存在密勒倍增效应且与 $C_{b'c}$ 无关，所以共基电路的输入总电容很小。而且 $R'_s = R_s /\!/ R_E /\!/ r_e \approx r_e$，故 $\omega_{H1} = \dfrac{1}{R'_sC_i} \approx \dfrac{1}{r_eC_{b'e}} \approx \omega_T$。

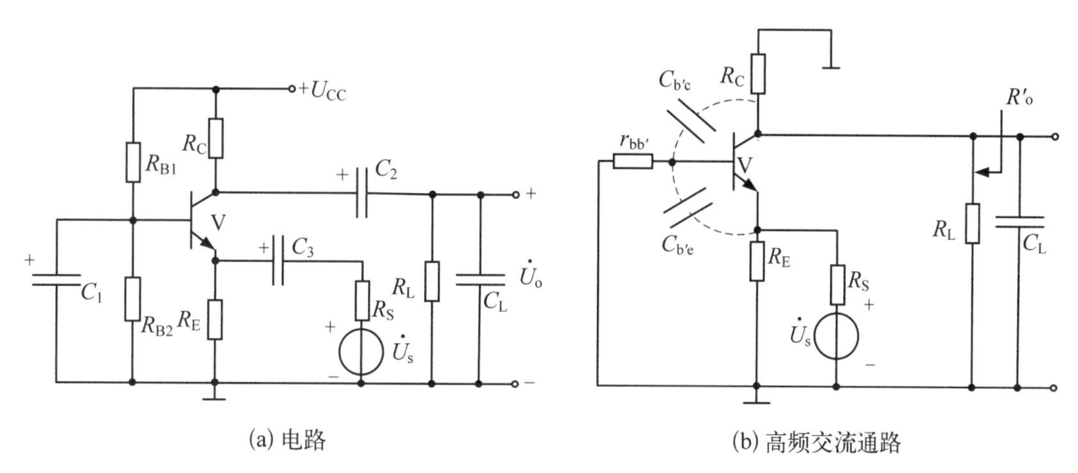

(a) 电路　　　　(b) 高频交流通路

图 6.3.2　共基电路高频响应的讨论

2. $C_{b'c}$ 与 C_L 的影响

如忽略 $r_{bb'}$，$C_{b'c}$ 直接并在输出端，则输出回路总电容为 $C_L+C_{b'c}$，$C_{b'c}$ 很小可忽略，$R'_o \approx R'_L = R_C \mathbin{/\!/} R_L$；则 $\omega_{H2} = \dfrac{1}{R'_o(C_{b'c}+C_L)} \approx \dfrac{1}{R'_L C_L}$。可见 ω_{H2} 与共射电路相仿，承受容性负载的能力较差。对于纯阻负载则频响优于共射电路。

6.4　场效应管放大器的高频响应

场效应管放大器的频率响应与晶体管放大器的分析方法完全相似，其结果也完全相似。MOS型或结型场效应管的高频小信号等效电路均可用图 6.4.1 的模型表示，其中 C_{gs}、C_{gd}、C_{ds} 分别表示三个极之间的极间电容。

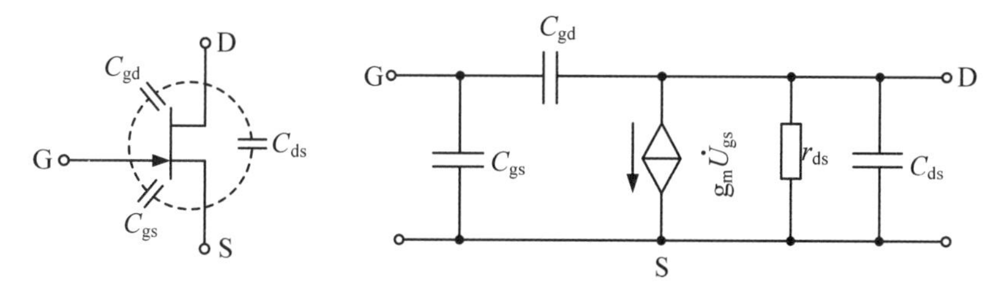

图 6.4.1　场效应管的高频小信号等效电路

共源放大器的电路图及高频小信号等效图如图 6.4.2，C_{gd} 跨接于输入输出回路间，用密勒等效法使其单向化。其折合关系为：

折合到输入端：$C_M = C_{gd}(1+g_m R'_L)$；输出端 $C'_M = C_{gd}$。

单向化模型见图 6.4.3。

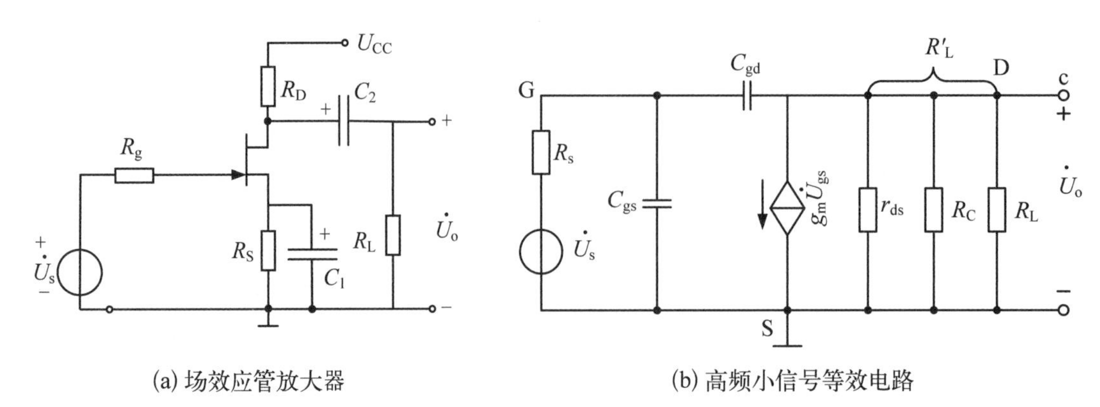

(a) 场效应管放大器　　(b) 高频小信号等效电路

图 6.4.2　场效应管放大器及其高频小信号等效电路

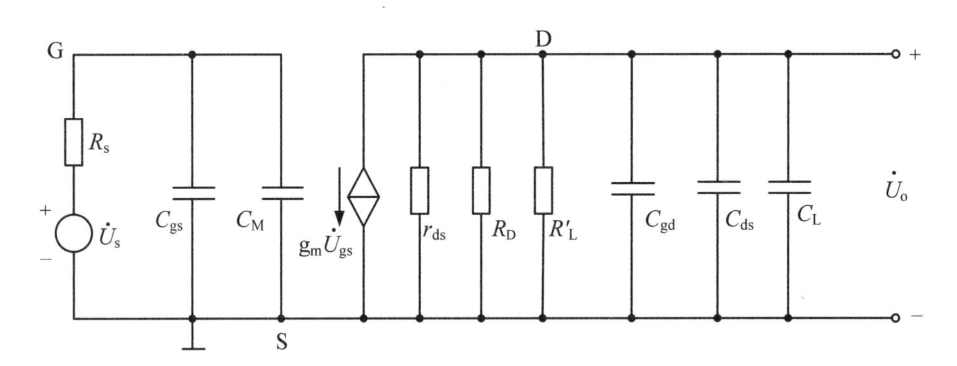

图 6.4.3　场效应管共源放大器单向化模型

则：

$$A_{u}(j\omega)=\frac{\dot{U}_{o}}{\dot{U}_{s}}=-g_{m}R'_{L}\cdot\frac{1}{1+j\omega R_{s}C_{i}}\cdot\frac{1}{1+j\omega R'_{L}C'_{L}}$$

$$=A_{usI}\cdot\frac{1}{1+j\dfrac{\omega}{\omega_{H1}}}\cdot\frac{1}{1+j\dfrac{\omega}{\omega_{H2}}}$$

其中：$\omega_{H1}=\dfrac{1}{R_{s}C_{i}}$，为输入回路时间常数引入的上限角频率，$C_{i}=C_{gs}+C_{M}$。$\omega_{H2}=\dfrac{1}{R'_{o}(C_{b'e}+C_{M})}\approx\dfrac{1}{R'_{L}C'_{L}}$，为输出回路时间常数引入的上限角频率，$C'_{L}=C_{gd}+C_{ds}+C_{L}$。总的上限角频率：$\omega_{H}^{2}=\omega_{H1}^{2}\ //\ \omega_{H2}^{2}$。

上述分析结果显示：

(1) 要提高 ω_{H}，必须选 C_{gs}，C_{gd}，C_{ds} 小的管子。

(2) ω_{H} 和 A_{uIs} 是一对矛盾，选 R_{D} 时要兼顾 A_{uIs} 和 ω_{H} 的要求。

(3) 由于 C_{i} 的存在，希望恒压源激励以减小 R_{s}，提高 ω_{H}。

共漏、共栅电路以及差分放大器的分析同晶体管电路。

6.5　共射放大器的低频响应

6.5.1　阻容耦合放大器的低频等效电路

放大器电路中如没有耦合电容和旁路电容。如图 6.5.1 中的 C_1、C_2 和 C_E，则中频区的幅频特性一直可延伸到零频率即 $f_L \to 0$。但考虑到，分立元件电路或用集成电路时外围电路还有阻容耦合方式，所以有必要讨论低频响应问题。

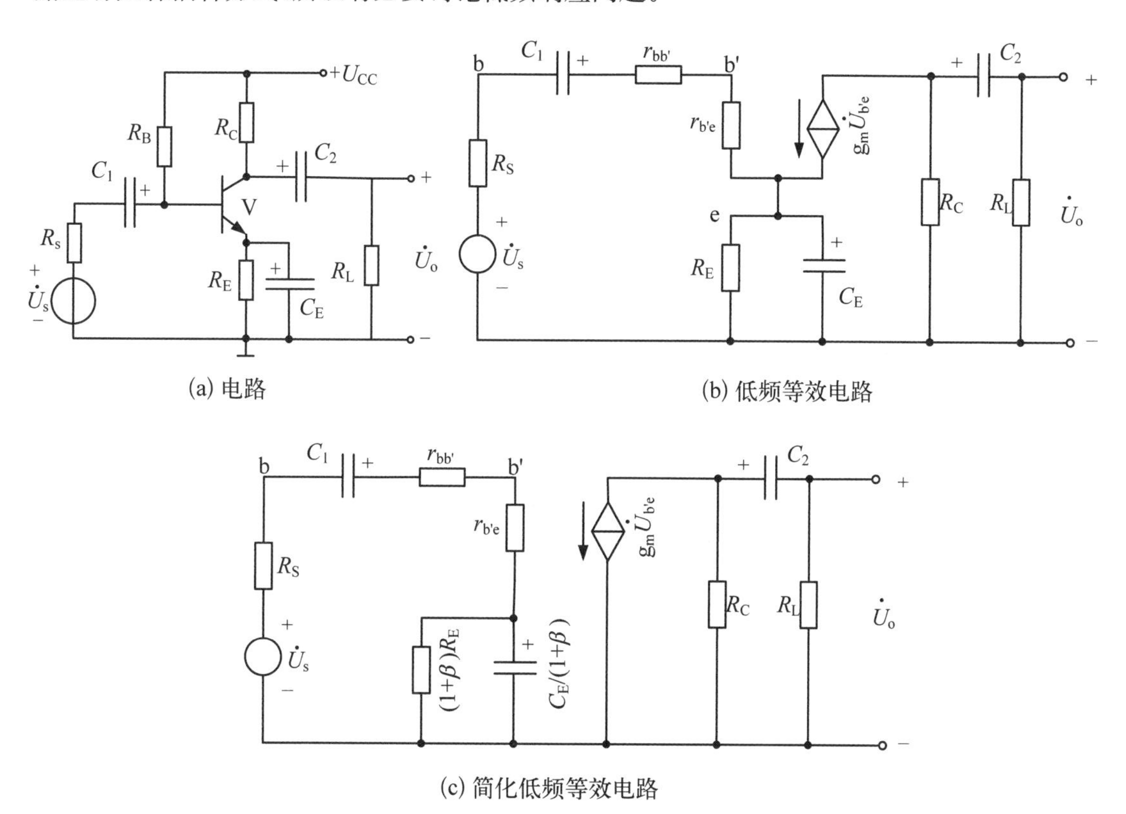

图 6.5.1　阻容耦合共射放大器及其低频等效电路

6.5.2　阻容耦合放大器的低频响应

由图 6.5.1(c)可见由于电流源 $g_m\dot{U}_{b'e}$ 的隔离作用。低频响应的计算可分成输入回路、输出回路两部分。

1. 输入回路

由于 C_1 及等效电容 $C_E/(1+\beta)$ 的存在，$\dot{U}_{b'e}$ 随频率的下降而下降。

若 $(1+\beta)R_E \gg R_s + r_{bb'} + r_{b'e} = R_s + r_{be}$，则 $\dot{U}_{b'e} = \dfrac{r_{b'e}}{R_s + r_{be} + 1/j\omega C}\dot{U}_s$，其中 C 是 C_1 和 $C_E/(1+\beta)$ 之串联，而输出电压 $\dot{U}_o = -g_m\dot{U}_{b'e}R'_L$，则低频区增益

$$A_{us}(j\omega)=\frac{\dot{U}_o}{\dot{U}_s}=-g_m R'_L\cdot\frac{r_{b'e}}{R_s+r_{be}}\cdot\frac{1}{1+\dfrac{1}{j\omega(R_s+r_{be})C}}=\frac{A_{uIs}}{1-j\dfrac{\omega_{L1}}{\omega}}$$

$$=\frac{|A_{uIs}|}{\sqrt{1+\left(\dfrac{\omega_{L1}}{\omega}\right)^2}}\angle-180^\circ+\arctan\frac{\omega_{L1}}{\omega} \tag{6.5.1}$$

其中：

中频区源增益： $A_{uIs}=-g_m R'_L\dfrac{r_{b'e}}{R_s+r_{be}}$

低频区增益模值： $|A_{us}(j\omega)|=\dfrac{|A_{uIs}|}{\sqrt{1+\left(\dfrac{\omega_{L1}}{\omega}\right)^2}}$

输入回路的下限角频率： $\omega_{L1}=\dfrac{1}{(R_S+r_{be})C}$

低频增益相角： $\varphi(j\omega)=-180^\circ+\arctan\dfrac{\omega_{L1}}{\omega}$

低频响应的附加相移：$\Delta\varphi(j\omega)=\arctan\dfrac{\omega_{L1}}{\omega}$

2. 输出回路

图 6.5.1(c)的输出回路用戴维宁定理变换后即为图 6.5.2。显然它是一个 RC 高通，输出电压也将随着频率下降而下降。由图可得：

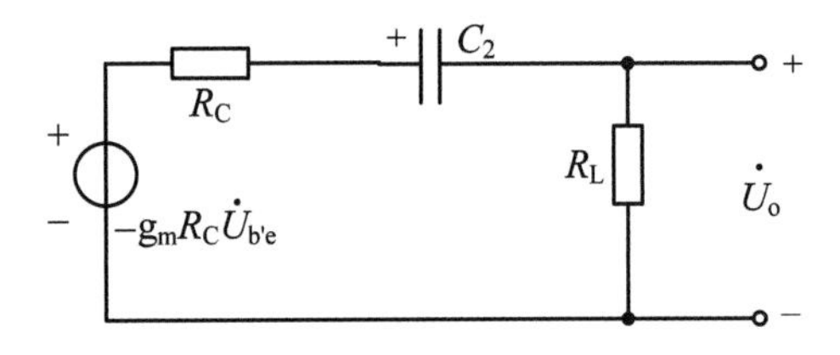

图 6.5.2 C_2对低频响应影响的等效电路

$$\dot{U}_o=-g_m\dot{U}_{b'c}R'_C\cdot\frac{R_L}{(R_C+R_L)+\dfrac{1}{j\omega C_2}}=-g_m\dot{U}_{b'c}R'_L\cdot\frac{1}{1+\dfrac{1}{j\omega(R_C+R_L)C_2}}$$

$$=-g_m R'_L\cdot\frac{r_{b'e}}{R_s+r_{be}}\dot{U}_s\cdot\frac{1}{1+\dfrac{1}{j\omega(R_C+R_L)C_2}} \tag{6.5.2}$$

令 $A_{us}(j\omega)=\dfrac{\dot{U}_o}{\dot{U}_s}=\dfrac{A_{uIs}}{1-j\dfrac{\omega_{L2}}{\omega}}$

其中：中频区源增益：$A_{uIs}=-g_m R'_L\dfrac{r_{b'e}}{R_s+r_{be}}$

输出回路的下限角频率：$\omega_{L2}=\dfrac{1}{(R_C+R_L)C_2}$

具有高通特性的回路之幅频与相频特性见图 6.5.3。

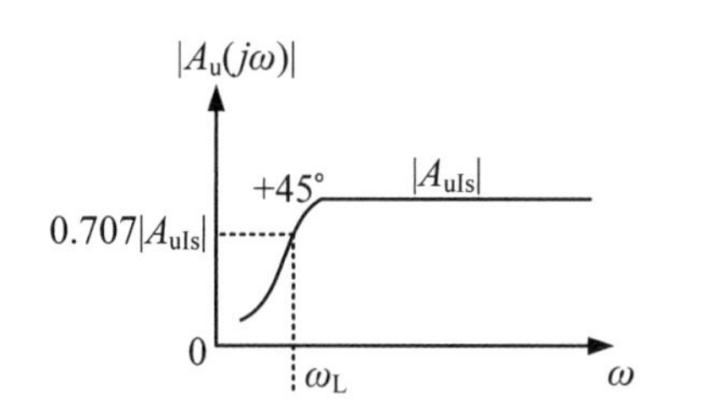

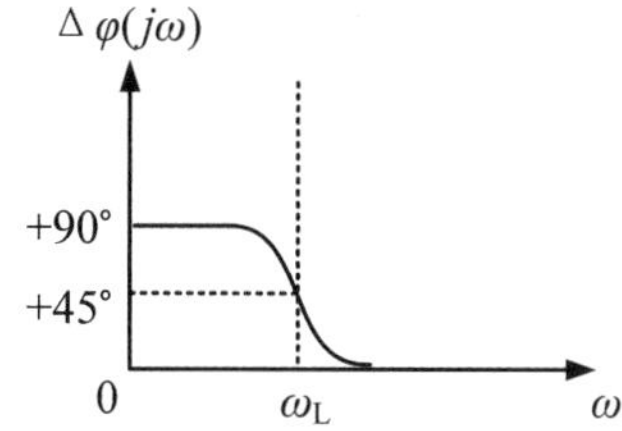

图 6.5.3 阻容耦合放大器 C_1、C_2 及 C_E 引入的低频响应

同时计入输入、输出回路影响的低频增益为

$$A_{us}(j\omega) \approx \frac{A_{uIs}}{\left(1-j\dfrac{\omega}{\omega_{L1}}\right)\cdot\left(1-j\dfrac{\omega}{\omega_{L2}}\right)} \tag{6.5.3}$$

显然可见具有二阶高通特性。令上式模值下降至 0.707 的频率为 ω_L，解之得总的下限角频率近似为：$\omega_L \approx \sqrt{\omega_{L1}^2+\omega_{L2}^2}$，为方便记忆可两边平方即 $\omega_L^2=\omega_{L1}^2+\omega_{L2}^2$，即下限角频率平方有串联效应。

3. 讨论

(1) C_1，C_2，C_E 越大，低频区线性失真越小，附加相移越小。

(2) C_E 的作用如欲与 C_1 相仿，须扩大 $1+\beta$ 倍。

(3) 直流工作点低，使输入阻抗增大对低频响应有好处，但不利于高频响应。

(4) R_C，R_L 越大有利于低频响应，但不利于高频响应。

(5) 输入、输出回路在低频区为高通特性，输出电压超前输入电压；在高频区，则反之。

阻容耦合放大器完整的频率响应见图 6.5.4。

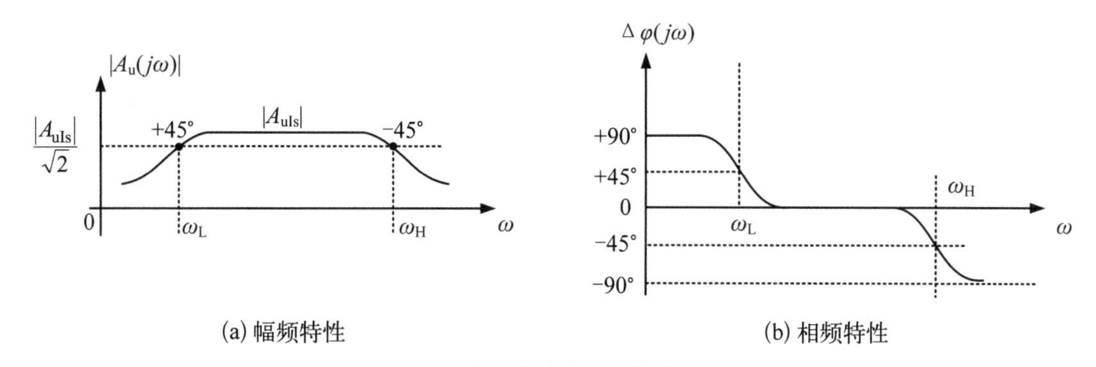

(a) 幅频特性　　(b) 相频特性

图 6.5.4 阻容耦合放大器完整的频率响应

6.6 多级放大器的频率响应

若放大器由多级级联而成，如每级的电压增益、对数增益、相频特性分别为 $A_{uk}(j\omega)$、$20\lg|A_{uk}(j\omega)|$、$\varphi_k(j\omega)$，则总的放大倍数：

$$A_u(j\omega)=\prod_{k=1}^{n}A_{uk}(j\omega) \tag{6.6.1}$$

其对数幅频特性为：

$$20\lg|A_u(j\omega)|=20\lg\sum_{k=1}^{n}|A_{uk}(j\omega)|\ (\text{dB}) \tag{6.6.2}$$

其相频特性为：

$$\varphi(j\omega)=\sum_{k=1}^{n}\varphi_k(j\omega) \tag{6.6.3}$$

6.6.1 多级放大器的上限频率 f_H

如单级放大器的增益为：

$$A_{uk}(j\omega)=\frac{A_{uIk}}{1+j\dfrac{\omega}{\omega_{Hk}}} \tag{6.6.4}$$

其中模：$|A_{uk}(j\omega)|=\dfrac{|A_{uIk}|}{\sqrt{1+\left(\dfrac{\omega}{\omega_{Hk}}\right)^2}}$；

附加相移：$\Delta\varphi_k(j\omega)=-\arctan\dfrac{\omega}{\omega_{Hk}}$；

则多级放大器增益：

$$A_u(j\omega)=\prod_{k=1}^{n}\frac{A_{uIk}}{1+j\dfrac{\omega}{\omega_{Hk}}} \tag{6.6.5}$$

附加相移

$$\Delta\varphi(j\omega)=\sum_{k=1}^{n}\left(-\arctan\frac{\omega}{\omega_{Hk}}\right) \tag{6.6.6}$$

模：$|A_u(j\omega)|=\prod\limits_{k=1}^{n}\dfrac{|A_{uIk}|}{\sqrt{1+\left(\dfrac{\omega}{\omega_{Hk}}\right)^2}}=|A_{uI}|\prod\limits_{k=1}^{n}\dfrac{1}{\sqrt{1+\left(\dfrac{\omega}{\omega_{Hk}}\right)^2}}$

令 $|A_u(j\omega_H)|=\dfrac{|A_{uI}|}{\sqrt{2}}$；则 $\prod\limits_{k=1}^{n}\left[\sqrt{1+\left(\dfrac{\omega}{\omega_{Hk}}\right)^2}\right]=2$ 忽略高次项，解之得

$$\omega_H=\frac{1}{\sqrt{\dfrac{1}{\omega_{H1}^2}+\dfrac{1}{\omega_{H2}^2}+\cdots+\dfrac{1}{\omega_{Hn}^2}}} \tag{6.6.7}$$

可用并联公式记忆：

$$\omega_H^2=\omega_{H1}^2 // \omega_{H2}^2 // \cdots // \omega_{Hn}^2 \tag{6.6.8}$$

若每级上限角频率相同均为 ω_{Hk}，则 $\left[1+\left(\frac{\omega}{\omega_{Hk}}\right)^2\right]^n=2$；解之得

$$\omega_H \approx \sqrt{2^{1/n}-1}\cdot\omega_{Hk} \tag{6.6.9}$$

6.6.2　多级放大器的下限频率 f_L

设单级放大器的增益为：

$$A_{uk}(j\omega)=\frac{A_{uIk}}{1-j\frac{\omega_{Lk}}{\omega}} \tag{6.6.10}$$

多级增益为：

$$A_u(j\omega)=\prod_{k=1}^{n}\frac{A_{uIk}}{1-j\frac{\omega_{Lk}}{\omega}} \tag{6.6.11}$$

模：

$$|A_u(j\omega)|=\prod_{k=1}^{n}\frac{|A_{uIk}|}{\sqrt{1+\left(\frac{\omega_{Lk}}{\omega}\right)^2}}$$

附加相移：

$$\Delta\varphi(j\omega)=\sum_{k=1}^{n}\arctan\frac{\omega_{Lk}}{\omega} \tag{6.6.12}$$

$\prod_{k=1}^{n}\left[\sqrt{1+\left(\frac{\omega_{Lk}}{\omega}\right)^2}\right]=2$ 忽略高次项，解之得：

$$\omega_L=\sqrt{\omega_{L1}^2+\omega_{L2}^2+\cdots+\omega_{Ln}^2} \tag{6.6.13}$$

记忆可用：

$$\omega_L^2=\omega_{L1}^2+\omega_{L2}^2+\cdots+\omega_{Ln}^2 \tag{6.6.14}$$

若每级上限角频率相同均为 ω_{Lk}，则：$\left[1+\left(\frac{\omega_{Lk}}{\omega}\right)^2\right]^n=2$；解之得：

$$\omega_H \approx \frac{\omega_{Lk}}{\sqrt{2^{1/n}-1}} \tag{6.6.15}$$

讨论：

(1) 多级放大器的总增益增大，但 f_H 下移，f_L 上移，BW 减小。

(2) 设计多级放大器时，BW 决定后，每级的带宽均应放宽，可用每级 BW 相同来估算。

(3) 当每级 BW 不同时，总的 BW 将取决于最窄的一级。为满足要求，应提高它的 BW。

【例题 6-4】 某三级运算放大器如图 6.6.1(a)所示，其中第一级参数为：$A_{uI1}=100$，$f_{H1}=100$ Hz，$R_{o1}=200$ kΩ；第二级参数为：$A_{uI2}=1\,000$，$f_{H2}=1$ kHz，$R_{i2}=200$ kΩ；第三级参数为：$A_{uI3}=1$，$f_{H3}=10$ kHz，$R_{i3}=200$ kΩ。相位补偿电容 C 接在第二级的输入、输出之间。求：

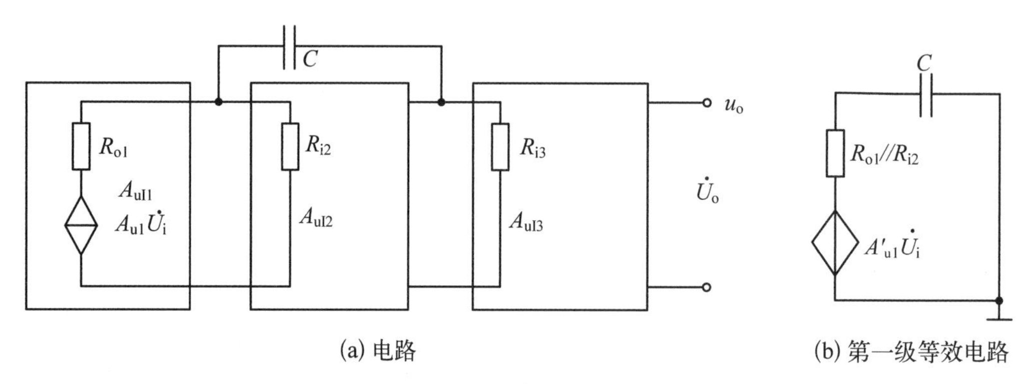

(a) 电路　　(b) 第一级等效电路

图 6.6.1　例题 6-4

(1) 整个电路的中频增益 $A_{uI}=?$

(2) 整个电路的上限频率 $f_H=?$

解：(1) 整个电路的中频增益为：

$$A_{uI}=A_{uI1}\cdot A_{uI2}\cdot A_{uI3}=100\times 1\,000\times 1=10^5\,(100\ \text{dB})$$

(2) 利用密勒等效，把补偿电容 C 等效到第二级输入端，等效的密勒电容为：

$$C_M=(1+|A_{uI2}|)C=(1+1\,000)\times 20=20\,020\ \text{pF}$$

绘制第一级等效电路如图 6.6.1(b)所示，则第一级的上限频率：

$$f_{H1}=\frac{1}{2\pi\times(R_{o1}\ /\!/\ R_{i2})C_M}=\frac{1}{2\pi\times(200\ /\!/\ 200)\times 10^3\times 20\,020\times 10^{-12}}\approx 79\ \text{Hz}$$

整个电路的上限频率：$f_H=\dfrac{1}{\sqrt{\dfrac{1}{f_{H1}^2}+\dfrac{1}{f_{H2}^2}+\dfrac{1}{f_{H3}^2}}}\approx 79$ Hz

思考题和习题

6.1 选择题：

(1) 已知某系统的传递函数为 $A(s)=\dfrac{A_o s^2}{(s^2+2\times 10^2 s+10^4)\,(s+10^6)^2}$，试判断该传递

函数的 3 dB 上限频率 ω_H 和下限频率 ω_L 为：

a：$\omega_H = 10^6$ rad/s，$\omega_L = 10^2$ rad/s

b：$\omega_H = 5.4 \times 10^5$ rad/s，$\omega_L = 10^2$ rad/s

c：$\omega_H = 6.4 \times 10^5$ rad/s，$\omega_L = 156$ rad/s

d：$\omega_H = 10^6$ rad/s，$\omega_L = 156$ rad/s

(2) 若有两个放大器 A_1 和 A_2 级联，要求级联后能有 300 Hz 以上的带宽，应选择下列的哪一种带宽组合？

a：A_1 和 A_2 的带宽均为 300 Hz

b：A_1 的带宽大于 300 Hz，A_2 的带宽等于 300 Hz

c：A_1 的带宽等于 300 Hz，A_2 的带宽大于 300 Hz

d：A_1 和 A_2 的带宽均大于 300 Hz

6.2　已知由理想运算放大器 A 构成的电路如题 6.2 图所示，问：

(1) 求 $H(j\omega) = \dfrac{U_o(j\omega)}{U_i(j\omega)}$。

(2) 求直流电压增益。

(3) 求 $\omega \gg \dfrac{1}{R_2 C}$(rad/s) 时的电压增益。

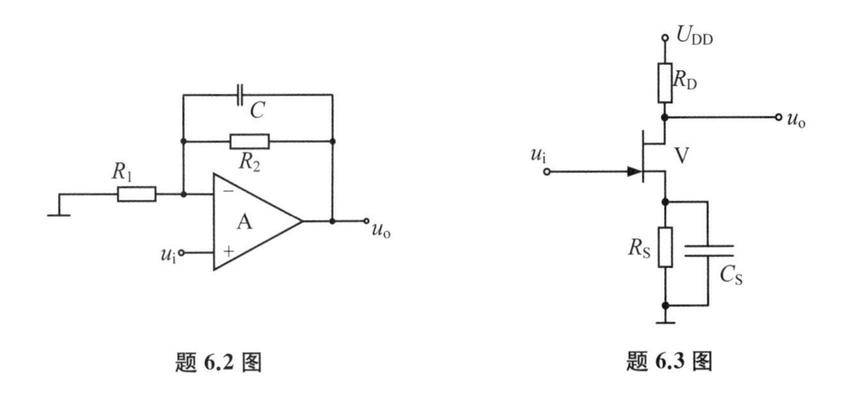

题 6.2 图　　**题 6.3 图**

6.3　已知 JFET 放大电路如题 6.3 图所示，设 C_S 不是很大，需考虑。试写出该放大器的频率特性表达式，并画出渐进幅频特性波特图。

6.4　某级联放大器具有如下性能：负载开路时的电压增益 $A_{uo} = 40$，$R_i = 10$ kΩ，$R_o = 2$ kΩ，$BW = 2$ MΩ。欲在 1 kΩ 负载上获得 120 dB 的源电压增益(信号源内阻 $R_S = 500$ Ω)，试问至少取多少级才能满足要求？此时近似总的带宽是多少？

6.5　由 5 个相同的放大器构成的多级级联放大器。当 $f = 100$ kHz 时，总增益比中频增益下降了 0.5 dB。试求每个单级放大器的 3 dB 上限频率。

6.6　某放大器构成的频率特性表达式为：$A(jf) = \dfrac{300 \times 10^5}{jf + 10^5}$，试问该电路的中频增益、上限频率、增益带宽积分别为多少？

6.7 某晶体管电流放大倍数的频率特性波特图如题 6.7 图所示，求：

(1) 试写出 $\beta(jf)$ 的频率特性表达式。

(2) 该管子相应的 $f_T=?$ $f_\beta=?$

(3) 画出其对应的相频特性波特图。

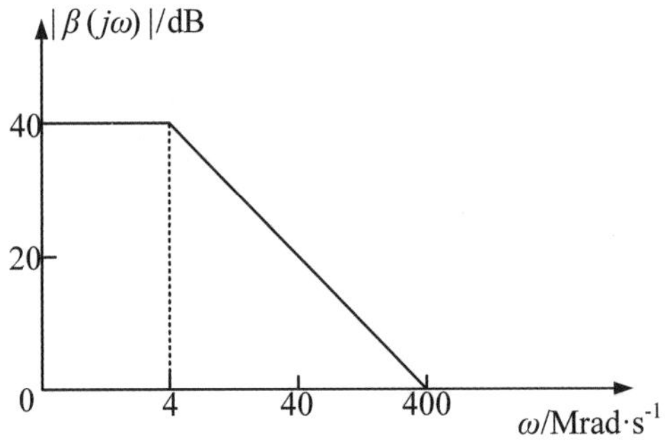

$|\beta(j\omega)|$/dB

40

20

0 4 40 400 ω/Mrad·s^{-1}

题 6.7 图

6.8 某放大器的频率特性表达式为：$A(jf)=\dfrac{10^{12}(10+jf)}{(10^4+jf)(10^5+jf)}$，求：

(1) 试画出该放大器的幅频特性波特图和相频特性波特图。

(2) 确定其中频增益及上限频率的大小。

6.9 分相器电路如题 6.9 图所示，其中 $R_C=R_E$。现有一电容性负载 C_L，分别接在集电极和发射极上，试问由 C_L 引入的上限频率各为多少？（不考虑晶体管内部电容）

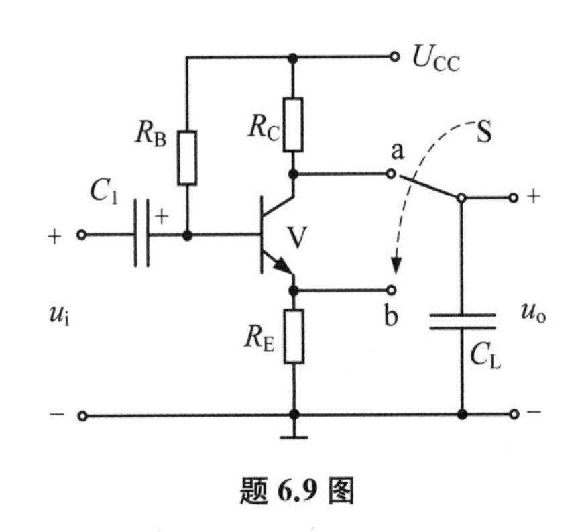

题 6.9 图

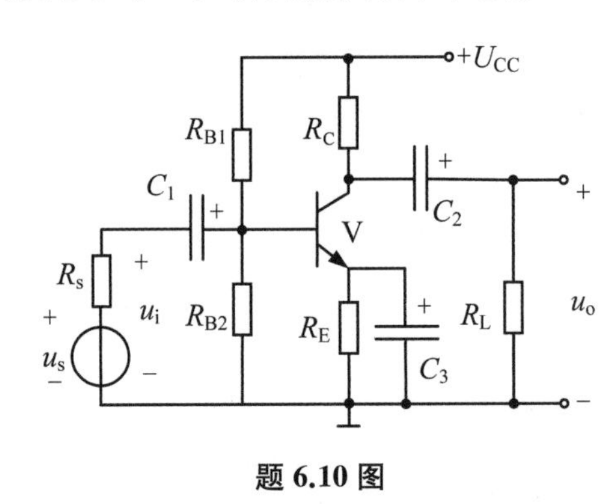

题 6.10 图

6.10 某共发射级电路如题 6.10 图所示，且满足密勒近似条件。已知 $\beta=100$，$I_{CQ}=1$ mA，$C_{b'c}=3$ pF，$r_{bb'}=20$ Ω，$f_T=300$ MHz，电路参数为：$R_S=1$ kΩ，$R_{B1}=20$ kΩ，$R_{B2}=10$ kΩ，$R_C=R_E=4$ kΩ，$R_L=2$ kΩ，其中，C_1、C_2、C_3 均认为短路。求：

(1) 试画出该放大器的混合 π 型交流等效电路。

(2) $r_{b'e}=?$ $C_{b'e}=?$

(3) 密勒等效电容 $C_M=?$

(4) 中频增益 $A_{uIs}=?$

(5) 上限频率 $f_H=?$

6.11 共射-共基级联放大电路交流通路如题 6.11 图所示，其中第一级的负载为中频段纯电阻，有关参数：$R_S=10$ kΩ，$r_{bb'1}=r_{bb'2}=400$ Ω，$r_{b'e1}=20$ kΩ，$r_{b'e2}=10$ kΩ，$C_{b'e1}=50$ pF，$C_{b'e2}=10$ pF，$C_{b'c1}=C_{b'c2}=1$ pF，$R_{C1}=10$ kΩ，$R_{C2}=5$ kΩ，$g_{m1}=3$ mS，$g_{m2}=6$ mS。试求该电路的上限频率 $f_H=?$

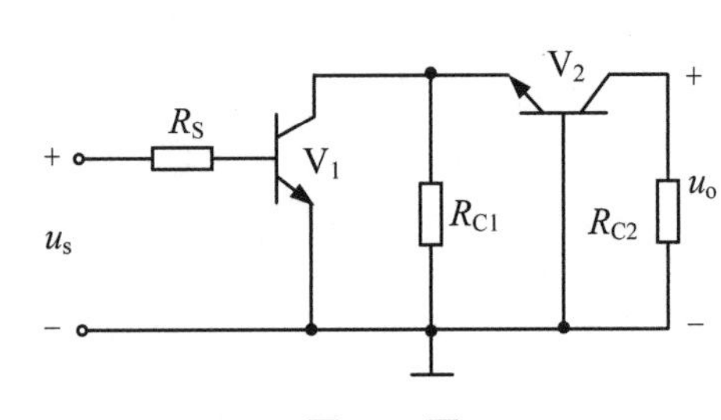

题 6.11 图

6.12　某共发射级电路如题6.12图所示，要求下限频率为 $f_L=10$ Hz，且 C_1、C_2、C_3 对下限频率的贡献一样，试分别确定 C_1、C_2、C_3 的值。

6.13　在题6.12图中，若下列参数变化，对放大器性能有何影响（指工作点 I_{CQ}、A_{uI}、R_i、R_o、f_H、f_L 等）？

(1) 负载电阻 R_L 变大

(2) 若负载带电容为 C_L，且 C_L 变大

(3) R_E 变大

(4) C_1 变大

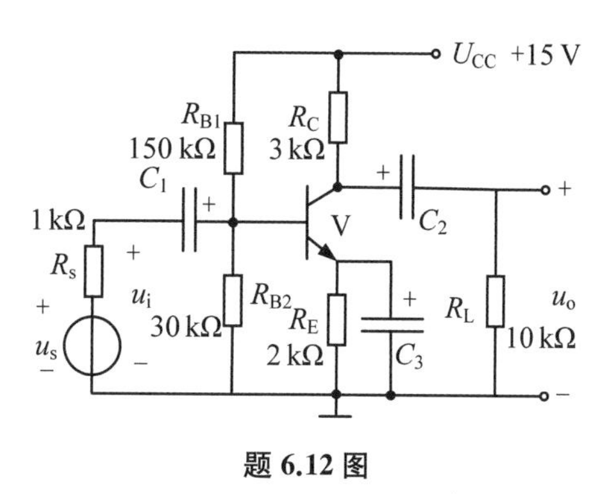

题 6.12 图

6.14　有一放大器的传输特性为：$A_u(j\omega)=-\dfrac{10^4}{\left(1+j\dfrac{f}{10^6}\right)^3}$

(1) 求低频放大倍数。

(2) 画出幅频特性渐进波特图。

(3) 求上限频率 $f_H=$?

6.15　某一放大电路如题6.15图(a)所示，已知晶体管参数 $\beta=100$，$r_{bb'}=100\ \Omega$，$r_{b'e}=2.6\ \text{k}\Omega$，$C_{b'e}=60$ pF，$C_{b'c}=4$ pF，$R_B=500\ \text{k}\Omega$，$R_S=100\ \text{k}\Omega$，要求的频率特性如题6.15图(b)所示，求：

(1) R_C 的值。

(2) C_1 的值。

(3) f_H 的值。

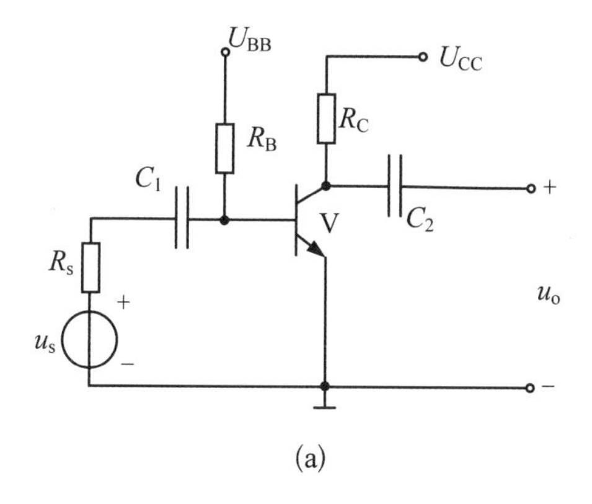

(a)

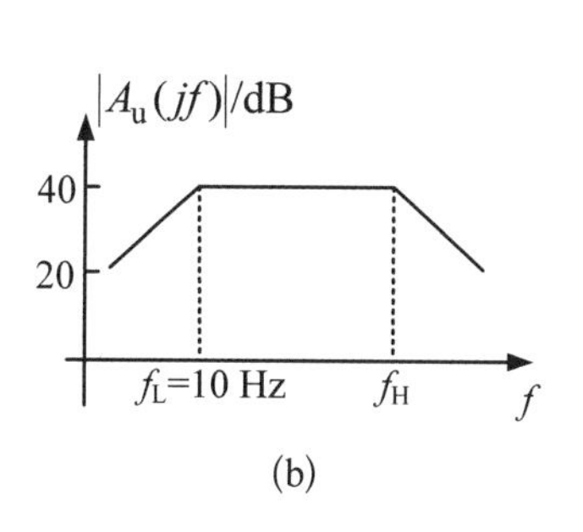

(b)

题 6.15 图

6.16　理想集成运算放大器应用电路如题6.16图所示，已知 $R_1=10\ \text{k}\Omega$，$R_2=10\ \text{k}\Omega$，$R_f=100\ \text{k}\Omega$，$R_L=1\ \text{k}\Omega$，问：

(1) 图(a)、(b)、(c)中 $C=1\ \mu$F，试分别计算图(a)、(b)、(c)各电路中的中频电压增益 A_{uI} 和下限频率 f_L。

(2) 图(d)、(e)中 $C=1\ 000\ \text{pF}$，试分别计算图(d)、(e)各电路中的低频电压增益 A_{uI} 和上限频率 f_H。

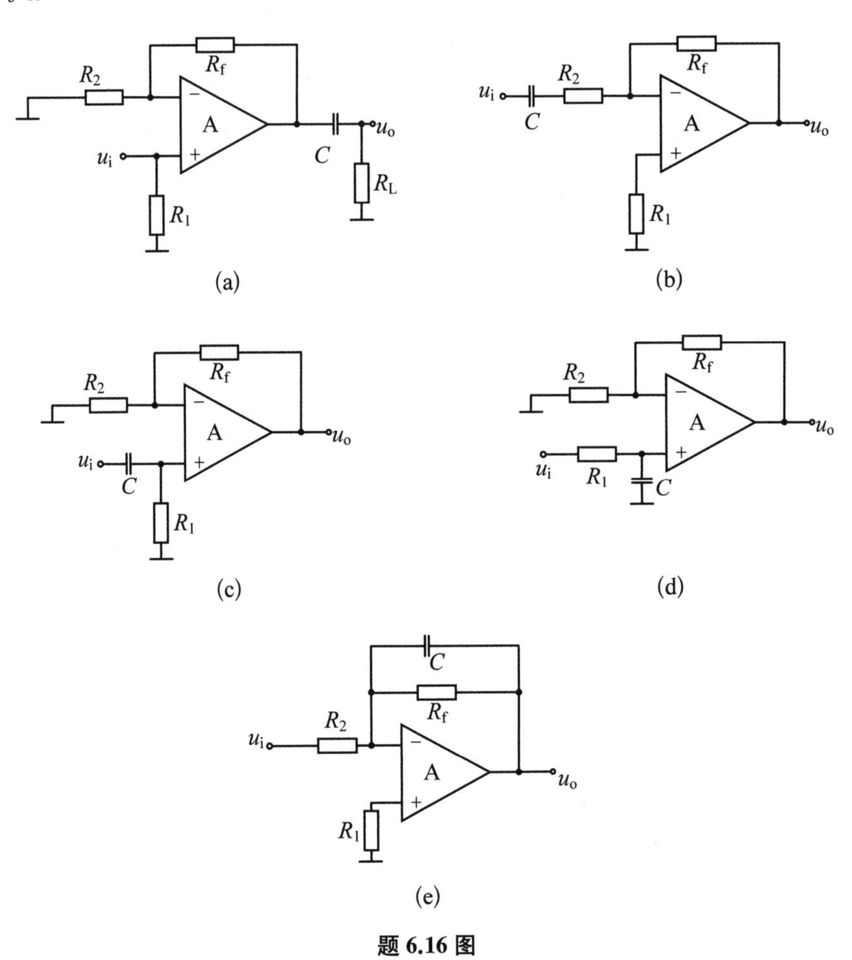

题 6.16 图

第 7 章

集成运算放大内部电路

本章提要： 本章将重点探究集成运算放大器内部电路设计及构造方法。首先，介绍集成运放内部的单元电路和各部分的作用，重点学习恒流源电路和差分放大电路，了解集成运放的组成及性能参数，以便更好地学习并应用集成运算芯片。

7.1 集成运算放大电路基本电路组成

7.1.1 集成运算放大电路的特点及基本组成

由第 2 章分析可知，理想集成运算放大电路的基本要求如下：

1. $A_u \to \infty$；2. $R_i \to \infty$；3. $R_o \to 0$；4. $BW \to \infty$；5. 工作点漂移 $\to 0$ 等。

实际的运放，受电路形式和工艺条件的限制，上述要求难以同时实现，但可根据实际要求提高其中一两项指标，从而构成特色各异的运放。如低输出电阻、高输入电阻、低漂移、宽带型、低耗型、大动态型等。

运算放大器的主要特点：

(1) 级间为直耦方式，因为制作大电感、电容困难。

(2) 用有源器件代替无源器件，用晶体管(场效应管)电路代替电阻、电容，工艺简单。

(3) 电路采用对称结构，可改善性能。

集成运算放大电路是一种高性能的直接耦合放大电路，其品种繁多，内部电路结构各不相同，但它们的基本组成可分为四部分，包括输入级、中间级、输出级和偏置电路，如图 7.1.1 所示。

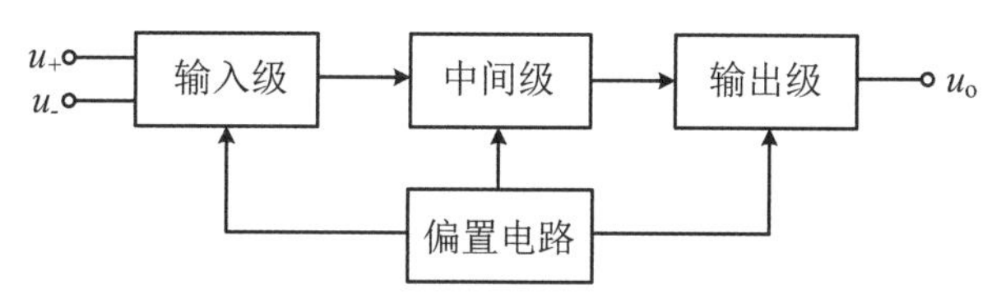

图 7.1.1　集成运放组成方框图

1. 输入级

通常采用一个双端输入的高性能对称结构的差分放大电路，要求其差模放大倍数大，输入电阻高，抑制共模信号能力强。

2. 中间级

中间级是集成运放的主放大器，要求具有较高的放大能力，多采用有源负载共射（或共源）放大电路。

3. 输出级

输出级多采用共集或互补型对称共集放大器，要求其具有带负载能力强、输出电压线性范围宽和非线性失真小等特点。

4. 偏置电路

偏置电路采用电流源电路，用于设置集成运放中各级电路的静态工作点。

7.1.2 电流源电路

特点：大的动态电阻，小的压降，易于集成，在芯片上占的面积小。用途：提供稳定的直流偏置和作为有源负载。

在集成运放中，采用晶体管（或场效应管）构成各种形式的电流源电路，或为各级电路提供合适的静态电流，或作为有源负载，以提高放大电路的电压放大倍数。

1. 单管电流源

单管电流源电路如图 7.1.2 所示，可得：

$$R_o=\frac{u_o}{i_o};\ i_b(r_{be}+R_B+R_3)+i_oR_3=0;\ i_b=-\frac{i_oR_3}{r_{be}+R_B+R_3};$$

$$u_o=(i_o-\beta i_b)r_{be}+R_3(i_o+i_b)=i_o(r_{ce}+R_3)+i_b(R_3-\beta r_{ce})$$

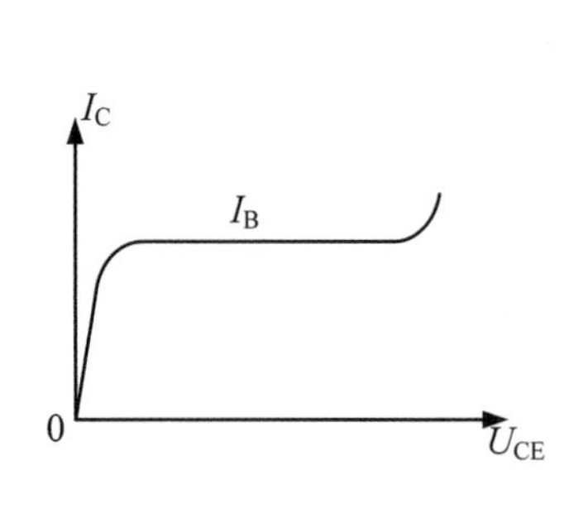

(a) 晶体管的恒流特性

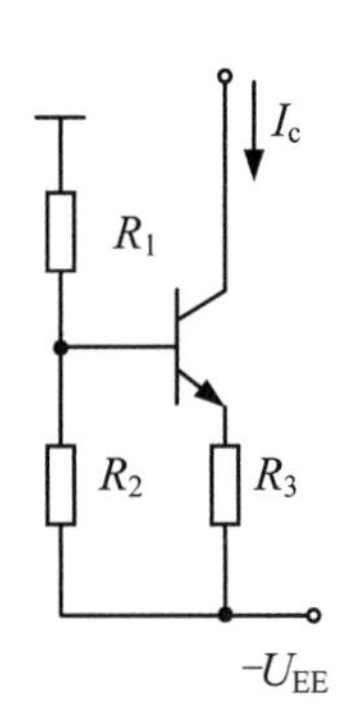

(b) 电流源电路

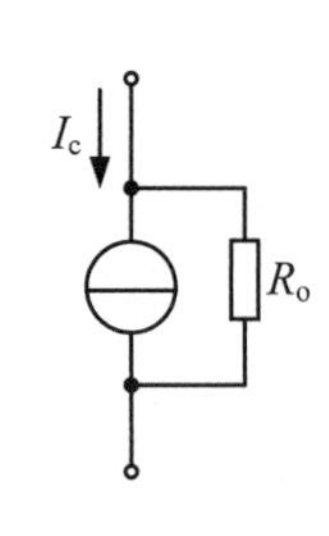

(c) 等效电流源表示法

图 7.1.2 单管电流源电路

用 i_b 式代入该方程得

$$R_o=r_{ce}+R_3+\frac{R_3(\beta r_{ce}-R_3)}{r_{be}+R_B+R_3};\text{当 } R_3\ll r_{ce},\ \beta r_{ce}\gg R_3 \text{ 时}$$

$$R_o \approx r_{ce}\left(1+\frac{\beta R_3}{r_{be}+R_B+R_3}\right)；R_o \text{ 在几十} \sim \text{几百千欧量级} \tag{7.1.1}$$

所以用单管电流源可提供很大的交流电阻 R_o，又可避免使用高的 U_{EE}。

2. 镜像电流源

特点：提供稳定的电流，又可少用电阻。

镜像电流源电路如图 7.1.3(a)所示。它由两支特性完全相同的管子 V_1 和 V_2 构成。由于两支管子的 b－e 间电压相等，故它们的基极电流也相等。若它们的电流放大系数相等，则它们的集电极电流相等，即 $I_{C1}=I_{C2}=I_C$，其中 V_2 的集电极电流 I_{C2} 为输出电流 I_O。

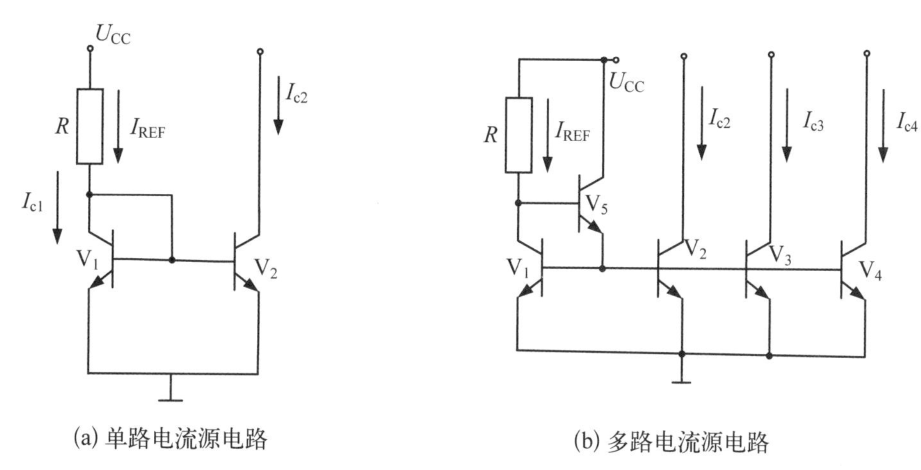

(a) 单路电流源电路　　(b) 多路电流源电路

图 7.1.3　镜像电流源电路

图中电阻 R 上的电流称为参考电流，可写成：

$$I_{REF}=\frac{U_{CC}-U_{BE}}{R}=I_C+2I_B=I_C+2\frac{I_C}{\beta}$$

故输出电流：

$$I_O=I_C=\frac{\beta}{\beta+2}I_{REF} \tag{7.1.2}$$

当 $\beta \gg 2$ 时，上式变为：

$$I_O \approx I_{REF}=\frac{U_{CC}-U_{BE}}{R} \tag{7.1.3}$$

可见，输出电流 I_O 与参考电流 I_{REF} 相等，即 I_{REF} 一定，I_O 就恒定；改变 I_{REF}，I_O 也跟着变，如同镜中的像一样。由于它们之间呈镜像关系，所以这种电流源电路称为镜像电流源。

镜像电流源电路结构简单，应用广泛，且具有一定的温度补偿作用。推而广之，可构成多路电流源为多级放大器偏置或提供有源负载，如图 7.1.3(b)。其中 V_5 为提高各级电流精度而设置。

若没有 V_5，则 $I_{C1}=I_{REF}-4I_{B1}$；若有 V_5，则 $I_{C1}=I_{REF}-4\dfrac{I_{B1}}{1+\beta_5}$，故可得：

$$I_{C2}=I_{C3}=I_{C4}=\frac{\beta_1(1+\beta_5)}{\beta_1(1+\beta_5)+4}I_{REF} \tag{7.1.4}$$

当 $\beta_1(1+\beta_5)\gg 4$ 时，$I_{C2}=I_{C3}=I_{C4}\approx I_{REF}$，且受 β 影响也小。

3. 比例电流源

特点：可由电阻比来决定所需的电流源电流，以满足不同的偏置需求。如图 7.1.4，由于 V_1，V_2 在同一工艺条件下于同一硅片上制成，又在同一温度下工作，故有：$U_{BE1}\approx U_{BE2}$；而由图可得：$U_{BE1}+I_{E1}R_1=U_{BE2}+I_{E2}R_2$，所以 $I_{E1}R_1=I_{E2}R_2$，又 $I_{E1}\approx I_{REF}$，$I_{E2}\approx I_{C2}$；所以

$$I_{C2}\approx\frac{R_1}{R_2}I_{REF} \tag{7.1.5}$$

其中 $$I_{REF}=\frac{U_{CC}-U_{BE1}}{R_{REF}+R_1}\approx\frac{U_{CC}}{R_{REF}+R_1}$$

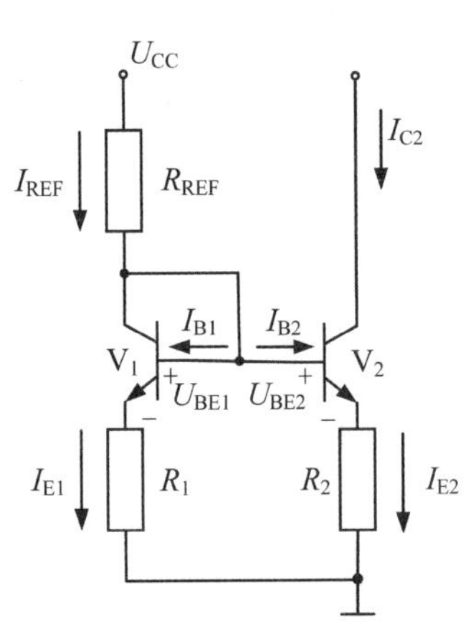

图 7.1.4 比例电流源

4. 微电流源

集成电路中有时要求微安级或更小的电流源，如低功耗运放。若用镜像源，I_{REF} 小时要求 R_{REF} 很大，这会浪费芯片面积。这时可令上例中的 $R_1=0$，

因 $I_E\approx e^{U_{BE}/U_T}$ $U_{BE}=U_T\ln I_E$，故有 R_2 $U_{BE1}=U_{BE2}+I_{E2}R_2$；

等价转换上式：
$$I_{E2}=\frac{1}{R_2}(U_{BE1}-U_{BE2})=\frac{U_T}{R_2}\ln\frac{I_{E1}}{I_{E2}} \tag{7.1.6}$$

当 $\beta\gg1$，$I_{REF}\approx I_{E1}$，$I_{C2}\approx I_{E2}$ 时，可得 $R_2=\frac{U_T}{I_{C2}}\ln\frac{I_{REF}}{I_{C2}}$。当 I_{REF} 和所选定的小电流确定后，可计算出 R_2。

例：$I_{REF}=1\ \text{mA}$，$I_{C2}=10\ \mu\text{A}$，$U_{CC}=15\ \text{V}$，$R_2=\frac{26\times10^{-3}}{10\times10^{-6}}\ln\frac{1\,000}{10}\approx12\ \text{k}\Omega$，这时 $R_{REF}\approx\frac{U_{CC}}{I_{REF}}=15\ \text{k}\Omega$。在芯片上做一个 1.5 MΩ 的电阻很难，而上例中总共只要 27 kΩ。

5. 负反馈型电流源(威尔逊电流源)

特点：交流电阻更大，输出电流更稳定。由图 7.1.5 可见，这是一个二层结构，下层是一个镜像源，提供负反馈作用，从而稳定输出电流。

例如，当某原因使 I_{C3} 增大(反之亦然)：

$$I_{C3}\uparrow\rightarrow I_{E3}\uparrow\rightarrow I_{C2}\uparrow\rightarrow I_{C1}\uparrow\rightarrow I_{B3}\downarrow\rightarrow I_{C3}\downarrow;$$
$$I_{REF}=I_{C1}+I_{B3}=C(\text{常数})$$

设参考电流为 I_{REF}，则：$I_{C1}=I_{C2}$，$I_{C3}=\frac{\beta_3}{1+\beta_3}I_{E3}$。又 $I_{REF}=I_{C1}+I_{B3}=I_{C1}+\frac{I_{C3}}{\beta_3}$，$I_{E3}=I_{C3}+\frac{I_{C1}}{\beta_1}+\frac{I_{C2}}{\beta_2}$。当 $\beta_1=\beta_2=\beta_3=\beta$ 时，解得：

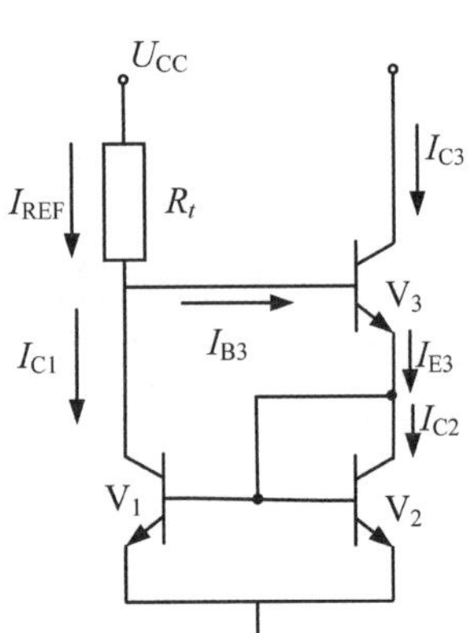

图 7.1.5 负反馈型电流源

$$I_{C3}=\left(1-\frac{2}{\beta^2+2\beta+2}\right)I_{REF} \tag{7.1.7}$$

用交流等效电路可求得：

$$R_o \approx \frac{\beta}{2}r_{ce} \tag{7.1.8}$$

从上述二式，可见动态电阻大，I_{C3} 受 β 影响小。类似的电路有串接电流源，也是二层结构，由两个镜像源叠合而成。

6. 有源负载放大器

共射或共基放大器的增益与输出集电极的等效电阻成正比。忽略频响，负载越大，增益越高。若用电阻，则直流压降过大，所需电压过高。在集成运放中通常用有源电路作负载。

图 7.1.6 是用镜像电流源作负载的两个例子。图(a)为共射电路，图(b)为具有倒相功能的共射电路，在该电路中 u_i 与 u_o 是同相位的。用瞬时极性法可分析之：

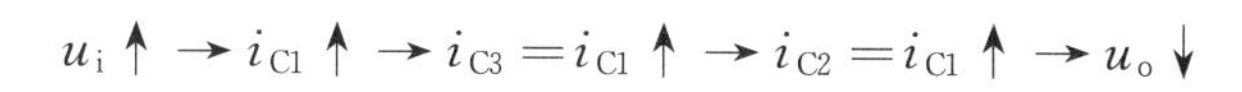

$$u_i\uparrow \rightarrow i_{C1}\uparrow \rightarrow i_{C3}=i_{C1}\uparrow \rightarrow i_{C2}=i_{C1}\uparrow \rightarrow u_o\downarrow$$

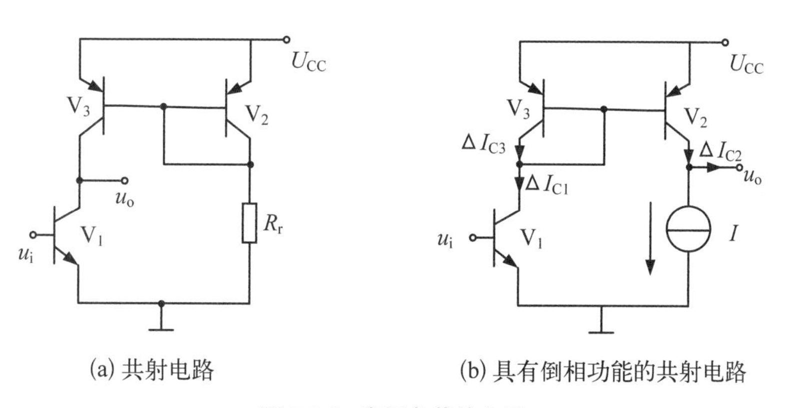

(a) 共射电路　　(b) 具有倒相功能的共射电路

图 7.1.6　有源负载放大器

运放中的有源负载一般用横向 PNP 管构成，其结电容较大，故一般在低速或窄带的运放中才用。

7.2　差分放大电路

7.2.1　零点漂移

在一般的直耦放大器中，由于温度和电源电压的变化，静态工作点会发生漂移。多级级联时，由于增益极大，将使后级放大器进入饱和或截止状态而无法工作。该问题可采用本级或多级深度负反馈来解决，但增益将下降。因此在直接耦合放大电路中，应选用低漂移的放大电路，特别是其中的第一级，几乎普遍采用具有低漂移特性的差分放大电路，所以差分放大电路成为集成运算放大器最关键的组成部分。下面将从差分放大电路的电路组成、静态分析和动态分析等方面加以介绍。

7.2.2 差分放大器的电路组成

稳定静态工作点的直接耦合式共射电路如图 7.2.1 所示。我们知道，该电路对温度漂移有一定的抑制作用。为了进一步减小漂移，将两个与图 7.2.1 所示电路相同（电路结构、参数均相同）的电路组合在一起，就构成了差分放大电路的基本形式，如图 7.2.2 所示。这样，当温度变化时，u_{c1} 和 u_{c2} 的变化一致，相当于给放大电路加上了大小相等、极性相同的信号，即共模信号，导致输出电压 $u_o=0$，即输出端的零点漂移互相抵消了。而输入的有用信号分成相同的两部分，分别加到两管的基极，相当于给放大电路加上了大小相等、极性相反的信号，即差模信号，故输出电压等于 V_1（或 V_2）输出电压的两倍。可见，差分放大电路对差模信号和共模信号具有完全不同的放大能力。

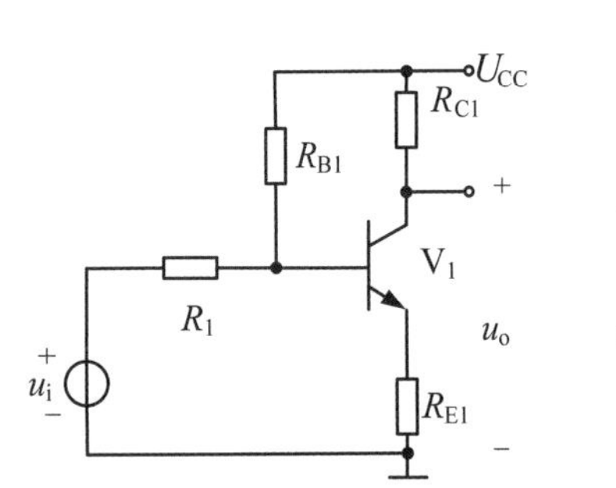

图 7.2.1 直接耦合式共射电路

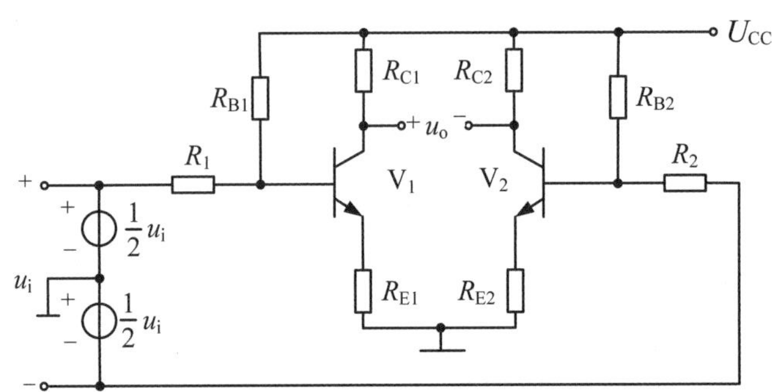

图 7.2.2 差分放大电路的基本形式

从图 7.2.2 所示电路可以看出，差分电路有两个输入端和两个输出端，所以，信号的输入和输出方式可分为双端输入-双端输出、双端输入-单端输出、单端输入-双端输出和单端输入-单端输出这四种方式。为了使差分电路在不同的输入输出方式下，均有较高的共模抑制比，我们对基本差分放大电路进行如下改进：

(1) 将两管发射极电阻合为电阻 R_E，这样，R_E 对共模信号有负反馈作用，而对差模信号没有负反馈作用，也就是说，R_E 的引入使共模放大倍数减小，降低了每个管子的零点漂移，但差模放大倍数不受影响，从而提高了电路的共模抑制比，并且 R_E 愈大，抑制零漂的效果愈好。特别在单端输出时，仍能得到较高的共模抑制比。

(2) 当 R_E 的值较大时，R_E 上的直流压降也将变大，管子的动态范围变小。为此，引入一个负电源 U_{EE}，用于补偿 R_E 上的直流压降，同时，去掉基极电阻 R_B，管子的基极静态电流由 U_{EE} 提供。正电源 U_{CC} 提供管子的集电极静态电流，并保证管子的动态范围。

改进后的差分放大电路称为长尾式差分放大电路，如图 7.2.3 所示。随着 R_E 值的增大，为了得到同样的工作电流，负电源 U_{EE} 的值势必也要增大。若欲使抑制零漂的效果好，同时负电源 U_{EE} 的值又不要过高，可采用电流源来取代电阻 R_E。事实上，由于电流源的动态电阻很大，这样，既可有效地抑制零漂，又可在合适的负电源 U_{EE} 下为管子提供工作电流，同时，又避免了集成高阻值电阻，所以，恒流源式差分放大电路在集成运放中得到了广泛采用。图 7.2.4 给出了恒流源式差分放大电路的一种形式。

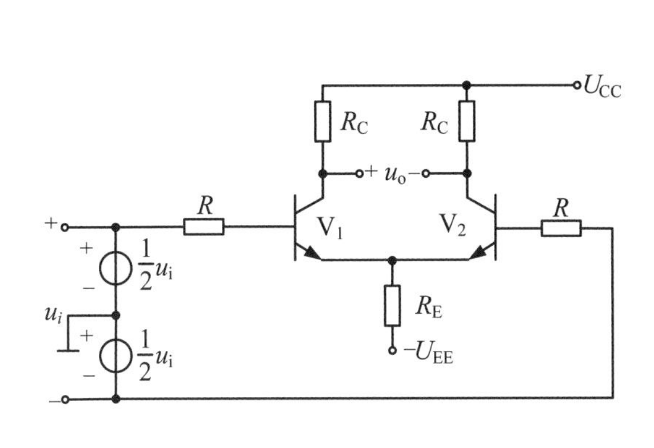

图 7.2.3　长尾式差分放大电路

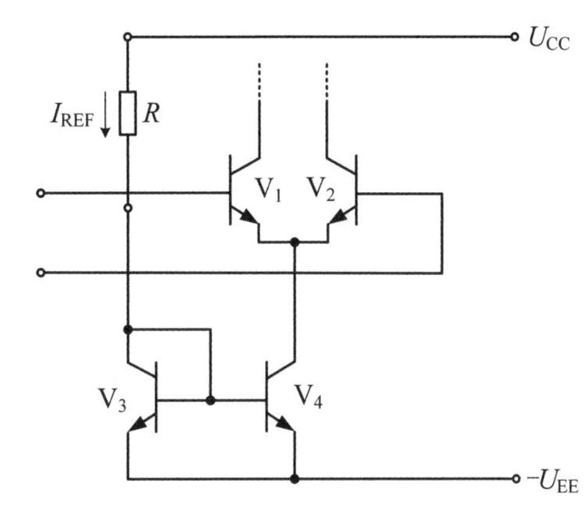

图 7.2.4　恒流源式差分放大电路

7.2.3　差分放大器的静态工作分析

特点：双输入端，双输出端。由两个参数相同的晶体管构成共射电路且 R_E 共用。电路完全对称并集成于一个芯片上，环境温度亦相同。令输入电压为零，考虑到电路结构的对称性，$I_{CQ1}=I_{CQ2}=I_{EQ1}=I_{EQ2}=\dfrac{I_{CQ}}{2}$。根据晶体管的基极回路可得：

$$0-(-U_{EE})=I_{BQ}R+U_{BEQ}+2I_{EQ}R_E \tag{7.2.1}$$

故基极电流和电位分别为

$$I_{BQ}=\frac{U_{EE}-U_{BEQ}}{R+(1+\beta)R_E} \tag{7.2.2}$$

$$U_{BQ}=-I_{BQ}R \tag{7.2.3}$$

集电极电流和电位分别为：

$$I_{CQ}=\beta I_{BQ} \tag{7.2.4}$$

$$U_{CQ}=U_{CC}-I_{CQ}R_C \tag{7.2.5}$$

发射极电位为

$$U_{EQ}=-I_{BQ}R-U_{BEQ} \tag{7.2.6}$$

7.2.4　差分放大器的差模放大特性分析

当两个输入端加上任意信号时，输入端电压可写成：

$$u_{i1}=\frac{u_{i1}-u_{i2}}{2}+\frac{u_{i1}+u_{i2}}{2}=u_{id1}+u_{ic2},$$

$$u_{i2}=-\frac{u_{i1}-u_{i2}}{2}-\frac{u_{i1}+u_{i2}}{2}=u_{id2}+u_{ic2} \tag{7.2.7}$$

其中 $u_{id1}=-u_{id2}=\frac{u_{i1}-u_{i2}}{2}=\frac{u_{id}}{2}$，两者为大小相等、相位相反的信号，称作差模信号；而 $u_{ic1}=u_{ic2}=\frac{u_{i1}+u_{i2}}{2}=u_{ic}$，两者为大小相等、相位相同的信号，称作共模信号。任意信号，包括不同幅度，频率，相位的信号，都可等效为同时输入了一对共模和差模信号之和。

由于差分电路有两个输入端和两个输出端，其输入、输出方式不同时，电路的性能、特点也不尽相同，下面分别加以介绍。

1. 双端输入-双端输出

电路如图 7.2.5 所示。当两个输入端同时加上大小相等、相位相反的差模信号时，即 $u_{i1}=u_{id1}$，$u_{i2}=u_{id2}$，$u_{id1}=-u_{id2}$。

当输入差模信号时，两管的射极电位 U_E 不变，相当于接"地"；负载电阻 R_L 两端的电位为一端升高，另一端降低，故认为 R_L 中点电位不变，也相当于接"地"。所以，在差模信号作用下的交流通路如图 7.2.6 所示。

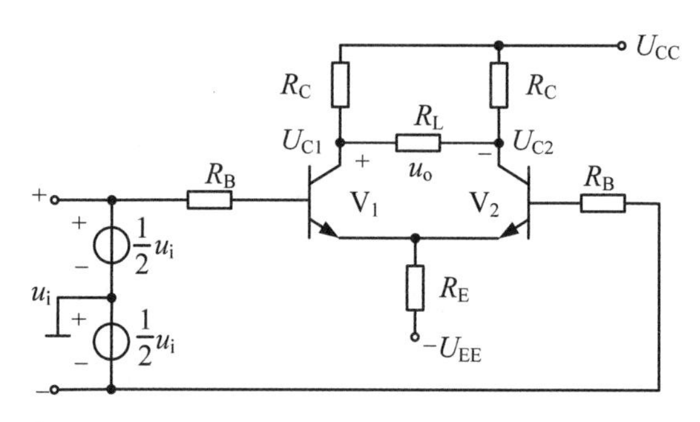

图 7.2.5 双端输入-双端输出

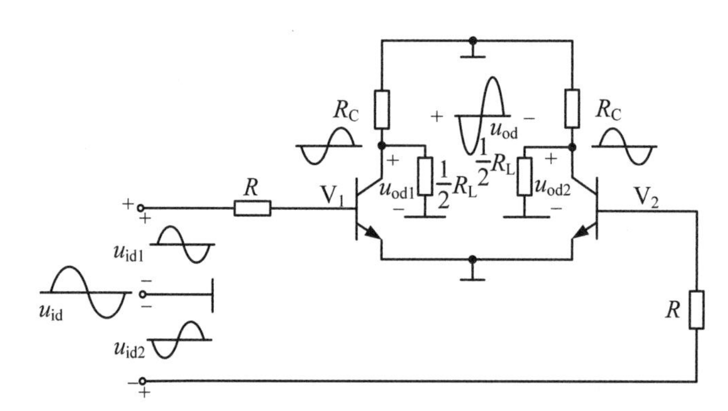

图 7.2.6 差模信号作用下图 7.2.5 的交流通路

根据图 7.2.5 可知

差模双端输出电压： $u_{od}=u_{od1}-u_{od2}=2u_{od1}=-2u_{od2}$

差模双端输入电压： $u_{id}=u_{id1}-u_{id2}=2u_{id1}=-2u_{id2}$

定义双端输出差模电压增益：

$$A_{ud}=\frac{u_{od}}{u_{id}}=\frac{u_{od1}}{u_{id1}}=\frac{u_{od2}}{u_{id2}}=-\frac{\beta R'_L}{R+r_{be}};\quad R'_L=R_C\ //\ \frac{1}{2}R_L \tag{7.2.8}$$

可见双端输出时差模电压增益等于单边共射放大器的电压增益。

差模输入电阻：

$$R_{id}=2(R+r_{be}) \tag{7.2.9}$$

输出电阻：

$$R_o = 2R_C \tag{7.2.10}$$

2. 双端输入-单端输出

电路如图7.2.7所示。当输入差模信号时，两管的射极电位 U_E 不变，相当于接“地”；

若负载电阻 R_L 接在 V_1 的集电极，则输出电压为：

差模单端输出电压：$u_{od} = u_{od1}$

差模双端输入电压：$u_{id} = u_{id1} - u_{id2} = 2u_{id1}$

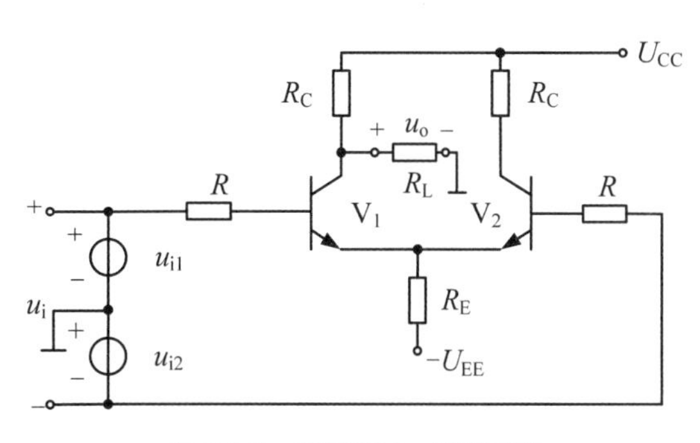

图 7.2.7 双端输入-单端输出

由此可得差模电压放大倍数：

$$A_{ud} = \frac{u_{od1}}{u_{id}} = \frac{u_{od1}}{2u_{id1}} = -\frac{1}{2} \cdot \frac{\beta R'_L}{R + r_{be}}; \quad R'_L = R_C \mathbin{/\mkern-6mu/} R_L \tag{7.2.11}$$

若负载电阻 R_L 接在 V_2 的集电极，则差模电压放大倍数可表示为

$$A_{ud} = \frac{u_{od2}}{u_{id}} = -\frac{u_{od2}}{2u_{id2}} = +\frac{1}{2} \cdot \frac{\beta R'_L}{R + r_{be}}; \quad R'_L = R_C \mathbin{/\mkern-6mu/} R_L \tag{7.2.12}$$

差模输入电阻和输出电阻分别为

$$R_{id} = 2(R + r_{be}) \tag{7.2.13}$$

$$R_o = R_C \tag{7.2.14}$$

【例题7-1】 电路见图7.2.8，已知 $U_{CC} = U_{EE} = 15\ \text{V}$，$V_1$ 和 V_2 管的 $\beta = 100$，$r_{bb'} = 200\ \Omega$，$R_E = 7.2\ \text{k}\Omega$，$R_C = R_L = 6\ \text{k}\Omega$。

(1) 估算管的静态工作点；

(2) 试求 $A_u = \dfrac{u_o}{u_{i1} - u_{i2}}$；

(3) 试求 R_i 和 R_o。

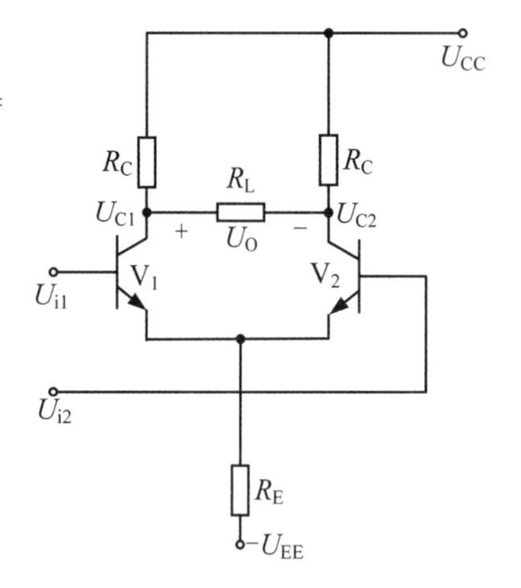

图 7.2.8 例题7-1

解：$I_{CQ} = \dfrac{1}{2} \cdot \dfrac{U_{EE} - U_{BE}}{R_E} = \dfrac{1}{2} \times \dfrac{15 - 0.7}{7.2} = 1\ \text{mA}$

$$U_{CEQ} = U_{CC} + 0.7 - I_{CQ}R_C = 15 + 0.7 - 1 \times 6 = 9.7\ \text{V}$$

$$r_{be} = r_{bb'} + (1+\beta)\frac{26}{I_{CQ}} = 200 + 101 \times \frac{26}{1} = 2.8\ \text{k}\Omega$$

$$A_u = \frac{u_o}{u_{i1} - u_{i2}} = -\frac{\beta R'_L}{r_{be}} = -\frac{100 \times (6 \mathbin{/\mkern-6mu/} 3)}{2.8} = -71.4$$

$$R_{id}=2r_{be}=2\times 2.8=5.6\ \text{k}\Omega$$

$$R_{od}=2R_C=2\times 6=12\ \text{k}\Omega$$

7.2.5 差分放大器的共模抑制特性

当两个输入端同时加入共模信号时，即 $u_{i1}=u_{i2}=u_{ic}$。这时管 V_1、V_2 将同时产生相同的变化电流 Δi_E，流过 R_E 的电流为 $2\Delta i_E$，两管射极电位变化量为 $2\Delta i_E R_E$，可等效为每管的射极上串了 $2R_E$ 的电阻。图 7.2.5 在共模情况下等效为图 7.2.9。

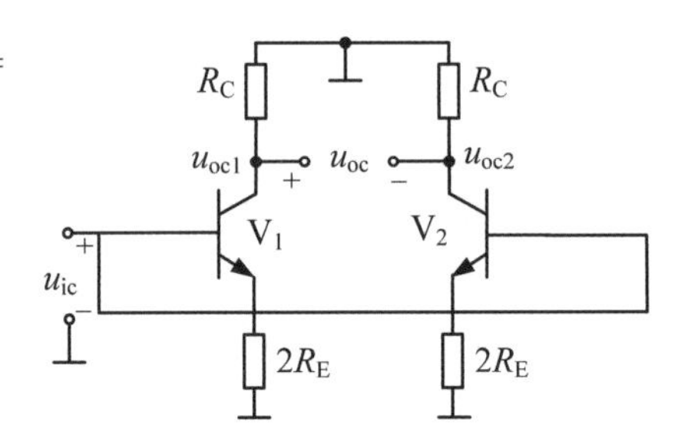

图 7.2.9 基本差分放大器的共模等效通路

1. 共模电压增益

双端输出时的共模电压增益 A_{uc}

$$A_{uc}=\frac{u_{oc}}{u_{ic}}=\frac{u_{oc1}-u_{oc2}}{u_{ic}}=0 \qquad (7.2.15)$$

单端输出时共模电压增益 A_{uc}(单)：$A_{uc}(\text{单})=\frac{u_{oc1}}{u_{ic}}=\frac{u_{oc2}}{u_{ic}}$

得：
$$A_{uc}(\text{单})=-\frac{\beta R_c}{r_{be}+(1+\beta)2R_E}\approx-\frac{R_c}{2R_E}\text{，当}(1+\beta)2R_E\gg r_{be} \qquad (7.2.16)$$

讨论：

(1) 由于射极电阻 $2R_E$ 的存在，使得单端输出时的共模增益大为减小，即对共模信号不是放大而是抑制，R_E 越大，抑制作用越强，这是我们所希望的。

(2) 在差分电路中，因温度变化、电源波动等因素，同时影响二管，所以可等效为共模信号，双端输出时则完全抵消，这就是为什么要用差分放大器的原因。

为了描述差分放大电路对零漂的抑制能力，引入了一个技术指标——共模抑制比，它的定义为差模电压放大倍数与共模电压放大倍数之比，即

$$K_{CMR}=20\lg\left|\frac{A_{ud}}{A_{uc}}\right|(\text{dB}) \qquad (7.2.17)$$

它是反映差分电路对称性的一项指标，双端输出理想对称时，$A_{uc}\to 0$，$K_{CMR}\to\infty$。实际上是不可能的，K_{CMR} 一般在 80～120 dB 左右，K_{CMR} 愈大，电路抑制零漂的能力愈强。在单端输出时 K_{CMR} 定义为：$K_{CMR}=\left|\frac{A_{ud}(\text{单})}{A_{uc}(\text{单})}\right|\approx\frac{\beta R'_L R_E}{r_{be}R_C}$。

2. 共模输入电阻 R_{ic}

$$R_{ic}=\frac{u_{ic}}{i_{ic}}=\frac{u_{ic}}{2i_E}=\frac{1}{2}[r_{be}+(1+\beta)2R_E] \qquad (7.2.18)$$

3. 共模输出电阻：输出为单端时 R_{oc}

$$R_{oc}=R_C \qquad (7.2.19)$$

7.2.6　对任意输入信号的放大特性

当双输入端加上任意信号时，输入的差模信号为：$u_{id}=u_{id1}-u_{id2}=u_{i1}-u_{i2}$，

双端输出时，$u_{od}=u_{od1}-u_{od2}=A_{ud}u_{id}$，

V_1 单端输出时，$u_{od1}=A_{ud}u_{id1}=-\dfrac{1}{2}A_{ud}u_{id}$；$V_2$ 单端输出时，$u_{od2}=A_{ud}u_{id2}=\dfrac{1}{2}A_{ud}u_{id}$。

单端输出时，u_{od1}（左端输出）为负，(右端输出)为正，参考图 7.2.9。

输入的共模信号为：$u_{ic}=u_{ic1}=u_{ic2}=\dfrac{1}{2}(u_{i1}+u_{i2})$，

双端输出时，$u_{oc}=u_{oc1}-u_{oc2}=0$。

单端输出时，当 K_{CMR}(单) 足够大时，可认为 A_{uc}(单) $\to 0$，$u_{oc}\approx 0$。

讨论：

(1) 双端输出时，共模抑制能力强，电路愈对称愈强。

(2) 单端输出时，共模增益反比于 R_E，用恒流源代替 R_E 时，共模增益将很小，近乎趋于 0。放大器只放大差模信号，而对共模信号有抑制作用。

7.2.7　具有电流源的差分放大器

基本的差分放大器有两个缺点：

(1) 单端共模抑制比不高。是因为差分双管之 r_{be} 与 R_E 相关：$r_{be}\approx(1+\beta)\dfrac{U_T}{I_{EQ}}\approx(1+\beta)\dfrac{U_T\cdot 2R_E}{U_{EE}}$；$K_{CMR}\cong\dfrac{\beta R'_L R_E}{r_{be}R_C}\cong\dfrac{U_{EE}\cdot R'_L}{2U_T R_c}\leqslant\dfrac{U_{EE}}{2U_T R_c}$。常温下 $U_T=26$ mV，当 $U_{EE}=15$ V 时，K_{CMR}(单) $\leqslant 300$(50 dB)，且与 R_E 无关，对于双端输出，电路不对称时，亦类似。

(2) 不允许输入端有较大的共模电压变化。共模电压变化引起 U_E 变化，使 I_{EQ1}，I_{EQ2} 变化，r_{be} 亦变化，差模增益与 r_{be} 相关亦变化。用恒流源代替 R_E 可有效克服上述缺点，见图 7.2.10。

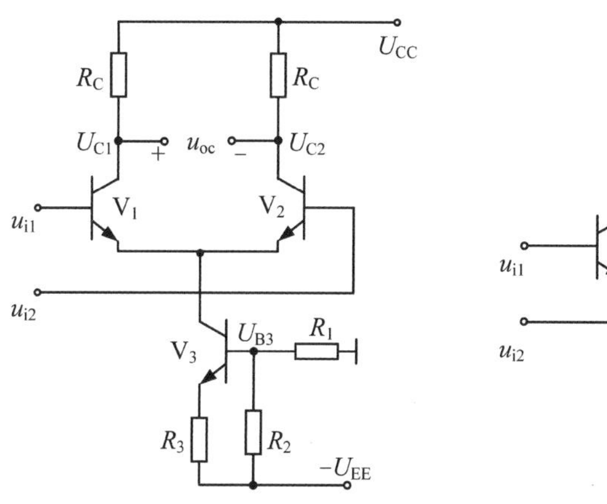

(a) 用单管电流源代替R_E的差分电路

(b) 电路的简化表示

图 7.2.10　具有恒流源的差分放大器电路

注意：由于恒流源电流在很宽的电压范围内电流变化极小。因而当输入共模信号引起 U_E 变化时 I 不变，即不影响差模信号放大。说明可以扩大共模输入电压范围，但要求 $U_{C1} > U_{ic} > U_{B3}$。因 $U_{C1} < U_{ic}$ 时，V_1 集电结将正偏，$U_{ic} < U_{B3}$ 时，V_3 集电结将正偏，$V_1(V_2)$ 或 V_3 将进入饱和而电路不能正常工作。

【例题 7-2】 差分放大器如图 7.2.11 所示。已知三极管的 $\beta_1 = \beta_2 = 50$，$\beta_3 = 80$，$r_{bb'} = 100\ \Omega$，$U_{BE1} = U_{BE2} = 0.7\ V$，$U_{BE3} = -0.2\ V$，$U_{CC} = 12\ V$。当输入信号 $u_i = 0$ 时，测得输出 $u_o = 0$。

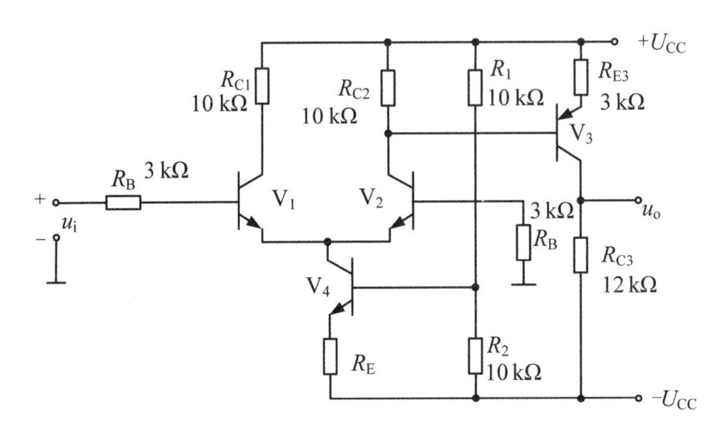

图 7.2.11 差分放大器电路

(1) 估算 V_1、V_2 管的工作电流 I_{C1}、I_{C2} 和电阻 R_E 的大小。

(2) 当 $u_i = 10\ mV$ 时，估算输出 u_o 的值。

解：

(1) 由电路可知，当 $u_i = 0$ 时，要保证 $u_o = 0\ V$，则电阻 R_{C3} 上压降应为 12 V，由此可求得 I_{C3}：

$$I_{C3} = \frac{u_o - (-U_{CC})}{R_{C3}} = \frac{12}{12} = 1(mA)$$

V_3 管的射极电流 I_{E3} 为：$I_{E3} \approx I_{C3}$，而 V_2 管集电极电阻 R_{C2} 上的压降 $U_{R_{C2}}$ 可近似为：

$$U_{R_{C2}} \approx I_{E3} \cdot R_{E3} + U_{EB3} = 1 \times 3 + 0.2 = 3.2(V)。$$

于是 V_1、V_2 管的集电极电流 I_{C1}、I_{C2} 为：

$$I_{C1} = I_{C2} = \frac{U_{R_{C2}}}{R_{C2}} = \frac{3.2}{10} = 0.32(mA)。$$

V_4 管的射极电流为 $I_{C4} = I_{C1} + I_{C2} = 0.64(mA)$。

恒流源电路中 V_4 管的基极电压 U_{B4} 为：

$$U_{B4} = \frac{R_2}{R_1 + R_2}[U_{CC} - (-U_{CC})] - U_{CC} = \frac{10}{10+10} \times (12+12) - 12 = 0(V)。$$

则 V_4 射极电阻 R_E 为：

$$R_E = \frac{U_{B4} - U_{BE4} - (-U_{CC})}{I_{R_e}} = \frac{0 - 0.7 + 12}{0.64} = 17.7(\text{k}\Omega)$$

(2) 当 $u_i = 10$ mV 时，输出 u_o 的值：

由于电路的结构为单入、单出型，故将 V_3 管构成的后级电路输入电阻 R_{i2} 作为差放级的负载考虑，其电压放大倍数 A_{u1} 为：

$$A_{u1} = \frac{\beta_1 (R_{c2} \,/\!/\, R_{i2})}{2(R_b + r_{be1})};$$

其中：$r_{be1} = 100 + (1 + 50) \times \dfrac{26}{0.32} = 4.24(\text{k}\Omega)$，$R_{i2} = r_{be3} + (1 + \beta_3) R_{E3}$；

而 r_{be3} 为：　$r_{be3} = 100 + (1 + 80) \times \dfrac{26}{1} = 2.2(\text{k}\Omega)$；

所以：　$R_{i2} = 2.2 + (1 + 80) \times 3 = 245(\text{k}\Omega)$

电压放大倍数为：　$A_{u1} = \dfrac{50 \times (10 \,/\!/\, 245)}{2 \times (1 + 4.24)} = 45.8$

V_3 管构成的后级放大电路的电压放大倍数 A_{u2} 为：

$$A_{u2} = -\frac{\beta_3 R_{c3}}{r_{be3} + (1 + \beta_3) R_{E3}} = -\frac{80 \times 12}{2.2 + 81 \times 3} = -3.9$$

当输入 $u_i = 10$ mV 时，电路输出电压 u_o 为：

$$u_o = A_{u1} \cdot A_{u2} \cdot u_i = 45.8 \times (-3.9) \times 10 = -1.8(\text{V})$$

7.2.8　差分放大器传输特性——输出电压(电流)与输入电压关系

前面讨论了差分放大器的工作原理和小信号放大时的性能指标，下面讨论传输特性，即放大器输出电流或输出电压与差模输入电压之间的关系，研究① 线性工作区，② 扩展线性工作区的方法，③ 大信号应用时的特性。

电路如图 7.2.12 所示，假定电路满足条件：恒流源电流 I 小于差放管的临界饱和电流：$I < \dfrac{U_{CC}}{R_C}$，即 I 全部流向一管时该管也不进入饱和区，亦即差放管的工作点偏向截止区。这时集电极电流由信号 U_{BE} 决定，V_1、V_2 的射极动态电流与输入的差模电压的关系，即 i_{C1}，i_{C2} 与 u_{id} 及 u_o 与 u_{id} 之关系曲线见图 7.2.13。

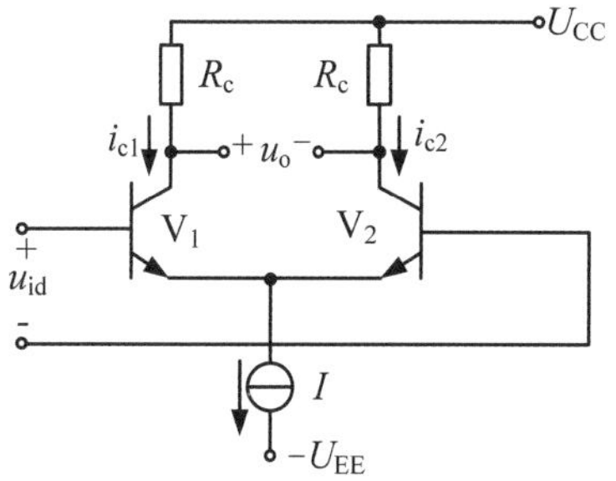

图 7.2.12　简化的差分放大电路

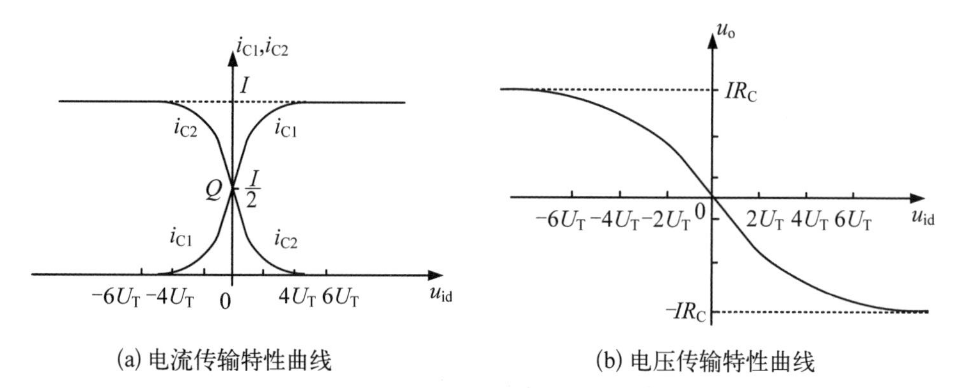

图 7.2.13　差分放大器的传输特性曲线

分析如下：

图中对称的两个管子 V_1 和 V_2 的射极电流分别为：

$$i_{E1}=I_S(e^{\frac{u_{BE1}}{U_T}}-1)\approx I_S\,e^{\frac{u_{BE1}}{U_T}} \tag{7.2.20a}$$

$$i_{E2}=I_S(e^{\frac{u_{BE2}}{U_T}}-1)\approx I_S\,e^{\frac{u_{BE2}}{U_T}} \tag{7.2.20b}$$

图中可知：$I=i_{E1}+i_{E2}$；即：

$$I=i_{E1}\left(1+\frac{i_{E2}}{i_{E1}}\right)\approx i_{C1}(1+e^{\frac{u_{BE2}-u_{BE1}}{U_T}}) \tag{7.2.21a}$$

$$I=i_{E2}\left(1+\frac{i_{E1}}{i_{E2}}\right)\approx i_{C2}(1+e^{\frac{u_{BE1}-u_{BE2}}{U_T}}) \tag{7.2.21b}$$

由于 $u_{BE1}-u_{BE2}=u_{id}$，代入则有：

$$i_{c1}\approx\frac{I}{1+e^{-\frac{u_{id}}{U_T}}}=\frac{I}{2}+\frac{I}{2}\cdot\frac{e^{\frac{u_{id}}{2U_T}}-e^{-\frac{u_{id}}{2U_T}}}{e^{\frac{u_{id}}{2U_T}}+e^{-\frac{u_{id}}{2U_T}}}=\frac{I}{2}+\frac{I}{2}\cdot th\left(\frac{u_{id}}{2U_T}\right) \tag{7.2.22a}$$

用同样方法推导得出：

$$i_{c2}\approx\frac{I}{1+e^{\frac{u_{id}}{U_T}}}=\frac{I}{2}-\frac{I}{2}\cdot th\left(\frac{u_{id}}{2U_T}\right) \tag{7.2.22b}$$

可见 i_{C1} 和 i_{C2} 与 u_{id} 呈双曲正切函数关系。

由于 $u_o=-i_{C1}R_C+i_{C2}R_C=-(i_{C1}-i_{C2})R_C$，

$$i_{C1}-i_{C2}=I\cdot th\left(\frac{u_{id}}{2U_T}\right) \tag{7.2.23}$$

则得：

$$u_o=-(i_{C1}-i_{C2})R_C=-IR_C\cdot th\left(\frac{u_{id}}{2U_T}\right) \tag{7.2.24}$$

可见曲线为双曲正切曲线。

讨论：

(1) 当 $u_{id}=0$ 时，$u_o=0$，$i_{C1}=i_{C2}=I_{CQ}=\dfrac{I}{2}$；当 $u_{id}\neq 0$ 时，一管电流增加，而另一管必然等量减小，$i_{C1}+i_{C2}=I$。

(2) i_{C1}，i_{C2} 及 u_o，u_{id} 呈非线性关系。仅当 $u_{id}\leqslant U_T$（常温下为 26 mV）时，当 $x\leqslant 0.5$ 时，由于 $thx=x$，传输特性近似为线性。当 $|u_{id}|\geqslant 4U_T$ 时，即 u_{id} 超过 100 mV 时，传输特性明显弯曲，最后趋于水平，说明输入差模电压继续增加时，输出将保持不变。表明差分电路在大信号输入时，具有良好的限幅特性或电流开关特性。此时一管截止，I 全部流入另一管，在信号的作用下，交替开关工作。应用：双向限幅电路；ECL 电路（电流开关）。

(3) 利用射极电阻的串联负反馈作用，在差动管每管的射极串入一电阻 R，（或扩大发射结体接触）电阻作用在基极，串入一电阻 R_B，可使线性范围扩展，如图 7.2.14 所示。

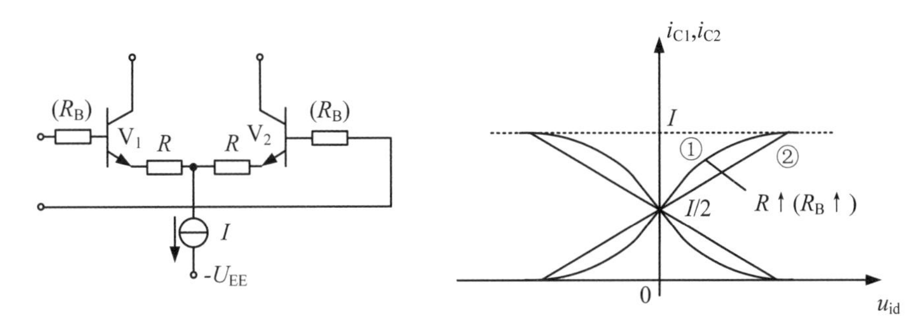

(a) 串接$R(R_B)$的线性区扩展电路　　(b) 线性区扩展后的电流传输特性曲线

图 7.2.14　扩展差分电路的线性区范围

(4) 小信号工作时，差分电路的电压增益与 I 成正比。若控制电流源 I 的大小，即可实现自动增益控制。如 I 与某个输入电压成正比，则可实现两个模拟信号电压的相乘。

在工作点 $Q\left(\dfrac{I}{2}\right)$，$i_C$ 受 u_{id} 控制，控制能力为跨导 g_m

$$g_m=\left.\frac{\Delta i_C}{\Delta u_{id}}\right|_Q=\left.\frac{\Delta i_{C1}-\Delta i_{C2}}{\Delta u_{id}}\right|_Q=\left.\frac{2\Delta i_{C1}}{\Delta u_{id}}\right|_Q=2g_{m1}$$

g_{m1} 是 i_{C1} 曲线在 $u_{id}=0$ 处的斜率：

$$g_{m1}=\left.\frac{di_{C1}}{du_{id}}\right|_{u_{id}=0}=\left.\frac{d\left[\dfrac{I}{2}+\dfrac{I}{2}th\left(\dfrac{u_{id}}{4U_T}\right)\right]}{du_{id}}\right|_{u_{id}=0}=\frac{I}{4U_T}$$

故 $g_m=2g_{m1}=\dfrac{I}{2U_T}$。

差模电压增益（双端输出，且 $R_L\rightarrow\infty$）

$A_{ud}=-g_mR_C=-\dfrac{R_C}{2U_T}I$，通过控制 I 可控制 A_{ud}。

在工作点 $Q\left(\frac{I}{2}\right)$，$u_o$ 受 u_{id} 控制，控制能力为放大倍数 k

$$k=\left.\frac{du_o}{du_{id}}\right|_{u_{id}=0}=\left.\frac{d\left[-R_C I\cdot th\left(\frac{u_{id}}{2U_T}\right)\right]}{du_{id}}\right|_{u_{id}=0}=-\frac{R_C}{2U_T}I=A_{ud}$$

当恒流源电流受另一电压 u_y 控制，u_y 对 I 的控制能力为跨导 g_y

即 $I=g_y u_y$ 则 $u_o=A_{ud}u_{id}=-\frac{R_C}{2U_T}g_y u_y u_{id}=Ku_y u_{id}$

其中 $K=-\frac{R_C}{2U_T}g_y$。

上式可见输出电压是两个输入模拟电压的乘积，即成了模拟乘法器。它在通信电子线路中有着广泛应用。

另外，当 u_y 是一个直流电压，当 $u_y=0$ 则 $u_o=0$；当 u_y 增加时，u_o 随之增加，反之则减小，这就是增益的控制作用。当 u_y 与 u_o 的大小相关，则可实现自动增益控制。

7.2.9 差分放大器的失调与温漂

1. 差分放大器的失调

实际的差分放大器，不对称是客观存在的。即当 $u_{id}=0$ 时，$u_o\neq 0$，称之为失调。欲使双端输出 $u_o=0$，须人为地在输入端加上一个电压 u_{IO} 和注入一个电流 i_{IO}。分别称作失调电压和失调电流。分析表明：

$$u_{IO}=U_T\left(\frac{\Delta R_C}{R_C}+\frac{\Delta I_S}{I_S}\right) \tag{7.2.25}$$

其中 ΔR_C ——两差动管集电极电阻的差值。

ΔI_S ——两差动管发射结反向饱和电流之差值。

可见失调电压主要由集电极电阻和发射结的失配引起，且与温度有关。失调的程度取决于电路版图的设计和工艺水平。目前水平：$\left|\frac{\Delta R_C}{R_C}\right|\approx 0.01$，$\left|\frac{\Delta I_S}{I_S}\right|\approx 0.05$。故 $u_{IO}\approx 26\times(0.01+0.05)\approx 1.5\ \text{mV}$（室温下）。而 $I_{IO}\approx I_B\left(\frac{\Delta R_C}{R_C}+\frac{\Delta\beta}{\beta}\right)$，目前水平：$\left|\frac{\Delta\beta}{\beta}\right|\approx 0.1$，$\left|\frac{\Delta R_C}{R_C}\right|\approx 0.01$。

可见失调电流主要是两管 β 的失配引起的，其典型值是偏置电流 I_B 的 10%，所以通过减小 I_B，可减小 I_{IO}。失调的存在，可通过发射极或集电极调零电路来补偿。应当指出：

(1) 用发射极方法调零时，由于串入电阻的负反馈作用，差模增益将变小，输入电阻将增加。

(2) 随着温度的变化再次引入的失调，这些补偿方法是无法跟踪的，这就是失调的温漂概念。

2. 失调的温漂

失调电压的温漂定义为：考虑到 $\frac{\Delta R_C}{R_C}$，$\frac{\Delta I_S}{I_S}$ 在很宽的温度范围内是常数，

$$\frac{dU_{IO}}{dT}=\left(\frac{\Delta R_C}{R_C}+\frac{\Delta I_S}{I_S}\right)\frac{dU_T}{dT}=\left(\frac{\Delta R_C}{R_C}+\frac{\Delta I_S}{I_S}\right)\frac{U_T}{T}=\frac{U_{IO}}{T} \tag{7.2.26}$$

上式说明 U_{IO} 之温漂正比该温度下本身大小，欲使之温漂小，除非本身就小。

失调电流的温漂定义为：

$$\frac{dI_{IO}}{dT}=-I_B\left(\frac{\Delta\beta}{\beta}\right)\frac{1}{\beta}\frac{d\beta}{dT}=-CI_{IO} \tag{7.2.27}$$

其中 $C=\frac{1}{\beta}\frac{d\beta}{dT}$ 为 β 的温度系数。可见 I_{IO} 的温漂主要取决于 β 的温度系数及其本身的大小。

7.3 有源负载放大电路

我们知道，通过增大集电极电阻 R_C 可以提高共射电路的电压放大倍数，然而，为了保证管子的动态范围不变，在增大 R_C 的同时必须提高电源电压，这在电路设计上往往是不允许的。在集成运放中，常用电流源电路取代 R_C，组成有源负载，这样既保证了在合理的电源电压下，管子有一个合适的静态工作点，同时还能得到一个很大的交流电阻，进而获得较高的电压放大倍数，又避免了集成大电阻。图 7.3.1 给出了集成运放中常见的一种电路形式——有源负载差分放大电路。

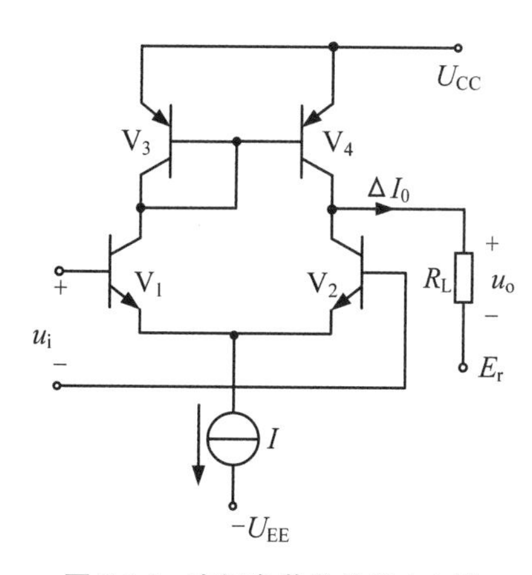

图 7.3.1 有源负载差分放大电路

如图 7.3.1 所示，V_1、V_2 组成差分放大电路，V_3、V_4 构成镜像电流源，作为 V_1、V_2 的有源负载。

1. 静态分析

V_1、V_2 管的射极电流 $I_{E1}=I_{E2}=\frac{1}{2}I$，$I_{C1}=I_{C2}\approx\frac{1}{2}I$，而 $I_{C3}=I_{C4}$，$I_{C3}\approx I_{C1}$，故 $I_{C4}\approx I_{C1}=I_{C2}$，即 $I_o=I_{C4}-I_{C2}\approx 0$

2. 动态分析

差模时 $\Delta u_i\rightarrow\Delta i_{C1}\uparrow\rightarrow\Delta i_{C3}\uparrow\rightarrow\Delta i_{C4}\uparrow$，$\Delta u_i\rightarrow\Delta i_{C2}\downarrow$（增量方向向上），而 $\Delta i_{C1}=\Delta i_{C2}=\Delta i_{C3}=\Delta i_{C4}$，忽略 Δi_{B3}，Δi_{C3} 与 Δi_{C4} 互为镜像。故 $\Delta i_o=\Delta i_{C2}+\Delta i_{C4}=2\Delta i_{C2}=2\Delta i_{C1}$。而共模时，$\Delta i_{C1}$ 与 Δi_{C2} 方向相同，大小相等，则 $\Delta i_o=\Delta i_{C2}-\Delta i_{C4}=0$。

输出电压：$u_o = 2 \cdot \left(g_m \cdot \frac{1}{2}u_i \cdot R_L\right) = g_m \cdot u_i \cdot R_L$，差模电压放大倍数：$A_u = \frac{u_o}{u_i} = g_m \cdot R_L$。

可见用镜像源作有源负载，电路虽然采用单端输出，却可以得到相当于双端输出时的电流变化量，即具有双端变单端的功能。在完成双端到单端变换时，不影响差模电压增益和损失共模抑制能力，说明电路的电压放大倍数的值与单管的相等，且输出电压与输入电压同相，也就是说，有源负载差分放大电路单端输出时的电压放大倍数的值与双端输出时的相等。

7.4 集成运放的输出级电路

要求向负载提供大的信号电压和电流，即希望 $R_o \to 0$，故一定采用射随器或互补射随器，亦称推挽放大器，由 PNP 和 NPN 两种形式的管子串接而成，各放大半个周期的信号，其最大输出信号幅度（忽略管子饱和压降）为 $U_{CC}(U_{EE})$，最大输出电流为 $\frac{U_{CC}}{R_L}$。其工作原理与功率放大器相同，如图 7.4.1。为克服交越失真，一般采取的方法是给两管以正向偏置。其值等于或稍大于导通电压。实际电路有二极管偏置以及模拟电压源法，见图 7.4.2。对图(b)而言，模拟电压源由 V_4，R_1，R_2 组成。由图可见，忽略 I_{B4} 时，$I_1 = I_2$，则 $U_{BE4} = I_2R_2 = I_1R_2$，$U_{AB} = U_{CE4} = I_1R_1 + U_{BE4}$，$U_{AB} = U_{BE4}\left(1 + \frac{R_1}{R_2}\right)$，可见 U_{AB} 是 V_4 基极导通电压的某一倍数，取适当的 $\frac{R_1}{R_2}$ 值，即可获得所需之 U_{AB}，而且 U_{AB} 是十分稳定的，使 V_4 成了一个恒压源。

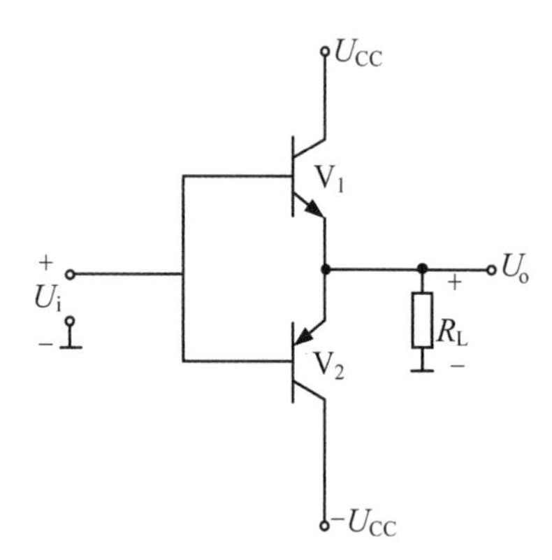

图 7.4.1 互补对称型射极输出器原理图

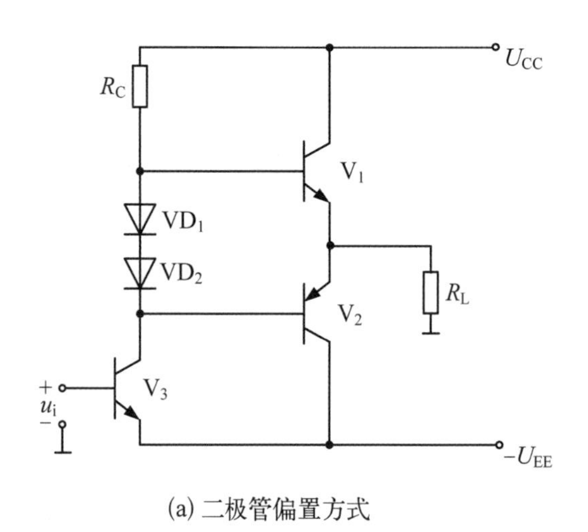

(a) 二极管偏置方式

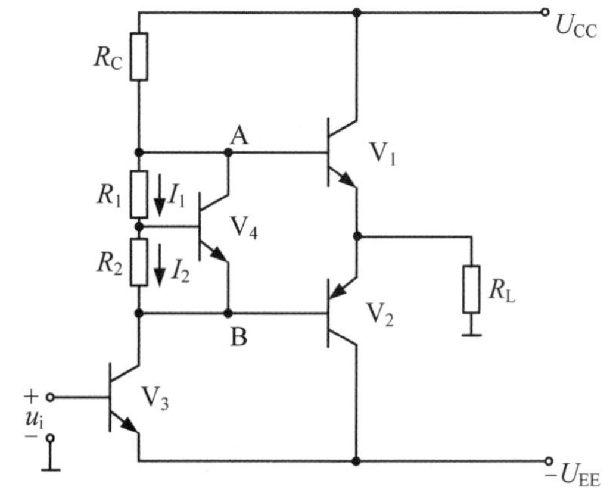

(b) 模拟电压源偏置方式

图 7.4.2 克服交越失真的互补电路

7.5　集成运放举例

通用型运算 F007(UA741)简介,见图 7.5.1。电路是由三级电路及恒流源组构成。输入级:由 V_1,V_3及 V_2,V_4分别组成共射—共基对,再组合成差动对管,V_8,V_9组成的镜像电流源是它们的恒流源。V_5～V_7组成 1∶1 比例的电流源是作为差动管的负载,同时完成双端到单端的变换。中间级:由 V_{16},V_{17}构成的达林顿管组成的共射电路。V_{12},V_{13}组成的镜像源是其负载。输出级:由 NPN 管 V_{14},V_{18}、V_{19}复合而成的 PNP 管构成的互补射随器构成。R_6、R_7、V_{15}组成模拟电压源偏置电路,克服交越失真。V_{10},V_{11}为小电流源,为两个镜像源 V_8,V_9及 V_{12},V_{13}提供参考电流。V_{D1},V_{D2}及 R_8,R_9 是输出过载保护电路,防止器件损坏。C 是密勒补偿电容。

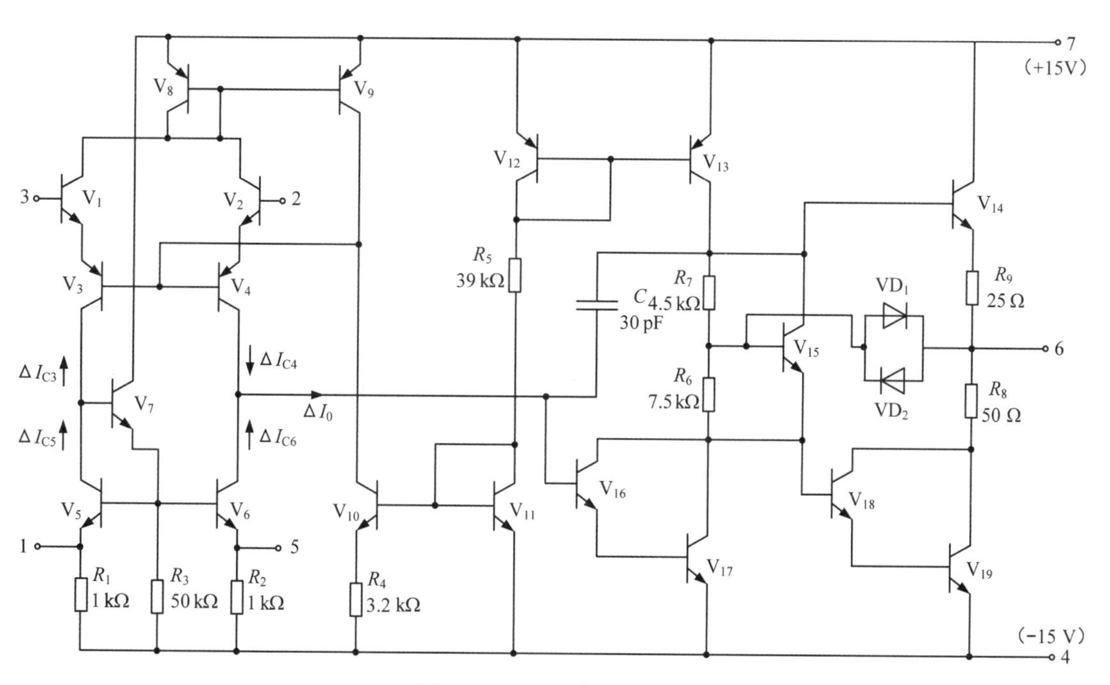

图 7.5.1　F007 电路原理图

7.6　集成运算放大器的主要性能指标和选择使用

7.6.1　集成运算放大器的主要参数

1. 输入失调电压 U_{IO} 和输入失调电流 I_{IO}

输入失调主要反映运放输入级差分电路的对称性,欲使静态时输出端为零电位,运放两输入端之间必须外加直流补偿电压,称为输入失调电压。用 U_{IO} 表示,U_{IO} 表征了输入级差分对

管 U_{BE}（或场效应管 U_{GS}）失配的程度，一般运放的 U_{IO} 值为 1～10 mV，高质量的在 1 mV 以下。

当输出电压等于零时，两个输入端偏置电流之差称为输入失调电流 I_{IO}，即 $I_{IO}=|I_{B1}-I_{B2}|$，用以描述差分对管输入电流的不对称情况，一般运放为几十到几百纳安，高质量的低于 1 纳安。

2. 失调的温漂

在规定的工作温度范围内，U_{IO} 随温度的平均变化率称为输入失调电压温漂，用 $\frac{\Delta U_{IO}}{\Delta T}$ 表示，是衡量运放温漂的重要指标。一般在每摄氏度几个微伏以下。在规定的工作温度范围内，I_{IO} 随温度的平均变化率称为输入失调电流温漂，用 $\frac{\Delta I_{IO}}{\Delta T}$ 表示。一般为每摄氏度几纳安，高质量的只有每摄氏度几十皮安。

3. 输入偏置电流 I_{IB}

静态时，输入级两差放管基极电流 I_{B1}、I_{B2} 的平均值，即 $I_{IB}=\frac{I_{B1}+I_{B2}}{2}$，称为输入偏置电流，用 I_{IB} 表示。它是衡量差分对管输入电流绝对值大小的指标，一般为几百纳安，高质量的为几个纳安。

4. 开环差模电压放大倍数 A_{ud}

在无外加反馈回路、输出端开路的情况下，当输入端加入低频小信号电压时，运放输出电压与输入差模电压之比，称为开环电压增益 $A_{ud}=\frac{u_o}{u_i}$，或用分贝表示，即 $A_{ud}=20\lg\frac{u_o}{u_i}$(dB)。$A_{ud}$ 是决定运放精度的重要因素。实际运放一般 A_{ud} 在 60～140 dB 左右，目前高质量的运放 A_{ud} 已达到 160 dB。

5. 共模抑制比 K_{CMR}

运放差模电压放大倍数与共模电压放大倍数之比的绝对值，称为共模抑制比，用 K_{CMR} 表示，常以分贝(dB)为单位。

6. 差模输入电阻 R_{id}

运放两个差分输入端之间的等效动态电阻，称为差模输入电阻，用 R_{id} 表示。

7. 共模输入电阻 R_{ic}

运放每个输入端对地之间的等效动态电阻，称为共模输入电阻，用 R_{ic} 表示。

8. 输出电阻 R_o

从运放输出端和地之间看进去的动态电阻，称为输出电阻，用 R_o 表示。

9. 输入电压范围

当加在运放两输入端之间的电压差超过某一数值时，输入级的某一侧晶体管将出现发射结反向击穿现象而不能工作，则输入端之间能承受的最大电压差，称为最大差模输入电压，用 u_{dm} 表示。

当运放输入端所加共模输入电压超过某一数值时，使放大器不能正常工作，此最大电压值称为最大共模输入电压，用 u_{cm} 表示。

10. 带宽

运放开环电压增益下降到直流增益的 $\frac{1}{\sqrt{2}}$ 倍（-3 dB）时所对应的频带宽度，称为运放的-3 dB带宽，用 BW 表示。

运放开环电压增益下降到1时的频带宽度，称为运放的单位增益带宽，用 BW_G 表示。

11. 转换速率（压摆率）SR

该指标反映运放对于高速变化的输入信号的响应情况。运放在额定输出电压下，输出电压的最大变化率，即 $SR=\left|\frac{du_o}{dt}\right|_{max}$ 称为转换速率（压摆率），用 SR 表示。

12. 静态功耗 P_C

当输入信号为零时，运算放大器消耗的总功率，称为静态功耗，用 P_C 表示。

13. 电源电压抑制比 $PSRR$

电源电压的改变将引起失调电压的变化，则失调电压的变化量与电源电压变化量之比，即 $PSRR=\frac{\Delta U_{IO}}{\Delta E}$，定义为电源电压抑制比，用 $PSRR$ 表示。

7.6.2　集成运算放大器的选择和使用

1. 集成运放的分类

集成运放主要分为通用型和专用型两大类。通用型主要满足一般性应用，专用型则是为满足某些特殊的应用需要而设计的，比如高精度型、低功耗型、高阻型、高速型、高压型和大功率型等各种专用集成运放。

2. 集成运放的选择

选择集成运放要根据实际需要，即根据具体电路对集成运放的具体要求来确定其型号。比如，运算电路选用输入失调电压、电流小的集成运放；测量电路选用输入电阻大、共模抑制比高的集成运放；脉冲电路选用转换速率高的集成运放等。

集成运放的互换原则：高性能指标的可以替代低性能指标的；专用型的一般可以替代通用型的。

3. 集成运放的使用

集成运放的使用应注意以下几点：

(1) 消振　检查集成运放是否已经消振的方法：将输入端接“地”，用示波器观察输出端有无振荡波形，若无振荡波形，则表明已经消振。常用的消振措施主要有：按规定部位和参数接入校正网络；防止反馈极性接错，避免负反馈过强；合理安排接线，防止杂散电容过大等。

(2) 调零　当输入信号为零时，输出信号不为零，则可能输出电压处于两个极限状态，等于正的或负的最大输出电压值。出现这种情况的原因可能是：调零电位器不起作用；电路接线有误或有虚焊点；反馈极性接错或反馈开环；运放内部已损坏，也可能是运放输入信号幅度过大而造成的“堵塞”现象。为了防止输入信号过大，可在运放的输入端设置限幅保护电路。

(3) 保护　输入端保护：如图7.6.1所示为常用的保护措施。运放输入端常由于共模或差模电压过高,而使输入级的晶体管损坏。图(a)是反相输入保护,在运放的反相输入端和同相输入端之间接入反向并联的二极管,使两个输入端之间的差模输入电压限制在二极管的正向导通电压以内。图(b)是同相输入保护,限制运放的共模输入电压不超过$+V$至$-V$的范围。输出端保护:图7.6.2所示为输出保护电路。当输出端对“地”短路时,由于电阻R的限流作用,使输出电流不致过大。当输出端错接到外部电压时,使运放输出端承受的电压被限制在$+(V_Z+V_D)$与$-(V_Z+V_D)$之间,起到了保护作用。电源极性错接保护:图7.6.3所示为电源极性错接保护电路。由图可见,若电源极性接错,则二极管VD_1、VD_2不导通,使电源被断开,起到了保护作用。

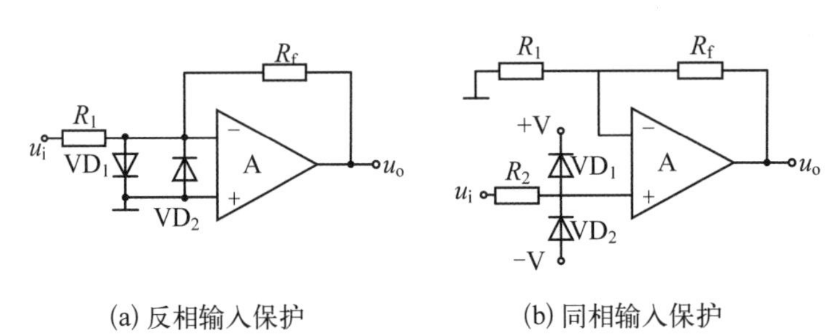

图 7.6.1　输入保护

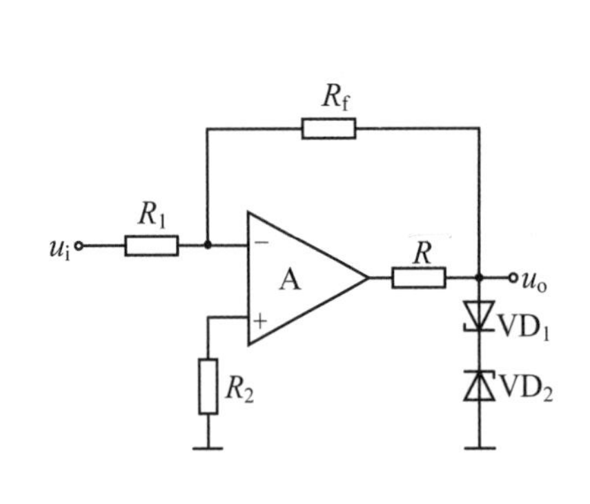

图 7.6.2　输出保护

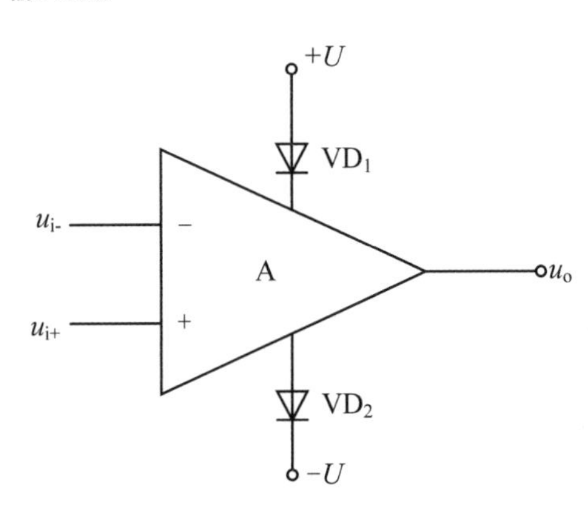

图 7.6.3　电源错接保护

思考题和习题

7.1　选择题

(1) 直接耦合放大电路存在零点漂移的原因是________。

A. 电阻阻值有误差　　B. 晶体管参数的分散性

C. 晶体管参数受温度影响　　D. 电源电压不稳定

(2) 集成放大电路采用直接耦合方式的原因是________。

A. 便于设计　　B. 放大交流信号　　C. 不易制作大容量电容

(3) 选用差分放大电路的原因是________。

A. 克服温漂　　B. 提高输入电阻　　C. 稳定放大倍数

(4) 用恒流源取代差分放大电路中的发射极电阻，将使单端电路的________。

A. 差模放大倍数数值增大　　　　B. 抑制共模信号能力增强

C. 差模输入电阻增大

(5) 为增大电压放大倍数，集成运放的中间级多采用________。

A. 共射放大电路　　　B. 共集放大电路　　　C. 共基放大电路

7.2　通用型集成运放一般由几部分电路组成？每一部分常采用哪种基本电路？通常对每一部分性能的要求分别是什么？

7.3　集成运放 F007 的电流源组如题 7.3 图所示，设 $U_{BE}=0.7\ \text{V}$

(1) 若 V_3、V_4 管的 $\beta=2$，试求 $I_{C4}=?$

(2) 若要求 $I_{C1}=26\ \mu\text{A}$，则 $R_1=?$

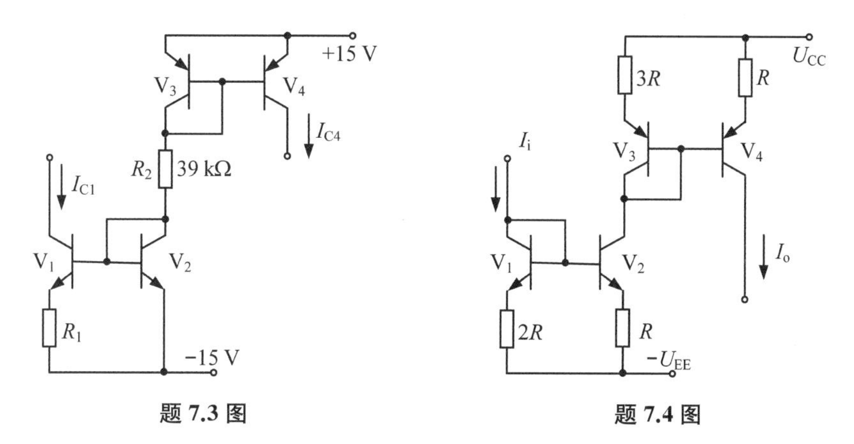

题 7.3 图　　　　**题 7.4 图**

7.4　电流源组成的电流放大器如题 7.4 图所示，试估算电流放大倍数 $A_i=\dfrac{I_o}{I_i}=?$

7.5　微电流源电路如题 7.5 图所示，已知 $I_{REF}=2\ \text{mA}$，$I_{C2}=10\ \mu\text{A}$，$U_{CC}=U_{EE}=15\ \text{V}$，求 $R_2=?$ 和 $R_{REF}\approx?$

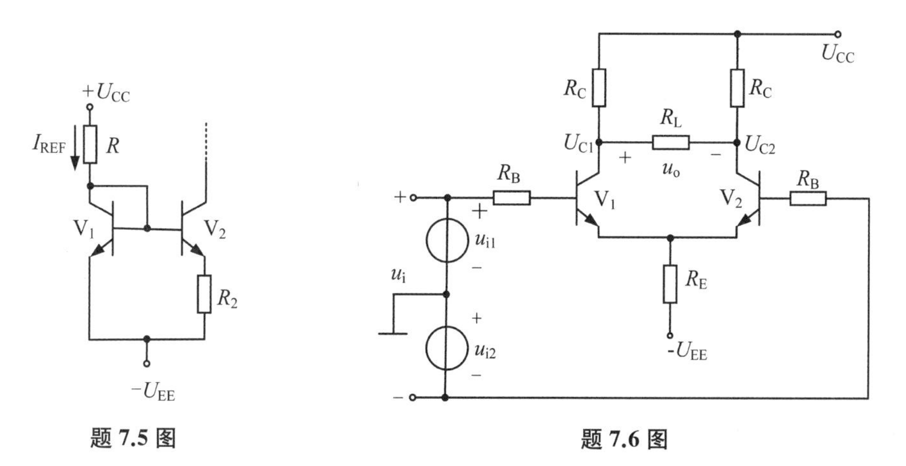

题 7.5 图　　　　**题 7.6 图**

7.6　电路如题 7.6 图所示。已知 $U_{CC}=U_{EE}=12\ \text{V}$，$\beta=50$，$R_C=R_L=30\ \text{k}\Omega$，$R_E=27\ \text{k}\Omega$，$R_B=10\ \text{k}\Omega$。试估算放大电路的静态工作点（$I_{C1Q}=?$ $U_{C1Q}=?$）、差模电压放大倍

数 A_{ud}=? 差模输入电阻 R_{id}=? 和输出电阻 R_{od}=?

7.7 差动放大器如题7.7图所示。已知 $U_{CC}=U_{EE}=15$ V，$R_B=2$ kΩ，$R_C=R_E=R_L=10$ kΩ，V_1、V_2 的 $\beta=100$，$r_{be}=3.8$ kΩ，求：

(1) 估算的静态工作点 I_{C2Q} 和 U_{CE2Q}；

(2) 估算共模抑制比 K_{CMR}；

(3) 求 R_{id} 和 R_{od}。

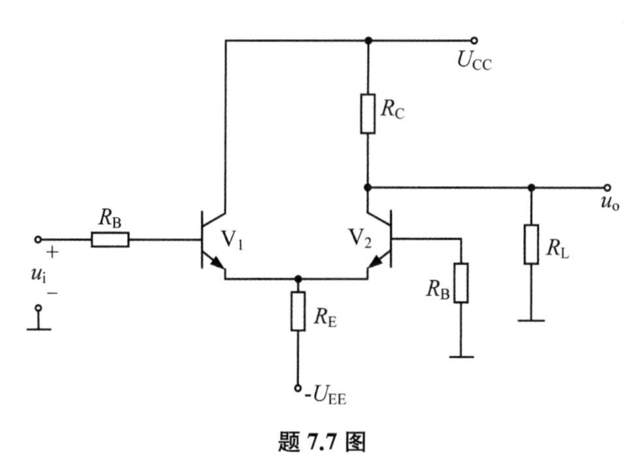

题 7.7 图

7.8 电路如题7.8图所示，V_1管与V_2匹配，V_5管与V_6匹配，电路中各管子参数均为 $U_{BE(on)}=0.8$ V，$\beta=50$，$r_{bb'}$ 可忽略，$r_{ce}\to\infty$，求：

(1) 求 V_1，V_2静态集电极电流；

(2) 当 $u_i=2$ mV 时，u_o=?

(3) 求输入电阻 R_{id}=? 输出电阻 R_{od}=?

(4) 求最大共模输入电压范围。

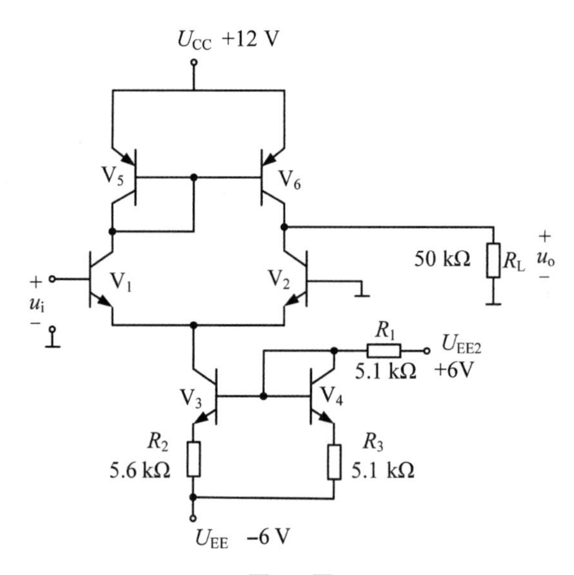

题 7.8 图

7.9　场效应管差模放大电路如题 7.9 图所示，已知管子 V_1、V_2 的 $g_m=5\ \text{mS}$，V_3、V_4 的导通电压 $U_{BE}=0.7\ \text{V}$，求：

(1) 若 $R_t=29.3\ \text{k}\Omega$，求 V_1 管的静态工作点 I_{D1Q}、U_{D1Q}

(2) 求该电路的差模电压增益 $A_{ud}=\dfrac{u_o}{u_{id}}=?$ 输入电阻 $R_{id}=?$ 输出电阻 $R_{od}=?$

(3) 若 $R_t=29.3\ \Omega$，该电路会发生什么改变？

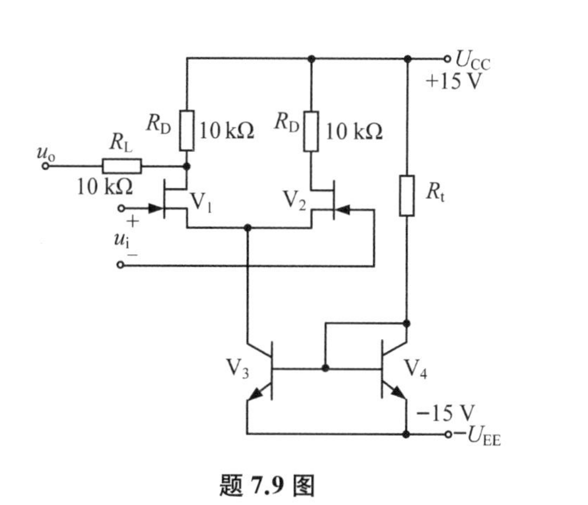

题 7.9 图

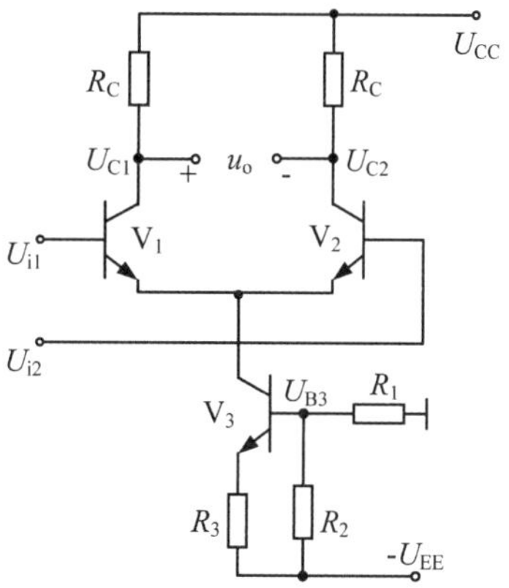

题 7.10 图

7.10　电路如题 7.10 图所示，已知 V_1、V_2 和 V_3 的 $\beta=50$，$r_{bb'}=200\ \Omega$，$U_{BE}=0.8\ \text{V}$，电路中的参数为：$R_C=5\ \text{k}\Omega$，$R_1=20\ \text{k}\Omega$，$R_2=10\ \text{k}\Omega$，$R_3=2.1\ \text{k}\Omega$，$U_{CC}=U_{EE}=15\ \text{V}$，求：

(1) 若 $u_{i1}=0$，$u_{i2}=10\sin\omega t(\text{mV})$，试求 $u_o=?$

(2) 若 $u_{i1}=10\sin\omega t(\text{mV})$，$u_{i2}=5\ \text{mV}$，试画出 u_o 的波形图。

(3) 若 $u_{i1}=u_{i2}=U_{ic}$ 试求 U_{ic} 允许的最大变化范围。

(4) 当 R_1 增大时，A_{ud}、R_{id} 将如何变化？

7.11　电路如题 7.11 图所示，已知管子的 $U_{BE(on)}=0.7\ \text{V}$，$\beta=50$，$r_{bb'}=200\ \Omega$，$U_Z=4\ \text{V}$，求该电路的 $I_{CQ1}=?$ $A_u=\dfrac{u_o}{u_i}=?$

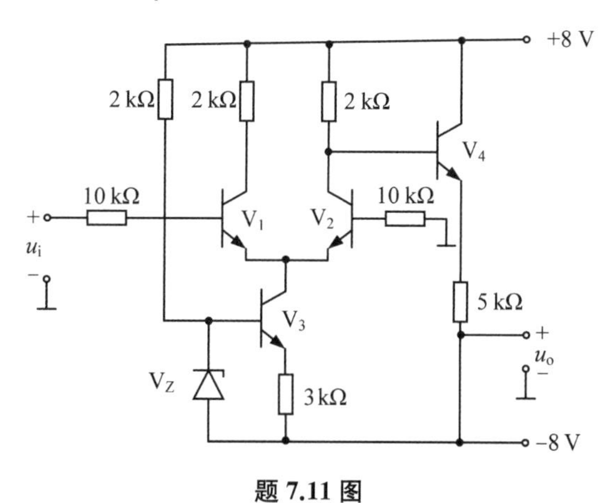

题 7.11 图

7.12 电路如题 7.12 图所示，已知 $r_{be1}=r_{be2}=r_{be}$，$\beta_1=\beta_2=\beta$，A 为理想运算放大器，计算电压放大倍数 $A_u=\dfrac{u_o}{u_{i1}-u_{i2}}=?$

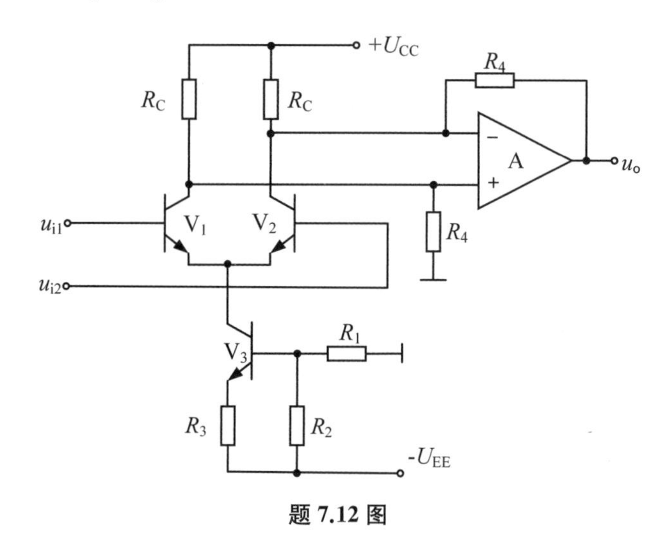

题 7.12 图

7.13 有源负载差分放大器与单端输出差分放大器分别如题 7.13(a)图和(b)图所示，已知 V_1、V_2 管特性相同，$r_{be1}=r_{be2}=r_{be}$，$\beta_1=\beta_2=\beta$，

(1) 试分析在输入信号作用下，(a)图中输出电流 ΔI_o 与 V_1、V_2 管输出电流之间的关系；

(2) 分别计算图(a)和(b)各自的差模电压放大倍数 $A_u=\dfrac{u_o}{u_i}=?$

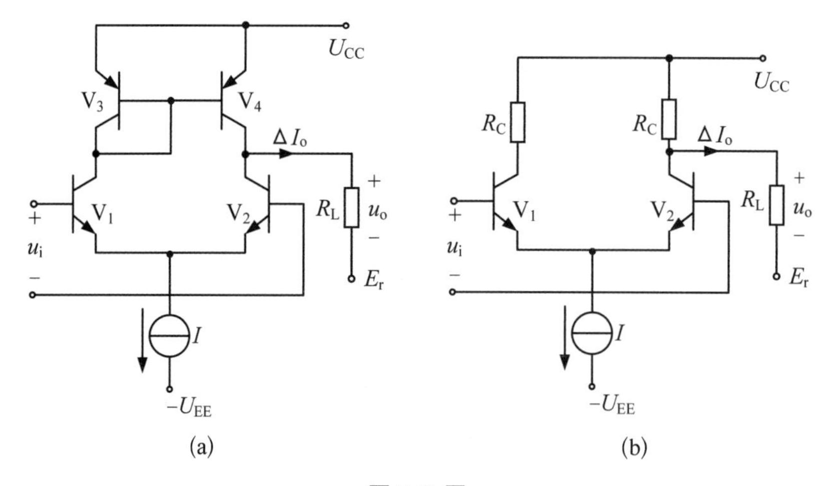

题 7.13 图

7.14 由场效应管构成的简单电压表如题 7.14(a)图所示，所用的管子 V_1、V_2的有关参数可用如题 7.14(b)图电路测试。当 $U_G=1$ V 时，电流表指示为 1 mA；当 $U_G=1.2$ V 时，电流表指示为 0.6 mA。图(a)所示电路中的稳压管的稳压值为 10 V，晶体管 V_3 的 $U_{BE(on)}=$

0.6 V。试求：

(1) 图(a)所示电路的静态工作点 I_{D1Q}、U_{GS1Q}、U_{DS1Q}。

(2) 图(a)所示电路中电流表的满偏电流为 1 mA，电表支路总电阻如图(a)所示为 2 kΩ。试问使指针满偏转时的输入电压值 u_i 应为多少？

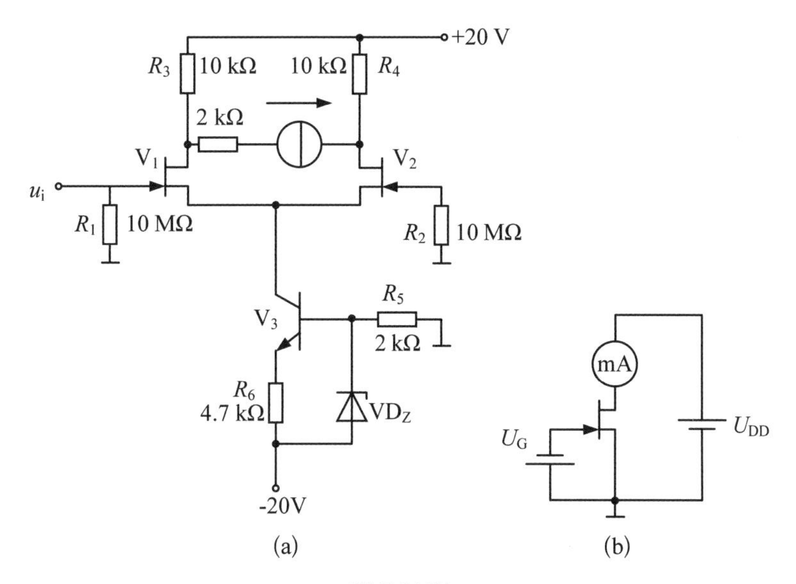

题 7.14 图

7.15 具有多路输出的恒流源，已知 $\beta_1 = \beta_2 = \beta_3 = \beta_4 = 50$，各管导通电压均为 0.7 V，$I_{C1} = I_{C2} = 0.5$ mA，$R_1 = 1$ kΩ，$R_3 = 2$ kΩ，$R_4 = 50$ kΩ。试确定 R、R_2 和 I_{C3} 的数值。

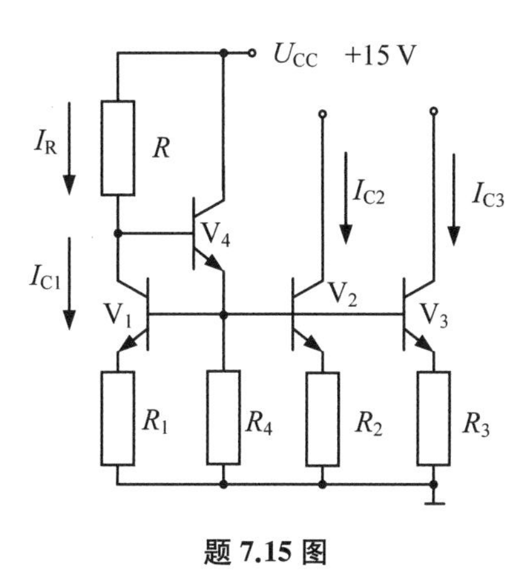

题 7.15 图

7.16 集成运放 5G23 电路原理图如题 7.16 图所示，

(1) 简要叙述电路的组成原理；

(2) 说明二极管 VD_1 的作用；

(3) 判断 2,3 端哪个是同相输入端，哪个是反相输入端。

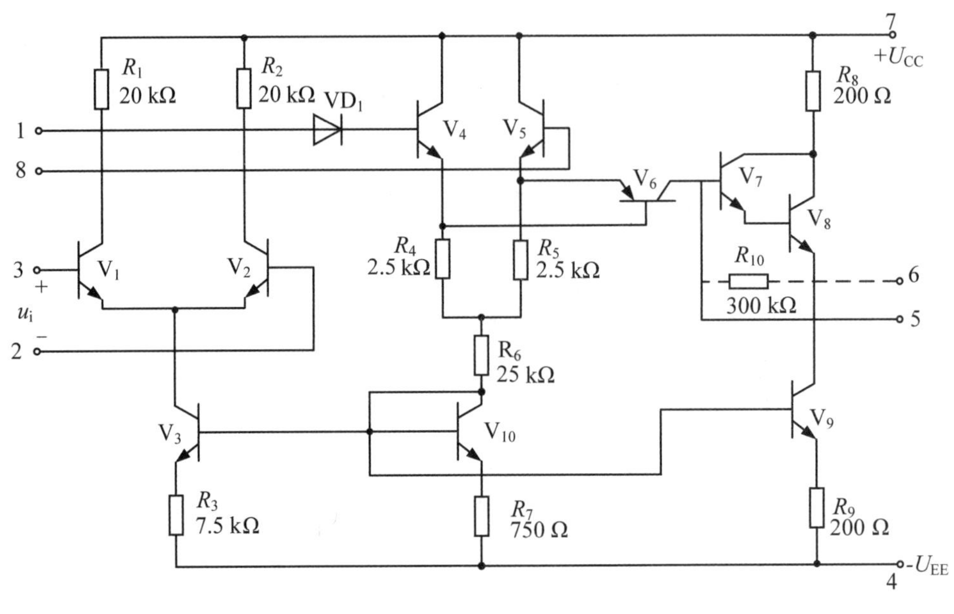
7
+U_{CC}
R_1
20 kΩ
R_2
20 kΩ
VD$_1$
R_8
200 Ω
1
8
V$_4$
V$_5$
V$_6$
V$_7$
V$_8$
R_4
2.5 kΩ
R_5
2.5 kΩ
3
+
u_i
−
2
V$_1$
V$_2$
R_{10}
300 kΩ
6
5
R$_6$
25 kΩ
V$_3$
V$_{10}$
V$_9$
R_3
7.5 kΩ
R_7
750 Ω
R_9
200 Ω
-U_{EE}
4

题 7.16 图

第 8 章

反馈放大电路

本章提要：反馈理论及技术在信号处理、自动化控制及电子信息等方面都具有重要的作用，是一种改善系统性能的重要手段。本章将深入地了解反馈的基本概念及负反馈对放大电路性能的影响，学习负反馈放大电路的类型及其判别方法，熟练掌握深度负反馈放大电路的计算，并能分析负反馈放大电路稳定性。

8.1 反馈的基本概念

对于实用放大电路来说，为了改善其各方面的性能，总是要引入不同形式的反馈。反馈可改善系统的性能，当然也可能产生不利的系统响应。因此，掌握反馈的基本概念及其判断方法，是为了更好地研究实用电路。

8.1.1 反馈的基本概念

1. 什么是反馈

一个基本放大器可以看作一个系统。将系统的输出量(电压或电流)通过一定的网络送回到系统的输入端，并同输入信号一起参与系统的输入控制作用，这就是反馈。这就是事物的两面性。在放大电路中，将输出量(输出电压或电流)的一部分或全部，通过一定的方式引回输入回路来影响输入量(输入电压或电流)，这一过程称为反馈。

2. 反馈电路的组成

根据反馈的概念可知，反馈电路由基本放大电路和反馈网络两部分组成，如图 8.1.1 所示。其中基本放大电路用于信号的正向传输，反馈网络用于信号的反向传输。

任何反馈系统，均可抽象成上述方框图来表示。反馈电路的输入信号为 $\dot{X}_i$，输出信号为 $\dot{X}_o$，通过反馈网络产生的输出信号 $\dot{X}_f$ 称为反馈量。$\dot{X}_i$ 与 $\dot{X}_f$ 叠加产生信号 $\dot{X}_i'$，这是基本放大器的净输入。若 $\dot{X}_f$ 与 $\dot{X}_i$ 同相，使得 $\dot{X}_i'>\dot{X}_i$，称为正反馈。若 $\dot{X}_f$ 与 $\dot{X}_i$ 反相，使得 $\dot{X}_i'<\dot{X}_i$，称为负反馈。反馈信号的极性相反，对放大器性能的影响也相反。

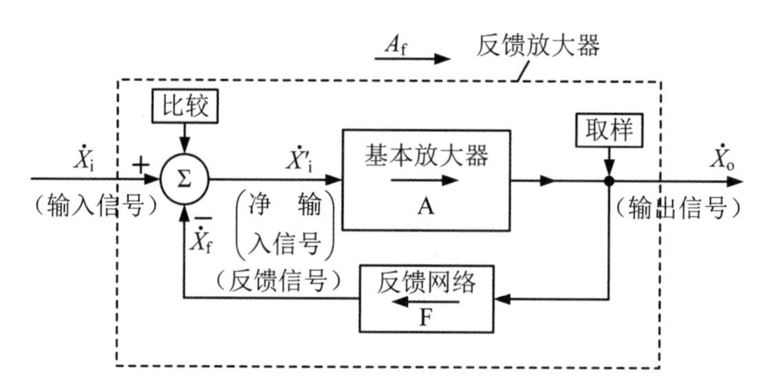

图 8.1.1 反馈电路的基本方框图

8.1.2 反馈放大器的基本方程

基本放大器的传输增益(开环增益)：

$$A=\frac{\dot{X}_o}{\dot{X}'_i} \tag{8.1.1}$$

反馈网络的传输系数(反馈系数)：

$$F=\frac{\dot{X}_f}{\dot{X}_o} \tag{8.1.2}$$

F 表示反馈信号 $\dot{X}_f$ 占输出信号 $\dot{X}_o$ 中的比例。

反馈放大器的传输增益(闭环增益)：

$$A_f=\frac{\dot{X}_o}{\dot{X}_i} \tag{8.1.3}$$

环路增益(回归比)：

$$\dot{T}=AF=\frac{\dot{X}_o}{\dot{X}'_i}\cdot\frac{\dot{X}_f}{\dot{X}_o}=\frac{\dot{X}_f}{\dot{X}'_i} \tag{8.1.4}$$

注：$\dot{X}_i$，$\dot{X}'_i$，$\dot{X}_f$，$\dot{X}_o$可以是电压或电流量纲。故 A，F 可能是无量纲，也可能是电阻或电导量纲。

闭环增益 A_f、开环增益 A 与反馈系数 F 之间的关系：

$\dot{X}_o=A\dot{X}'_i$，$\dot{X}_f=F\dot{X}_o$，$\dot{X}'_i=\dot{X}_i-\dot{X}_f$(负反馈)；$\dot{X}'_i=\dot{X}_i+\dot{X}_f$(正反馈)。负反馈时，$\dot{X}_o=A(\dot{X}_i-\dot{X}_f)=A\dot{X}_i-AF\dot{X}_o$，所以：

$$A_f=\frac{\dot{X}_o}{\dot{X}_i}=\frac{A}{1+AF} \tag{8.1.5}$$

称作负反馈放大器的基本方程，又称闭环增益。

讨论：

(1) 负反馈使放大器的增益下降了 $1+AF$ 倍，这是因为负反馈使放大器净输入 $\dot{X}_i'$ 减小所致。

(2) AF 称为环路增益，表示在反馈放大电路中信号沿着基本放大器和反馈网络组成的环路传递一周以后，所得到的放大倍数。令 $1+AF=D$，称为反馈深度，是描述反馈量大小的物理量，则 $D=1+AF=1+\frac{\dot{X}_o}{\dot{X}_i'}\cdot\frac{\dot{X}_f}{\dot{X}_o}=\frac{\dot{X}_i'+\dot{X}_f}{\dot{X}_i'}=\frac{\dot{X}_i}{\dot{X}_i'}$，即 $\dot{X}_i'=\frac{\dot{X}_i}{D}$，净输入减小了 D 倍。

当 $\dot{X}_i$ 不变时，$\dot{X}_o$ 减小了 D 倍。当 $D>1$，即 $|1+AF|>1$，$\dot{X}_i'<\dot{X}_i$，则 $|A_f|<|A|$，说明引入反馈后，使放大倍数比原来减小，这种反馈称为负反馈；若 $|1+AF|<1$，则 $|A_f|>|A|$，说明引入反馈后，使放大倍数比原来增大，这种反馈称为正反馈。当 $D\gg 1$，即 $\dot{X}_i'\ll\dot{X}_i$，这时 $\dot{X}_f=\dot{X}_i-\dot{X}_i'\approx\dot{X}_i$，即净输入 $\dot{X}_i'\approx 0$，这种情况称为深度负反馈。

(3) 深度负反馈条件下

$$A_f=\frac{A}{1+AF}\approx\frac{1}{F}，与 A 无关 \tag{8.1.6}$$

上式表明，在深度负反馈条件下，深度负反馈放大电路的放大倍数 A_f 几乎与基本放大电路的放大倍数 A 无关，而主要取决于反馈网络的反馈系数 F。在实际应用电路中，反馈网络往往是由电阻等元件组成的，反馈系数通常取决于电阻值之比，基本上不受温度等因素的影响，同时，选用开环电压增益很高的集成运放，以保证引入深度负反馈，这使得电路的闭环放大倍数 A_f 更加稳定。

(4) 正反馈时有 $A_f=\frac{\dot{X}_o}{\dot{X}_i}=\frac{A}{1-AF}$ 将增大，放大器的性能将恶化，应用少。振荡器起振阶段应用此概念。

8.2 负反馈对放大电路性能的影响

负反馈的优点和缺点如下：

优点：① 增益灵敏度下降即稳定度提高。② 通频带得以扩展，线性失真减小。③ 非线性失真减小，动态范围展宽。④ 环路内部的噪声或干扰减小。⑤ 用适当的反馈方式可控制输入、输出阻抗的大小。

缺点：① 反馈使基本放大器的增益下降。② 在高频端放大器的稳定性下降(有可能振荡)。

8.2.1 负反馈使增益稳定度提高了 1+AF 倍

放大电路引入负反馈后，能使放大倍数的稳定性提高。下面定量分析放大倍数稳定性提高的程度与反馈深度的关系。

考虑到放大电路工作在中频范围，且反馈网络为纯电阻性，则负反馈放大器的基本方程可表示为

$$A_f=\frac{A}{1+AF} \tag{8.2.1}$$

其中 F 为常量。对式(8.2.1)两边求微分，得

$$dA_f=\frac{(1+AF)dA-AFdA}{(1+AF)^2}=\frac{dA}{(1+AF)^2} \tag{8.2.2}$$

将式(8.2.2)除以式(8.2.1)，可得

$$\frac{dA_f}{A_f}=\frac{1}{1+AF}\cdot\frac{dA}{A} \tag{8.2.3}$$

式(8.2.3)表明，负反馈放大电路闭环放大倍数 A_f 的相对变化量，等于基本放大电路放大倍数 A 的相对变化量的 $1+AF$ 分之一，即反馈愈深，$\frac{dA_f}{A_f}$ 愈小，放大倍数的稳定性愈高。可以看出，引入负反馈后，放大倍数下降为原来的 $1+AF$ 分之一，而放大倍数的稳定性提高了 $1+AF$ 倍。另外从深度负反馈时的闭环增益公式 $A_f\approx\frac{1}{F}$ 也可看出：只要 F 是稳定的，A_f 就不变，与 A 无关。

【例题 8-1】 已知一个负反馈放大电路的反馈系数 F 为 0.1，其基本放大电路的放大倍数 A 为 10^5。若 A 产生±10%的变化，试求闭环放大倍数 A_f 及其相对变化量。

解：反馈深度为： $1+AF=1+10^5\times0.1\approx10^4$

根据式(8.2.1)，闭环放大倍数： $A_f=\frac{A}{1+AF}=\frac{10^5}{10^4}=10$

根据式(8.2.3)，A_f 相对变化量：$\frac{dA_f}{A_f}=\frac{1}{1+AF}\frac{dA}{A}=\frac{\pm10\%}{10^4}=\pm0.001\%$。

8.2.2 负反馈使放大器通频带展宽，线性失真减小

由式(8.2.3)可知，无论何种原因引起放大电路的放大倍数变化，均可通过负反馈使放大倍数的相对变化量减小，可见，对于由于信号频率不同而引起放大倍数的变化，也同样可用负反馈进行改善，即引入负反馈可使放大电路的频带增宽。为使讨论问题简单，假定放大器存在主极点是一个一阶系统，且反馈网络与频率无关。

设开环增益

$$A(jf)=\frac{A_I}{1+j\dfrac{f}{f_H}} \tag{8.2.4}$$

闭环增益

$$A_f(jf)=\frac{A(jf)}{1+A(jf)F}=\frac{A_I}{1+A_IF}\cdot\frac{1}{1+j\dfrac{f}{(1+A_IF)f_H}}=\frac{A_{If}}{1+j\dfrac{f}{f_{Hf}}}\qquad(8.2.5)$$

其中：A_I 为基本放大器的中频放大倍数，A_{If} 为闭环中频放大倍数且 $A_{If}=\frac{A_I}{1+A_IF}$，闭环放大倍数的上限频率 $f_{Hf}=(1+A_IF)f_H$，增益频带积为中频增益与上限频率的乘积，则有 $|G\cdot BW|=|A_If_H|=|A_{If}\cdot f_{Hf}|$。可见在一阶系统中，增益和带宽之间进行了交换，负反馈是牺牲了增益换取了带宽。同理可得：$f_{Lf}=\frac{f_L}{1+A_IF}$。由此可知，引入负反馈后，放大电路的上限频率提高为基本放大电路的 $1+A_IF$ 倍，而下限频率降低到基本放大电路的 $\frac{1}{1+A_IF}$，故总的通频带展宽了。由图 8.2.1 可见，负反馈的深度愈深，则频带展得愈宽，同时中频放大倍数也下降得愈多。

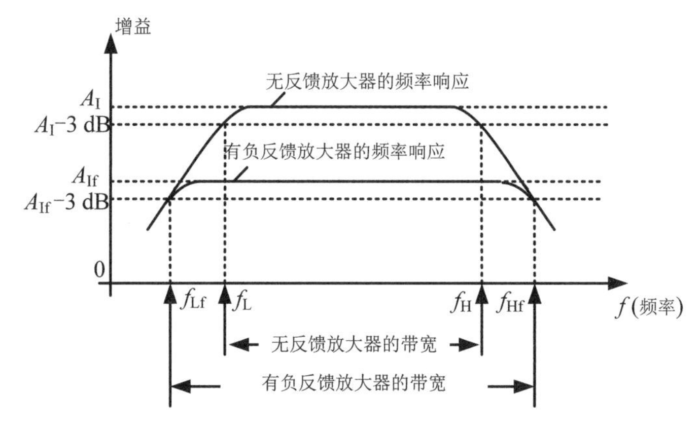

图 8.2.1　负反馈改善放大器频率响应的示意图

8.2.3　非线性失真减小了 1+*AF* 倍，相应动态范围增加了 1+*AF* 倍

由于构成基本放大器的晶体管、场效应管是非线性器件。当输入信号为正弦波时，将导致输出信号的波形可能不是真正的正弦波，即输出波形产生了非线性失真，并且信号幅度愈大，非线性失真愈严重。负反馈使非线性失真减小的原理，可解释为负反馈使放大器纯信号 x'_i 减小的同时还引入了预失真，补偿了失真。

非线性失真系数定义为：$THD=\frac{\sqrt{x_{2h}^2+\cdots+x_{nh}^2}}{x_{1o}}$，其中 x_{1o} 为输出基波，x_{nh} 为 n 次谐波分量。闭环后其输出将为：$x_{nhf}=\frac{x_{nh}}{1+AF}$。如增大输入信号 x_i，保持输出基波分量 x_{1o} 不

变，则 $THD=\dfrac{THD}{1+AF}$。可见负反馈使失真减小了 $1+AF$ 倍。这是在增大输入信号情况下获得的结果，即意味着输入动态范围拓展。注：1. 对环路内器件引起的失真有效，环外的失真只能对其真实再现。2. 动态的增加，只有输入信号有增大的可能，失真亦不太大时，结论才正确。下面图 8.2.2 以输入正弦波信号为例，来定性分析电路引入负反馈后是如何减小非线性失真的。

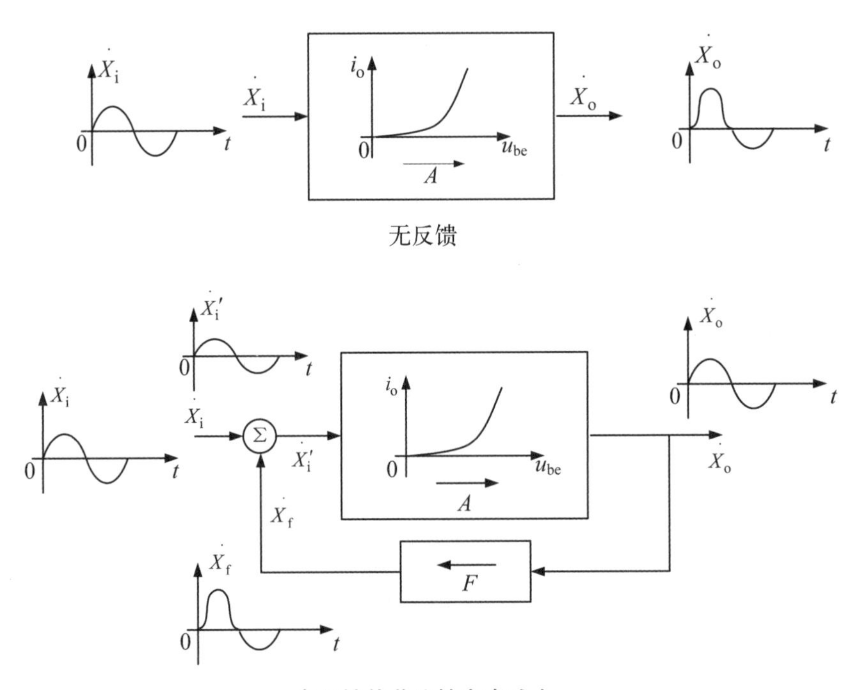

图 8.2.2　负反馈改善非线性失真的工作原理示意图

设输入的正弦波信号经过基本放大电路放大后，产生的非线性失真波形为正半周大，负半周小。引入负反馈后，若反馈系数为常数，则反馈信号也是正半周大，负半周小。输入信号与反馈信号之差所得的净输入信号的波形则为正半周小，负半周大。经放大电路放大后，输出信号正负半周的幅度将趋于一致，从而改善了输出波形，并且反馈愈深，减小非线性失真的效果愈明显。

综上所述，负反馈有如下特点

(1) 负反馈使放大器的增益下降，增益稳定度提高，频带展宽，非线性失真减小，内部噪声干扰得到抑制，性能改善与反馈深度 $1+AF$ 相关。

(2) 被改善的对象应为被采样的对象。如采样对象是输出电流，则该电流的稳定性提高(暗指输出电阻增加，有恒流源特性)；若采样对象是输出电压，则该电压稳定性提高。(暗指输出电阻下降，有恒压源特性)

(3) 要求改善的因素，必须在环内。对环外因素或与信号一起来的干扰噪声包括信号本身的失真，负反馈是不起作用的。

8.3　反馈放大器的分类以及对输入、输出阻抗的影响

8.3.1　反馈的分类和判断

1. 正反馈和负反馈

根据反馈量的极性，可分为正反馈和负反馈。若引入反馈后使放大电路的净输入量增大的称为正反馈，使净输入量减小的称为负反馈。也就是说，正反馈使输出量的变化增大，负反馈使输出量的变化减小。

判断反馈为正反馈还是负反馈，可用瞬时极性法。先假定输入信号的瞬时极性，然后，沿基本放大电路逐级推出电路各点的瞬时极性，再沿反馈网络推出反馈信号的瞬时极性，最后判断净输入信号是增大了还是减小了。若净输入信号增大则为正反馈，反之，若净输入信号减小则为负反馈。

【例题 8－2】 试判断图 8.3.1 所示电路的反馈是正反馈还是负反馈。

解：首先进行有无反馈的判断。若电路的输出回路与输入回路有由电阻、电容等元器件构成的通路，则说明电路中引入了反馈，否则无反馈。

在图 8.3.1 电路中，电阻 R_f 和电容 C_f 将电路的输出回路和输入回路“联系”起来，构成反馈通路，使输出电压影响电路的输入电压，故引入了反馈。

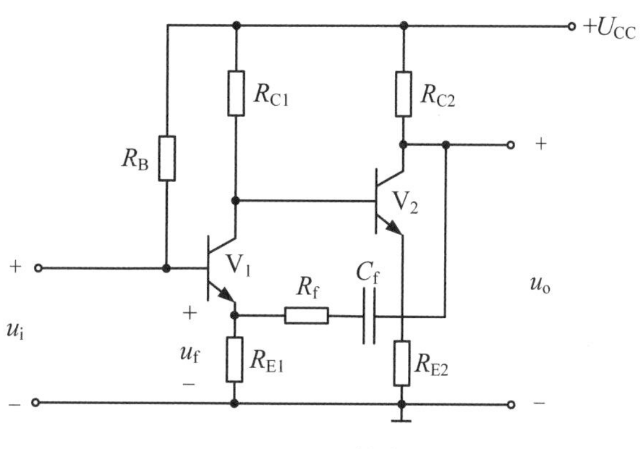

图 8.3.1　反馈电路

再进行正、负反馈的判断。假设电路输入端信号的极性为上“＋”下“－”，即 V_1 基极为“＋”，集电极则为“－”；V_2 基极为“－”，集电极则为“＋”。V_2 集电极的输出信号通过电阻 R_f 和电容 C_f 反馈至 R_{E1} 得到反馈信号 u_f，其极性为上“＋”下“－”，导致 V_1 的净输入信号 $u_{be}=u_i-u_f$ 减小，故可判断该反馈为负反馈。

2. 直流反馈和交流反馈

根据反馈量本身的交、直流性质，可分为直流反馈和交流反馈。若反馈量中只包含直流成分，则称为直流反馈；若反馈量中只有交流成分，则称为交流反馈。在很多情况下，交、直流两种反馈兼而有之。

在图 8.3.1 中，输出信号通过电阻 R_f 和电容 C_f 在 R_{E1} 上得到反馈信号 u_f，由于电容 C_f 的隔直作用，反馈信号中只有交流成分，故该反馈是交流反馈。

3. 电压反馈与电流反馈——与输出端(采样点)相关

按反馈网络输入端与基本放大器输出端连接方式的不同，反馈有电流和电压反馈之分。如何区别？将基本放大器输出端短路，即 $u_o=0$。若 $u_f\neq 0$，反馈存在，则为电流反馈，取样为输出电流；若 $u_f=0$，反馈不存在，则为电压反馈，取样为输出电压，见图 8.3.2。

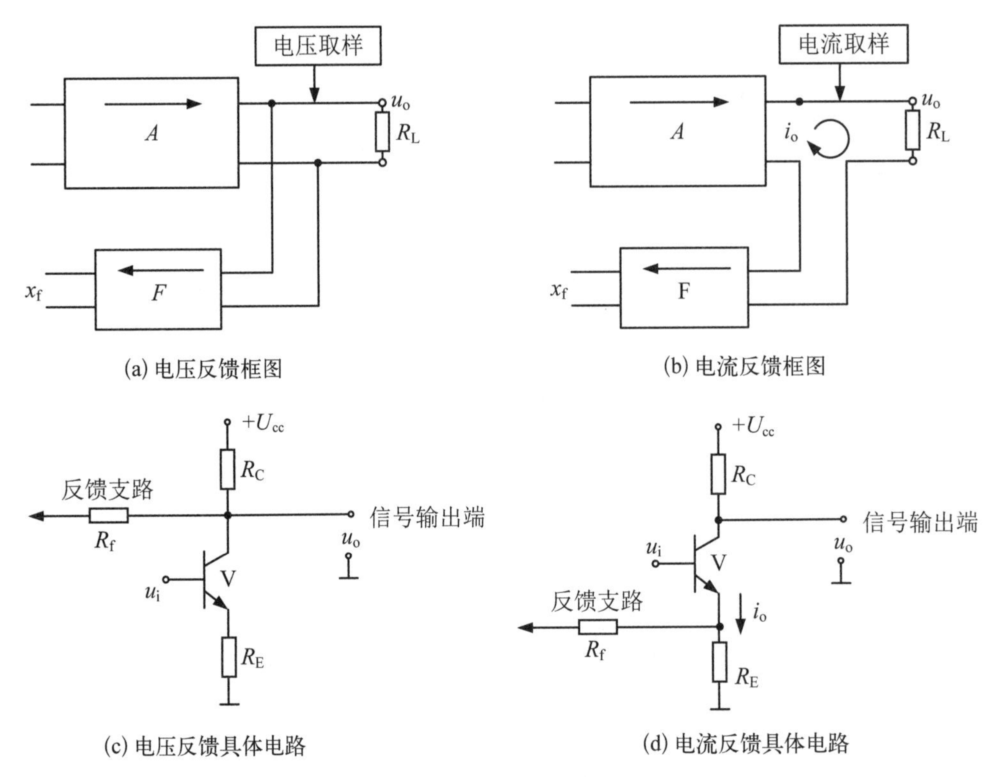

图 8.3.2 电压反馈和电流反馈

8.3.2 串联反馈与并联反馈——与信号反馈输入端(比较点)相关

根据反馈网络输出端与基本放大器输入端连接方式不同,反馈有串联、并联之分。可通过观察比较点对其进行区分:

(1) 串联——反馈网络串联在基本放大器的输入回路中。明显点是:反馈支路与输入信号支路不接在同一点上。净输入电压 $u_i'=u_i-u_f$ 是输入电压和反馈电压的矢量和。

(2) 并联——反馈网络直接并在基本放大器的输入端。明显点是:反馈支路与输入信号支路接于同一点上。净输入电流 $i_i'=i_i-i_f$ 是输入电流和反馈电流的矢量和。见图 8.3.3~8.3.4。

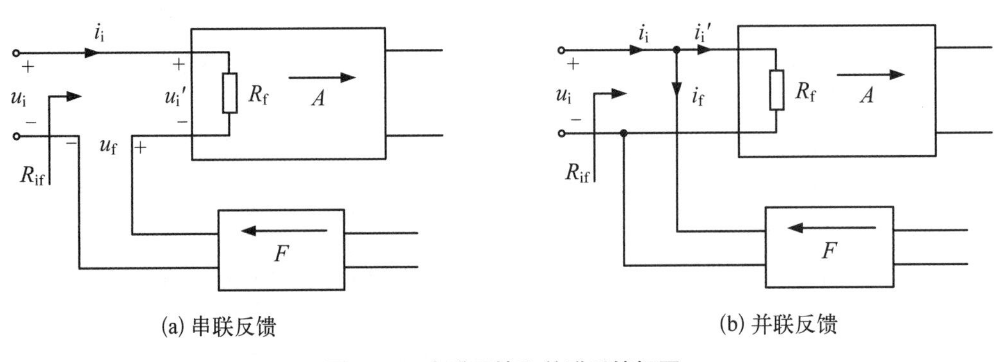

图 8.3.3 串联反馈和并联反馈框图

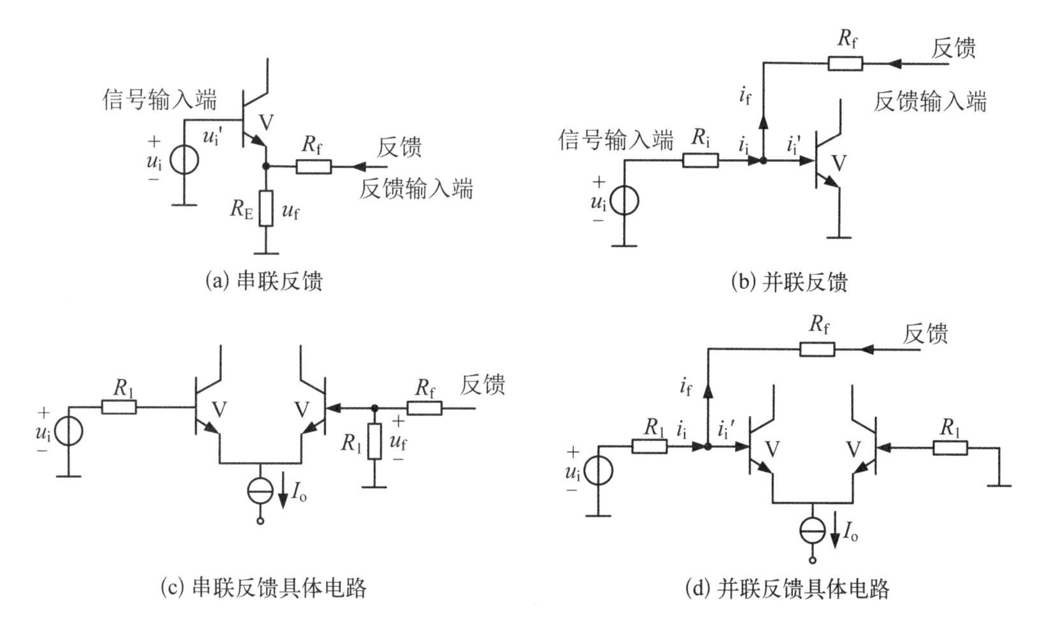

图 8.3.4 串联和并联反馈具体电路

8.3.3 反馈放大器对输入输出阻抗的影响

1. 电压反馈和电流反馈对输出电阻的影响

电压负反馈放大器——使输出电阻减小,等效方框图见图 8.3.5。

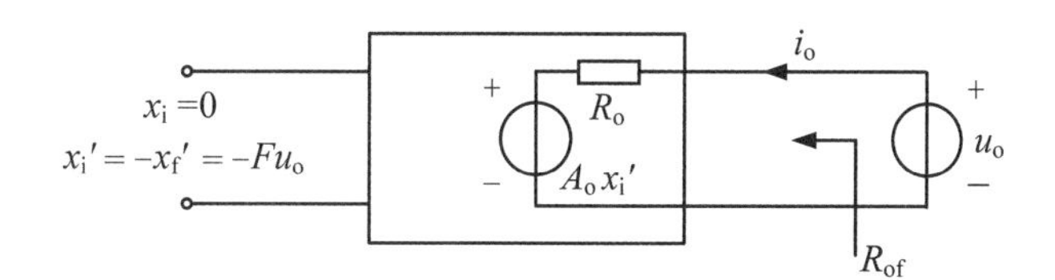

图 8.3.5 电压负反馈放大器输出电阻的计算

图中 R_o 为基本放大器的输出电阻(开环输出电阻),$A_o x_i'$ 为等效开路输出电压(A_o 为不计负载 R_L 时的开环增益)。闭环放大器的输出电阻定义为:$R_{of}=\left.\frac{u_o}{i_o}\right|_{x_i=0}$。由图 8.3.5 可见:$i_o=\frac{u_o-A_o x_i'}{R_o}$,深度负反馈时,净输入 $x'_i=x_i-x_f=-x_f=-Fu_o$。则 $i_{of}=\frac{u_o+A_o F u_o}{R_o}=\frac{u_o(1+A_o F)}{R_o}$,所以 $R_{of}=\frac{R_o}{1+A_o F}$。

电压负反馈的闭环输出电阻比开环时减小了 $1+A_o F$ 倍。意味着更趋于理想电压源,由负载电阻变化而引起的 u_o 变化将减小,输出电压的稳定度提高了(取样自输出电压的结果)。

电流负反馈放大器——使输出电阻有所增加,等效方框图见图 8.3.6。

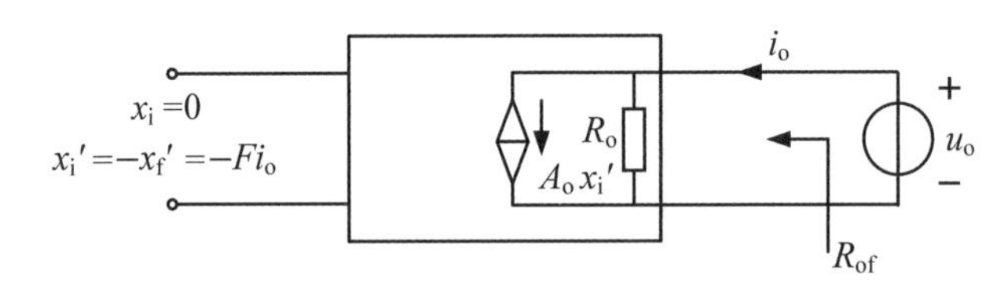

图 8.3.6 电流负反馈放大器输出电阻的计算

由于反馈信号 x_f 与输出电流成正比，我们采用恒流源等效电路。同样：$R_{of}=\left.\dfrac{u_o}{i_o}\right|_{x_i=0}$，$i_o=\dfrac{u_o}{R_o}+A_o x_i'$。因为是电流负反馈，所以 $x_i'=x_i-x_f=-Fi_o$，$i_o=\dfrac{u_o}{R_o}-A_oFi_o$，整理得：$i_o=\dfrac{u_o}{R_o(1+A_oF)}$，则：$R_{of}=R_o(1+A_oF)$。电流负反馈使输出电阻增加了 $1+A_oF$ 倍，使放大器趋于恒流源。当负载变化时，对输出电流影响小，稳定了输出电流（电流采样的必然结果）。应当指出上式中的 R_o 值，它没有包括 R_c 的并联作用。由于 $R_c \ll R_o$，因此，晶体管（场效应管）电流反馈放大器对输出电阻的提高是有限的。

2. 串联反馈和并联反馈对输入电阻的影响

串联反馈——使输入电阻增加了 $1+AF$ 倍

在图 8.3.7 所示串联负反馈放大电路方框图中，设 $R_{if}=\dfrac{u_i}{i_i}$，其中 $i_i=\dfrac{u_i'}{R_i}$，R_i 为开环输入电阻，$u_i'=u_i-u_f=u_i-Fu_o=u_i-AFu_i'$，整理得 $u_i'=\dfrac{u_i}{1+AF}$，$i_i=\dfrac{u_i}{R_i(1+AF)}$，故 $R_{if}=R_i(1+AF)$，即闭环输入电阻较开环时提高了 $1+AF$ 倍。原因：从上式可见净输入电压由于反馈作用反相叠加减小了 $1+AF$ 倍。当输入电压 u_i 不变时，输入电流便减小了 $1+AF$ 倍，等效为输入电阻提高了相应倍数。

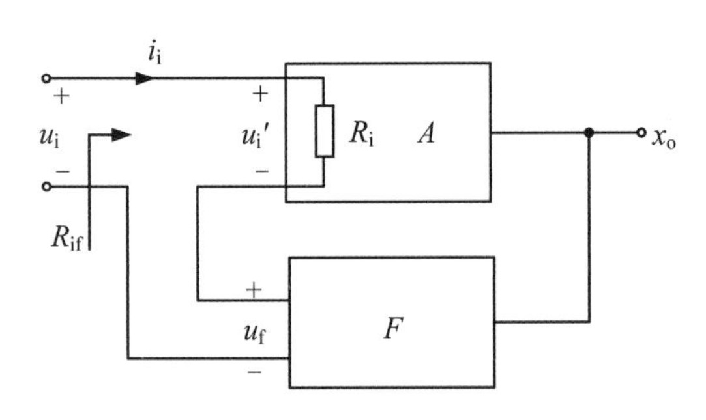

图 8.3.7 串联负反馈电路的方框图

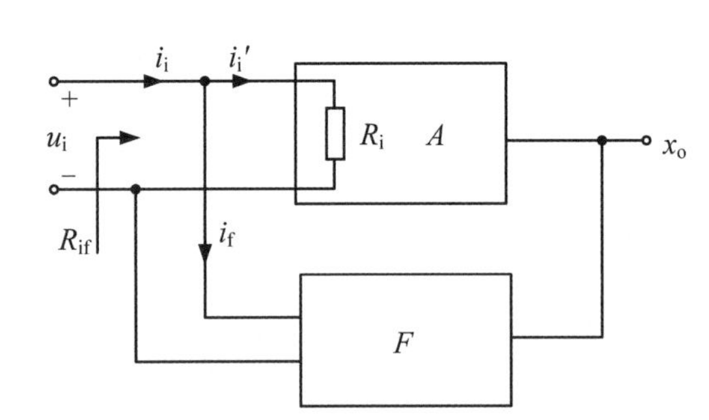

图 8.3.8 并联负反馈电路的方框图

并联负反馈——使输入电阻减小了 $1+AF$ 倍

在图 8.3.8 所示的并联负反馈放大电路方框图中，基本放大电路的输入电阻为：$R_i=\dfrac{u_i}{i_i'}$。并联负反馈放大电路的输入电阻为：$R_{if}=\dfrac{u_i}{i_i}=\dfrac{u_i}{i_i'+i_f}$。而 $i_f=AFi_i'$。故：

$$R_{if}=\frac{1}{1+AF}R_i \tag{8.2.6}$$

可见输入电阻仅为 R_i 的 $1+AF$ 分之一。从以上分析可知，负反馈可构成四种组态如图 8.3.9，其中开环增益 A 和反馈系数 F 的计算及其量纲视具体电路而定。

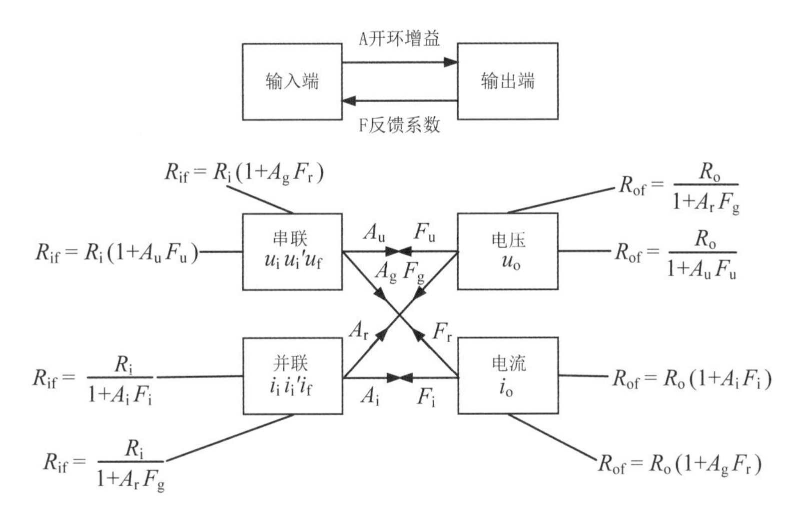

图 8.3.9　负反馈的四种组态

8.4　反馈放大器的分析和近似计算

8.4.1　四种组态反馈放大器增益和反馈系数的定义及近似计算

为使计算公式统一到 $A_f=\dfrac{A}{1+AF}$ 的形式，同时反映四种组态的特点，本节首先定义不同的增益和反馈系数。

1. 串联电压负反馈

$A_u=\dfrac{u_o}{u_i'}$，$F_u=\dfrac{u_f}{u_o}$，即 $A_{uf}=\dfrac{A_u}{1+A_uF_u}$，$A_u$、$F_u$、$A_{uf}$ 均无量纲。

2. 串联电流负反馈

$A_g=\dfrac{i_o}{u_i'}$，$F_u=\dfrac{u_f}{i_o}$，$A_{gf}=\dfrac{A_g}{1+A_gF_r}$，$A_g$、$A_{gf}$ 电导量纲为 S，F_r 电阻量纲为 Ω。

3. 并联电压负反馈

$A_r=\dfrac{u_o}{i_i'}$，$F_g=\dfrac{i_f}{u_o}$，$A_{rf}=\dfrac{A_r}{1+A_rF_g}$，$A_r$、$A_{rf}$ 电阻量纲为 Ω，F_g 电导量纲为 S。

4. 并联电流负反馈

$A_i=\dfrac{i_o}{i_i'}$，$F_i=\dfrac{i_f}{i_o}$，$A_{if}=\dfrac{A_i}{1+A_iF_i}$，$A_i$、$F_i$、$A_{if}$ 均无量纲。

环路增益(回归比) $T=1+AF$，均无量纲。见表 8-1。

表 8-1 四种负反馈组态的比较

	输出信号	反馈信号	基本放大电路的放大倍数	反馈系数
电压串联	u_o	u_f	$A_u=\dfrac{u_o}{u_i'}$ 电压放大倍数	$F_u=\dfrac{u_f}{u_o}$
电压并联	u_o	i_f	$A_r=\dfrac{u_o}{i_i'}$ 转移电阻	$F_g=\dfrac{i_f}{u_o}$
电流串联	i_o	u_f	$A_g=\dfrac{i_o}{u_i'}$ 转移电导	$F_r=\dfrac{u_f}{i_o}$
电流并联	i_o	i_f	$A_i=\dfrac{i_o}{i_i'}$ 电流放大倍数	$F_g=\dfrac{i_f}{i_o}$

在实际的放大电路中，多引入的是深度负反馈，因此，本节将重点讨论深度负反馈放大电路放大倍数的估算方法。

重要注意：

(1) 为求反馈放大器的闭环增益，一般情况下，首先要求出开环增益和反馈系数。因实际电路的复杂性，计算将是繁杂的。

(2) 在工程估算时，我们可牺牲一点精度，而换取快速估算。方法为一律将反馈放大器视为满足深度负反馈条件 $(1+AF)\gg 1$。这样串联负反馈时，可令 $u_i'=u_i-u_f\approx 0$ 即 $u_i\approx u_f$，即输入端虚短。并联负反馈时，令 $i_i'=i_i-i_f\approx 0$，即 $i_i\approx i_f$，即输入端虚断。

在运算放大电路中，由于开环增益很大，精度很高。在分立元件电路中，开环增益较小，精度较差。但在工程中可先估算，再作适当调整，以满足要求。

8.4.2 运算放大器的两种基本反馈组态

从第 2 章讨论已知集成运算放大电路是一种高性能、高增益的直接耦合放大电路，其闭环应用时很易获得深度反馈，构成性能优良的闭环放大器，其动态范围也将大大扩展。下面从负反馈角度讨论其基本反馈组态，掌握对反馈放大器的分析方法。

1. 并联电压负反馈——反相比例放大器(负增益 VCVS)

电路图为图 8.4.1(a)。先用“三步曲”判别反馈形式：输出短路 $u_o=0$，反馈消失，电压；输入量与反馈量接于同一点(反相输入端)，并联；输入量 i_i 被反馈支路分流了 i_f，即 $i_i'=i_i-i_f$ 净输入减小，负反馈。故为并联电压负反馈。

1) 闭环增益 A_{uf}

理想开环增益 A_{ud} 趋于无穷大和负反馈的引入，在深度反馈条件下有 $i_i'=i_i-i_f\approx 0$，即 $i_i\approx i_f$。在输入节点 Σ 处，$u_\Sigma=i_i'R_i\approx 0$，$R_i$ 为运放开环输入电阻，如此看来 Σ 点近似对地短路，这种现象称为“虚地”效应。又：$i_i'=\dfrac{u_i'-u_\Sigma}{R_1}\approx\dfrac{u_i}{R_1}$，$i_i'=\dfrac{u_\Sigma-u_o}{R_2}\approx\dfrac{u_o}{R_2}$。故：

$$A_{uf}=\frac{u_o}{u_i}\approx -\frac{R_2}{R_1} \tag{8.4.1}$$

可见,与前面讨论的结果一致。从图 8.4.1(b)的闭环传输特性可见线性动态范围扩大了。

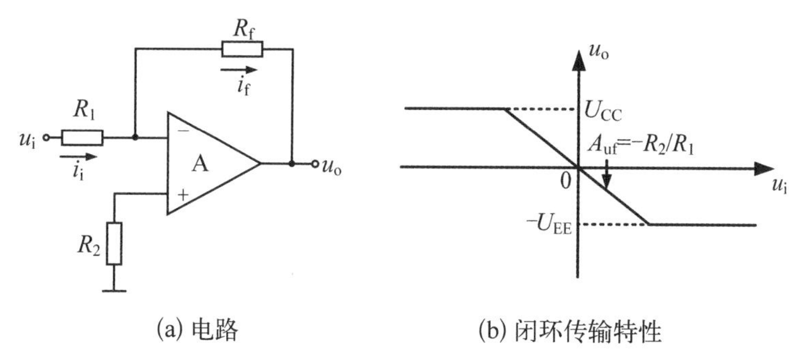

(a) 电路　　(b) 闭环传输特性

图 8.4.1 并联电压负反馈——反相比例放大器

2) 闭环输入电阻 R_{if}

从虚地的概念或应用密勒定理来分析我们可知:

$$R_{if}=\frac{u_i}{i_i}=\frac{u_i}{(u_i-u_\Sigma)/R_1}\approx R_1 \tag{8.4.2}$$

3) 闭环输出电阻 R_{of}

理想运放开环输出电阻 $R_o\approx 0$,并联电压负反馈使之减小 $1+AF$ 倍,当然有:$R_{of}\approx 0$。

2. 串联电压负反馈——同相比例放大器(正增益 VCVS)

如图 8.4.2(a),信号加至同相端,输出信号与输入信号同相。为保证"负"反馈,反馈一定要引到反相输入端。可以这样来判别串联电压负反馈:输出短路 $u_o=0$,反馈消失,电压;输入量与反馈量不接于同一点,串联;差模净电压 $u'_i=u_i-u_f<u_i$ 减小,负反馈。见图 8.4.2(a),在 A_{ud} 趋于无穷大和深度反馈条件下,$u'_i\approx 0$,则有 $u_i\approx u_f=\frac{R_1}{R_1+R_2}u_o$;故:

$$A_{uf}=\frac{u_o}{u_i}=\frac{R_1+R_2}{R_1}=1+\frac{R_2}{R_1} \tag{8.4.3}$$

图 8.4.2(b)是其闭环传输特性。$u_i\approx u_f$ 意味着同相端与反相端近似是短路的,称为"虚短"效应。串联负反馈使输入阻抗提高,电压负反馈使输出阻抗降低 $1+AF$ 倍。加上运放开环输入阻抗 $R_i\to\infty$,开环输出阻抗 $R_o\to 0$,所以闭环后一定有 $R_{if}\to\infty$,$R_{of}\to 0$。

特别注意:

(1)"虚地"和"虚短"两个概念十分重要,要深刻理解。

(2) 运放构成的反馈电路千变万化,但大部分可简化为上述两种电路来分析。

(3) 在深度负反馈条件下,利用串联反馈有 $u_i\approx u_f$,并联反馈有 $i_i\approx i_f$,所有反馈放大器的分析就会迎刃而解。

(4) 判别是何种类型的反馈,请用判别"三步曲"。

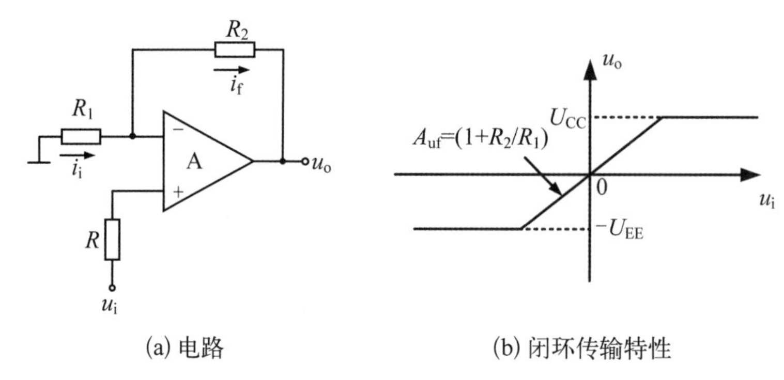

(a) 电路　　(b) 闭环传输特性

图 8.4.2　串联电压负反馈——同相比例放大器

8.4.3　放大倍数的计算

1. 单级负反馈放大器电路

图 8.4.3 展示出了三种不同组态的单级负反馈放大器,现用负反馈法,对它们再认识。

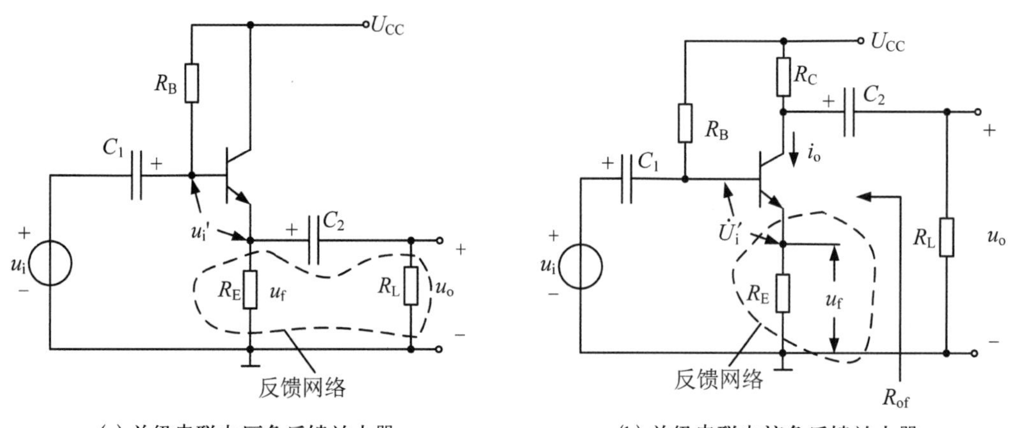

(a) 单级串联电压负反馈放大器　　(b) 单级串联电流负反馈放大器

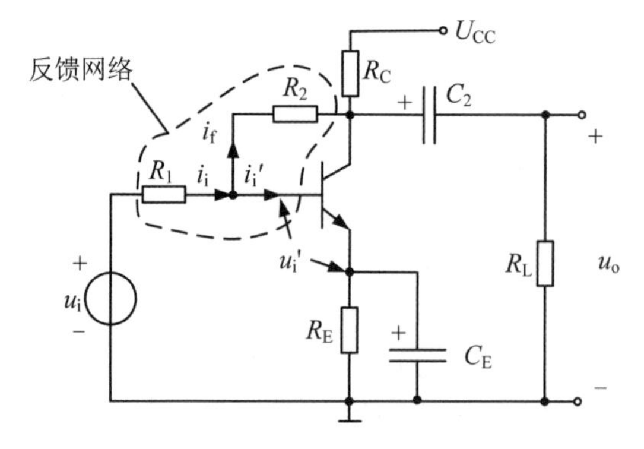

(c) 单级并联电压负反馈放大器

图 8.4.3　三种不同组态的单级负反馈放大器

(a) 单级串联电压负反馈(跟随器)

判别:

(1) 输出短路 $u_o=0$,反馈消失,电压。

(2) 输入量与反馈量不接于同一点,串联。

(3) $u'_i=u_i-u_f<u_i$,净输入量减小,负反馈。

利用深度负反馈条件下 $u_i\approx u_f$ 有:$F=\dfrac{u_f}{u_o}=\dfrac{u_o}{u_o}=1$, $A_{uf}=\dfrac{u_o}{u_i}\approx\dfrac{u_o}{u_f}=\dfrac{1}{F_u}=1$。

电路特点:串联:$R_{if}\uparrow$;电压:$R_{of}\downarrow$;负反馈:$A_{uf}\downarrow$;$BW\uparrow$;失真$\downarrow$。

(b) 串联电流负反馈(存在反馈的共射电路)

判别:

(1) 输出短路 $u_o=0$,反馈存在,电流。

(2) 输入量与反馈量不接于同一点,串联。

(3) $u'_i=u_i-u_f<u_i$,负反馈。

深度负反馈时,有 $u_i\approx u_f$,而 $u_f=u_i=i_eR_E\approx i_cR_E$, $u_o=-i_c(R_c\,/\!/\,R_L)=-i_cR'_L$。

$A_{uf}=\dfrac{u_o}{u_i}=\dfrac{-i_cR'_L}{u_f}=\dfrac{-i_cR'_L}{i_cR_E}=-\dfrac{R'_L}{R_E}$。

电路特点:串联:$R_{if}\uparrow$;电流:$R_{of}\uparrow$;负反馈:$A_{uf}\downarrow$;失真$\downarrow$。

注意:$u_f\propto R_E$, $R_E\uparrow$,反馈深度$\uparrow$。又由于 R_C 的并联作用,R_{of} 的增加极有限。

(c) 单级并联电压负反馈

判别:

(1) 输出短路 $u_o=0$,反馈消失,电压。

(2) 输入量与反馈量接于同一点,并联。

(3) $i'_i=i_i-i_f<i_i$,负反馈。

在假定深度负反馈条件下,$i_i\approx i_f$,而且并联电压负反馈时有“虚地”效应,则 $u'_i\approx 0$,

$i_i=\dfrac{u_i-u'_i}{R_1}=\dfrac{u_i}{R_1}=i_f$, $i_f=\dfrac{u'_i-u_o}{R_2}=-\dfrac{u_o}{R_2}$,故:

$$A_{uf}=\frac{u_o}{u_i}=\frac{u_o}{i_iR_1}=\frac{u_o}{i_fR_1}=\frac{1}{F_g}\cdot\frac{1}{R_1}=-\frac{R_2}{R_1}。$$

特点:并联:$R_{if}\downarrow$ 电压:$R_{of}\downarrow$,负反馈:$A_{uf}\downarrow$;大小取决于 R_2 与 R_1 之比,$BW\uparrow$;失真$\downarrow$。

【例题 8-3】 电路如图 8.4.4 所示。求深度负反馈条件下的电压放大倍数 A_{uf}。

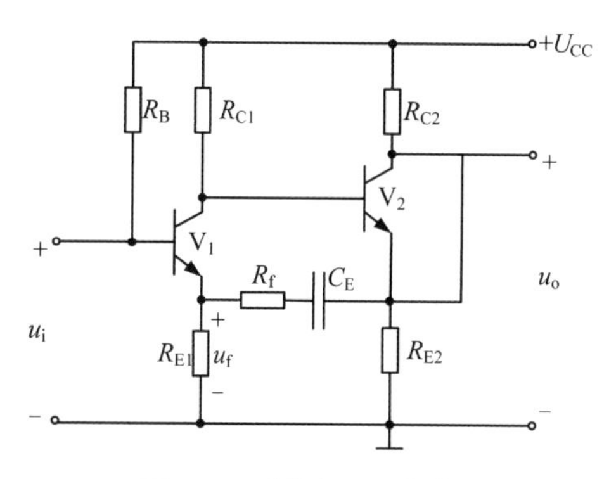

图 8.4.4 例题 8-3 电路图

解:首先判断该电路中引入了电压串联负反馈,且 u_o 作用于反馈网络,在 R_{E1} 上的压降即为反馈电压,故:$u_f=\dfrac{R_{E1}}{R_{E1}+R_f}u_o$,则有:$A_{uf}=\dfrac{u_o}{u_i}\approx$

$\frac{u_o}{u_f}=1+\frac{R_f}{R_{E1}}$。

【例题 8-4】 电路如图 8.4.5 所示。求深度负反馈条件下的电压放大倍数 A_{uf}。

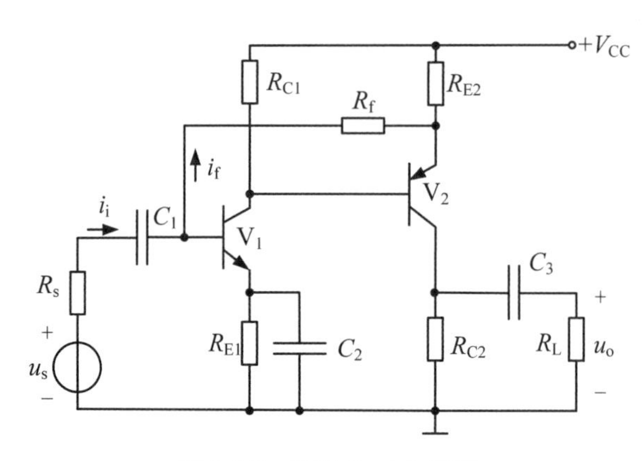

图 8.4.5 例题 8-4 电路图

解：首先判断该电路中引入了电流并联负反馈，且 i_o 作用于反馈网络，所得反馈电流和反馈系数分别为

$$i_f=\frac{R_{E2}}{R_f+R_{E2}}i_o,\quad F_i=\frac{i_f}{i_o}=\frac{R_{E2}}{R_f+R_{E2}}$$

注意，在深度电流并联负反馈中，$i_i'\approx 0$，即电路输入电阻上的压降为零，亦即 V_1 基极电位为零，电阻 R_f 和 R_{E2} 为并联关系，故有上式成立。此外，由于 $u_i\approx 0$，故在计算深度电流并联负反馈时，只能求 A_{usf}，而不能求 A_{uf}。

$$A_{usf}=\frac{u_o}{u_s}=\frac{i_o\cdot(R_{C2}\ /\!/\ R_L)}{i_iR_S}=\frac{1}{F_i}\cdot\frac{R_{C2}\ /\!/\ R_L}{R_S}=\left(1+\frac{R_f}{R_{E2}}\right)\cdot\frac{R_{C2}\ /\!/\ R_L}{R_S}$$

2. 多级反馈放大器电路

在分析多级反馈放大器电路时，由于本级的局部反馈相对较弱，我们将忽略它，仅考虑起主要作用的多级间的大闭环反馈网络，以简化分析计算。另外在判别是正还是负反馈时，可引入瞬时极性法加上对净输入量变化的观察来决定。

1) 串联电压负反馈

如图 8.4.6，晶体管 V_1、V_2 构成了直耦的二级共射电路。R_3 为第一级提供了串联电流负反馈，R_6、C_2 为第二级提供了直流串联电流负反馈，R_3、R_4 组成的反馈网络组成了两级间的闭环反馈（我们只考虑这个主要因素）。判别：

(1) 输出短路 $\dot{U}_o=0$，反馈消失，电压。

(2) 输入量与反馈量不接于同一点，串联。

(3) 瞬时极性，假定 b_1 为+，则 c_1 为−，c_2 为+，e_1 亦+，$\dot{I}_f$ 从 c_2 流向 e_1，则净输入 $\dot{U}_i'=\dot{U}_i-\dot{U}_f<\dot{U}_i$，负反馈。

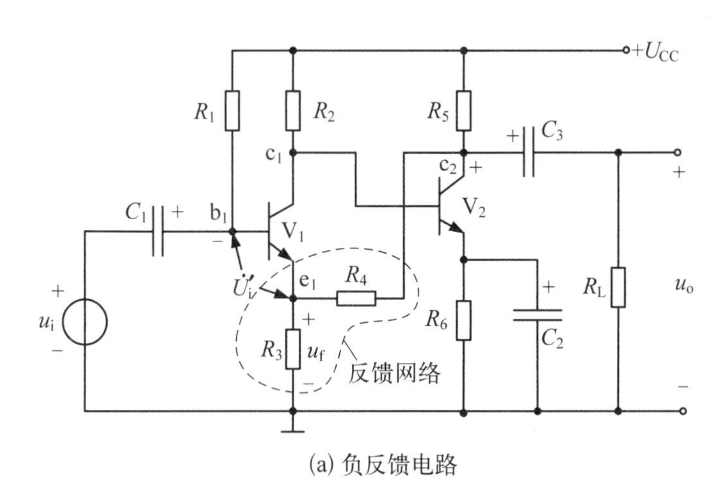

(a) 负反馈电路

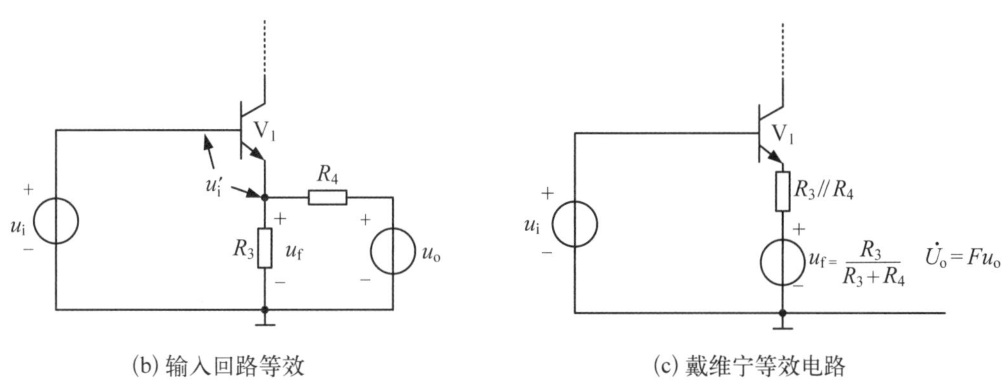

(b) 输入回路等效　　　　(c) 戴维宁等效电路

图 8.4.6　串联电压负反馈和等效到第一级射极的反馈电压

由图 8.4.6(b)的等效电路可知 $\dot{U}_f=\dfrac{R_3}{R_3+R_4}\dot{U}_o$，在深度负反馈的假定条件下 $\dot{U}_i\approx\dot{U}_f$，则：$A_{uf}=\dfrac{\dot{U}_o}{\dot{U}_i}=\dfrac{R_3+R_4}{R_3}=1+\dfrac{R_4}{R_3}$。类似于由运放构成的同相比例放大器，且性能改善也相似。

2）并联电流负反馈

如图 8.4.7，V_1、V_2为二级共射电路，R_3、C_E 为 V_1提供了局部直流串联电流负反馈，R_5为 V_2提供了局部串联电流负反馈。大闭环网络由 R_1、R_5、R_6 构成。判别：

(1) 输出短路 $\dot{U}_o=0$，反馈存在，电流。

(2) 输入量与反馈量接于同一点，并联。

(3) 瞬时极性 b_1+，c_1-，e_2-，$\dot{I}_f$ 从 b_1流向 e_2，$\dot{I}_i'=\dot{I}_i-\dot{I}_f<\dot{I}_i$，负反馈。

假定在深度负反馈条件下，故 $\dot{I}_i\approx\dot{I}_f$，有“虚地”效应，$\dot{U}_o=\dot{I}_{c2}(R_4\ //\ R_L)=\dot{I}_f\dfrac{R_5+R_6}{R_5}(R_4\ //\ R_L)=\dfrac{\dot{U}_i}{R_1}\dfrac{R_5+R_6}{R_5}R_L'$，故：$A_{uf}=\dfrac{R_5+R_6}{R_1}\dfrac{R_L'}{R_5}$。

式中第一项反映了并联反馈的特征，第二项反映了电流反馈的特征，总增益是两者之积。

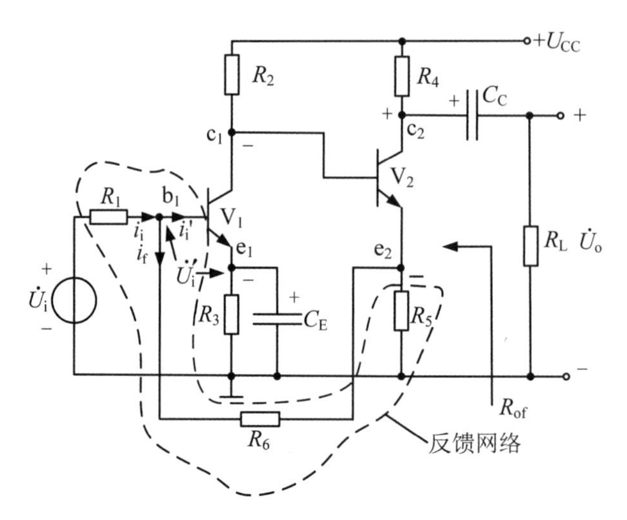

图 8.4.7　并联电流负反馈对

3）串联电流负反馈

图 8.4.8 是三级直耦的共射电路。R_3、R_4、R_7 为各自晶体管提供了局部串联电流负反馈，大闭环反馈网络由 R_3、R_7、R_8 构成。判别过程如下：

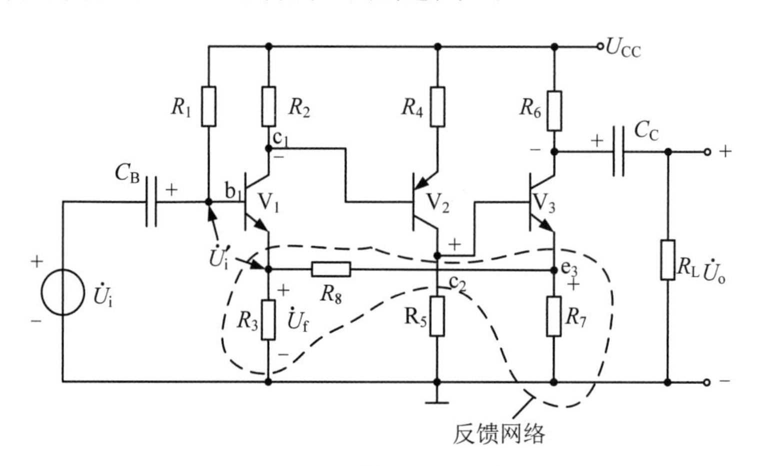

图 8.4.8　串联电流负反馈电路

(1) 输出短路 $\dot{U}_o=0$，反馈存在，电流。

(2) 输入量与反馈量不接于同一点，串联。

(3) 瞬时极性：b_1+，c_1-，c_2+，e_3+，$\dot{U}_i'=\dot{U}_i-\dot{U}_f<\dot{U}_i$，净输入减小，负反馈。

在深度负反馈条件下有 $\dot{U}_i\approx\dot{U}_f$，反馈网络入口电压为：$\dot{I}_{e3}[R_7\,/\!/\,(R_3+R_8)]$。令反馈支路上的电流为 $\dot{I}_f$，出口电压为 $\dot{U}_f$，则 $\dot{U}_f=\dot{I}_fR_3$，而 $\dot{I}_f=\dot{I}_{e3}[R_7\,/\!/\,(R_3+R_8)]/(R_3+R_8)$。整理得：$\dot{U}_f=\dot{I}_{e3}R_3\dfrac{R_7}{R_3+R_7+R_8}\approx\dot{U}_i$；故：$A_{uf}=\dfrac{\dot{U}_o}{\dot{U}_i}=\dfrac{I_{e3}\cdot R_L'}{U_f}=\dfrac{R_3+R_7+R_8}{R_3}\cdot\dfrac{R_L'}{R_7}$。

$\dot{U}_o$ 与 $\dot{U}_i$ 反相，因此应有：$A_{uf}=\dfrac{\dot{U}_o}{\dot{U}_i}=-\dfrac{R_3+R_7+R_8}{R_3}\cdot\dfrac{R_L'}{R_7}$。

4）并联电压负反馈

图 8.4.9 为三级直耦共射电路，第一、三级有局部直流串联电流负反馈，第二级有局部串联电流负反馈，大闭环反馈网络由 R_1、R_8 组成。判别：

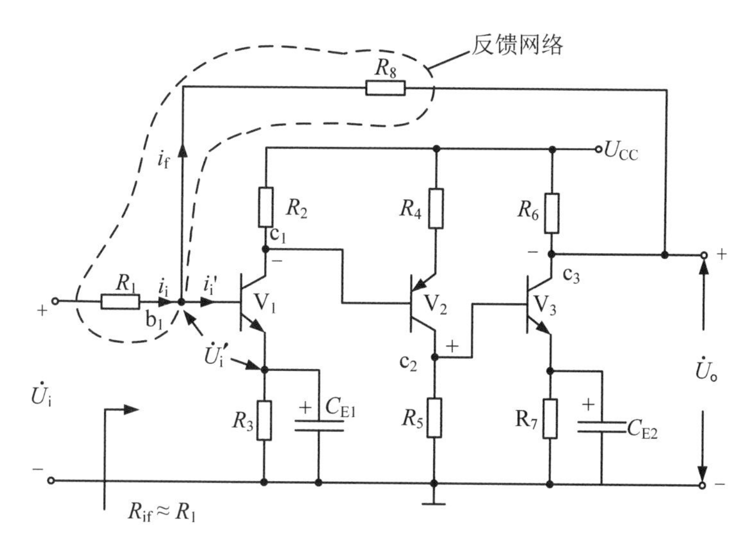

图 8.4.9　三级并联电压负反馈电路

（1）输出短路 $\dot{U}_o=0$，反馈消失，电压。

（2）输入量与反馈量接于同一点，并联。

（3）瞬时极性：b_1+，c_1-，c_2+，c_3-，$\dot{I}_f$ 从 b_1 流向 c_3，故 $\dot{I}_i'=\dot{I}_i-\dot{I}_f<\dot{I}_i$，负反馈。深度反馈条件下 $\dot{I}_i\approx\dot{I}_f$，$\dot{I}_i'\approx 0$，意指 $\dot{U}_i\approx 0$，有“虚地”效应。$\dot{I}_i\approx\dfrac{\dot{U}_i}{R_1}$，$\dot{I}_f=-\dfrac{\dot{U}_o}{R_8}$。故：$A_{uf}=\dfrac{\dot{U}_o}{\dot{U}_i}=-\dfrac{R_8}{R_1}$。

结论：同运放电路中的反相比例放大器，且具有相同的性能改善。

8.5　反馈放大器稳定性讨论

如前述负反馈放大器的优点较多，但也有两个主要缺点：

（1）增益减小，为了满足一定增益不得不增加级数。

（2）稳定性变差，放大电路中不可避免地存在着电抗元件（管内，分布，级间，负载），它会使输出信号中出现附加相移 $\Delta\varphi(j\omega)$，$\Delta\varphi(j\omega)$ 的存在是闭环放大器的主要不稳定因素。

8.5.1　负反馈放大器稳定工作的条件

通常，基本放大器的增益和反馈系数与频率相关，负反馈放大器的基本方程即为：

$$A_f(j\omega)=\frac{A(j\omega)}{1+A(j\omega)F(j\omega)} \tag{8.5.1}$$

一般，$A(j\omega)$ 在低频区和高频区不仅增益下降，还有超前和滞后的附加相位。不存在负反馈时 $F(j\omega)=F$，上式为：

$$A_{\mathrm{f}}(j\omega)=\frac{A(j\omega)}{1+A(j\omega)F} \tag{8.5.2}$$

当 $\dot{A}(j\omega)F=|A(j\omega)F|\angle\varphi(j\omega)=-1$ 时，上式等于无穷大。

即满足起振条件：

$$\begin{cases}|A(j\omega)|=1 & \text{振幅条件}\\ \Delta\varphi(j\omega)=\pm(2n+1)\pi & \text{相位条件}\end{cases} \tag{8.5.3}$$

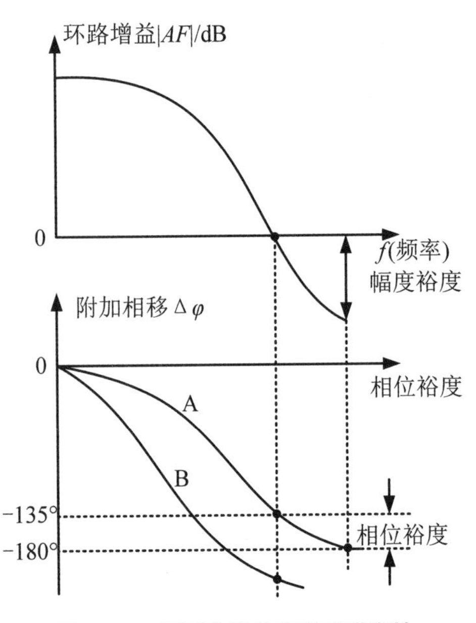

图 8.5.1　用环路增益来判断稳定性

闭环增益 $A_{\mathrm{f}}(j\omega)\to\infty$。其物理意义是：在某个频率点环路增益 $|A(j\omega)F|=\left|\frac{\dot{X}_{\mathrm{f}}}{\dot{X}_{\mathrm{i}}}\right|=1$；$|\dot{X}_{\mathrm{f}}|=|\dot{X}_{\mathrm{i}}|$，附加相移是 π 的奇数倍时，负反馈成了正反馈，这时即使没有 $\dot{X}_{\mathrm{i}}$，由 $\dot{X}_{\mathrm{f}}$ 提供也会产生 $\dot{X}_{\mathrm{o}}$，即失去了放大器的功能，而成了一个振荡器。(8.5.3)两式称为振荡起振的振幅和相位条件。反之，若要求放大器在希望的频带内稳定工作，则要求破坏两个起振条件之一。见图 8.5.1。

破坏相位条件：

$$\begin{cases}|A(j\omega)|=1\\ \Delta\varphi(j\omega)\leqslant-135^{\circ}\end{cases} \tag{8.5.4}$$

此时，振幅条件满足，而相位离开 -180° 尚有 -45°。-45° 称为相位裕度。

破坏振幅条件：

$$\begin{cases}|A(j\omega)|<1\\ \Delta\varphi(j\omega)=\pm180^{\circ}\end{cases} \tag{8.5.5}$$

此时，相位条件满足，而振幅条件由图 8.5.1 用环路增益来判断稳定性。$|A(j\omega)F|<1$(0 dB)，一般取 0.3(-10 dB)，-10 dB 称为振幅裕度。当环路增益小于 1 时，即使反馈信号与输入信号同相也不振。

8.5.2　利用开环增益的波特图来判别放大器的稳定性

我们以运放为例来说明，假定其开环特性 $A(jf)$ 为一个三极点放大器

$$A(jf)=\frac{A_{\mathrm{I}}}{\left(1+j\dfrac{f}{f_1}\right)\left(1+j\dfrac{f}{f_2}\right)\left(1+j\dfrac{f}{f_3}\right)}$$

其中低、中频区增益 $A_I=10^4$(80 dB)，三个极点 $f_1=1$ kHz，$f_2=10$ kHz，$f_3=100$ kHz。图 8.5.2(a)为其模 $|A(jf)|$ 和附加相移 $\Delta\varphi(j\omega)$，(b)为电路图。

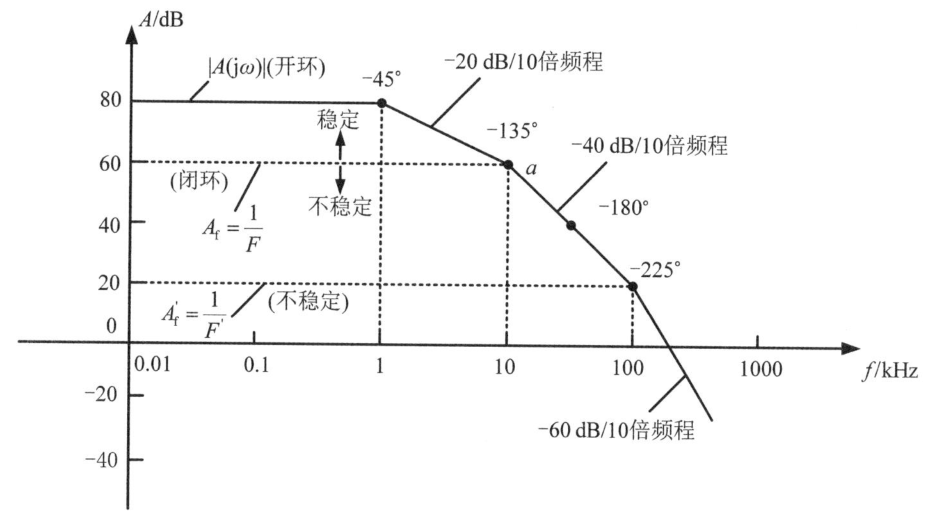

(a) 模为$A(jf)$的波特图

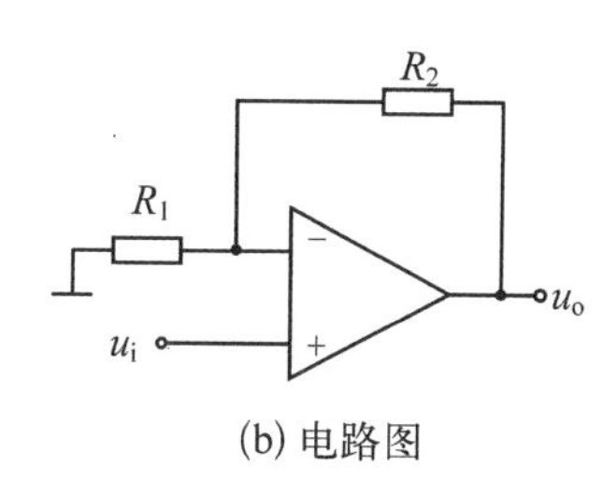

(b) 电路图

图 8.5.2　用开环特性波特图来判断放大器的稳定性

假定反馈系数与频率无关为 F，则闭环增益 $A_f(jf)=\dfrac{A(jf)}{1+A(jf)F}$。

(1) 在低，中频区 $|A_f(jf)F|\gg 1$，故有 $A_f(jf)\approx\dfrac{1}{F}=1+\dfrac{R_2}{R_1}$；

(2) 在高频区 $|A_f(jf)|$ 下降，若 $|A_f(jf)F|\ll 1$，则 $A_f(j\omega)\approx A(jf)$。

由上两条可见闭环特性与开环特性相交点处表示 $|A_f(jf)F|=1$，交点处对应的 $\Delta\varphi$ 落在 $-180°$ 表示可稳定工作，反之不稳定。由图中可见：

当 $|A_f(jf)|=10^3$(60 dB) 时，对应 $\Delta\varphi=-135°$，有相位裕度 45°，故能稳定工作。

当 $|A_f(jf)|\geqslant 10^3$ 时，$\Delta\varphi$ 在 $-45°$ 到 $-135°$ 之间，闭环放大器均能稳定工作。

当 $|A_f(jf)|=10^2$(40 dB) 时，对应 $\Delta\varphi=-180°$，即对应 $f=30$ kHz 处，可能振荡。

故当 $|A_f(jf)|<10^3$ 时，闭环放大器进入不稳区，即反馈越强，越不稳定。

8.5.3　常用消振方法——相位补偿法

从以上分析可知，负反馈越深，放大器性能改善越多，但也越容易振荡。为提高放大器在深度反馈下的稳定性，一般采用相位补偿法，来校正放大器的开环频率特性，破坏起振条件，以保证闭环后稳定工作。

补偿的目的：在保证一定增益和相位裕度前提下，获得较大闭环增益带宽积。补偿的指导思想：人为地将电路各极点间距离拉开，从而使相频特性斜率变缓。

补偿方法：① 电容滞后补偿。② 密勒效应补偿。此二法是将第一个极点向低端移。实现方便，但增益带宽积变小。③ 零极点对消法。极点系统引入一个与中间极点相同的零点，从而消去该极点，使一、三两极点成为距离较远的相邻极点。此方法实现较麻烦，但增益带宽积较上述两方法大。④ 导前补偿法。此方法是在反馈网络中引入一零点，使相位有一个导前量，从而使环路增益总相位导前一个角度，以破坏振荡条件。

下面我们以图 8.5.3 为例说明电容滞后补偿原理。

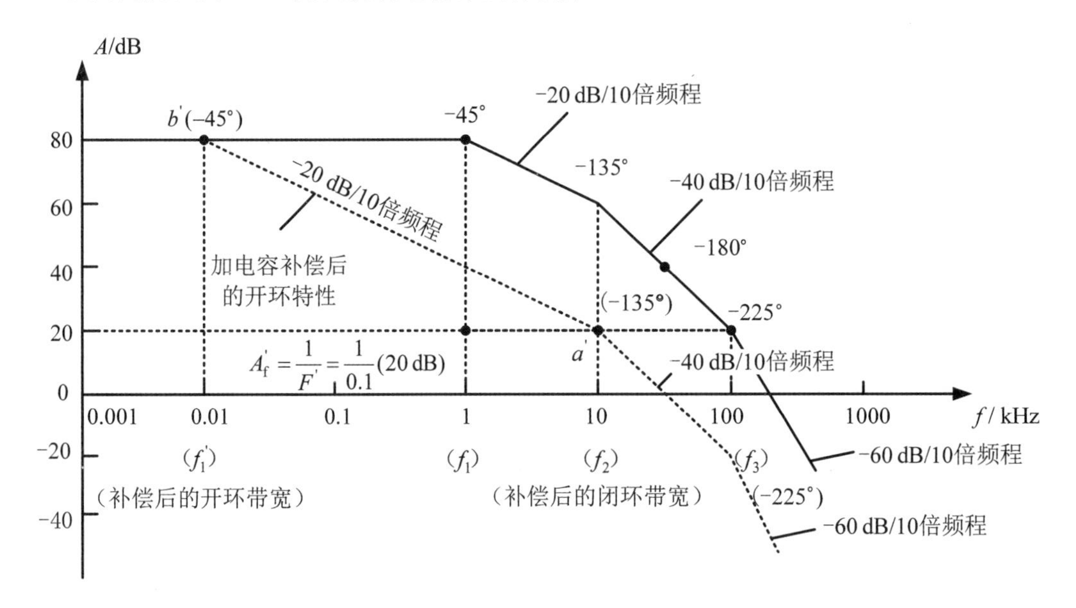

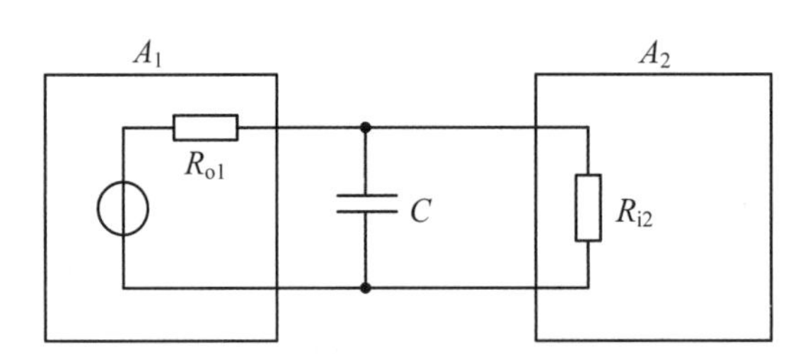

图 8.5.3　电容滞后补偿的开环频率特性波特图

这种方法用于分立元件负反馈放大器时，一般在频响最差（第一极点）的一级输出端并接补偿电容 C ，使第一极点向下移（高端增益下降多）。在集成电路中一般在该级的后一级输入、输出之间接一小电容，利用密勒效应减小电容量易于集成。这就是密勒效应补偿，本质一样。

从图 8.5.3 中分析可知闭环增益 60 dB 以上是稳定的。现要求闭环后增益为 20 dB 以上时也稳定。则为保证 45° 的相位裕量，可从 a 点向下引线交 20 dB 闭环增益线于 a' 点，过 a'

引－20 dB/10 倍频程交开环线于 b'。b' 为校正后的第一极点，a' 为第二极点。校正前的稳定增益带宽积为 $10^3 \times 10$ kHz，校正后为 10×10 kHz，由此可知单纯电容补偿是牺牲增益带宽积以换取稳定的。

采用相位补偿法除了电容滞后补偿外，常见的还有采用 RC 滞后补偿的零极点对消法，电路如图 8.5.4 所示，在时常数最大的一级放大器的输出端并接 RC 串联补偿网络(见图 8.5.4(a))，其输出等效电路如图 8.5.4(b)所示。令 $C \gg C_{i2}$(C_{i2} 为第二级的输入电容)，$R \ll R' = R_{o1} \mathbin{/\mkern-6mu/} R_{i2}$($R_{o1}$ 为第一级的输出电阻，R_{i2} 为第二级的输入电阻)，则简化电路如图 8.5.4(c)所示。其表达式为：

$$A(jf) = \frac{A_1\left(1 + j\dfrac{f}{f'_2}\right)}{\left(1 + j\dfrac{f}{f'_1}\right)\left(1 + j\dfrac{f}{f_2}\right)\left(1 + j\dfrac{f}{f_3}\right)} \tag{8.5.6}$$

其中：$f'_1 = \dfrac{1}{2\pi(R' + R)C}$，　$f'_2 = \dfrac{1}{2\pi RC}$

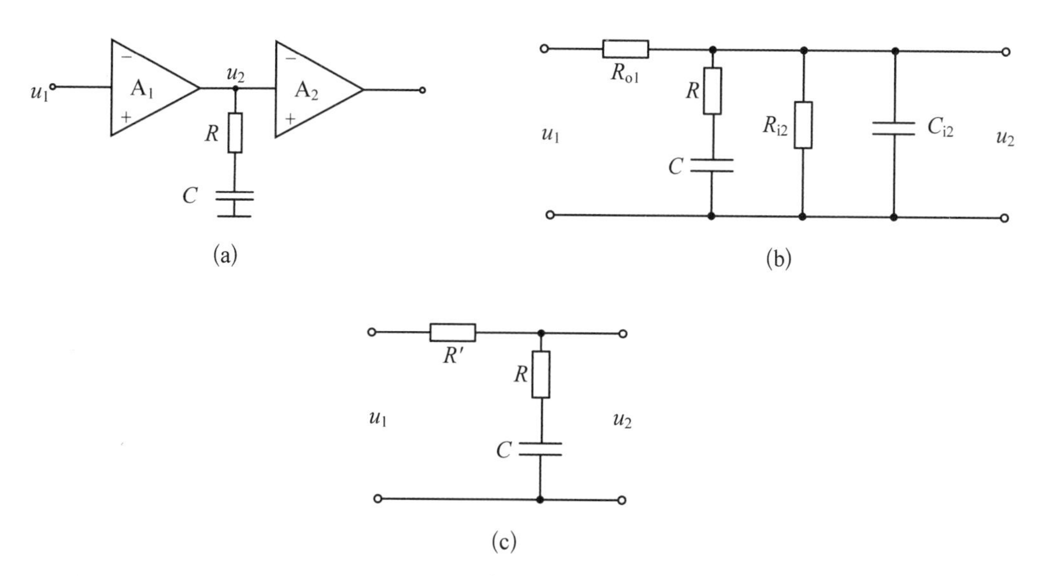

图 8.5.4　零极点相消的 *RC* 滞后补偿

选择 RC，使 $f'_2 = f_2$，即零点与极点相消，那么新的加 RC 补偿的开环增益表达式为：

$$A(jf) = \frac{A_1}{\left(1 + j\dfrac{f}{f'_1}\right)\left(1 + j\dfrac{f}{f_3}\right)} \tag{8.5.7}$$

得到对应的波特图如图 8.5.5 所示。对比后可发现后者频宽有所改善。如以 $F = 0.1$ 为例，为保证 45° 的相位裕度，新的开环带宽为 f'_1，闭环带宽为 f_3。

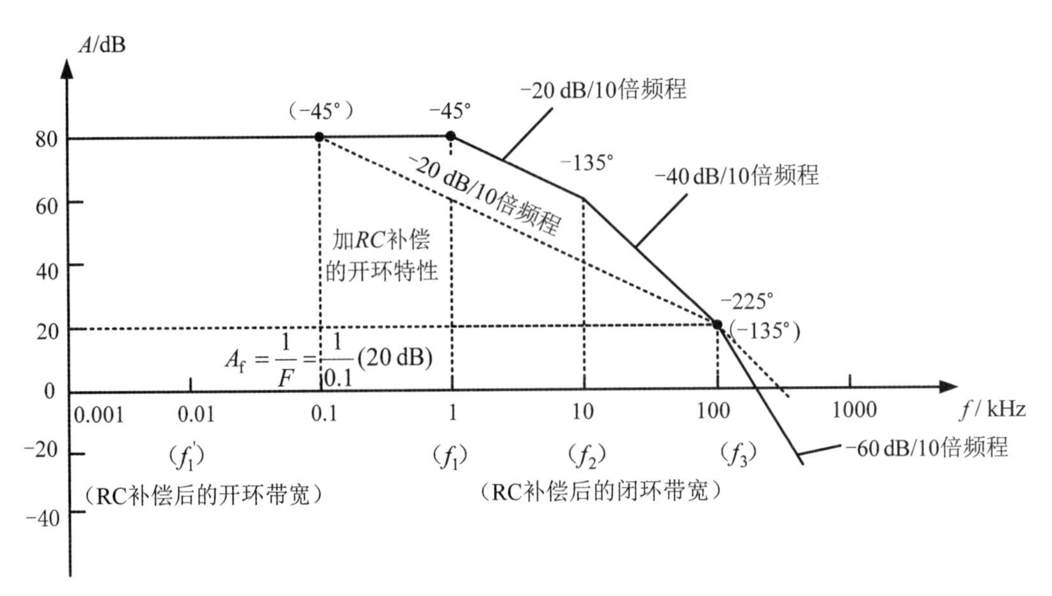

图 8.5.5 零极点相消的 *RC* 滞后补偿开环频率特性波特图

除此之外，还有密勒效应补偿法，导前补偿等。不同的方法，目的就是破坏自激振荡条件，从而保证放大器稳定工作。

【例题 8－5】 电路如图 8.5.6 所示，第一级场效应管电路放大倍数为 $A_{u1}(jf)=\dfrac{100}{\left(1+j\dfrac{f}{10\text{ kHz}}\right)\left(1+j\dfrac{f}{100\text{ kHz}}\right)}$，第二级运算放大器电路的放大倍数为 $A_{u2}(jf)=\dfrac{-10^3}{1+j\dfrac{f}{1\text{ kHz}}}$，问：

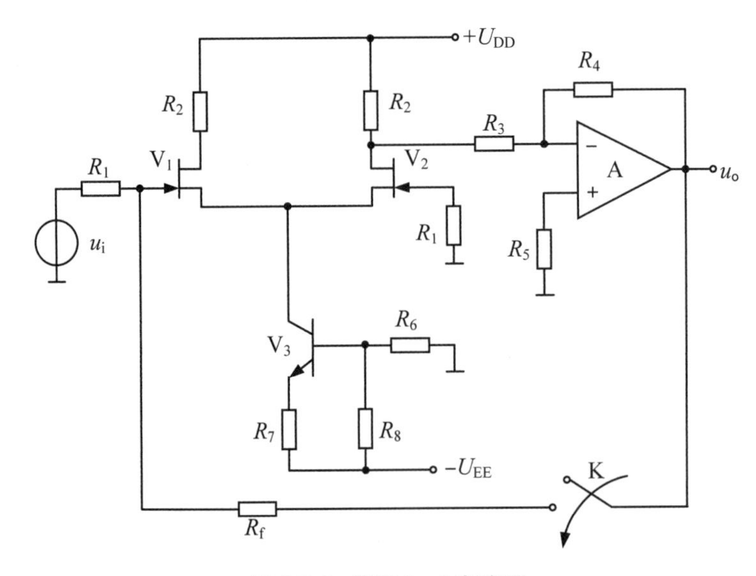

图 8.5.6 例题 8－5 电路图

(1) 当开关 K 打开时,画出整个电路的电压增益的幅频特性和相频特性的渐进波特图;

(2) 当开关 K 闭合时,整个电路引入何种反馈?

(3) 计算引入反馈后的闭环中频电压放大倍数(表达式)。

(4) 取 $R_1=1\ \text{k}\Omega$, $R_f=10\ \text{k}\Omega$ 时,考虑 45° 相位裕度,判断该电路稳定吗?若不稳定,如何处理?

解:(1) 当开关 K 打开时,整个电路由差分放大器与反相运算放大器构成二级放大器。整个电路的电压增益表达式为:

$$A_u(jf)=A_{u1}\cdot A_{u2}=\frac{-10^6}{\left(1+j\dfrac{f}{1\ \text{kHz}}\right)\left(1+j\dfrac{f}{10\ \text{kHz}}\right)\left(1+j\dfrac{f}{100\ \text{kHz}}\right)}$$

分别画出该表达式的幅频特性和相频特性的渐进波特图,见图 8.5.7

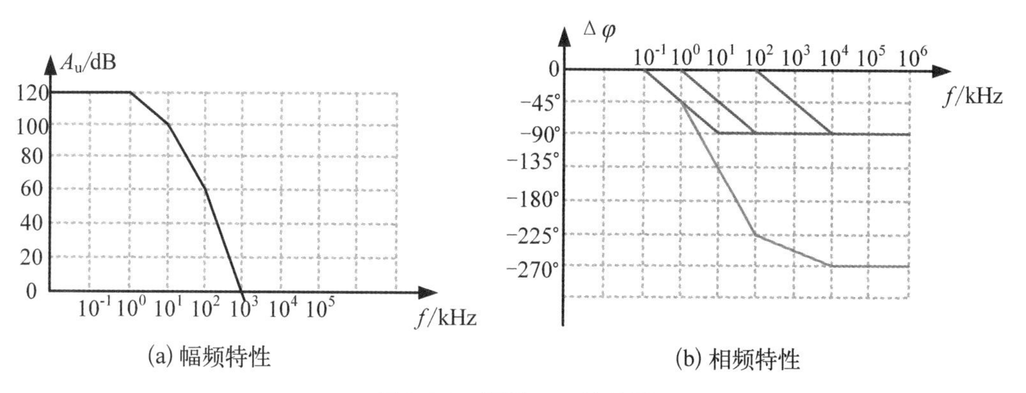

图 8.5.7 例题 8-5 波特图

(2) 当开关 K 闭合时,判断该电路中引入了电压并联负反馈,

(3) $A_u(jf)=-\dfrac{R_f}{R_1}$

(4) 取 $R_1=1\ \text{k}\Omega$, $R_f=10\ \text{k}\Omega$ 时,则 $|A_{uf}|=\left|\dfrac{1}{F}\right|=10(20\ \text{dB})$,对应相位超过 180°(见图 8.5.8),考虑 45° 相位裕度,则该电路若不稳定,可采取相位补偿方法。具体措施见文中描述。

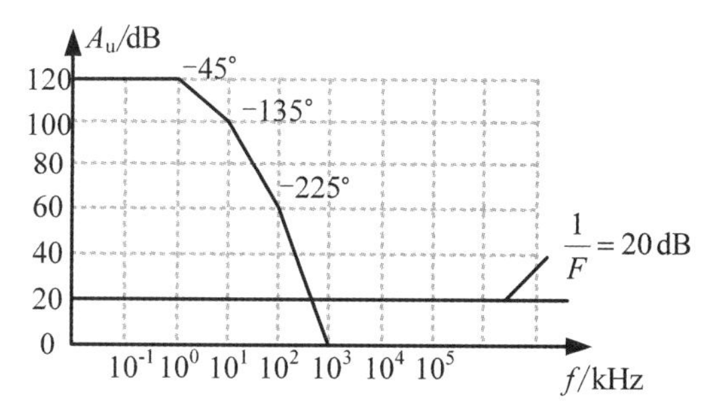

图 8.5.8 例题 8-5 波特图

思考题和习题

8.1 试判断题 8.1 图所示各电路中是否引入了反馈，是直流反馈还是交流反馈，是正反馈还是负反馈，假设各电路中电容的容抗可以忽略。

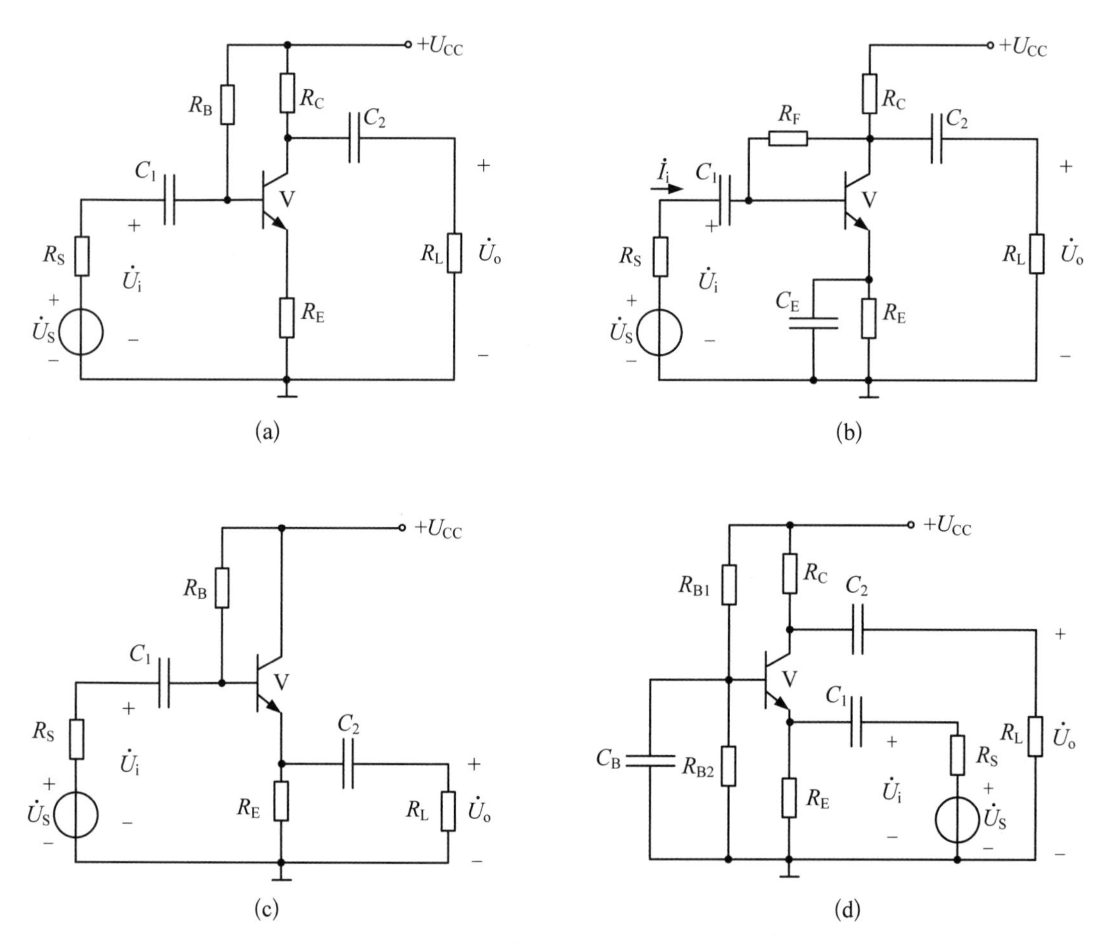

题 8.1 图

8.2 分别判断题 8.1 图所示各电路中引入了哪种组态的交流负反馈。

8.3 试判断题 8.3 图所示各电路是正反馈还是负反馈，若为负反馈，试分析反馈的组态。假设各电路中电容的容抗可以忽略。

8.4 某放大电路的开环放大倍数 A 的相对变化量为 25%，闭环放大倍数 A_f 的相对变化量不超过 1%，且已知闭环放大倍数为 100，问开环放大倍数 A 和反馈系数 F 各应取多大？

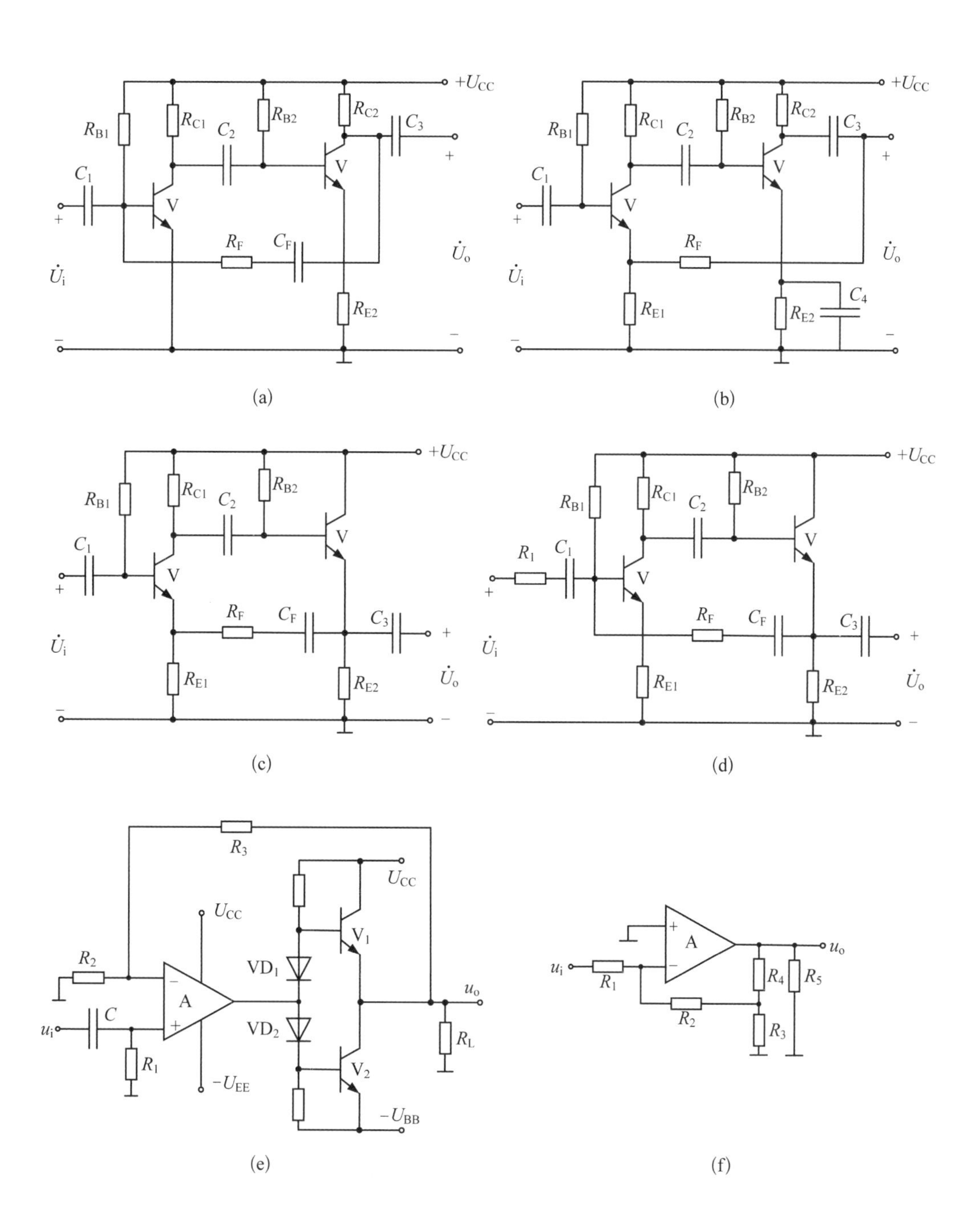

+U_CC
R_B1
R_C1
C_2
R_B2
R_C2
C_3
C_1
V
R_F
C_F
R_E1
R_E2
C_4
U_i
U_o
R_1
(a)
(b)
(c)
(d)
R_3
U_CC
-U_EE
R_2
A
C
R_1
VD_1
VD_2
V_1
V_2
-U_BB
u_i
u_o
R_L
(e)
R_4
R_5
(f)

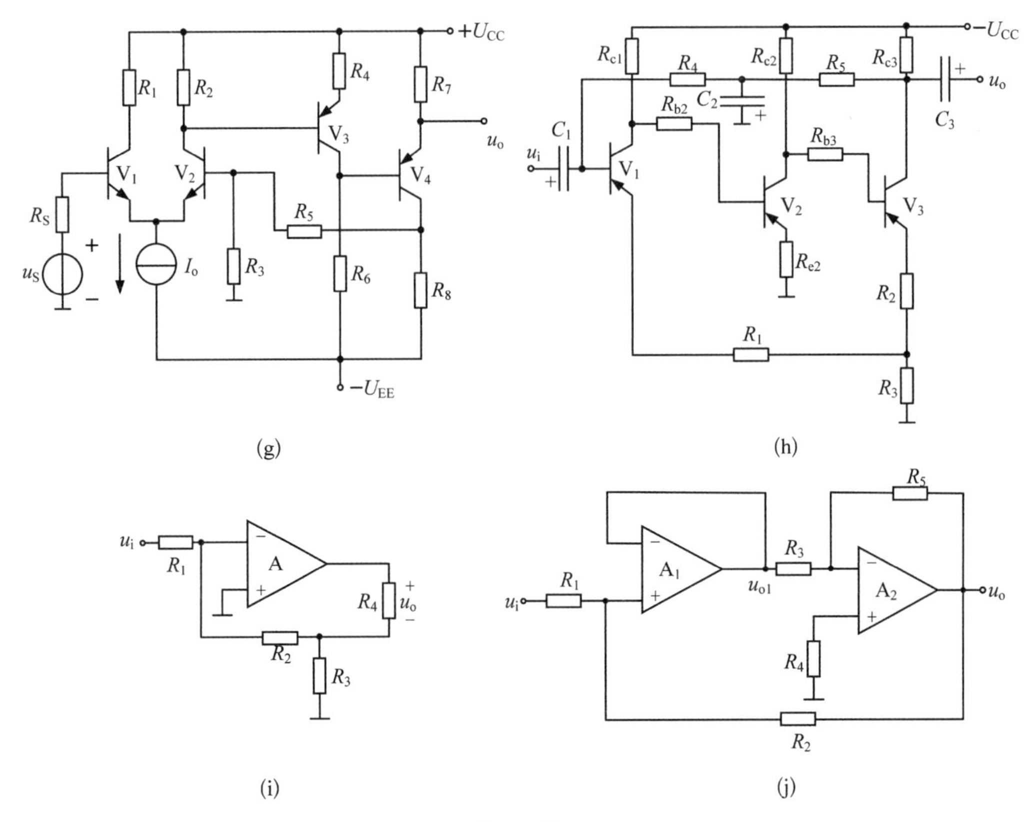

题 8.3 图

8.5 一个无反馈放大器，当输入电压为 0.028 V，并允许有 7%的二次谐波失真时，基波输出电压为 36 V，问：

(1) 若把输出的 1.4%接成负反馈到输入端，且保持此时的输入不变，问输出基波电压等于多少？

(2) 如果维持基波输出仍然为 36 V，但要求二次谐波失真下降到 1%，问此时输入电压等于多少？

8.6 设单管共射放大电路中电压放大倍数为 $A_u(jf)=\dfrac{A_{uI}}{\left(1+j\dfrac{f}{f_H}\right)\left(1-j\dfrac{f_L}{f}\right)}$。在无反馈时的 $A_{uI}=-100$，$f_L=30$ Hz，$f_H=3$ kHz。若反馈系数 $F=0.1$，问闭环后的 $A_{ufI}=?$ $f_{Lf}=?$ 和 $f_{Hf}=?$

8.7 设题 8.3 图所示电路中判断为交流负反馈的电路，均满足深度负反馈条件，试分别估算它们的电压放大倍数 A_{uf}。

8.8 在题 8.3 图所示的负反馈电路中，试说明哪些反馈能够稳定输出电压，哪些能够稳定输出电流，哪些能够提高输入电阻，哪些能够降低输出电阻。

8.9 选择题：

交流负反馈的四种组态分别为：

A. 电压串联负反馈　　　　　　　　　　B. 电压并联负反馈

C. 电流串联负反馈　　　　　　　　　　D. 电流并联负反馈

(1) 实现电流-电压转换电路,应在放大电路中引入________;

(2) 实现电压-电流转换电路,应在放大电路中引入________;

(3) 为了减小电路从信号源索取的电流,同时增大带负载能力,应在放大电路中引入________;

(4) 为了从信号源获得更大的电流,同时稳定输出电流,应在放大电路中引入________。

8.10 选择题：A. 电压　　B. 电流　　C. 串联　　D. 并联

(1) 引入________负反馈,可以稳定放大电路的输出电压;

(2) 引入________负反馈,可以稳定放大电路的输出电流;

(3) 引入________负反馈,可以增大放大电路的输入电阻;

(4) 引入________负反馈,可以减小放大电路的输入电阻;

(5) 引入________负反馈,可以增大放大电路的输出电阻;

(6) 引入________负反馈,可以减小放大电路的输出电阻。

8.11 电路如题8.11图所示。试问:

(1) 反馈电路连接合理否？为发挥反馈效果,两个电路对信号源内阻有何要求？

(2) 当信号源内阻变化时,哪个电路输出电压稳定性好？哪个电路源电压增益的稳定能力强？

(3) 当负载变化时,哪个电路输出电压稳定性好？哪个电路源电压增益的稳定能力强？

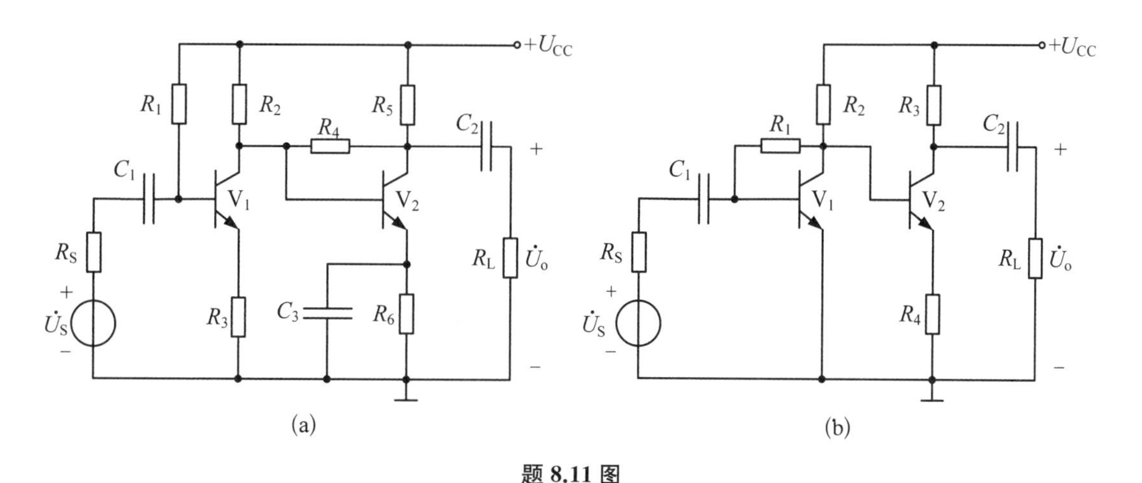

题8.11图

8.12 电路如题8.12图所示,判断电路引入了何种反馈？计算在深度负反馈条件下的电压放大倍数 A_{uf} =?

8.13 电路如题8.13图所示,问:

(1) 判断该电路引入了何种反馈？

(2) 该电路的输入、输出电阻是如何变化的？是增大还是减小？

(3) 计算在深度负反馈条件下的电压放大倍数 A_{uf} =?

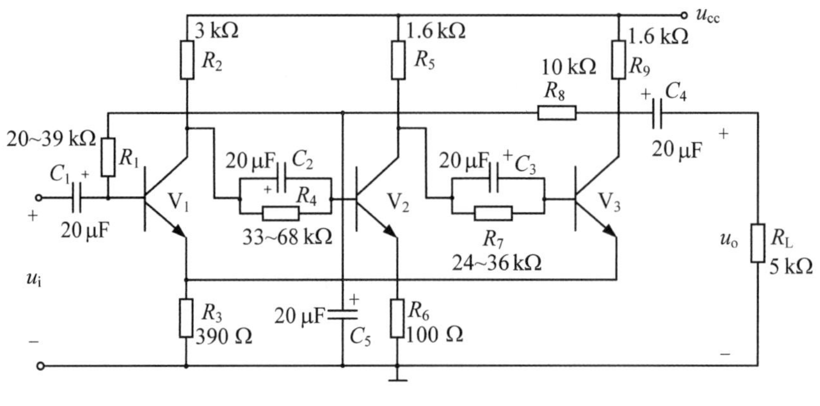

题 8.12 图

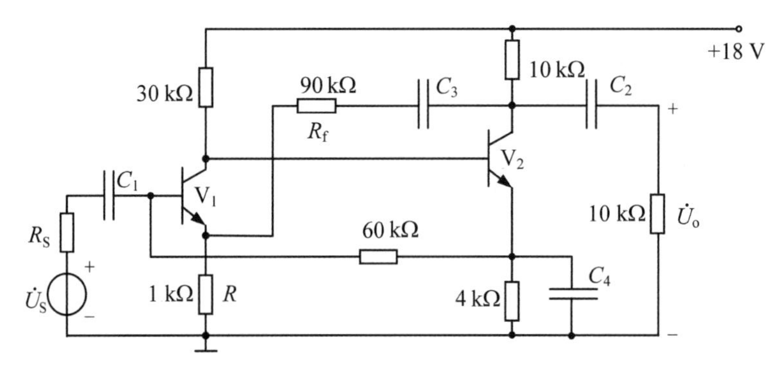

题 8.13 图

8.14 电路如题 8.14 图所示，问：

(1) 该电路引入了何种反馈？反馈元件有哪些？

(2) 稳压管的作用是什么？

(3) 在深度负反馈条件下，该电路的电压放大倍数 $A_{uf}=$?

(4) C_3 的作用是什么？C_3 换成 4 700 pF$/\!/$10 μF，对放大器有何影响？

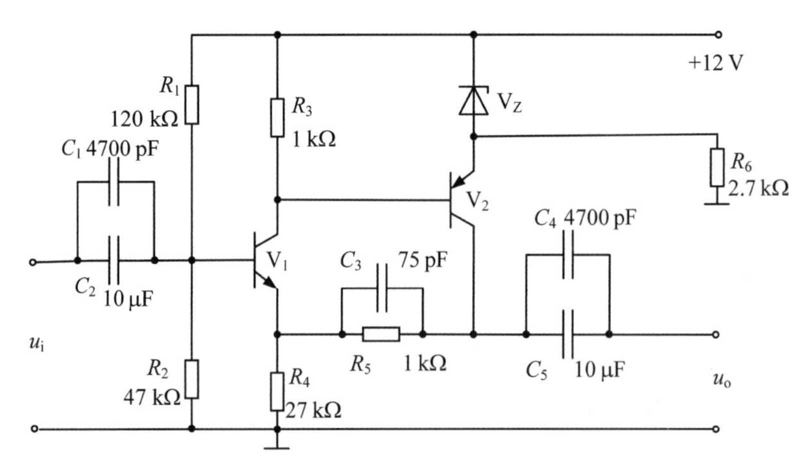

题 8.14 图

8.15　电路如题8.15图所示，问：

(1) 该电路引入了何种反馈？反馈元件有哪些？

(2) 该电路的开环增益 $A_u=$? （已知该电路的 β、r_{be} 等参数）

(3) 在深度负反馈条件下，该电路的闭环增益 $A_{uf}=$?

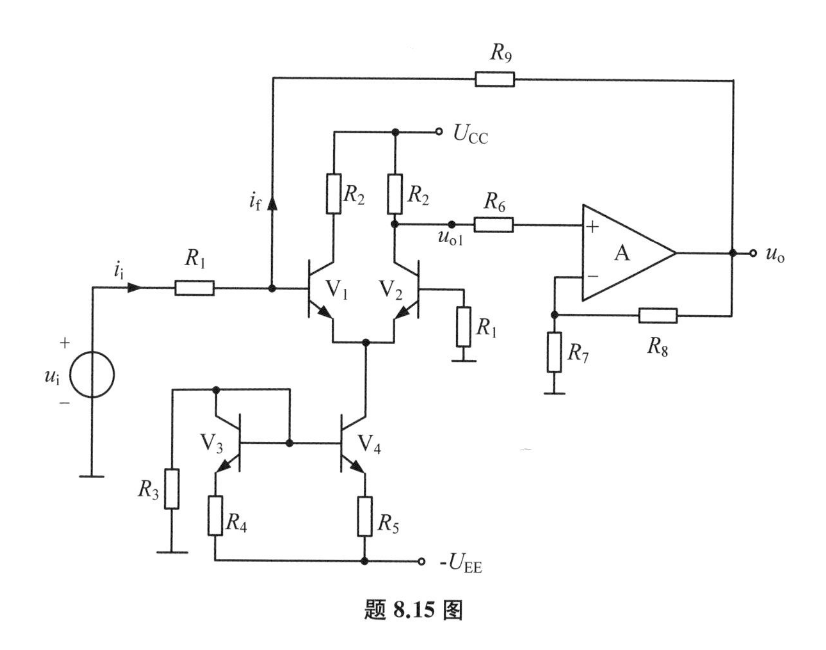

题8.15图

8.16　某放大器的开环幅频特性如题8.16图所示。

(1) 当施加 $F=0.001$ 的负反馈时，此时该反馈放大器能否稳定工作？此时的相位裕度为多少？

(2) 若要求闭环增益为40 dB，为保证此时的相位裕度大于等于45°，试画出电容补偿后的开环幅频特性曲线。

(3) 指出补偿后的开环带宽 $BW=$? 闭环带宽 $BW_f=$?

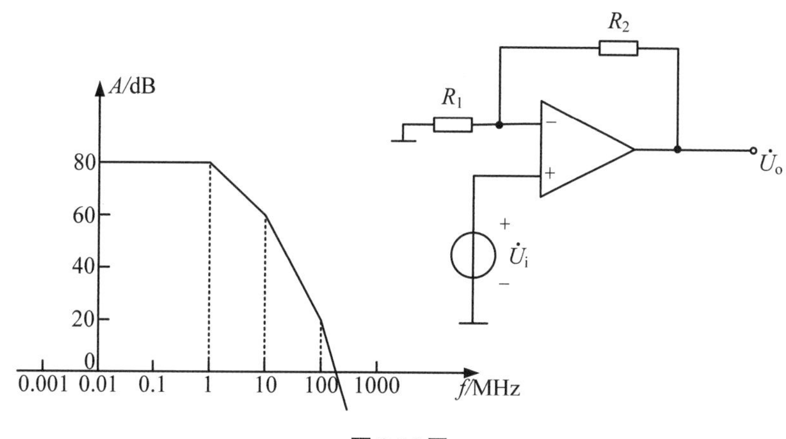

题8.16图

8.17 已知反馈放大器的环路增益为：$A_u(j\omega)F=\dfrac{40F}{\left(1+j\dfrac{\omega}{10^6}\right)^3}$

(1) 若 $F=0.1$，放大器是否会自激？

(2) 该放大器不产生自激振荡，所允许的最大 F 应为何值？

(3) 若要求有 45° 相位裕度，则最大 F 应为何值？

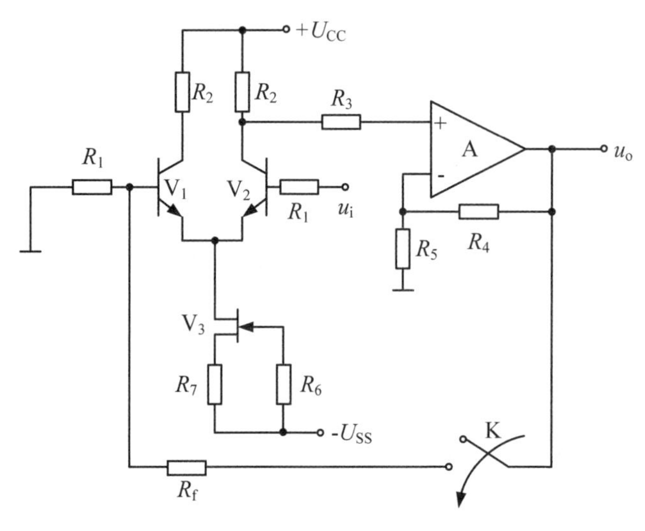

题 8.17 图

8.18 已知三极管放大器的电压放大倍数为 $A_{u1}(jf)=\dfrac{10}{\left(1+j\dfrac{f}{1\ \text{kHz}}\right)\left(1+j\dfrac{f}{100\ \text{kHz}}\right)}$，

运算放大器的电压放大倍数为 $A_{u2}(jf)=\dfrac{10^3}{1+j\dfrac{f}{0.1\ \text{kHz}}}$，

(1) 当开关 K 打开时，该电路的中频电压增益为多少？

(2) 当开关 K 打开时，画出该电路的电压增益的幅频特性和相频特性渐进波特图；

(3) 当开关 K 闭合时，整个电路引入何种反馈？

(4) 计算引入反馈后的闭环放大倍数(表达式)；

(5) 取 $R_1=1\ \text{k}\Omega$，$R_f=10\ \text{k}\Omega$ 时，考虑 45° 相位裕度，判断该电路稳定吗？若不稳定，分别采取简单电容补偿和零极点相消补偿方法，画出补偿后的幅频特性波特图。

第 9 章

电压比较器及信号产生电路

本章提要： 在电路中引入非线性器件，如引入晶体管并使其工作在电流方程描述的非线性范围内，引入二极管并使其在导通状态和截止状态之间不断变化等，可以设计出符合目标要求的非线性应用电路以实现特定功能，如电压比较器、波形产生器等。本章将重点说明电压比较器、各类波形信号发生器的组成原理和电路分析。

9.1 电压比较器

电压比较器是一类重要的模拟集成电路，广泛用于"电压比较""电平鉴别""波形产生""波形整形""脉冲调宽"及"模数转换"等。电压比较器的主要功能是对输入信号电压进行鉴幅与比较的电路，即依据输入电压是大于还是小于参考电压来确定其输出状态。根据电压的传输特性，常见的电压比较器有单限比较器、滞回比较器和窗口比较器。需要注意，电压比较器在开环运用或引入正反馈时，没有负反馈作用下的"虚短""虚地"概念，集成运放工作在限幅区。

9.1.1 电压比较器的基本特性

电压比较器是用电压传输特性来描述的，电压传输特性是用来描述输出电压 u_o 与输入电压 u_I 的函数关系 $u_o=f(u_I)$ 的曲线。输入电压 u_I 是模拟信号，输出电压 u_o 则只有两种可能的状态：高电平 U_{oH} 或低电平 U_{oL}，用以表示比较的结果。使 u_o 从 U_{oH} 跃变为 U_{oL}，或者从 U_{oL} 跃变为 U_{oH} 的输入电压称为阈值电压或转折电压，记作 U_T。

电压传输特性的三个要素：

(1) 输出电压高电平 U_{oH} 和输出电压低电平 U_{oL}；

(2) 阈值电压的数值 U_T；

(3) 输入电压过阈值电压时输出电压跃变的方向。

电压比较器是最简单的模/数转换电路，即从模拟信号转换成一位二值信号的电路。它的输出表明模拟信号是否超出预定范围，因此报警电路是其最基本的应用。

1. 高电平 (U_{oH}) 和低电平 (U_{oL})

比较器有专门的集成电路可供选择，也可用运放构成，这时高、低电平约为 $U_{oH}=U_{CC}$，$U_{oL}=-U_{EE}$，如图 9.1.1 所示。有些应用情况，对输出加以限幅，要求对称输出可用双向稳压管，不对称输出可用两个不同稳定电压的稳压管背向串接，或相应方法，见图 9.1.2。

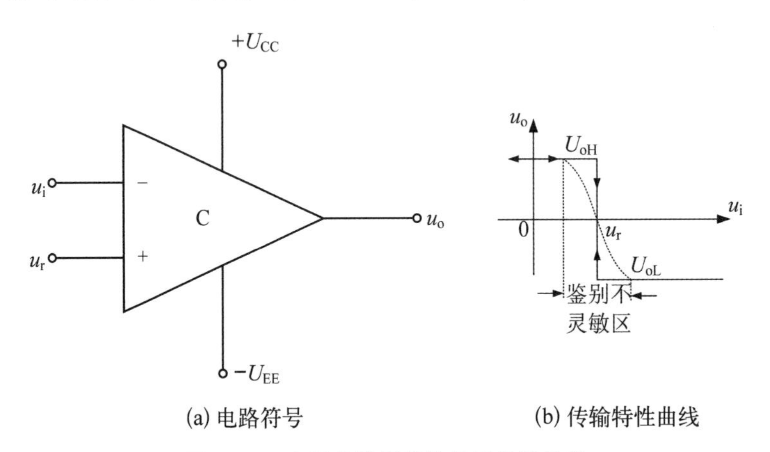

(a) 电路符号　　(b) 传输特性曲线

图 9.1.1 电压比较器的符号及传输特性

2. 鉴别灵敏度

由于运放开环增益 $A_{ud}\neq\infty$，而 $u_{id}=u_r-u_i$，$\pm u_o=u_{id}A_{ud}=(u_r-u_{id})A_{ud}$，$u_i=u_r\pm u_o/A_{ud}$，所以比较器的传输特性：

当 $u_i>u_r$ 为低；当 $u_i<u_r$ 为高；当 $u_i\approx u_r$ 时，在 u_r 附近有一个 $\pm\dfrac{u_o}{A_{ud}}$ 的不灵敏区(转换不干脆)，A_{ud} 越大，不灵敏区越小，如图 9.1.1(b)所示。

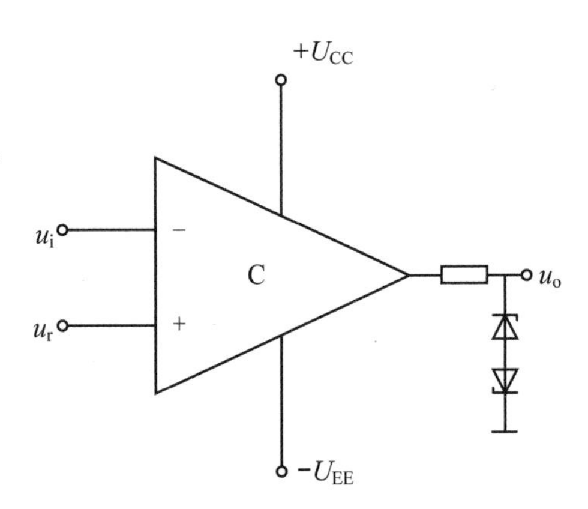

图 9.1.2 输出限幅电路

3. 转换速度

比较器的另一个重要特性就是转换速度，即比较器输出状态从高转到低或反之所需要的时间，时间越小则表明转换速度越快，越有利于高速信号的比较。该速率与运放的压摆率 SR 和全功率带宽相关，SR 越大，转换速度越快。

9.1.2 单限电压比较器

如图 9.1.1(a)给出了一种电路结构简单的电压比较器，它实质上是一个处于开环工作状态的集成运放，输入信号 u_i 加到反相输入端，参考电压 u_r 加到同相输入端，则电路的电压传输特性，如图 9.1.1(b)所示。

显然，该比较器的输出电压 u_o 由一种状态跃变为另一种状态时，相应的输入电压 $u_i=u_r$，称为阈值电压 U_T。 由于电路只有一个阈值电压，故称为单限比较器。如果阈值电压等于零，则可称为过零比较器，电路和传输特性如图 9.1.3 所示。当然，输入电压可采用反相输入方式，也可采用同相输入方式，但需要注意，两者的传输特性是不同的。

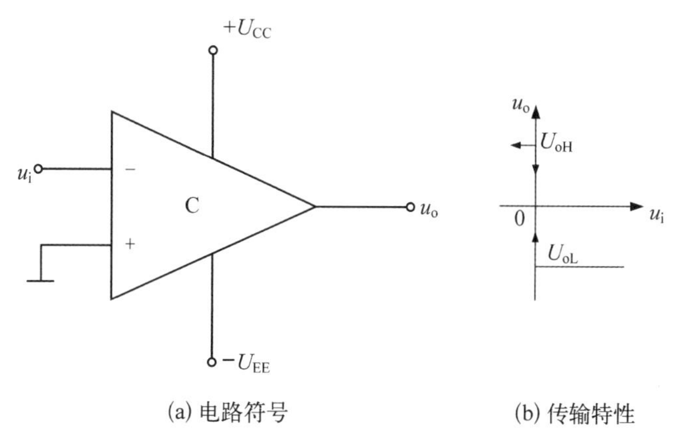

(a) 电路符号　　(b) 传输特性

图 9.1.3　过零电压比较器

该电路可用于实现过零检测（计转换次数），也可用于"整形"，将不规则信号整形成方波，波形见图 9.1.4(a)。

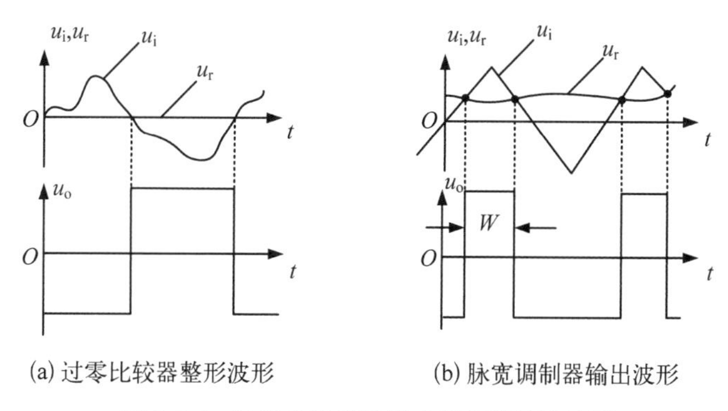

(a) 过零比较器整形波形　　(b) 脉宽调制器输出波形

图 9.1.4　过零比较器及脉宽调制器输出波形

若参考信号 u_r 不是直流量，而是三角波，而 u_i 为一缓变信号，如温度、压力传感器的输出信号等，则输出方波的宽度随 u_i 而变化，波形见图 9.1.4(b)，该电路可用作脉宽调制，有利于实现缓变信号的长距离传输。

除上述电路外，单限比较器还有其他电路形式，如图 9.1.5 所示。由于输入电压和参考电压接成求和电路的形式，故这种比较器又称为求和型单限比较器。

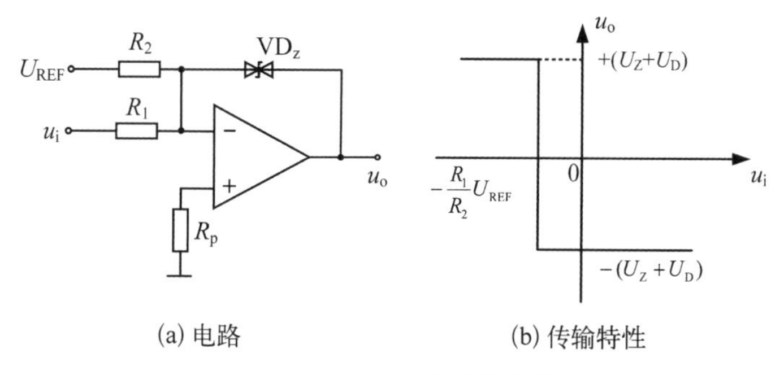

(a) 电路　　(b) 传输特性

图 9.1.5　求和型单限比较器

由图 9.1.5(a)可见，两个“背靠背”的稳压管接在了反相端与输出端之间，在 $u_o > U_Z + U_D$ 情况下（U_Z 为稳压管的稳定电压，U_D 为稳压管的正向压降），当输出端为高电平时，左边的稳压管反向击穿，右边的稳压管正向导通，于是引入了一个深度负反馈，使运放的反相端为“虚地”，故输出端的高电平为 $+(U_Z+U_D)$；当输出端为低电平时，右边的稳压管反向击穿，左边的稳压管正向导通，则输出端的低电平为 $-(U_Z+U_D)$。所以，如此连接的两个背靠背的稳压管仍然起到了限幅作用。

还可以看出，运放的同相端电位为零，所以，当输入电压变化时，若使反相端的电位为零，则输出端的状态将发生跃变。据此，可求得电路的阈值电压。令

$$\frac{R_2}{R_1+R_2}u_i+\frac{R_1}{R_1+R_2}U_{REF}=0 \tag{9.1.1}$$

于是，可得电路的阈值电压为

$$U_T=u_i=-\frac{R_1}{R_2}U_{REF} \tag{9.1.2}$$

求和型单限比较器的传输特性如图 9.1.5(b)所示。

【例题 9－1】 电路如图 9.1.6 所示，当输入信号为如图 b 所示的正弦波时，定性画出 u_o，u_o'，u_L 各自的波形。

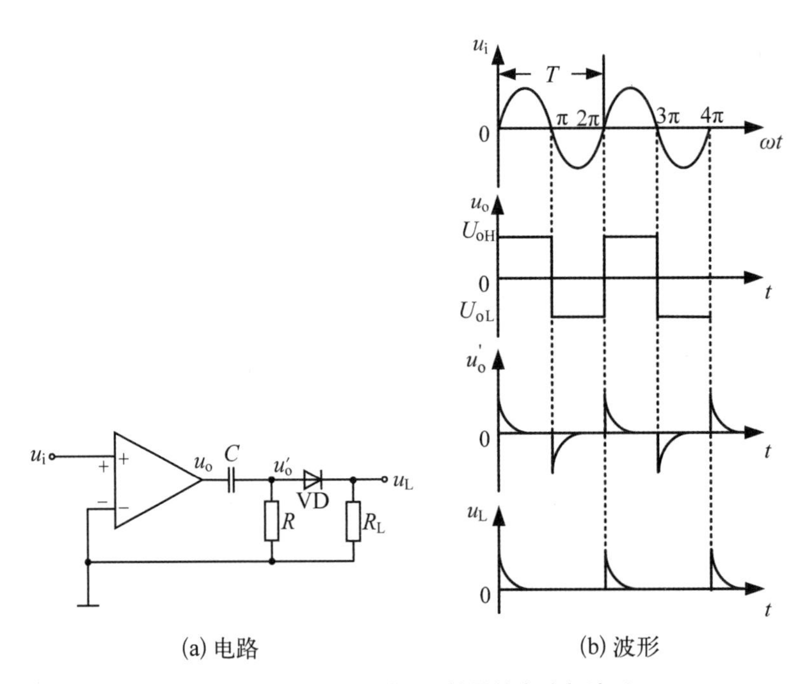

(a) 电路　　　　(b) 波形

图 9.1.6　运放构成过零比较器的电路与波形

解：由于运放的反相端接地，故运放构成过零比较器，RC 为微分电路（设 $RC \ll T$），VD 为限幅功能。波形如图 9.1.6(b)所示。

9.1.3 迟滞比较器——双稳态触发器

简单比较器在应用中存在两个常见的问题，如图 9.1.7，图中给出了一个简单的过零比较器。输入电压 u_i 过零时，输出电压 u_o 在高电平 ($U_{oH} \approx U_{CC}$) 和低电平 ($U_{oL} \approx -U_{EE}$) 之间翻转用来表示 u_i 大于 0 或者小于 0。由于实际情况下，若输入 u_i 受噪声和干扰影响，反映到 u_o 中，则会产生判别错误，如图 9.1.7(a)所示。

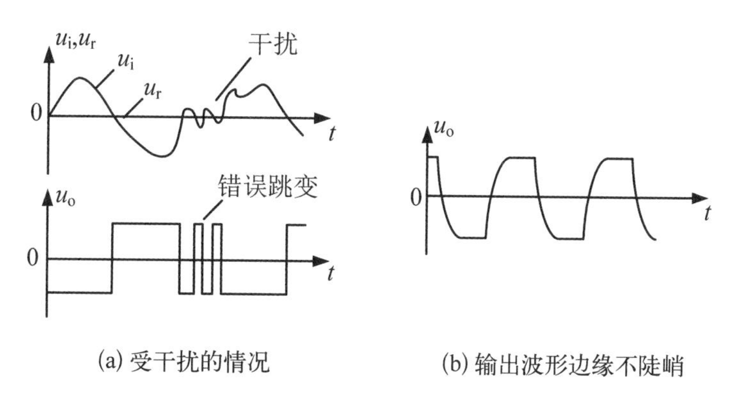

(a) 受干扰的情况 (b) 输出波形边缘不陡峭

图 9.1.7 简单比较器输出波形边缘不陡峭及受干扰的情况

另外比较器的高低电平转换时间受压摆率 *SR* 的影响，翻转速度有限，u_o 在 U_{oH} 和 U_{oL} 之间渐变而非跳变，使得输出波形 u_o 的上升沿和下降沿不够陡峭。如图 9.1.7(b)所示。

为解决上述问题，可在电路中引入正反馈，使得 u_i 与反馈网络提供的参考电压 u_r 比较。u_r 非零且随着 u_o 的变化而变化，避免 u_i 中的干扰造成的误差。同时，正反馈可以加速比较器的翻转速度，改善高速比较时 u_o 波形的边缘形状，提高信号质量。

1. 反相输入的迟滞比较器

电路如图 9.1.8(a)所示。电路中 VZ_1，VZ_2 是带温度补偿的双向稳压管，对于每个管子，一般反向时有 $U_{VZ1} = U_{VZ2}$，正向时有 $U_{Vd1} = U_{Vd2}$，故 $U_{VZ1} + U_{Vd1} = U_{VZ2} + U_{Vd2}$，令 $U_{VZ1} + U_{Vd1} = U_{VZ2} + U_{Vd2} = U_Z$。稳压管与 R 构成输出双向限幅电路，使 $U_o = \pm U_Z$。R_1 与 R_2 引入正反馈，反馈系数：

$$F_{正} = \frac{U_f}{U_o} = \frac{R_1}{R_1 + R_2} \tag{9.1.3}$$

信号电压 u_i 加在反相端，当 $u_i < 0$ 时，$u_o = U_{oH} = +U_Z$，而

$$U_+ = U_{r1} = U_{f1} = F_{正} U_{oH} = \frac{R_1}{R_1 + R_2} U_Z \tag{9.1.4}$$

当 u_i 由负逐渐向正变化且 $u_i = U_{r1}$ 时，u_o 将开始由高变低，对应的电压称上门限电压 U_{TH}，即

$$U_{TH} = U_{r1} = \frac{R_1}{R_1 + R_2} U_{oH} \tag{9.1.5}$$

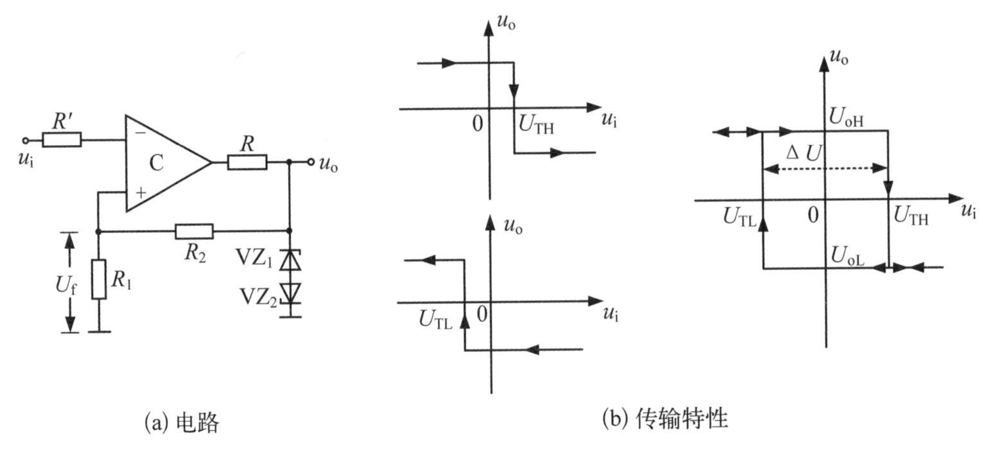

(a) 电路

(b) 传输特性

图 9.1.8 反相迟滞比较器电路及传输特性

而后 u_i 再增大，u_o 将保持低电平 $U_{oL}=-U_Z$，相应的参考电压也将变为

$$U_{r2}=U_f=F_{正}U_{oL}=-\frac{R_1}{R_1+R_2}U_Z=-U_{TL} \quad (9.1.6)$$

可见当 u_i 由正变负时，比较电平是 U_{r2}，当 u_i 比 U_{r2} 更高时，u_o 才由低变高。U_{r2} 称作下门限电压 U_{TL}，由此其传输特性如图 9.1.8(b)，由于其传输特性像磁性材料的迟滞回线，故又称作迟滞比较器，上、下门限电压之差称作回差 ΔU，该电路的输出与输入波形见图 9.1.9 所示。

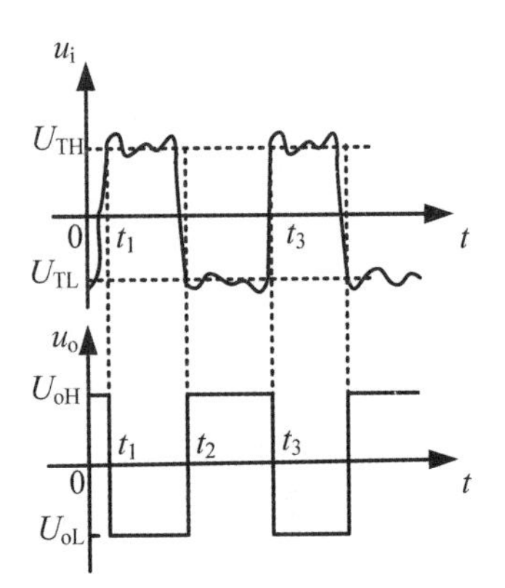

图 9.1.9 反相迟滞比较器的输入与输出波形

$$\Delta U=U_{TH}-U_{TL}=\frac{2R_1}{R_1+R_2}U_Z \quad (9.1.7)$$

该电路的优点：若 u_i 上叠加有干扰，当干扰幅度小于 ΔU 时，干扰不起作用，电路的抗干扰能力提高了。同时存在的缺点：当 u_i 的峰值小于上、下门限电压时，比较器的输出电平不转换，灵敏度降低了。迟滞比较器又称为施密特触发器或双稳态电路，两个输出状态都与过去的输入有关，具有记忆功能。

2. 同相输入的迟滞比较器

如图 9.1.10 所示，输入信号 u_i 与反馈电压(比较器参考电压) u_r 都加至同相端，输入反相端接地，同相端的电压 u_+ 是由 u_o 和 u_r 共同决定的，比较器将与反相端的输入电压 u_i 比较，以决定 u_o 的取值。故当 $u_+=u_-=0$，输出状态才转换，即输入电压与反馈电压在同相端的叠加值为零。

当 $u_i<0$ 时，由于其从同相端输入且小于两个门限电压，所以 $u_o=U_{oL}=-U_Z$，比较器的输出跳变发生在 u_+ 过 0，

$$u_+=\frac{R_2}{R_1+R_2}u_i+\frac{R_1}{R_1+R_2}U_{oL}=0 \quad (9.1.8)$$

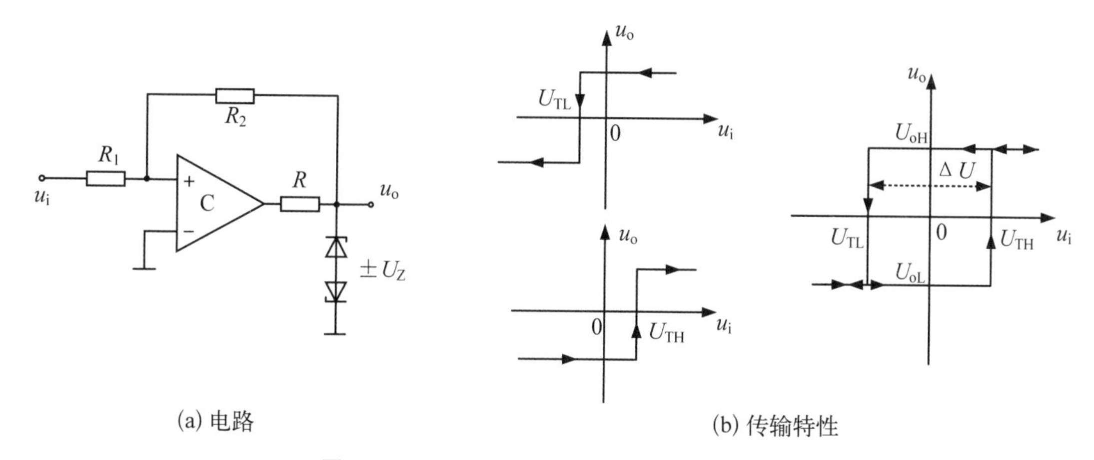

图 9.1.10　同相迟滞比较器电路及其传输特性

即得到上门限电压：

$$u_i = U_{TH} = -\frac{R_1}{R_2}U_{oL} = \frac{R_1}{R_2}U_Z \tag{9.1.9}$$

当 $u_i > U_{TH}$ 时，u_o 从 U_{oL} 跳变到 $U_{oH} = U_Z$，比较器的输出再次改变，此时

$$u_+ = \frac{R_2}{R_1+R_2}u_i + \frac{R_1}{R_1+R_2}U_{oH} = 0 \tag{9.1.10}$$

得到下门限电压：

$$u_i = U_{TL} = -\frac{R_1}{R_2}U_{oH} = -\frac{R_1}{R_2}U_Z \tag{9.1.11}$$

可见该电路的上、下门限电压分别为：

$$U_{TH} = \frac{R_1}{R_2}U_Z,\quad U_{TL} = -\frac{R_1}{R_2}U_Z \tag{9.1.12}$$

该电路的输出与输入波形见图 9.1.11 所示。

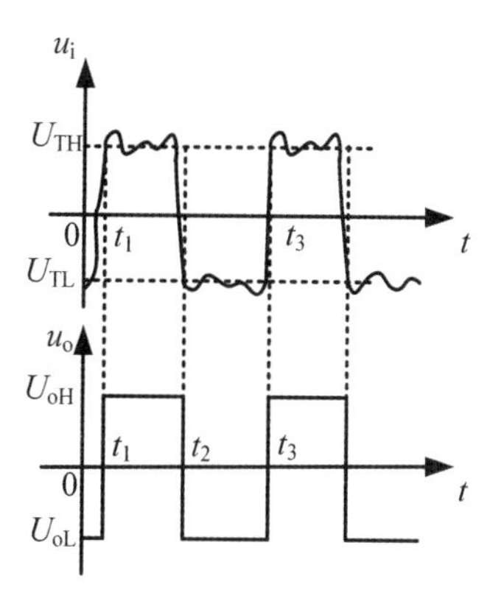

图 9.1.11　同相迟滞比较器的输入与输出波形

【例题 9－2】　电路如图 9.1.12(a)，运放 A_1 和 A_2 的电源电压为 ± 12 V，稳压管值 $U_Z = \pm 6$ V，$R_1 = 1$ kΩ，$R_2 = 6$ kΩ，$R_3 = 10$ kΩ，$R_4 = 10$ kΩ，$R_5 = 1$ kΩ，$E = 0.5$ V。输入电压 u_i 波形如图 9.1.12(b)，画出该电路对应的输出电压 u_{o1} 和 u_o 的各自波形。

解：观察电路可知，运放 A_1 构成反相放大器。A_2 构成同相迟滞比较器。对 A_1 而言，输出电压 $u_{o1} = -\frac{R_2}{R_1}u_i = -\frac{6\ \text{k}\Omega}{1\ \text{k}\Omega}\times 1.5\sin\omega t\,(\text{V}) = -9\sin\omega t\,(\text{V})$，由于运放源电压为 ± 12 V：$u_{o1m} = 9\ \text{V} < 12$ V，故输出 u_{o1} 不失真。波形见图 9.1.12(c)。对 A_2 而言，输入、输出传输特

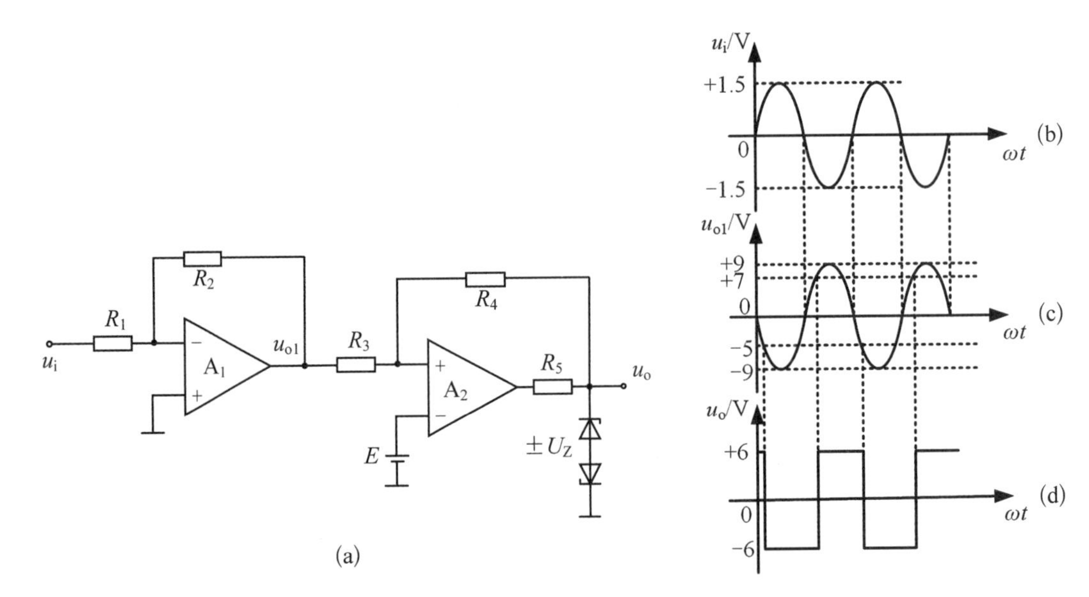

图 9.1.12 电路图及输入输出波形图

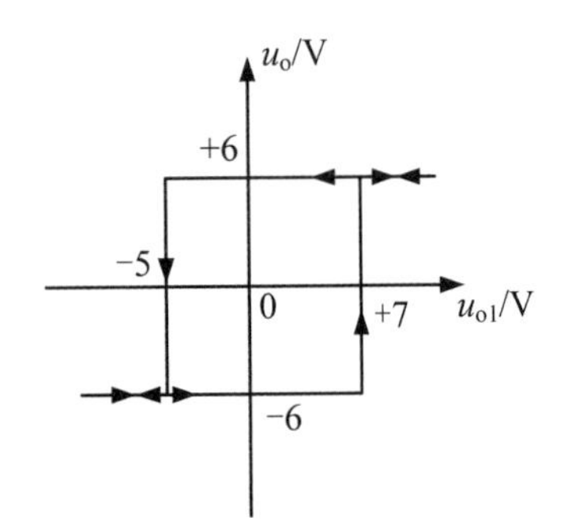

图 9.1.13 A_2比较器的传输特性

性如图 9.1.13。比较器翻转时，$u_+ = u_- = E$，$U_o = U_Z = \pm 6$ V，得到：

上门限电压：

$$u_i = U_{TH} = \frac{(R_1 + R_2) \times E - R_1 U_{oL}}{R_2}$$

$$= \frac{(10+10) \times 0.5 - 10 \times (-6)}{10} = +7 \text{ V}$$

下门限电压：

$$u_i = U_{TL} = \frac{(R_1 + R_2) \times E - R_1 U_{oH}}{R_2}$$

$$= \frac{(10+10) \times 0.5 - 10 \times (+6)}{10} = -5 \text{ V}$$

故得到输出的波形见图 9.1.12(d)。

3. 窗口比较器

窗口比较器是一种用于判断输入电压是否处于两个已知参考电平之间的比较器，常用于电器产品的自动测试、故障检测等场合。

如图 9.1.14(a)所示，窗口比较器电路是由两个运放，两个参考电压 U_{R1} 和 U_{R2} 构成窗口比较电平。二极管 VD_1，VD_2与 R 是一个电平选择电路，又称或门，即若其两个输入端电压 U_{O1} 和 U_{O2} 有一个为高，u_o 即为高，只有 U_{O1} 和 U_{O2} 同时为低时，u_o 为低(零)。如图 9.1.14(b) 所示，设 $U_{R2} > U_{R1}$ 条件下，当 $u_i > U_{R2}$，则 U_{O1} 为高电平，U_{O2} 为低电平，输出 u_o

为高电平；当 $u_i < U_{R1}$（则一定 $< U_{R2}$），则 U_{O2} 为高电平，U_{O1} 为低电平，输出 u_o 亦为高电平。当 $U_{R1} < u_i < U_{R2}$ 时，U_{O1} 和 U_{O2} 同时为低电平，输出 u_o 为低电平。

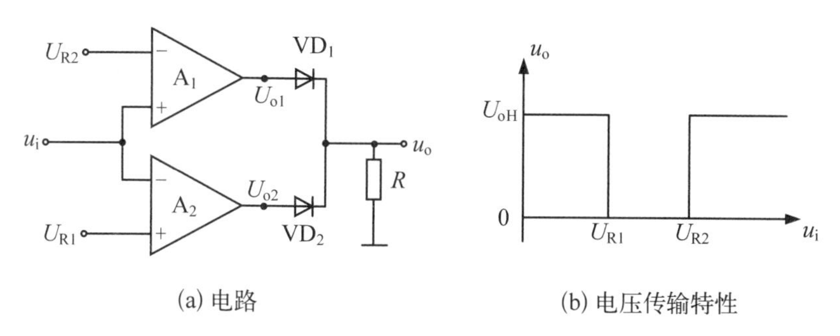

(a) 电路　　(b) 电压传输特性

图 9.1.14　窗口比较器

9.1.4　集成电压比较器

用运算放大器作为比较器，一般响应速度太慢，集成运放电路中加入频率补偿电容引起转换时间和延迟时间过长。集成电压比较器虽然比集成运算放大器的开环增益低，失调电压大，共模抑制比小，灵敏度一般不高，但由于集成电压比较器通常工作在两种状态之一(输出高电平或低电平)，可用于模拟电路与数字电路的接口，其输出电平可与晶体管-晶体管逻辑电路(TTL)，CMOS 电路或发射极耦合逻辑电路(ECL)兼容，有些芯片带负载能力很强，还可以直接驱动继电器和指示灯。有的单片电压比较器响应速度非常快，典型的响应时间为 30～200 ns，而运算放大器 741 的转换速率为 0.7 V/μs，其响应时间的期望值是 30 μs，约大于集成电压比较器 1 000 倍。

例如常用的 LM339 内部集成了四个独立的电压比较器，采用集电极开路的输出形式，使用时允许将各比较器的输出端直接连在一起。利用这一特点，可以方便地构成双限比较器，共用外界电阻 R，如图 9.1.15(a)所示，当信号电压 u_i 位于参考电压 U_{REF1} 和 U_{REF2} 之间时(即$U_{REF1} < u_i < U_{REF2}$)，输出电压 u_o 为高电平 U_{oH}，否则 u_o 为低电平 U_{oL}，其电压传输特性如图 9.1.15(b)所示。

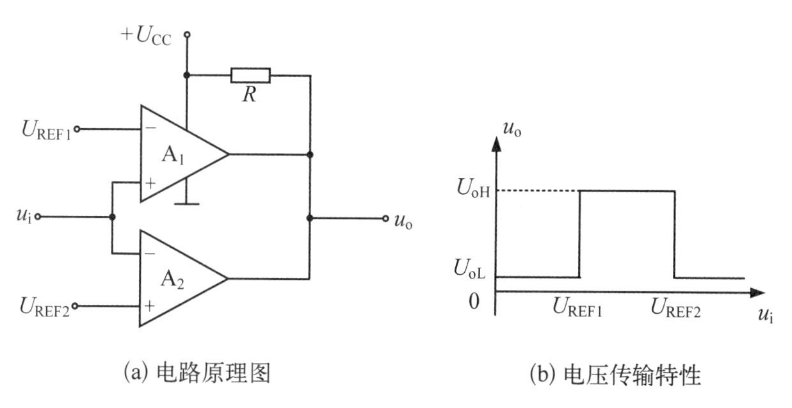

(a) 电路原理图　　(b) 电压传输特性

图 9.1.15　双限比较器及其电压传输特性

9.2 非正弦信号产生电路

在电子电路中把能自动将直流电源的能量转变为交变信号的电路定义为振荡器：一般分为正弦振荡器和非正弦振荡器两大类。

方波、三角波、锯齿波等属于非正弦信号，它们在电子设备和系统中同样得到广泛的应用。例如，在数字设备或系统中必须具备的基准信号、时钟信号、同步信号等都是方波信号；而示波器、电视机等必须具备的扫描信号都是锯齿波信号，等等。

非正弦信号的产生有多种方法，本节主要介绍由比较器和 RC 充放电电路构成的方波、三角波、锯齿波信号发生电路。

9.2.1 方波信号发生电路——弛张振荡器

1. 电路组成

图 9.2.1 所示为方波发生器，其中 9.2.1(a)为框图，(b)为电路，这类电路必须有两个单元构成，一是状态记忆单元(用双稳态电路实现)，一是定时单元(决定振荡波形的周期，由积分器实现)。在图 9.2.1(b)中，运放 A 和 R_1、R_2 构成迟滞比较器(亦称施密特触发器)；反馈电阻 R 和电容 C 构成充放电电路；R_3 和稳压管 VD_Z 构成输出限幅电路。

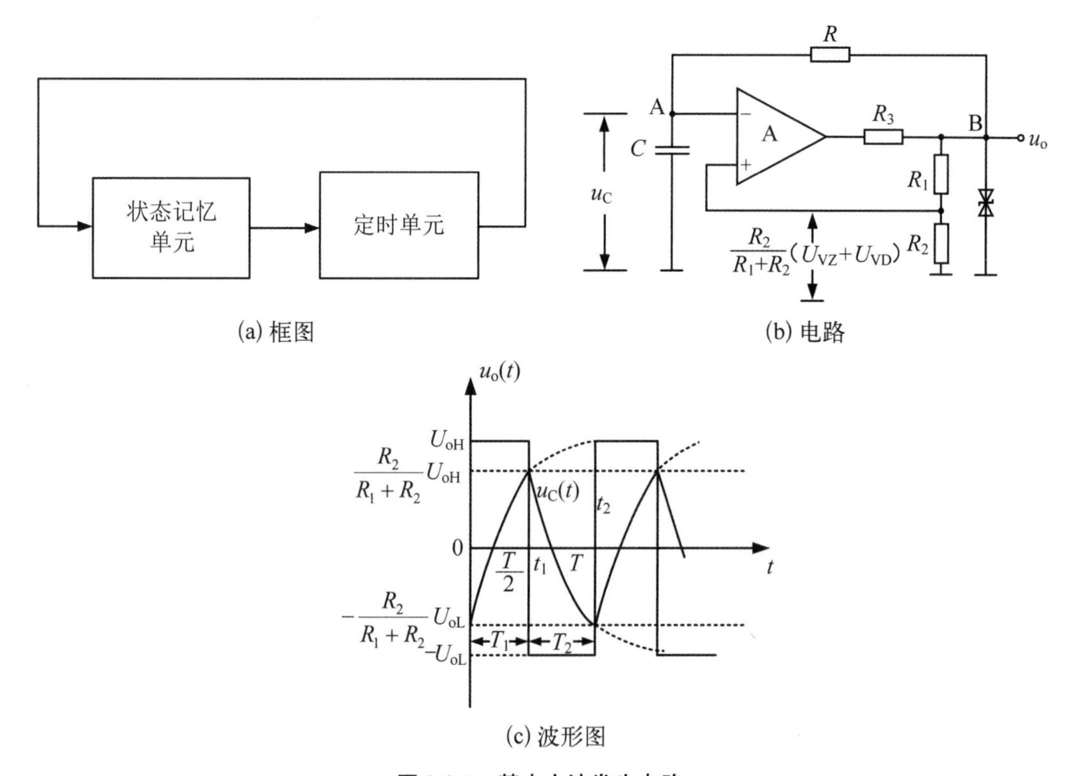

(a) 框图

(b) 电路

(c) 波形图

图 9.2.1 基本方波发生电路

2. 工作原理

先假设比较器的输出电压 u_o 为高电平状态，即 $u_o=U_{oH}=U_Z$，这样 u_o 就通过反馈电阻 R 向电容 C 充电，电容两端的电压 $u_c(t)$ 以指数律逐渐上升，直至到达比较器的一个门限值：

$$U_+=F_{正}U_{oH}=\frac{R_2}{R_1+R_2}U_Z=U_{TH} \tag{9.2.1}$$

当电容两端电压 $u_c(t)=U_-=U_+$ 时，则状态要发生翻转，即 u_o 从 U_{oH} 变为 $U_{oL}=-U_Z$，U_+ 即刻变为：

$$U_+=F_{正}U_{oL}=-\frac{R_2}{R_1+R_2}U_Z=U_{TL} \tag{9.2.2}$$

同时电容 C 通过 R 放电，放完后又反向充电，$u_c(t)$ 以指数律下降。下降至 U_{TL} 时，u_o 又由低变高，周而复始。就这样如此循环往复，使比较器的输出产生只有高、低电平变化的方波信号。u_o 为方波，$u_c(t)$ 为近似三角波。它们的峰峰值为：

$$U_{CPP}=U_{TH}-U_{TL}=\frac{2R_2}{R_1+R_2}U_Z \tag{9.2.3}$$

输出波形见图 9.2.1(c)。

3. 振荡频率 f_{osc}

方波信号的振荡频率由比较器的翻转周期 T 决定，而比较器的翻转周期 T 又与 RC 电路的充放电时间常数和门限值有关，因为电容充放电时间常数均为 RC，故 $T_1=T_2$，周期 $T=T_1+T_2$，占空比 $D=\frac{T_2}{T_1}=50\%$，振荡频率 $f_{osc}=\frac{1}{T}$。可用三要素法计算 T_1 时刻电容上的电压：$u_c(t)=u_c(\infty)-[u_c(\infty)-u_c(0)]e^{-\frac{t}{\tau}}$，其中趋向值：$u_c(\infty)=U_{oH}=U_Z$，初始值：$u_c(0)=U_{TL}=-\frac{R_2}{R_1+R_2}U_Z$，时间常数 $\tau=RC$，转换值，当 $t=T_1$ 时 $u_c(T_1)=U_{TH}=\frac{R_2}{R_1+R_2}U_Z$。解之得：

$$T_1=\ln\frac{U_{oH}-U_{TL}}{U_{oH}-U_{TH}}=RC\ln\left(1+\frac{2R_2}{R_1}\right) \tag{9.2.4}$$

得：

$$T=T_1+T_2=2T_1=2RC\ln\left(1+\frac{2R_2}{R_1}\right) \tag{9.2.5}$$

则振荡频率 f_{osc} 为：

$$f_{osc}=\frac{1}{T}=\frac{1}{2RC\ln\left(1+\frac{2R_2}{R_1}\right)} \tag{9.2.6}$$

当 $R_2=R_1$ 时,因 $\ln 3=1.1$,所以振荡频率 f_{osc} 为:

$$f_{osc}=\frac{0.455}{RC} \tag{9.2.7}$$

如要求占空比可调,只要令充放电时间常数不同即可,如图 9.2.2 所示。

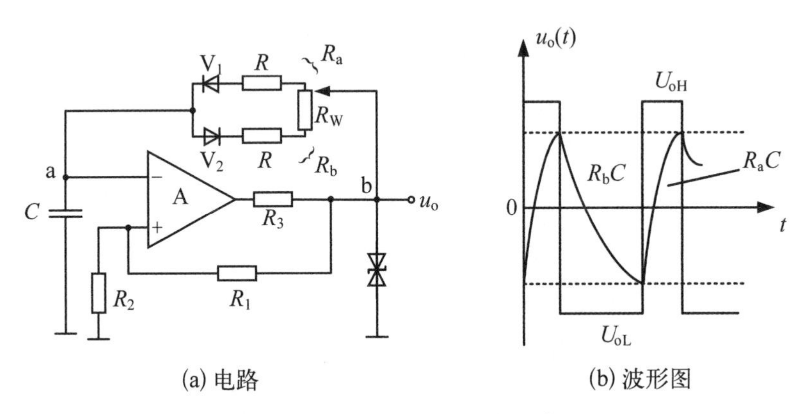

(a) 电路　　(b) 波形图

图 9.2.2　占空比可调的弛张振荡器

【例题 9-3】 在图 9.2.2 所示电路中,设 $U_Z=\pm 6$ V, $R_1=R_2=10$ kΩ, $R=50$ kΩ, $C=0.1$ μF,计算 u_o 和 u_c 的幅度,并计算振荡频率 f_{osc}。

解: u_o 的幅度为稳压管值, $u_o=U_Z=6$ V; u_c 的幅度

$$u_{cm}=U_{TH}=|U_{TL}|\approx\frac{R_2}{R_1+R_2}U_Z=\frac{10\text{ k}\Omega}{10\text{ k}\Omega+10\text{ k}\Omega}\times 6=3\text{ V}。$$

振荡频率:

$$f_{osc}=\frac{1}{T}=\frac{1}{2RC\ln\left(1+\frac{2R_2}{R_1}\right)}=\frac{1}{2\times 50\times 10^3\times 0.1\times 10^{-6}\times\ln\left(1+\frac{2\times 10}{10}\right)}$$

$$=90.9\text{ Hz}$$

9.2.2　三角波、锯齿波发生器

1. 三角波发生器

其实在上述方波信号发生器中,电容两端的电压已经是近似的三角波。为了得到理想的三角波并改善信号源的负载能力,将上述方波发生器中的 RC 充、放电电路改成有源积分电路,这样就构成了双运放的方波—三角波发生器,如图 9.2.3(a)所示。因为对电容的充(放)电,电流随电容上电压的升高(降低)会变小,使 $u_c(0)$ 呈指数律上升(下降)。如 RC 电路改为运放构成的理想积分器,由于运放的"虚地"和"虚断"效应保证了恒流充放电,从而产生线性好的三角波。图 9.2.3(a)中,运放 A_1 是迟滞振荡器,产生方波,该波形通过 R 恒流充放电; A_2 是积分器,输出三角波,波形又控制 A_1 状态转换,周而复始,形成振荡。而积分器的输出为三角波,如图 9.2.3(b)所示。

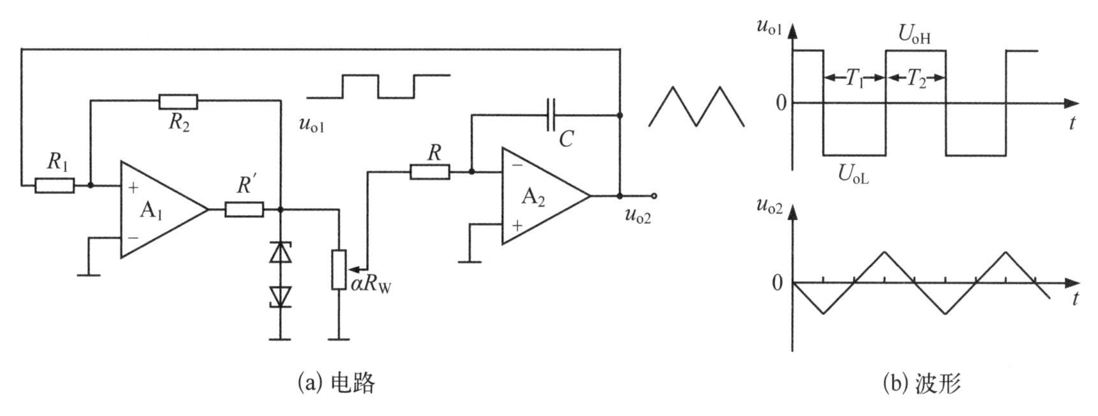

(a) 电路　　　　(b) 波形

图 9.2.3　双运放的方波—三角波发生器及其波形

1) u_{o1} 和 u_{o2} 的幅度

u_{o1} 为高电平时，$U_{oH}=U_Z$；u_{o1} 为低电平时 $U_{oL}=-U_Z$；U_Z 为稳压值。故 U_{o1} 波形的峰峰值 $U_{o1PP}=U_{oH}-U_{oL}=2U_Z$；同时输出 U_{oH} 对 C 充电，充电电流为 $i_c=\dfrac{\alpha U_{oH}}{R}$（$\alpha$ 是电位器 R_W 之分压比）。u_{o2} 随时间线性下降。A_1 反相端接地，当 U_+ 过零时，A_1 翻转，而 U_+ 是 u_{o1} 和 u_{o2} 的叠加，由叠加定理得：

$$U_+=\frac{R_1}{R_2+R_1}u_{o1}+\frac{R_2}{R_2+R_1}u_{o2} \tag{9.2.8}$$

其中 $u_{o1}=U_{oH}$；当 $U_+=U_-=0$ 时翻转，令上式为零，得到三角波反向峰值：

$$u_{o2}=U_{o2m}=-\frac{R_1}{R_2}U_{oH}=-\frac{R_1}{R_2}U_Z \tag{9.2.9}$$

同理，当 u_{o1} 为低电平时，C 反向充电，充电电流 $i_c=\dfrac{\alpha U_{oL}}{R}$，$u_{o2}$ 随着时间线性上升，当 U_+ 再过零时，变为三角波的正向峰值，这时 U_+ 为：

$$U'_+=\frac{R_1}{R_2+R_1}u_{oL}+\frac{R_2}{R_2+R_1}u_{o2}=U_-=0 \tag{9.2.10}$$

解得：

$$u_{o2}=U'_{o2m}=-\frac{R_1}{R_2}u_{oL}=\frac{R_1}{R_2}U_Z \tag{9.2.11}$$

故

$$U_{o2PP}=U'_{o2m}-U_{o2m}=\frac{2R_1}{R_2}U_Z \tag{9.2.12}$$

当 $R_1>R_2$ 时，三角波幅度可大于方波的幅度。

2) f_{osc} 的计算

由于是恒流充放电，周期计算就很方便，对照图，在 T_1 时间间隔内，C 上的电压增量为：

$$\Delta U_{\mathrm{C}}=U_{\mathrm{o2PP}}=\frac{2R_1}{R_2}U_{\mathrm{Z}} \tag{9.2.13}$$

由物理知识可得：

$$\Delta U_{\mathrm{C}}=\frac{\Delta Q}{C}=\frac{1}{C}\int_0^{T_1} i_{\mathrm{c}}dt=\frac{1}{C}\frac{\alpha U_{\mathrm{Z}}}{R}T_1=\frac{2R_1}{R_2}U_{\mathrm{Z}} \tag{9.2.14}$$

故解得：

$$T_1=\frac{2RCR_1}{\alpha R_2} \tag{9.2.15}$$

$$f_{\mathrm{osc}}=\frac{1}{2T_1}=\frac{\alpha R_2}{4RCR_1} \tag{9.2.16}$$

通过改变电容的充、放电时间常数 RC 和 $\frac{R_2}{R_1}$，可改变 f_{osc}，改变 α 即改变 C 的充放电流的大小，亦可使 f_{osc} 改变。

2. 锯齿波发生器

所谓锯齿波就是不对称的三角波。因此，只要使得上述三角波发生器中的积分电路的充、放电时间常数不相等，输出即为锯齿波，图 9.2.4 所示为通过三角波发生器稍加改变而成的锯齿波发生器电路图及其对应的波形图。分析可得：

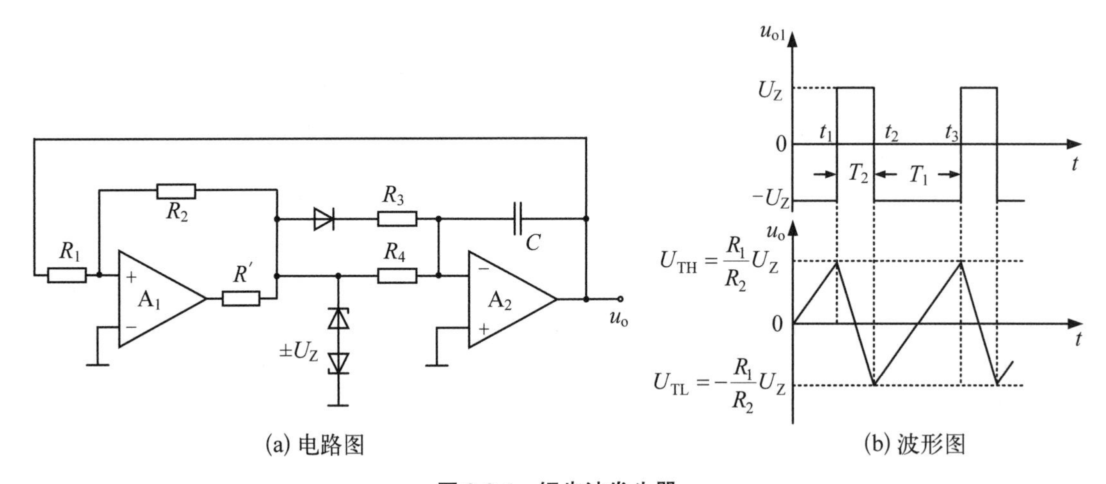

(a) 电路图　　(b) 波形图

图 9.2.4　锯齿波发生器

上门限电压为：$U_{\mathrm{TH}}=\frac{R_1}{R_2}U_{\mathrm{Z}}$；下门限电压为：$U_{\mathrm{TL}}=-\frac{R_1}{R_2}U_{\mathrm{Z}}$

其振荡周期为：

$$T=T_1+T_2=\frac{2R_1CR_4}{R_2}+\frac{2R_1C(R_3\ /\!/\ R_4)}{R_2}=\frac{2R_1CR_4(R_4+2R_3)}{R_2(R_3+R_4)} \tag{9.2.17}$$

【例题 9－4】 已知弛张振荡器与电子开关构成的锯齿波发生器如图 9.2.5(a)所示，试分析它的工作过程，并画出对应的输出波形。

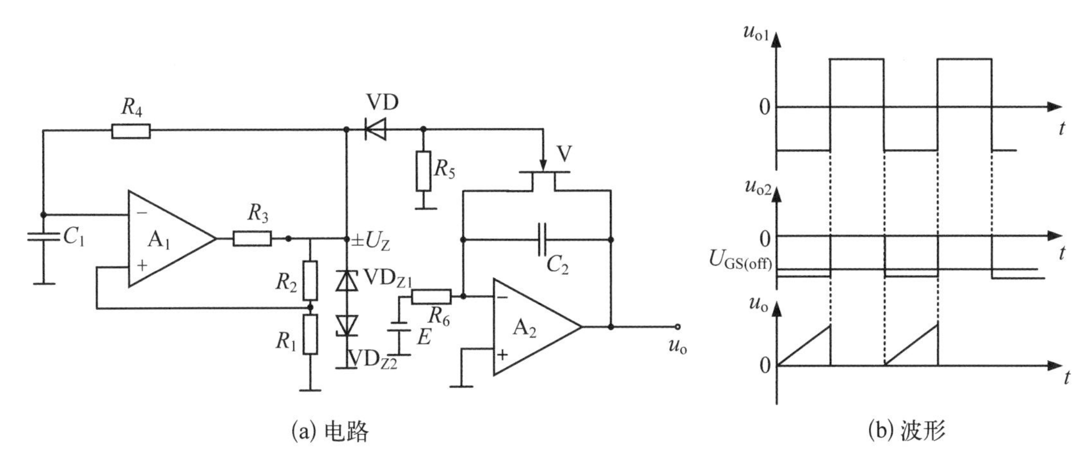

图 9.2.5　锯齿波产生电路及对应的波形

集成运放 A_1 构成弛张振荡器，A_2 构成积分电路，振荡器的输出电压 u_{o1} 经过二极管 VD 和电阻 R_5 整流后，得到 u_{o2}，来控制场效应管 V 的开关状态，$u_{GS}=u_{o2}$。当 u_{o1} 为低电平时，V 打开，电压 E 通过 R_6 对电容 C_2 充电，输出电压 u_o 随着时间线性上升；当 u_{o1} 为高电平时，V 闭合，C_2 通过 V 放电，u_o 立马减小为零。波形见图 9.2.5(b)所示。

9.3　正弦信号产生电路

正弦信号产生电路又名正弦波振荡器，广泛应用于各种电子设备、电子仪器和通信系统中。例如，电子测量仪器中的正弦波信号源；医用电疗仪器中的正弦交变能源；通信系统中的载波信号源、本地振荡信号源，等等。

正弦波振荡器基本上都可以用正反馈原理来构成，所以我们又把这类振荡器称为反馈振荡器。根据反馈、选频网络的不同，正弦波振荡器可分为 LC 振荡器、晶体振荡器和 RC 振荡器等。

9.3.1　反馈振荡器的组成原理

振荡器要使振荡信号从无到有地建立起来，并且输出一个频率和振幅都很稳定的正弦信号，就必须要满足一定的条件。这些基本条件是：平衡条件、起振条件和稳定条件。

1. 平衡条件

图 9.3.1 所示为反馈振荡器的原理框图。图中，A 为放大器，F 为反馈网络。若将闭合环路从×处断开，并外加信号 $\dot{U}_i$，当在某一个频率上，使得输入信号所需要的数值和相位与反馈信号完全相等，即 $\dot{U}_i=\dot{U}_f$ 时，撤去外加信号，则闭合环路后，就能产生自激振荡。我们把 $\dot{U}_i=\dot{U}_f$ 称为平衡条件，即：

$$\dot{A}\dot{F}=\frac{\dot{U}_o}{\dot{U}_i}\frac{\dot{U}_f}{\dot{U}_o}=1 \tag{9.3.1}$$

式(9.3.1)中包含了振幅和相位两部分内容，即：

$$|\dot{A}\dot{F}|=1 \quad 振幅平衡条件 \tag{9.3.2}$$

$$\varphi_A+\varphi_F=2n\pi\ (n=0,\ 1,\ 2,\ \cdots) \quad 相位平衡条件 \tag{9.3.3}$$

定义 $|\dot{A}\dot{F}|=1$ 为反馈振荡器的振幅平衡条件，即一旦振荡电路起振后，所需的输入信号全部由反馈信号提供而不需要外加信号，并且能使振荡器输出一个幅度恒定的正弦信号。定义 $\varphi_A+\varphi_F=2n\pi\ (n=0,\ 1,\ 2,\ \cdots)$ 为相位平衡条件。即振荡器要维持持续振荡就必须使振荡电路的输入信号(就是反馈信号)的相位和输出信号的相位相等，即具有正反馈特性。

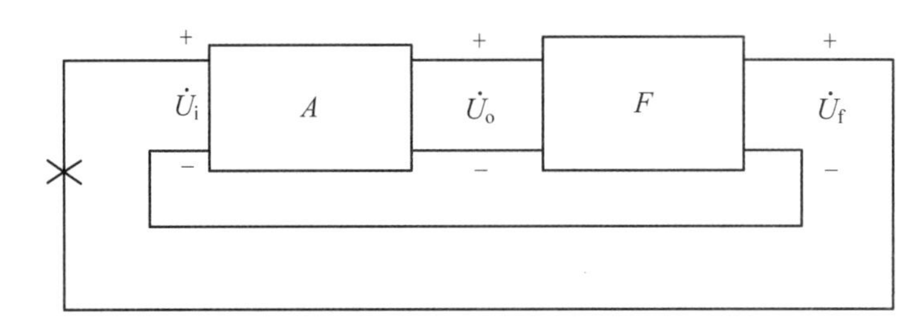

图 9.3.1　反馈振荡器的原理框图

2. 起振条件

当振荡器刚接通电源时，电路的各部分就会产生各种扰动，并产生微弱的信号在振荡电路中循环。因此，要使信号从小到大的增加并到达平衡状态，则振荡电路必须在相位平衡条件下，满足振荡环路的总增益大于1，即：

$$|\dot{A}\dot{F}|>1 \tag{9.3.4}$$

$$\varphi_A+\varphi_F=2n\pi\ (n=0,\ 1,\ 2,\ \cdots) \tag{9.3.5}$$

3. 稳定条件

振荡器在满足起振条件和平衡条件后，还必须满足稳定条件：一是在振荡电路中要有合适的选频网络使振荡器输出正弦信号的频率单一，并且稳定；二是振荡电路中的放大器增益是可变的。在刚起振时，放大器的增益相对较大，使微弱信号循环放大，然后放大器的增益再逐渐变小，使振荡器进入平衡状态，输出稳定的等幅信号。

4. 反馈(正弦波)振荡电路的基本组成

为了满足振荡器的上述三个充分必要条件，反馈振荡器的组成原则是：振荡电路必须包含放大器和选频、反馈网络。其中，放大器可以是晶体三极管放大器、场效应管放大器、差分放大器和集成运放等；选频、反馈网络通常采用 *LC* 串、并联谐振回路，石英晶体谐振器，*RC* 选频网络等，并通过一定的方式使振荡环路构成正反馈；而振荡频率基本上由选频网络的谐振频率决定。

9.3.2　*LC* 正弦波振荡电路

LC 正弦波振荡电路一般能产生几兆赫至上千兆赫的高频正弦信号，因此被广泛应用于各种高频、射频领域。

1. 变压器反馈式 LC 正弦振荡器

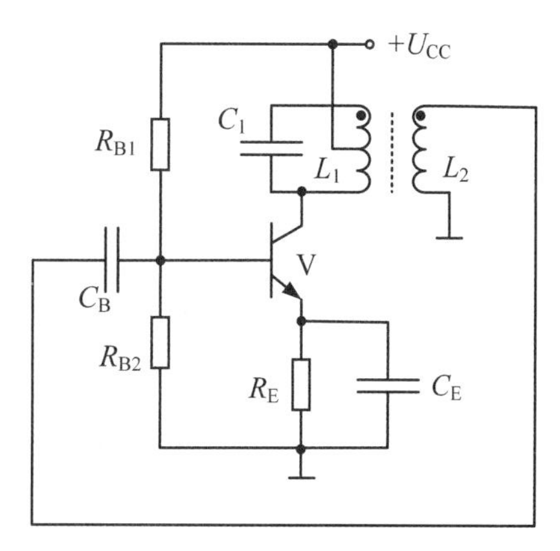

图 9.3.2　变压器反馈式 LC 正弦振荡电路

图 9.3.2 所示为变压器反馈式 LC 正弦振荡电路。图中 V 为共射放大器；L_1C_1 并联谐振回路作为选频网络接在放大器集电极回路；选频放大后的信号再通过变压器次级线圈电感 L_2 反馈到放大器的输入端，构成正反馈。

一般只要振荡电路满足反馈振荡器的组成原则，并且放大器的静态工作点和变压器的初、次级线圈的匝数比设计合理，振荡电路就能满足起振条件。而相位平衡条件的判断只要分析放大器的相移 φ_A 和变压器的相移 φ_F，看是否满足 $\varphi_A+\varphi_F=2n\pi$ ($n=0, 1, 2, \cdots$)。本电路中，因是共射放大器，所以是反相放大器 ($\varphi_A=\pi$)，而当并联谐振回路调谐在振荡频率 f_{osc} 上时，回路呈纯阻(无相移)，因此，放大器的相移 φ_A 仍为 π；而变压器的初、次级相位根据同名端可知也是反相的，即 $\varphi_F=\pi$，所以 $\varphi_A+\varphi_F=2\pi$，是正反馈，即满足相位平衡条件。

由 LC 并联谐振回路的特性可知：当回路失谐时，回路呈感性或容性，回路有附加相移量，振荡电路不能满足相位平衡条件，所以不能振荡；只有当回路谐振时，振荡电路才能振荡。因此，当忽略晶体管的高频参数时，振荡电路的振荡频率近似由并联谐振回路决定，即：

$$\omega_o=\frac{1}{\sqrt{L_1C_1}} \tag{9.3.6}$$

2. 三点式 LC 正弦波振荡电路

所谓三点式振荡器，就是晶体管的三个电极之间分别接上构成并联谐振回路的三个电抗元件，如图 9.3.3 所示。证明得知，当发射极两边的端口接上同性电抗元件，而另外一个端口接上与之性质相反的电抗元件，则三点式振荡电路必定满足相位平衡条件。这就是三点式振荡电路的组成原则。

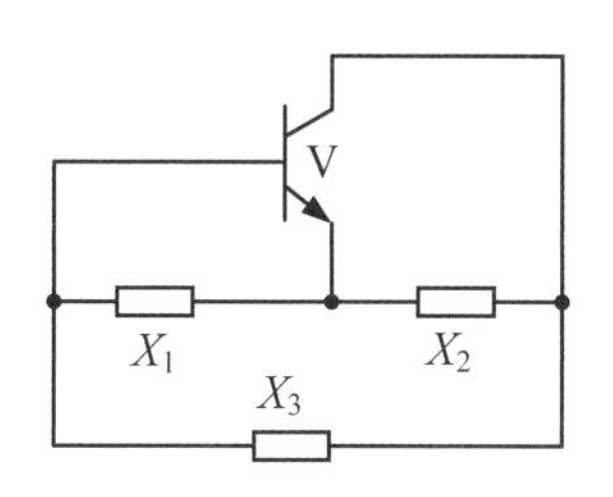

图 9.3.3　三点式振荡器组成原理图

三点式振荡器有两种类型，一是发射极两边端口的两个同性电抗元件均为电容，另外一个端口为电感，我们称它为电容三点式振荡电路，又称考比兹(Colpitts)振荡电路；二是发射极两边端口的两个同性电抗元件均为电感，另外一个端口为电容，我们称它为电感三点式振荡电路，又称哈脱莱(Hartley)振荡电路。

图 9.3.4(a)所示为电容三点式实际振荡电路，图(b)为其交流通路。从图(b)的交流通路中，能很方便地判断它满足电容三点式的组成原则，即满足相位平衡条件；只要放大器的静态工作点设计得当(通常 I_{CQ} 约为几个毫安)和选择适当的电容反馈系数 $F\approx\frac{C_1}{C_1+C_2}\left(\text{通常 } F \text{ 约为 } \frac{1}{5}\sim\frac{1}{3}\right)$，一般就能满足起振条件；因为 C_1、C_2串联的总电容 C 和电感 L 构成了并联谐振回路，所以电容三点式振荡器的振荡频率为：

$$\omega_o \approx \frac{1}{\sqrt{LC}}, \quad C = C_1 \ /\!/ \ C_2 \tag{9.3.7}$$

电容三点式振荡器的主要优点是：电路实现方便、振荡频率高(100 MHz 以上)、输出波形好；但缺点是频率调节不方便。

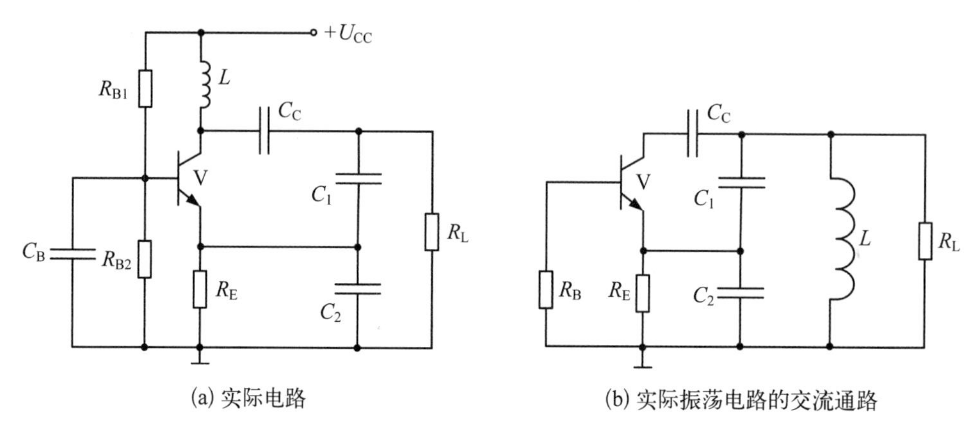

(a) 实际电路　　(b) 实际振荡电路的交流通路

图 9.3.4　电容三点式振荡电路

为了提高频率稳定度，对电容三点式振荡电路进行改进，如图 9.3.5 所示，并称其为克拉泼(Clapp)振荡电路。从图中可知，克拉泼振荡器只是在普通的电容三点式振荡器的电感支路中，串接了一个小电容 C_3，并且满足 $C_3 \ll C_1$ 和 $C_3 \ll C_2$，则 LC 并联谐振回路的总电容 $C = C_3 \ /\!/ \ C_1 \ /\!/ \ C_2 \approx C_3$，使振荡频率为：

$$\omega_o \approx \frac{1}{\sqrt{LC_3}} \tag{9.3.8}$$

它与受晶体管高频参数影响的 C_1 和 C_2 无关，从而提高了频率稳定度。克拉泼振荡电路的特点是：工作频率高、频率稳定性好；为了满足 $C_3 \ll C_1$ 和 $C_3 \ll C_2$，C_3 通常比较小，但一般不能太小，否则会影响起振条件而不能振荡，所以克拉泼振荡电路的频率调节范围比较小。

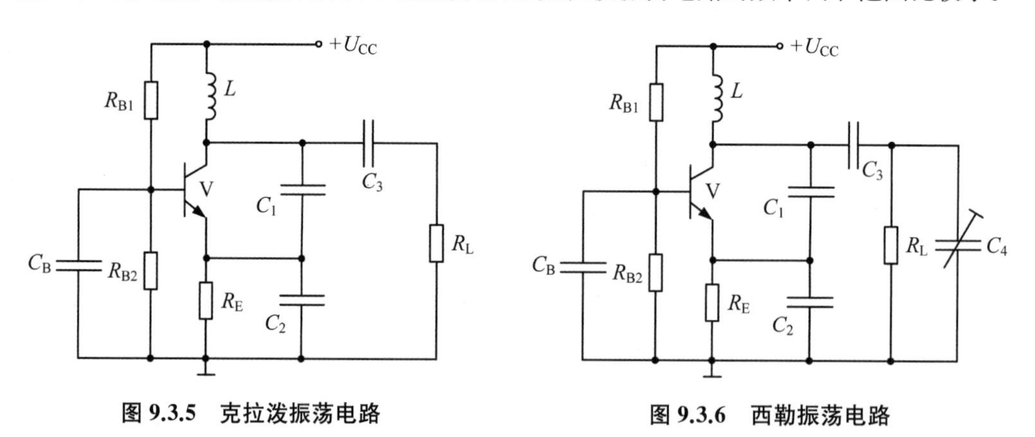

图 9.3.5　克拉泼振荡电路　　**图 9.3.6　西勒振荡电路**

在克拉泼振荡电路中的电感旁再并接一个可变电容 C_4，就构成了又一种改进型电容三点式振荡器，称为西勒(Seiler)振荡器，如图 9.3.6 所示，它克服了克拉泼振荡电路的频率调节范围小的缺点，当调整 C_4 来改变振荡频率时，对起振条件的影响很小。此时振荡频率为：

$$\omega_o \approx \frac{1}{\sqrt{L(C_3 + C_4)}} \tag{9.3.9}$$

电感三点式实际振荡电路和相应的交流通路分别如图 9.3.7(a)和(b)所示。电感三点式振荡电路的分析方法与电容三点式类似。从图(b)的交流通路中，也能很方便地判断它满足电感三点式的组成原则，即满足相位平衡条件；只要放大器的静态工作点设计得当并选择适当的电感反馈系数 $F \approx \frac{L_2}{L_1 + L_2}$，一般就能满足起振条件；又因为 L_1、L_2 串联的总电感 L 和电容 C 构成并联谐振回路，所以电感三点式振荡器的振荡频率为：

$$\omega_o \approx \frac{1}{\sqrt{LC}},\quad L = L_1 + L_2 \tag{9.3.10}$$

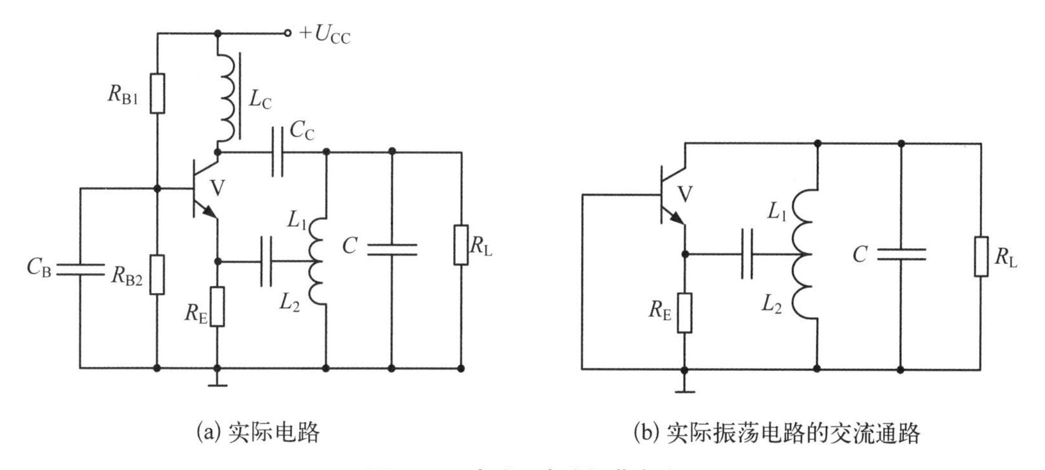

(a) 实际电路　　(b) 实际振荡电路的交流通路

图 9.3.7　电感三点式振荡电路

电感三点式振荡器的频率调节方便、输出幅度较大；但输出波形比较差。

【例题 9-5】 试用相位平衡条件判断图 9.3.8 所示振荡电路的交流通路中，哪些能振荡？为什么？

解：对于图(a)电路，由同名端可知，变压器的相移量为 0°；而放大器为共射组态，是倒相的，即相移量为 180°，所以整个反馈回路的相移量为 180°，不满足相位平衡条件，故不能振荡。

对于图(b)电路，尽管由 L 和 C_3 构成的串联谐振支路可以呈容性（当振荡频率小于由 L 和 C_3 构成的串联谐振频率时）或感性（当振荡频率大于由 L 和 C_3 构成的串联谐振频率时），但由电路结构可知，它们与 C_1 和 C_2 都不能满足三点式的组成原则，所以不能振荡。

对于图(c)电路，由于场效应管放大器的极性与晶体三极管放大器完全对应一致，所以根据三点式振荡器的组成原则，只要 C_2 和 L_2 构成的并联谐振回路呈感性（即当振荡频率小于由 C_2 和 L_2 构成的并联谐振频率时），就能组成电感三点式振荡器。

对于图(d)电路，表面上看，电路构成电容三点式振荡器还少了一个电容，但实际上，当振荡频率较高时，晶体管的结电容就会体现，从而满足三点式的组成原则，所以能够振荡。

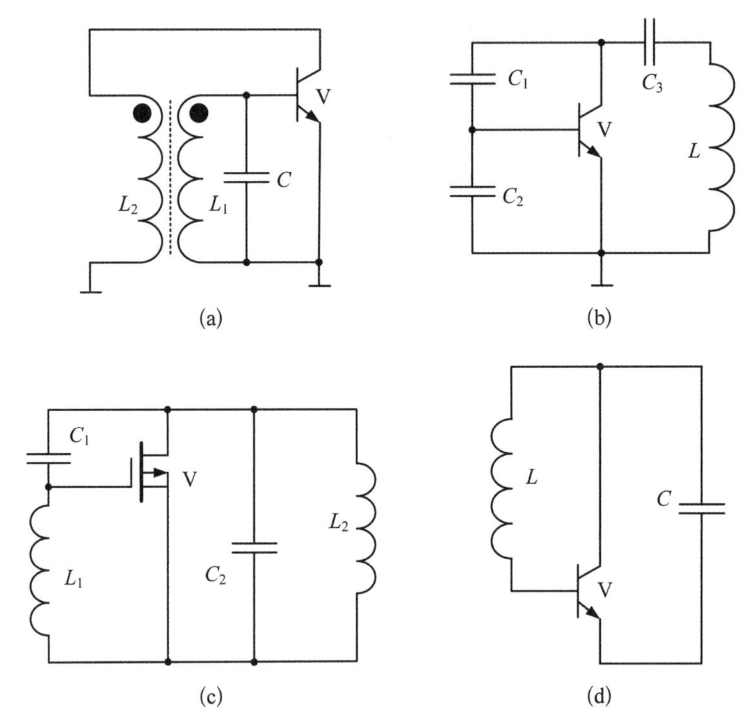

图 9.3.8　例题 9－5 的电路

9.3.3　石英晶体振荡电路

一般 LC 振荡电路的频率稳定度只能达到 $10^{-3}\sim10^{-4}$，若要求频率稳定度高于 10^{-5} 以上，则必须采用晶体振荡电路。以高频率稳定度的石英晶体谐振器作为选频网络的振荡电路称为石英晶体振荡电路，简称晶振。

1. 石英晶体的谐振特性

1）石英晶体的谐振特性

利用石英晶体的压电效应，能制成石英晶体谐振器（或简称石英晶体/晶体），它的电路符号、基频等效电路和阻抗特性曲线分别如图 9.3.9(a)、(b)和(c)所示。

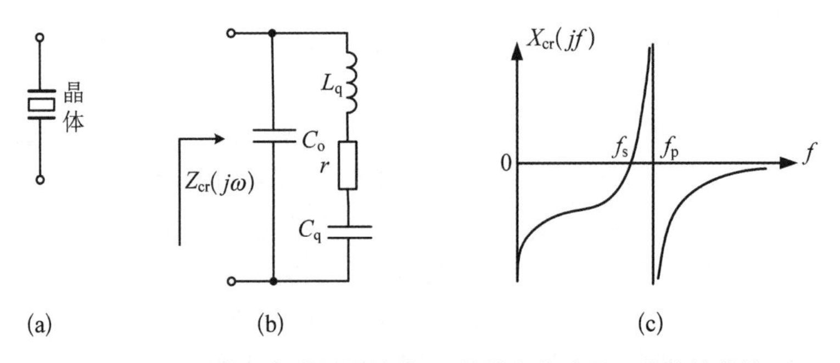

图 9.3.9　石英晶体谐振器的符号、等效率电路及阻抗特性曲线

在图 9.3.9(b)中，L_q、C_q 为石英晶体串联谐振时的等效电感和电容；r 为等效损耗；C_o

为石英晶体谐振器的静态电容。一般 L_q 很大(几十毫亨)，C_q 很小(10^{-2} pF 以下)，r 很小，所以品质因素 Q 非常高，外电路对它的影响很小。因此，当由它作为振荡电路的选频网络时，振荡器就具有很高的频率稳定度。当忽略晶体的损耗 r，经分析得到石英晶体谐振器的阻抗特性曲线如图 9.3.9(c)所示。

从图中可知，石英晶体谐振器有两个谐振频率。一是由 L_q，C_q 构成的串联谐振，其谐振频率 ω_s 为：

$$\omega_s = \frac{1}{\sqrt{L_q C_q}} \tag{9.3.11}$$

二是由 C_q，C_o 与 L_q 构成并联谐振，其相应的谐振频率 ω_p 为：

$$\omega_p = \frac{1}{\sqrt{L_q (C_q /\!/ C_o)}} \tag{9.3.12}$$

因为一般 C_o 远大于 C_q，所以 ω_s 和 ω_p 非常接近。另外，当 $\omega < \omega_s$ 或 $\omega > \omega_p$ 时，石英晶体谐振器呈容性；当 $\omega_s < \omega < \omega_p$ 时，石英晶体谐振器呈感性；而当 $\omega = \omega_s$ 时，石英晶体谐振器呈纯阻并且近似为零。

2）石英晶体在振荡电路中的作用

根据上述分析结果，得到石英晶体在振荡电路中的作用有两个：一是当 $\omega = \omega_s$ 时，石英晶体在振荡电路的正反馈支路中充当有选择性的短路元件，并称这类振荡电路为串联型晶体振荡电路；二是当 $\omega_s < \omega < \omega_p$ 时，石英晶体在 LC 振荡电路中充当电感元件，并称这类振荡电路为并联型晶体振荡电路。

2. 实际晶体振荡电路

1）串联型晶体振荡电路

图 9.3.10 所示为串联型晶体振荡电路的一种，图中，V_1、V_2 管和石英晶体构成正反馈放大器。当晶体串联谐振时，晶体呈短路元件，满足起振条件(振幅和相位)，电路能振荡，并且振荡频率 $\omega_o = \omega_s$；而对于其他频率，晶体呈感性或容性，并且阻抗很大，所以不能满足起振条件(振幅和相位)，电路不能振荡。

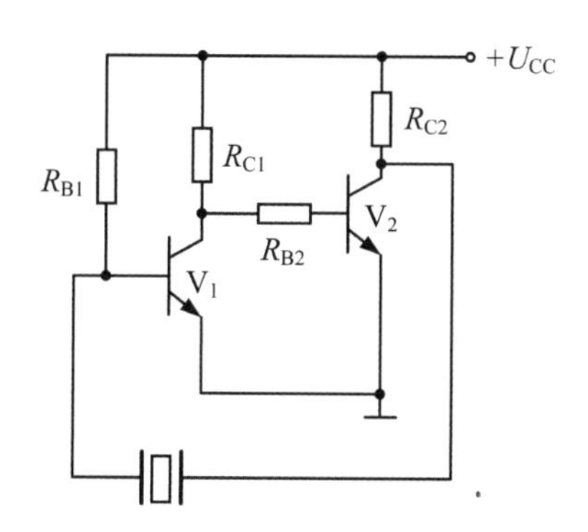

图 9.3.10　串联型晶体振荡电路

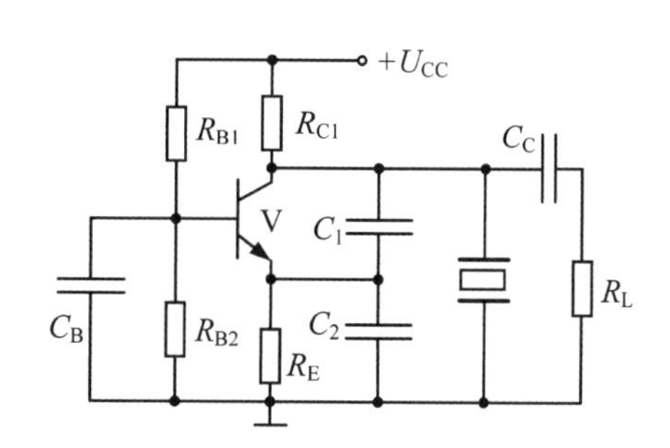

图 9.3.11　皮尔斯(Pirece)晶体振荡器

2）并联型晶体振荡电路

图 9.3.11 所示为并联型晶体振荡电路，这种电路又称为皮尔斯(Pirece)晶体振荡器。图

中,晶体必须呈感性才能满足三点式振荡电路的组成原则,所以该振荡电路的振荡频率由晶体决定,即 $\omega_o \approx \omega_s$。

9.3.4 RC 正弦波振荡电路

采用 RC 电路作为相移、选频网络的振荡器称为 RC 正弦波振荡电路,它一般工作在低频段(几 Hz~几百 kHz)。由 RC 电路构成的相移、选频网络有多种类型,但最常用的是 RC 选频网络。

1. RC 选频网络的组成与特点

由 RC 串、并联电路组成的选频网络如图 9.3.12 所示。该电路的基本特点是:当 $\omega = \omega_o = \dfrac{1}{RC}$ 时,输出、输入电压之间的相移量为零,并且比值最大为 $\dfrac{1}{3}$,具有选频特性。因此,当把它作为选频、反馈网络时 ($\varphi_F = 0°$),只要与同相放大器 ($\varphi_A = 0°$) 构成振荡器,就能满足相位平衡条件。

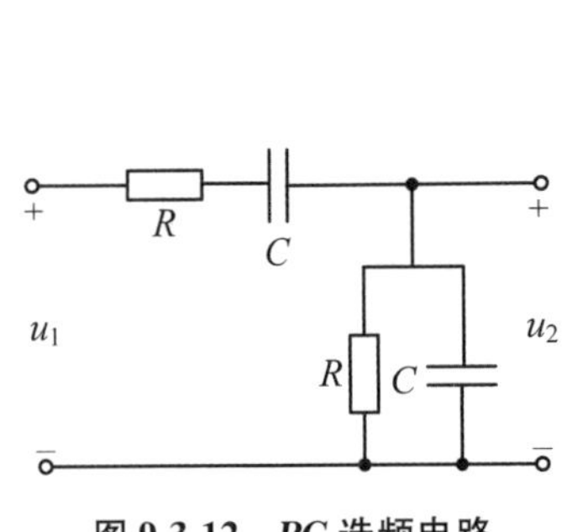

图 9.3.12 RC 选频电路

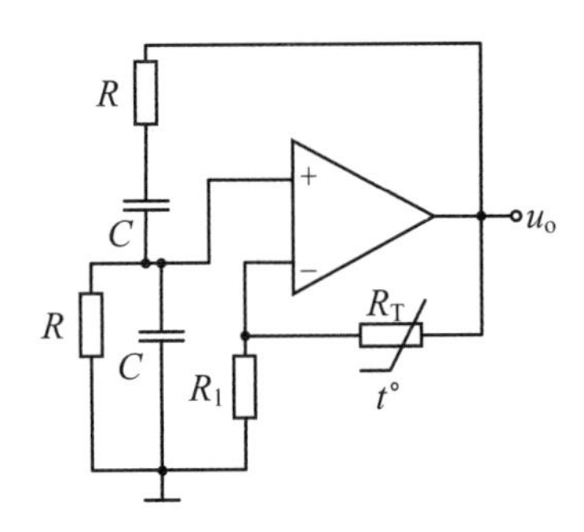

图 9.3.13 文氏电桥振荡电路

2. RC 选频正弦波振荡电路

图 9.3.13 所示是由 RC 选频网络和集成运放构成的同相放大器一起组成的实际 RC 正弦波振荡器,该电路又称为文氏电桥振荡器。

1) 振荡频率

因为只有当 $\omega = \omega_o = \dfrac{1}{RC}$ 时,振荡电路才满足相位平衡条件,即正反馈,使电路振荡。所以该振荡器的振荡频率为:

$$\omega_o = \frac{1}{RC} \tag{9.3.13}$$

2) 起振条件

因为当 $\omega_o = \dfrac{1}{RC}$ 时,选频网络的反馈系数 $F = \dfrac{1}{3}$,而由集成运放构成的同相放大器的增益为:$A = 1 + \dfrac{R_T}{R_1}$。所以该振荡器的起振条件为:

$$AF=\frac{1}{3}\left(1+\frac{R_T}{R_1}\right)>1,\quad 即 R_T>2R_1 \tag{9.3.14}$$

3) 稳幅实现

图中，放大器的增益可变是靠热敏电阻 R_T 来实现的，即采用外稳幅，R_T 应具有负温度系数。在刚起振时，因信号小，所以 R_T 的温度低，电阻大，放大器的增益 A 也大；随着振荡信号增大，R_T 的温度也升高，相应放大器的增益 A 也随之下降，使振荡器进入平衡状态。

思考题和习题

9.1　具有理想运放的电路分别如题 9.1 图(a)、(b)所示，输入电压 $u_i=18\sin\omega t$(V)，波形如题 9.1 图(c)所示。设二极管为理想二极管，试画出输出电压的波形。

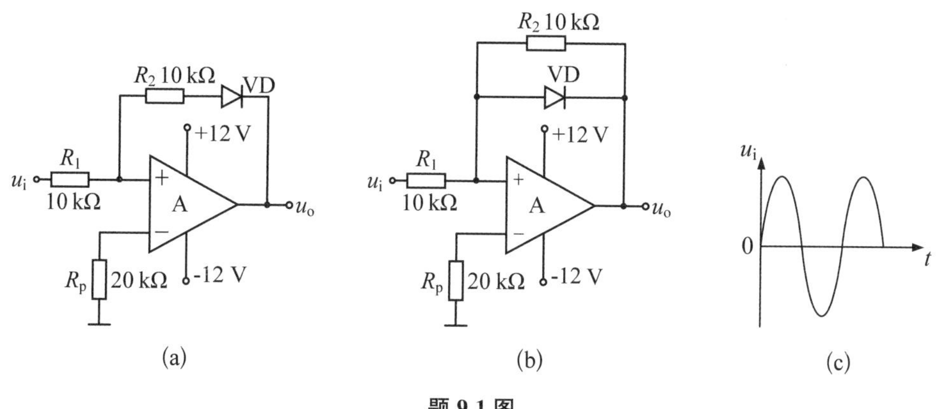

题 9.1 图

9.2　设题 9.2(a)图所示的求和型单限比较器中，假设集成运放为理想运放，参考电压 $U_{REF}=-3$ V，稳压管的反向击穿电压 $U_Z=\pm5$ V，电阻 $R_1=20$ kΩ，$R_2=30$ kΩ，

(1) 试求比较器的阈值电压，并画出电路的传输特性；

(2) 若输入电压是幅度为±4 V 的三角波，如题 9.2(b)图所示。试画出比较器相应的输出电压 u_o 的波形。

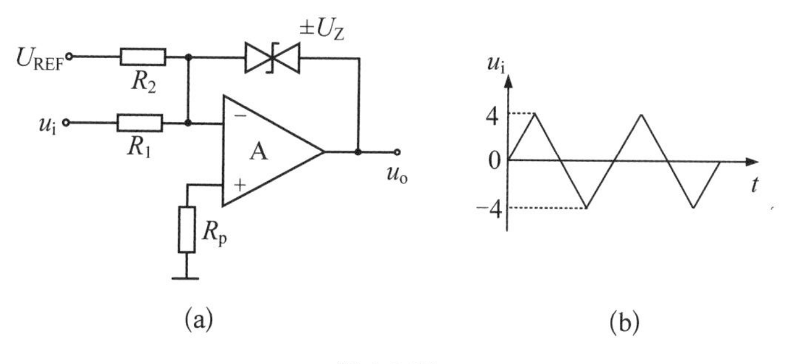

题 9.2 图

9.3 电路如题 9.3 图所示，输入信号为 $u_i = 10\sin\omega t$(V)，运放具有理想特性。试求输出电压 u_o 表达式并画出相应波形(表明数值)。

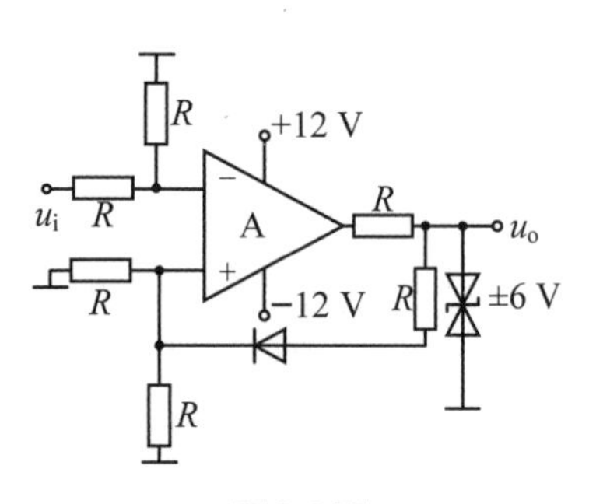

题 9.3 图

9.4 具有理想运放的电路分别如题 9.4 图所示，设输入电压 $u_i = 8\sin\omega t$(V)，

(1) 判断各电路的功能；

(2) 请分别画出各自电路的输出电压波形。

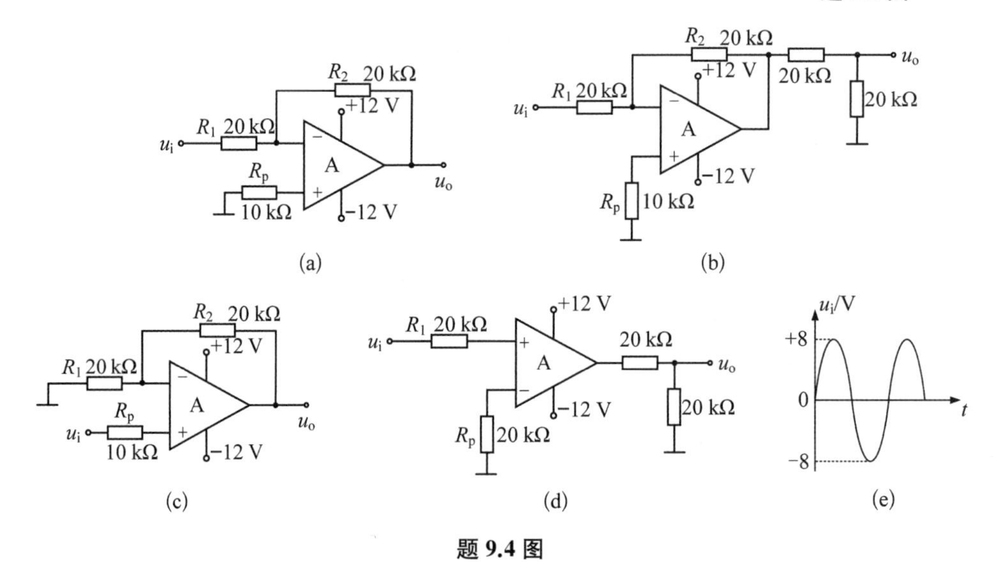

题 9.4 图

9.5 具有理想运放的电路分别如题 9.5 图所示，设输入电压 $u_i = 10\sin\omega t$(V)，请分别画出各自电路的电压传输特性及输出电压波形。

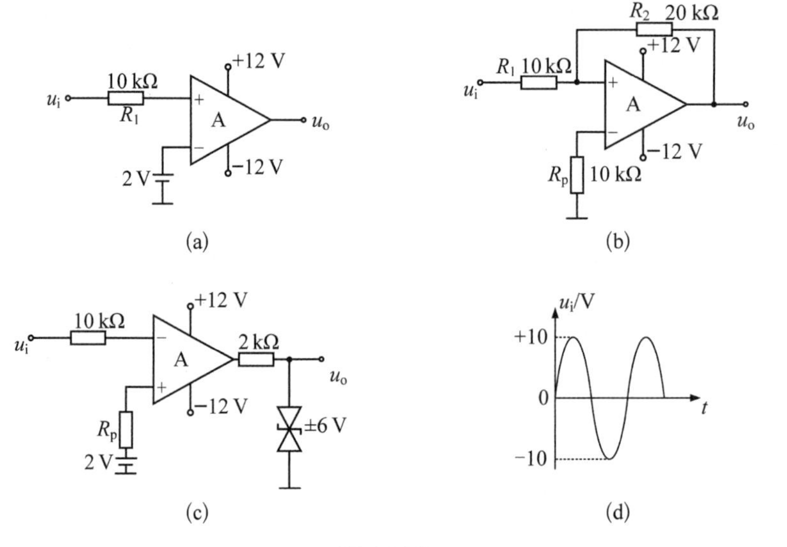

题 9.5 图

9.6　电路如题 9.6(a)图所示，输入信号如题 9.6(b)图所示，试分析：

(1) 判断 A_1、A_2 各组成何种功能电路；

(2) 画出 A_1 所组成电路的电压传输特性；

(3) 画出输出电压 u_o 的波形。

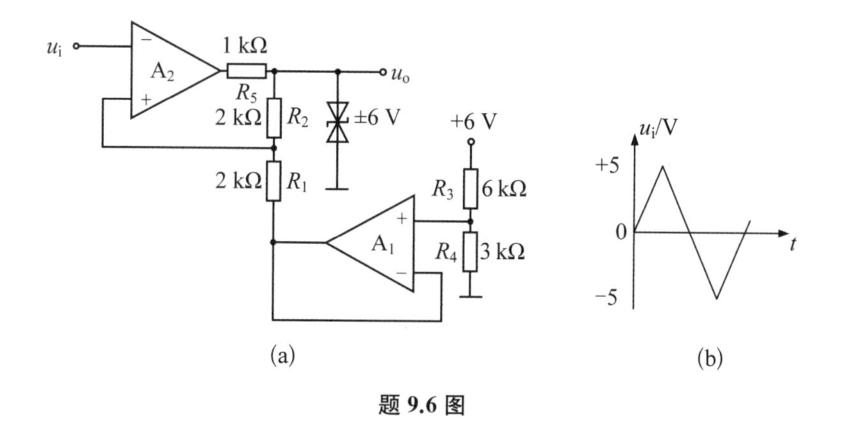

题 9.6 图

9.7　电路如题 9.7(a)图所示，运放电源电压为 ±15 V，已知 $u_c(0)=0$；输入波形如题 9.7(b)图所示，试画出输出 u_{o1}、u_o 波形。

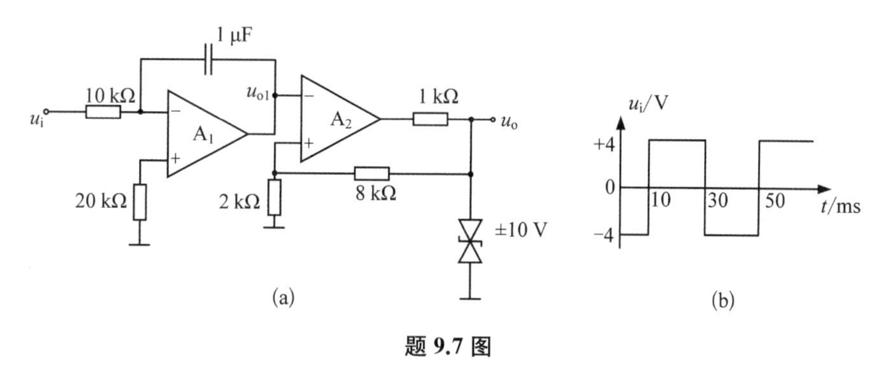

题 9.7 图

9.8　电路如题 9.8(a)图所示，设输入电压 $u_i = 2\sin\omega t$(V)，波形如题 9.8(b)图所示，请画出输出电压 u_o 波形。

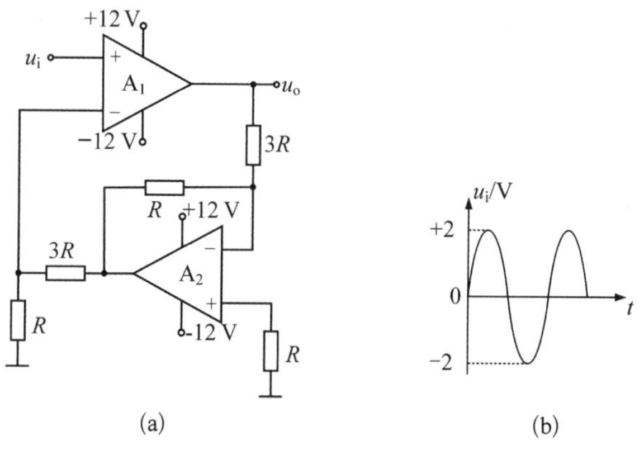

题 9.8 图

9.9 电路如题 9.9 图所示，其中二极管 VD 和各运放均为理想状态，运放电源电压均为 ±12 V，场效应管的夹断电压 $U_{GS(off)}=-4$ V，电容 C 的初始电压为零。求：

(1) 说明 A_1、A_2 和 A_3 电路的功能；

(2) 说明二极管 VD 和场效应管 V 的功能；

(3) 设输入信号电压 $u_i(t)=60\sin\omega t$(mV)，试画出各级输出电压 u_{o1}、u_{o2}、u_{o3} 的波形图以及最终输出电压 u_o 的定性波形图。

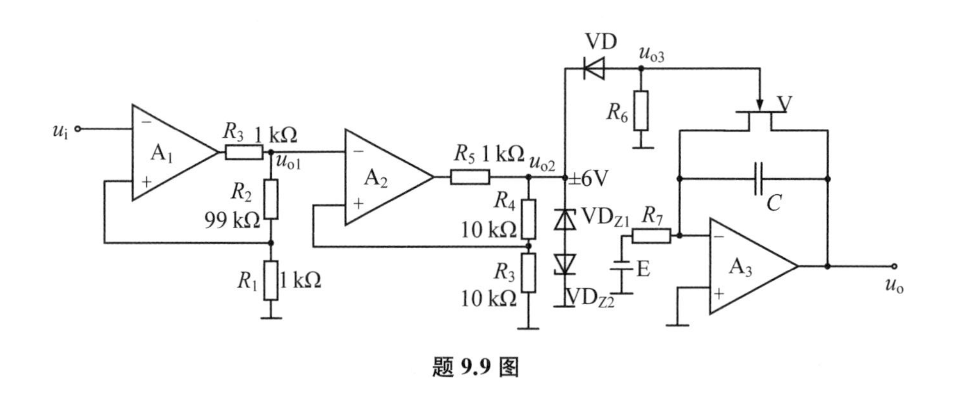

题 9.9 图

9.10 电路如题 9.10 图所示，其中二极管 VD 和各运放均为理想状态，运放电源电压均为 ±12 V，求：

(1) 画出 u_{o1} 的波形图(标注数值)。

(2) 设电容上的电压 $u_c(0)=0$，画出 u_{o2} 的波形图(标注数值)。

(3) 画出 A_3 的输入输出 $u_{o3}\sim u_{o2}$ 的传输特性(标注数值)。

(4) 分别定性画出 u_{o4}、u_o 的波形。

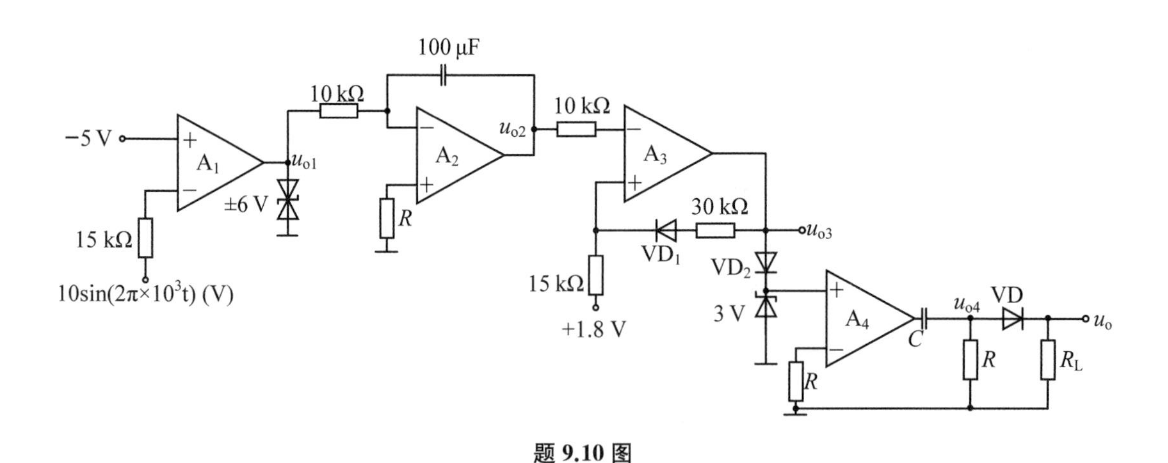

题 9.10 图

9.11 在题 9.11 图所示的电路中，试指出 A_1、A_2 所组成的电路功能，并画出 u_{o1} 和 u_o 的波形。已知 u_{o1} 的峰值为 10 V，稳压管的稳压值为 6 V。

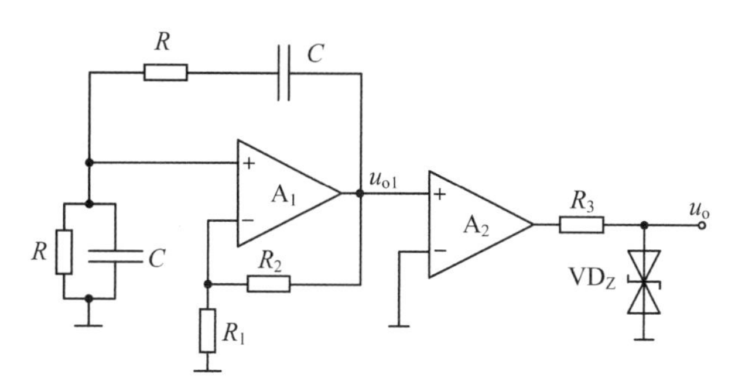

题 9.11 图

9.12　试分析题 9.12 图所示方波发生器的特点，设二极管为理想；并计算其振荡频率。

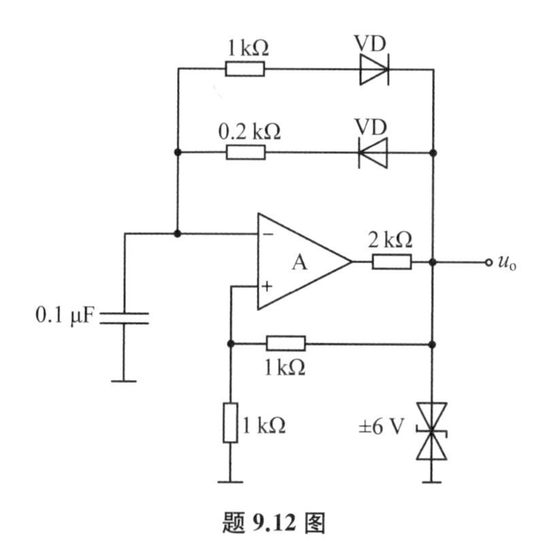

题 9.12 图

9.13　波形发生电路如题 9.13 图所示，试求：

(1) 说明电路的组成部分及其作用；

(2) 若二极管导通电阻忽略不计，$\frac{R_1}{R_2}=0.6$，$\frac{R_3}{R_4}=5$，试画出 u_{o1}、u_o 的波形；

(3) 推导出电路振荡周期 T 的表达式。

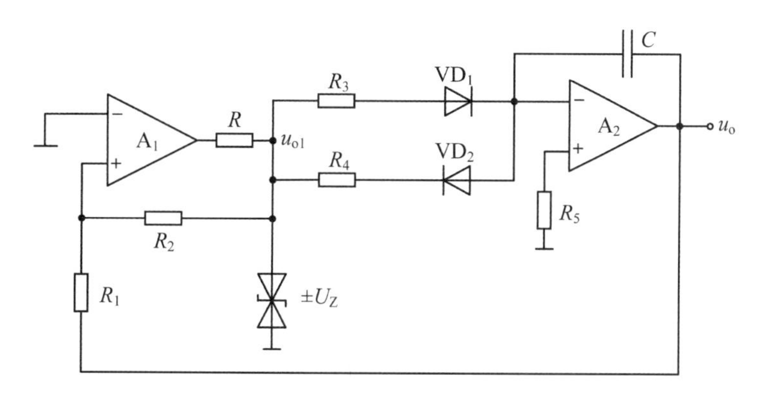

题 9.13 图

9.14 如题 9.14 图所示为弛张振荡器，试定性画出输出电压 u_o 和电容电压 u_c 的波形。

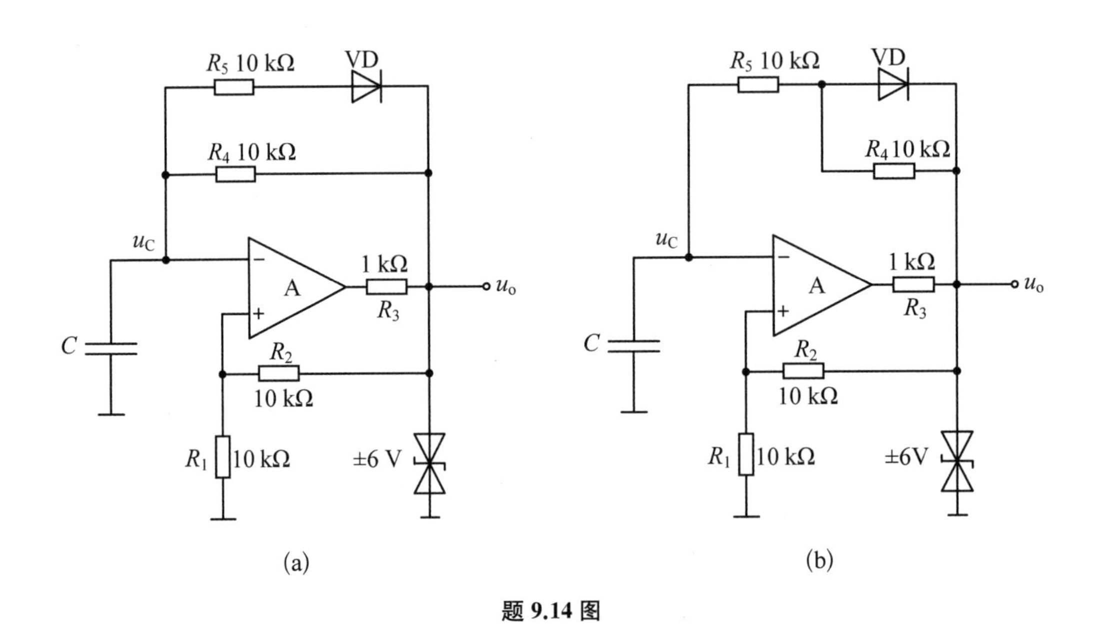

题 9.14 图

9.15 试分析题 9.15 图所示电路的输出电压 u_{o1}、u_{o2} 和 u_o 分别是什么波形？

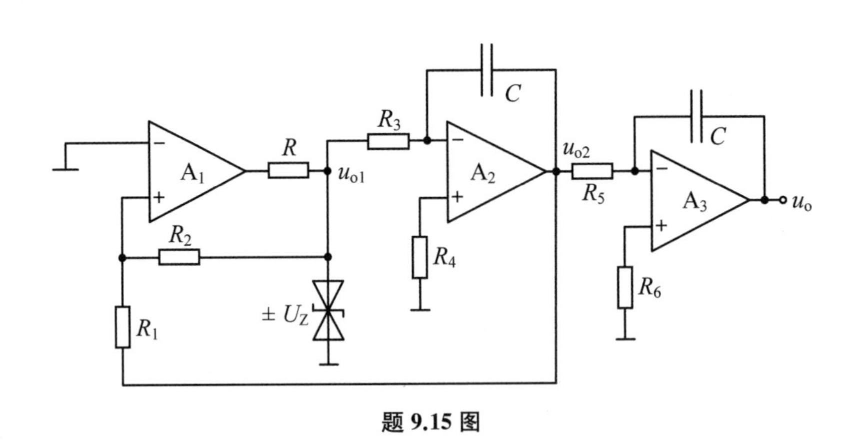

题 9.15 图

9.16 题 9.16 图所示的各电路中，哪些能振荡？哪些不能振荡？为什么？若能振荡，则说明振荡电路的类型。

9.17 试判断题 9.17 图所示晶体振荡器的类型，并说明晶体在振荡电路中的作用。

9.18 试判断题 9.18 图所示的 RC 振荡电路能否振荡？为什么？

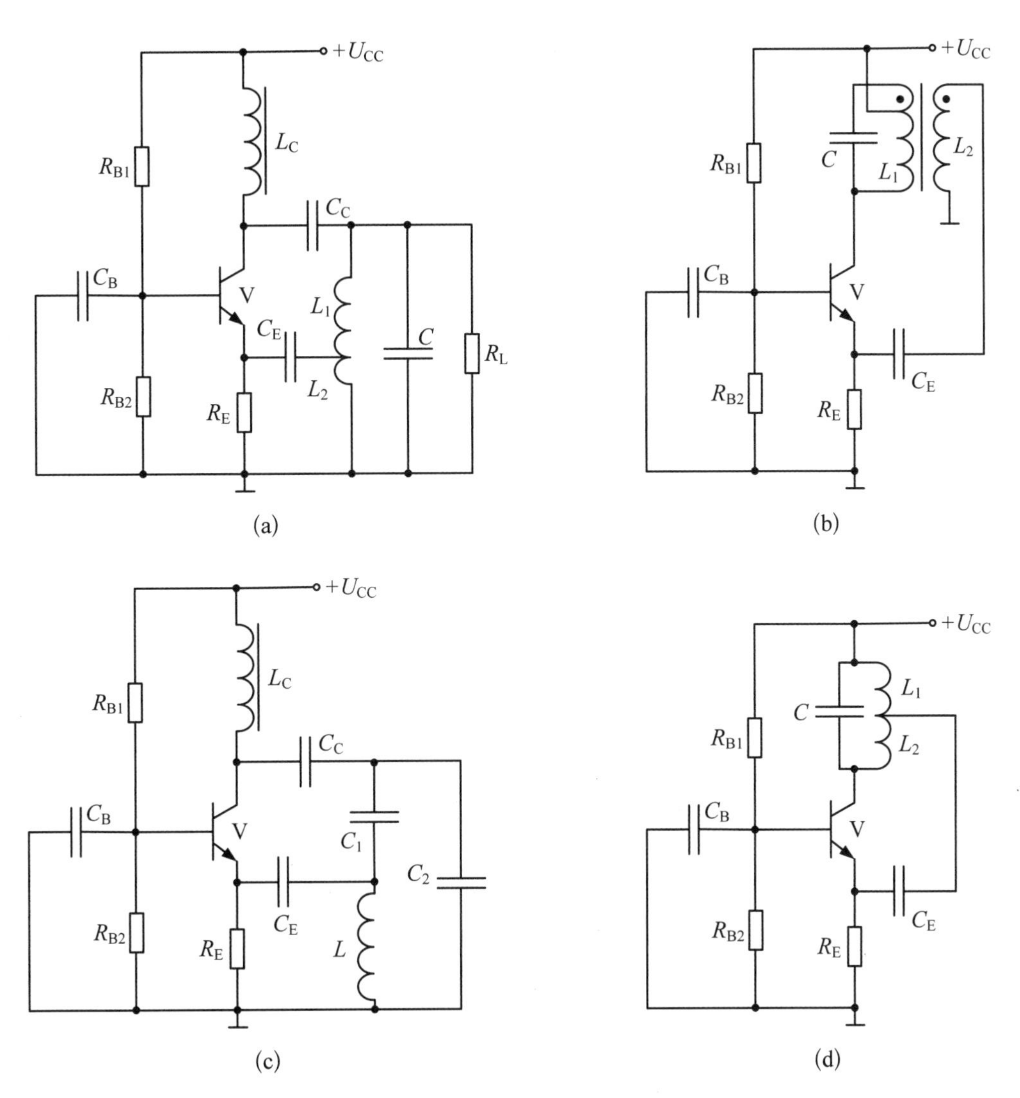

+U_{CC}
L_C
R_{B1}
C_C
C_B
V
L_1
C_E
C
R_L
L_2
R_{B2}
R_E
(a)
C
L_1
L_2
C_E
(b)
C_1
C_2
L
(c)
(d)

题 9.16 图

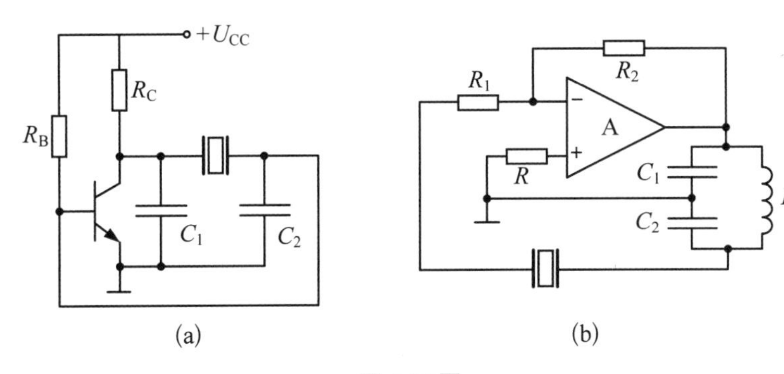

+U_{CC}
R_C
R_B
C_1
C_2
(a)
R_1
R_2
A
R
L
(b)

题 9.17 图

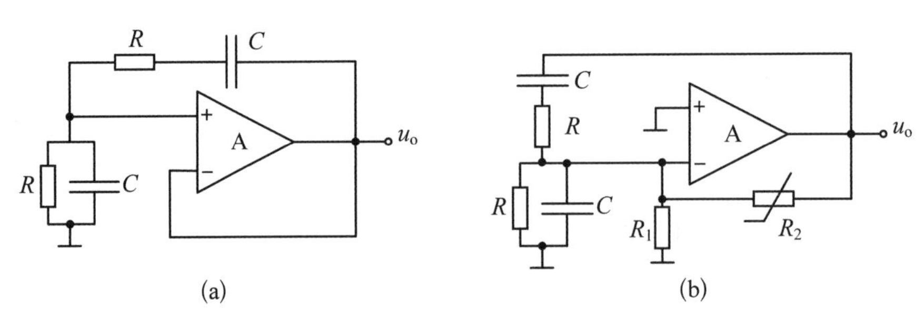

题 9.18 图

9.19 题 9.19 图所示为文氏电桥振荡器。其中 $R=0.39\ \mathrm{k\Omega}$，$C=0.01\ \mu\mathrm{F}$

(1) 试标出集成运放输入端的极性；

(2) 计算该电路的振荡频率 $f_{\mathrm{osc}}=?$

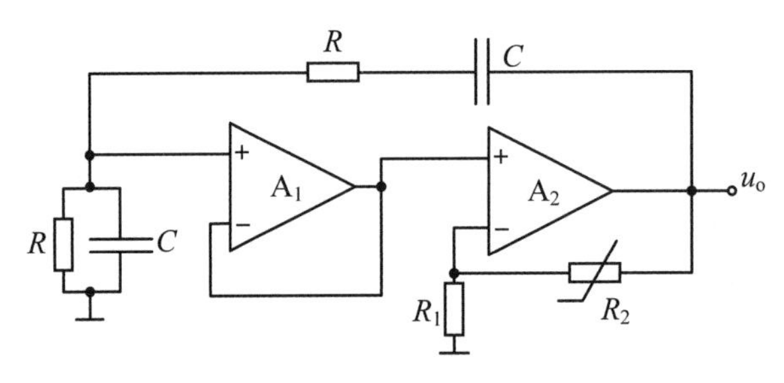

题 9.19 图

9.20 一实际振荡电路如题 9.20 图所示，求：

(1) 画出该电路的交流通路；

(2) 计算该电路的振荡频率 $f_{\mathrm{osc}}=?$

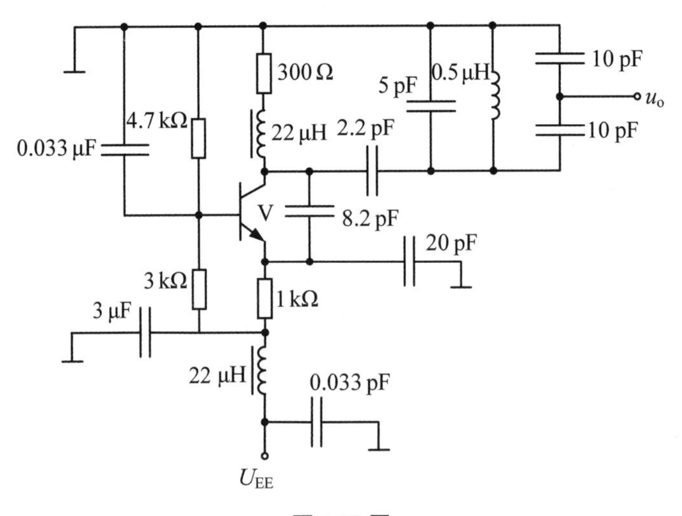

题 9.20 图

第 10 章

直流稳压电源

本章提要： 直流稳压电源是各类电子设备的重要组成部分，该部件的基本功能是将电力网交流电压变换为电子设备所需的、稳定的直流电源电压。根据工作原理的不同，可以将其分为线性稳压电源和开关型稳压电源两种类型。本章首先介绍了整流、滤波电路以帮助更好的理解和掌握稳压电源组成，并针对串联型稳压电路和并联型稳压电路的工作原理展开分析。

10.1 直流稳压电源的组成

在许多电子电路中，通常需要稳定的直流电源供电。本章所介绍的直流稳压电源为单相小功率电源，通过将一定频率和幅值的单相交流电转换为幅值一定的直流电压。直流稳压电源电路原理框图如图 10.1.1 所示，它由电源变压器、整流、滤波和稳压电路四部分组成。如图所示，将 220 V、50 Hz 电网电压 u_i 首先通过电源变压器进行降压，得到所需要的电压值 u_1，然后由整流电路将交流电压变为脉动的直流电压 u_2。滤波电路的作用是将脉动直流电压中的交流分量进行滤除，从而得到较稳定的直流电压 u_3。稳压电路是在电网电压波动和负载、环境温度变化时，使输出的直流电压 u_o 稳定。

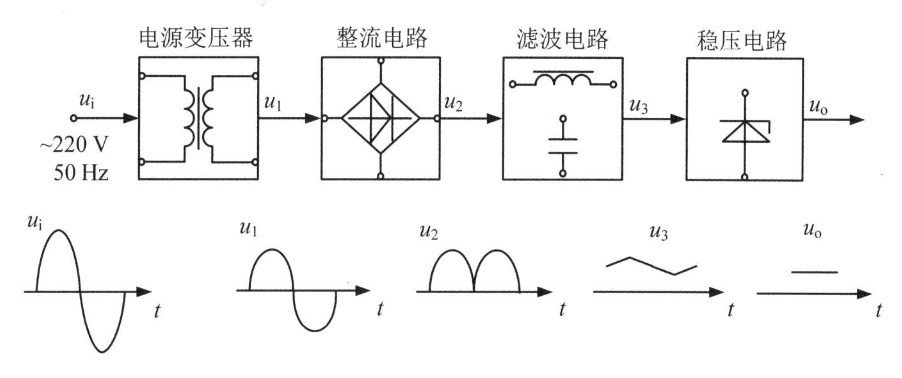

图 10.1.1　直流稳压电源电路原理框图

10.2 整流电路

整流电路的作用是将交流电变换为直流电，常见的整流电路有单相半波、全波、桥式和倍压整流电路等。二极管作为实现整流的关键元器件，通常利用其单向导电性来实现电路整流。一般来说，由于加在二极管上的电压远远大于二极管的正向导通电压，且正向导通电阻很小，所以，在分析整流电路时，我们视整流二极管为理想二极管，具有单向导电性，即导通时正向压降为零，截止时反向电流为零。

10.2.1 单相半波整流电路

单相半波整流电路是最简单的一种整流电路，如图 10.2.1 所示。

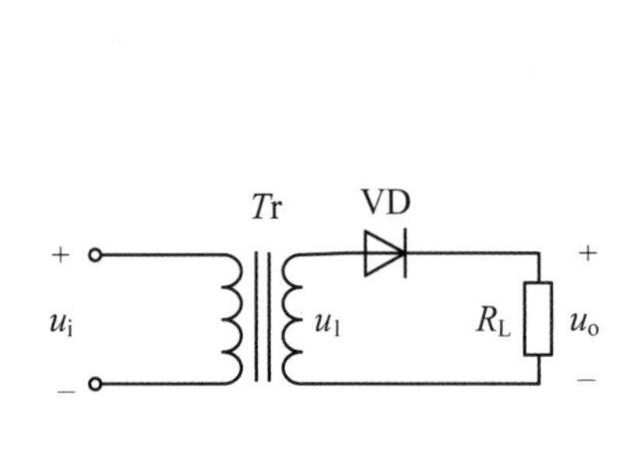

图 10.2.1 半波整流电路

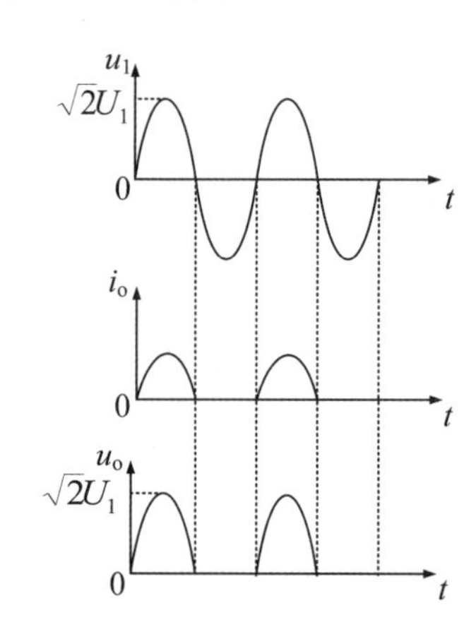

图 10.2.2 半波整流波形图

1. 工作原理

220 V、50 Hz 交流电压 u_i 经过电源变压器 T_r，在其次级上得到整流所需要的交流电压 u_1。R_L 为负载电阻。当 u_1 为正半周时，二极管 VD 外加正向电压而导通，电路中电流 i_o 流过负载 R_L，在 R_L 上的压降为正半周电压 u_o；当 u_1 为负半周时，二极管 VD 外加反向电压而截止，电路中无电流，R_L 上的压降为零。变压器次级电压 u_1、负载电压 u_o、负载电流 i_o 的波形如图 10.2.2 所示。由图可见，负载 R_L 的电压和电流都具有单一方向脉动的特性。我们把这种大小波动、方向不变的电压(或电流)称为脉动直流电。由于这种电路仅利用了电压 u_1 的半个周期，故半波整流的电源利用率低，且输出电压波动大。

2. 负载的电压和电流

在一个周期内，取输出电压的平均值 $U_{o(av)}$，即负载电阻上电压的平均值。从图 10.2.2 可以看出当 $t=0\sim\dfrac{T}{2}$ 时，$U_{o(av)}=\sqrt{2}U_1\sin\omega t$。其中 U_1 为电压有效值。当 $t=\dfrac{T}{2}\sim T$ 时，$U_{o(av)}=0$，则输出电压的平均值 $U_{o(av)}$ 为：

$$U_{o(av)}=\frac{1}{2\pi}\int_{0}^{\pi}\sqrt{2}U_1\sin\omega t d\omega t\approx 0.45U_1 \tag{10.2.1}$$

负载电流的平均值为

$$I_{o(av)}=\frac{U_{o(av)}}{R_L}=\frac{0.45U_1}{R_L} \tag{10.2.2}$$

例如，当变压器副边电压有效值 $U_1=20$ V 时，单相半波整流电路的输出电压的平均值 $U_{o(av)}\approx 9$ V。若负载 $R_L=20\ \Omega$，则负载电流平均值 $I_{o(av)}\approx 0.45$ A。

我们把整流输出电压的脉动系数 S 定义为整流输出电压的基波峰值 U_{om} 与输出电压平均值 $U_{o(av)}$ 之比，即 $S=\frac{U_{om}}{U_{o(av)}}$。通过谐波分析，可得 $U_{om}=\frac{U_1}{\sqrt{2}}$。故半波整流电路输出电压的脉动系数：

$$S=\frac{U_1/\sqrt{2}}{\sqrt{2}U_1/\pi}=\frac{\pi}{2}\approx 1.57 \tag{10.2.3}$$

3. 二极管的选择

当变压器次级电压 U_1 和负载电阻 R_L 确定以后，通过计算可以得到流过二极管电流的平均值和最大反向电压，并以此来选择二极管的型号。在半波整流电路中，流过二极管的正向平均电流 $I_{D(av)}$ 等于负载电流的平均值 $I_{o(av)}$，即

$$I_{D(av)}=I_{o(av)} \tag{10.2.4}$$

二极管承受的最大反向电压 U_{RM} 等于交流电压 u_1 的幅值 U_{1m}，即

$$U_{RM}=U_{1m}=\sqrt{2}U_1 \tag{10.2.5}$$

考虑到电网电压的波动，在选择二极管参数时，应留有一定的余量，以保证二极管的工作安全，即满足最大整流电流

$$I_{DM}>I_{o(av)} \tag{10.2.6}$$

最高反向工作电压

$$U_{RM}>\sqrt{2}U_1 \tag{10.2.7}$$

10.2.2　单相全波整流电路

单相全波整流电路可以通过两个半波整流电路组合得到，如图 10.2.3 所示。为了使两个半波整流电路输出电压相等，在电源变压器次级绕组设置中心抽头，使得次级电压满足 u_{1a} 和 u_{1b} 大小相等，相位相反。

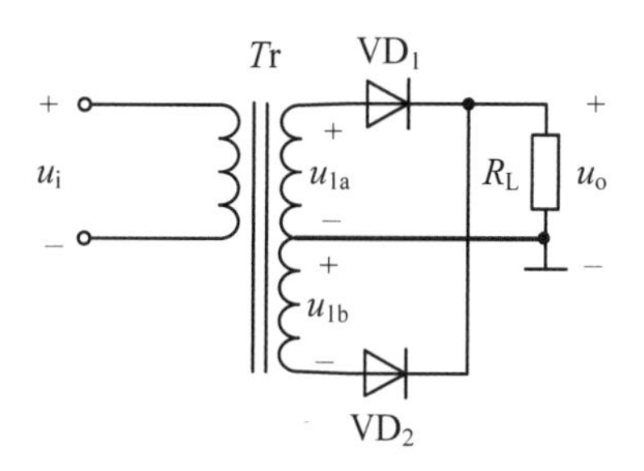

图 10.2.3　单相全波整流电路

1. 工作原理

当输入的交流电压 u_i 为正半周时，假设变压器次级电压 u_{1a} 对地为正半周，则次级电压 u_{1b} 对地为负半周，VD_1 因加正向电压而导通，VD_2 因加反向电压而截止，此时整流电路的上半部分工作，完成对电压 u_{1a} 的半波整流，负载上的压降 u_o 为上正下负。

当输入的交流电压 u_i 为负半周时，假设变压器次级电压 u_{1b} 对地为正半周，次级电压 u_{1a} 对地为负半周，VD_2 因加正向电压而导通，VD_1 因加反向电压而截止，此时整流电路的下半部分工作，完成对电压 u_{1b} 的半波整流，负载上的压降 u_o 仍为上正下负。

可见，当交流电压为正、负半周时，VD_1、VD_2 交替导通，在负载上得到脉动直流电。与半波整流电路相比，全波整流电路有效地利用了交流电的整个周期，使得其整流效率提高了一倍，输出电压高且波动小。全波整流电路的波形如图 10.2.4 所示。

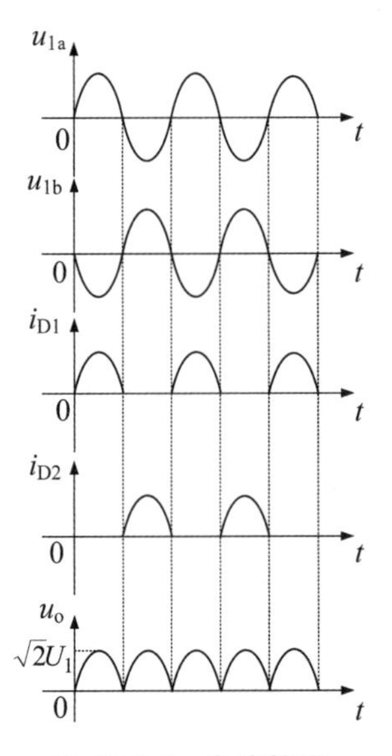

图 10.2.4 全波整流电路波形

2. 负载的电压和电流

用傅立叶级数对图 10.2.4 中 u_o 的波形进行分解后得到：

$$u_o=\sqrt{2}U_1\left(\frac{2}{\pi}-\frac{4}{3\pi}\cos 2\omega t-\frac{4}{15\pi}\cos 4\omega t\cdots\right) \tag{10.2.8}$$

可见，全波整流负载端电压的平均值 $U_{o(av)}$ 为交流电压 u_1 的有效值 U_1 的 0.9 倍，即

$$U_{o(av)}=\frac{2\sqrt{2}U_1}{\pi}=0.9U_1 \tag{10.2.9}$$

负载电流的平均值为：

$$I_{o(av)}=\frac{U_{o(av)}}{R_L}=\frac{0.9U_1}{R_L} \tag{10.2.10}$$

3. 二极管的选择

在全波整流电路中，由于 VD_1、VD_2 轮流导通，流过每只二极管的正向平均电流 $I_{D(av)}$ 等于负载平均电流 $I_{o(av)}$ 的一半，即

$$I_{D(av)}=\frac{1}{2}I_{o(av)} \tag{10.2.11}$$

二极管承受的最大反向电压 U_{RM} 等于变压器次级交流电压的幅值，由于次级电压 $u_{1a}=u_{1b}=u_1$，则有：

$$U_{RM}=U_{1m}=2\sqrt{2}U_1 \tag{10.2.12}$$

在选择二极管参数时，应满足：

最大整流电流

$$I_{D(av)} > \frac{1}{2} I_{o(av)} \tag{10.2.13}$$

最大反向工作电压

$$U_{RM} > 2\sqrt{2} U_1 \tag{10.2.14}$$

10.2.3　单相桥式整流电路

单相全波整流电路的优点是整流效率高，输出电压高且波动小，仅使用两只二极管，但也存在不足，首先它要求电源变压器的次级必须有中心抽头，且次级的两组电压必须大小相等；其次，二极管所承受的反向电压较高，因此，单相全波整流电路对变压器的制作和二极管的参数均有较高的要求。下面将介绍另一种具有全波整流特点的电路——单相桥式整流电路，如图 10.2.5 所示。图中，电源变压器次级不需要中心抽头，四只二极管构成桥式结构的四个臂，负载接在两个二极管的负极连接点和另两个二极管的正极连接点之间，变压器次级则接在二极管正、负极连接点之间。

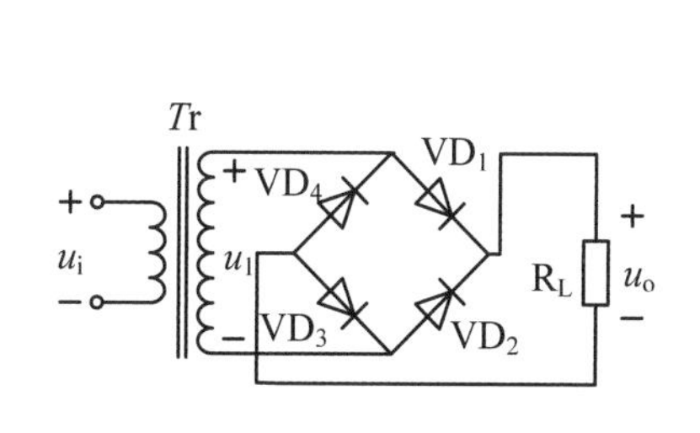

图 10.2.5　单相桥式整流电路

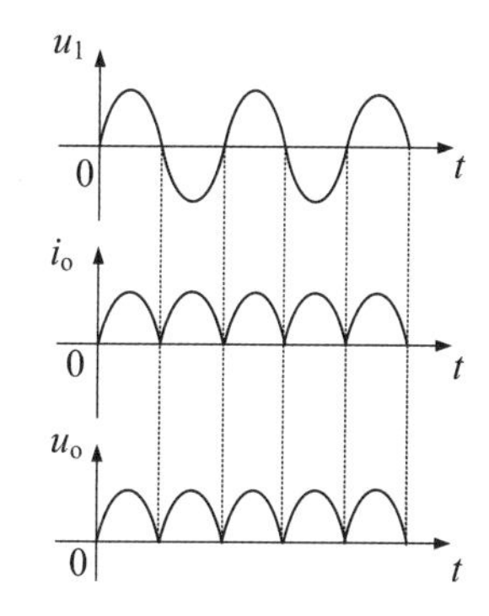

图 10.2.6　单相桥式整流波形图

1. 工作原理

当 u_1 为正半周时，二极管 VD_1、VD_3 外加正向电压而导通，VD_2、VD_4 加反向电压而截止，电路中电流 i_o 流经 VD_1、R_L、VD_3，在 R_L 上的压降为正半周电压 u_1，极性为上正下负；当 u_1 为负半周时，二极管 VD_2、VD_4 外加正向电压而导通，VD_1、VD_3 加反向电压而截止，电路中电流 i_o 流经 VD_2、R_L、VD_4，在 R_L 上的压降为负半周电压 u_1 的负值，极性仍为上正下负。桥式整流电路波形如图 10.2.6 所示。

2. 负载的电压和电流

由以上分析可知，桥式整流为全波整流，负载端电压 u_o 的平均值 $U_{o(av)}$ 为交流电压 u_1 的有效值 U_1 的 0.9 倍，即

$$U_{o(av)} = \frac{2\sqrt{2} U_1}{\pi} = 0.9 U_1 \tag{10.2.15}$$

负载电流的平均值为

$$I_{o(av)}=\frac{U_{o(av)}}{R_L}=\frac{0.9U_1}{R_L} \tag{10.2.16}$$

3. 二极管的选择

在桥式整流电路中，由于 VD_1、VD_3 和 VD_2、VD_4 轮流导通，流过每只二极管的正向平均电流 $I_{D(av)}$ 等于负载平均电流 $I_{o(av)}$ 的一半，即

$$I_{D(av)}=\frac{1}{2}I_{o(av)} \tag{10.2.17}$$

二极管承受的最大反向电压 U_{RM} 等于变压器次级交流电压的幅值 U_{1m}，即

$$U_{RM}=U_{1m}=\sqrt{2}U_1 \tag{10.2.18}$$

在选择二极管参数时，应满足：

最大整流电流：

$$I_{D(av)}>\frac{1}{2}I_{o(av)} \tag{10.2.19}$$

最大反向工作电压：

$$U_{RM}>\sqrt{2}U_1 \tag{10.2.20}$$

【例题 10-1】 现有一直流负载，其电阻为 15 Ω，工作电压为 9 V。若采用桥式整流电路为负载供电，试确定电源变压器次级电压以及二极管的参数。

解：由已知条件可知，负载电流为

$$I_L=\frac{U_L}{R_L}=\frac{9}{15}=0.6(\text{A})$$

流过二极管的平均电流为

$$I_{D(av)}=\frac{1}{2}I_L=\frac{1}{2}\times 0.6=0.3(\text{A})$$

电源变压器次级电压为

$$U_1=\frac{U_L}{0.9}=\frac{9}{0.9}=10(\text{V})$$

二极管承受的反向电压为

$$U_{RM}=\sqrt{2}U_1=\sqrt{2}\times 10\approx 14(\text{V})$$

考虑到电网电压±10%的波动，二极管的最大整流电流和最大反向工作电压应分别满足

$$I_{DM}>\frac{1.1I_L}{2}=1.1\times 0.3=0.33(\text{A});\quad U_{RM}>1.1\sqrt{2}U_1=1.1\times 14=15.4(\text{V})$$

10.3 滤波电路

无论哪种整流电路，它们的输出电压中都含有较大的交流成分。因此通常在实现电路整流后，会将输出信号接入滤波电路，用于滤除整流输出电压中的纹波，使其更加平滑。电容和电感是组成滤波电路的主要元件，基于电容和电感对交流成分和直流成分所表现出的阻抗不同，将它们合理地设置在电路中，以达到降低交流成分、保留直流成分的目的。常用的滤波电路包括：C形滤波电路、倒L形滤波电路、π形滤波电路，其结构如图10.3.1所示。

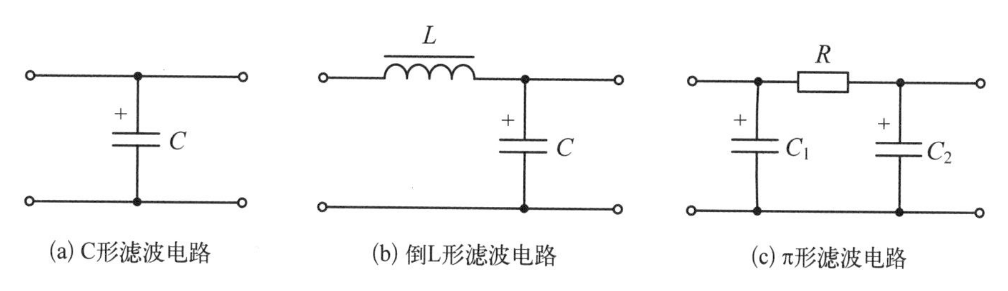

图10.3.1 滤波电路的基本形式

10.3.1 电容滤波电路

电容滤波电路作为结构最简单的一种滤波电路，直接在整流电路的输出端并联一个电容即可实现滤波电路，如图10.3.2(a)所示为桥式整流输出端并联电容形成的电容滤波电路。为了实现较好的滤波效果，这里所采用的滤波电容的容量都比较大。下面主要针对电容 C 的作用进行分析。

当 u_1 为正半周时，二极管 VD_1、VD_3 导通，u_1 通过 VD_1、VD_3 向负载提供电流 i_o，同时，对电容 C 充电，充电电流为 i_c，电容电压 u_c 的极性为上正下负。若忽略二极管的内阻，则 u_c 等于 u_1。当 u_1 达到峰值后开始下降，此时 u_c 也将由于放电而逐渐下降。当 $u_1 < u_c$ 时，二极管 VD_1、VD_3 被反向偏置而截止，于是 u_c 以一定的时间常数按指数规律下降，一直持续到 u_1 的下一个半周。当 $|u_1| > u_c$ 时，二极管 VD_2、VD_4 导通，将重复上述过程。桥式整流和电容滤波电路波形图如图10.3.2(b)所示。由图可见桥式整流波形和经电容滤波后的波形，显然，由于电容的滤波作用，使得输出电压平滑多了。

分析可见，电容滤波电路有以下几个特点：

(1) 二极管导通角小于180°，流过二极管的电流很大，在平均值相同情况下，波形越尖，有效值越大。电容滤波时，C 和 R_L 并联，等效阻抗减小，变压器二次绕组电流增大，此时应选为：

$$I_1 = (1.5 \sim 2) I_{o(av)} \tag{10.3.1}$$

二极管的整流电流需留有余量，一般选择：

$$I_{\mathrm{D}}=(2\sim3)I_{\mathrm{o(av)}} \tag{10.3.2}$$

(2) 负载平均电压 $U_{\mathrm{o(av)}}$ 升高，纹波(交流成分)减小，且 $R_{\mathrm{L}}C$ 越大，电容放电速率越慢，为了得到平滑的负载电压，一般取：

$$\tau_{\mathrm{d}}=R_{\mathrm{L}}C\geqslant(3\sim5)\frac{T}{2} \tag{10.3.3}$$

其中，T 为电源交流电压的周期。

(3) 负载直流电压随负载 R_{L} 减小，随着电流增加而减小。当 $R_{\mathrm{L}}\to\infty$ 时，即空载时(C 值一定)，$\tau_{\mathrm{d}}\to\infty$，这时

$$U_{\mathrm{o(av)}}=\sqrt{2}U_{1}\approx1.4U_{1} \tag{10.3.4}$$

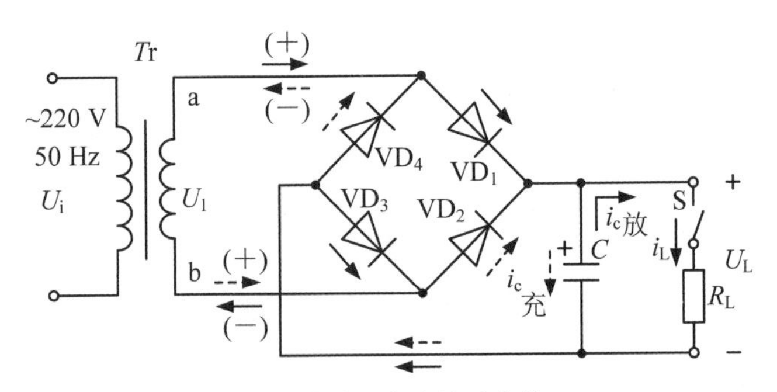

(a) 桥式整流和电容滤波电路

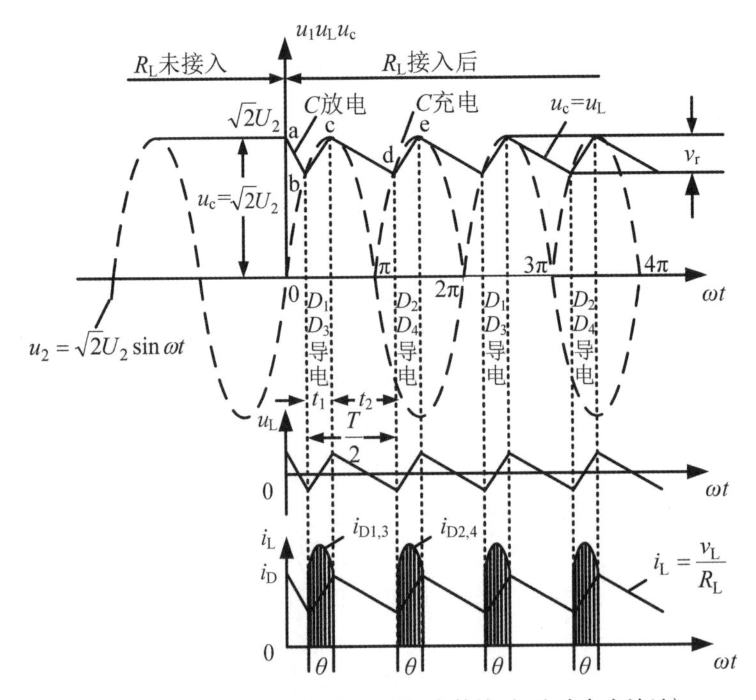

(b) 波形图(细线为桥式整流，粗线为电容滤波)

图 10.3.2 桥式整流和电容滤波电路及波形图

当 $C=0$，即无电容时(即纯电阻负载)，有：

$$U_{o(av)}=0.9U_1 \tag{10.3.5}$$

在整流电路的内阻不太大(几欧姆)和放电时间常数满足式(10.3.3)的关系时，电容滤波电路的负载电压为：

$$U_{o(av)}=(1.1\sim1.2)U_1 \tag{10.3.6}$$

二极管承受的最大反向电压：

$$U_{RM}=\sqrt{2}U_1 \tag{10.3.7}$$

当考虑电网电压波动±10%等因素，反向击穿电压应选为：

$$U_{BR}\geqslant 2U_1 \tag{10.3.8}$$

滤波电容容量选择与负载电流有关。表 10－1 所列出的数据可供选用时参考。

表 10－1　电容容量选择的参考数据

输出电流(A)	2	1	0.5～1	0.1～0.5	0.05～0.15	0.05 以下
电容容量(μF)	3 300	2 200	1 000	470	220～470	220

【例题 10－2】　桥式电容滤波电路如图 10.3.2 所示。已知交流电源电压为 220 V，交流电源频率 $f=50$ Hz，要求直流电压 $U_o=30$ V，负载电流 $I_o=50$ mA。试求电源变压器二次电压 u_1 的有效值，选择整流二极管及滤波电容器。

解：

(1) 求变压器二次电压有效值，取 $U_o=1.2U_1$，则

$$U_1=\frac{30}{1.2}=25(\text{V})$$

(2) 选择整流二极管，流经二极管的平均电流取为 $I_D=(2\sim3)I_o$，可算出

$$I_D=(2\sim3)\times50\ \text{mA}=100\sim150\ \text{mA}$$

二极管承受的最大反向电压 $U_{RM}=\sqrt{2}U_1\approx35$ V，反向击穿电压应为

$$U_{BR}\geqslant 2U_1=50\ \text{V}$$

可考虑选择 2CZ54C 整流二极管(参数为：其允许最大电流为 $I_F=500$ mA，最大反向电压为 $U_{RM}=100$ V)

(3) 选择滤波电容器

负载电阻

$$R_L=\frac{U_o}{I_L}=\frac{30\ \text{V}}{50\ \text{mA}}=0.6\ \text{k}\Omega$$

由公式(10.3.3),取 $R_LC=4\times\frac{T}{2}=2T=2\times\frac{1}{50}=0.04(\text{s})$。则得滤波电容为:

$$C=\frac{0.04}{R_L}=\frac{0.04}{600}=66.7(\mu\text{F})$$

若考虑电网电压±10%波动,则电容器可承受的最高电压为:

$$U_{CM}=\sqrt{2}U_1\times1.1=1.4\times25\times1.1=38.5(\text{V})$$

可选用标称为 100 μF/50 V 的电解电容器。

10.3.2 其他类型的滤波电路

1. RC 滤波电路

π 型 RC 滤波电路如图 10.3.3 所示。可以看出,该电路是在上述电容滤波的基础上,再加入一级 RC 滤波网络组成的。

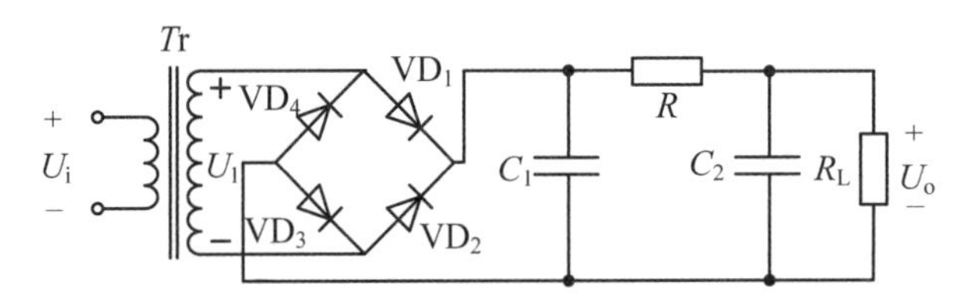

图 10.3.3 π型 RC 滤波电路

经过电容 C_1第一次滤波后,C_1两端的电压含有一个直流分量和一个交流分量,再通过 R 和 C_2滤波后,负载上电压的交流分量进一步减小,且 C_2容量越大,滤波效果越好。但考虑到电阻 R 上有一定的直流压降,故一般 R 不宜过大,只适用于小电流的场合。

2. 电感滤波电路

因为电感对交流分量的感抗很大,而对直流分量的电阻很小,所以若在负载回路中串入一个电感,可以使流过负载中电流的交流分量明显减小,直流电压损失却很小。因此,在负载电流比较大的情况下,可以考虑采用电感滤波电路。电感滤波电路如图 10.3.4 所示。

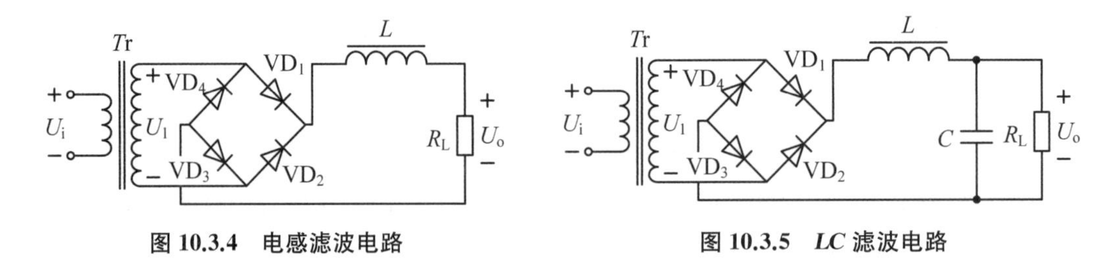

图 10.3.4 电感滤波电路

图 10.3.5 *LC* 滤波电路

3. *LC* 滤波电路

为了得到较好的滤波效果,可以采用 *LC* 滤波电路,在上述电感滤波的基础上,在负载两端并联电容 *C*,如图 10.3.5 所示。

在 *LC* 滤波电路的基础上再加入一个电容,即为 π 型 *LC* 滤波电路,如图 10.3.6 所示。

显然，这种电路的滤波效果较前面几种好。当然，为了得到更好的滤波效果，可以考虑采用多级串联的方式。

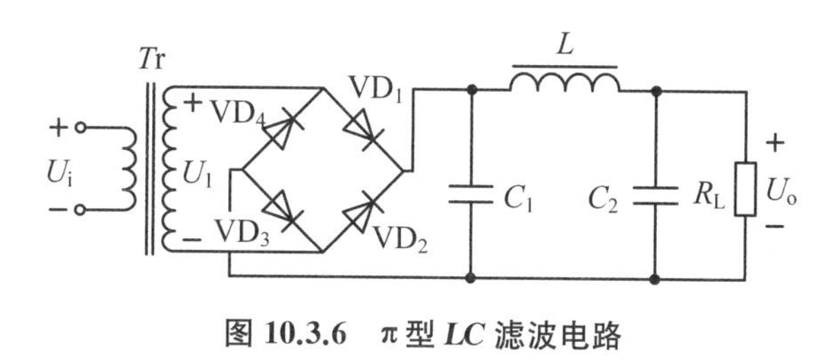

图 10.3.6　π 型 *LC* 滤波电路

10.4　线性稳压电路

线性稳压电源是指其中的功率管工作在线性区，该稳压电路具有稳压效果好，纹波小，结构简单等优点，但效率较低。

10.4.1　并联型稳压电路

如图 10.4.1 所示，给出了一种由稳压二极管构成的并联型稳压电路。电路由电阻 R 和稳压二极管 VD_Z 组成，负载 R_L 与稳压二极管并联。电路的输入电压 u_i 可以是经整流滤波后的直流电压，也可以是高于负载额定工作电压的直流电压，输出电压 u_o 即为稳压二极管的稳定电压。可见，稳压二极管的稳压值 U_Z 等于负载的额定工作电压。

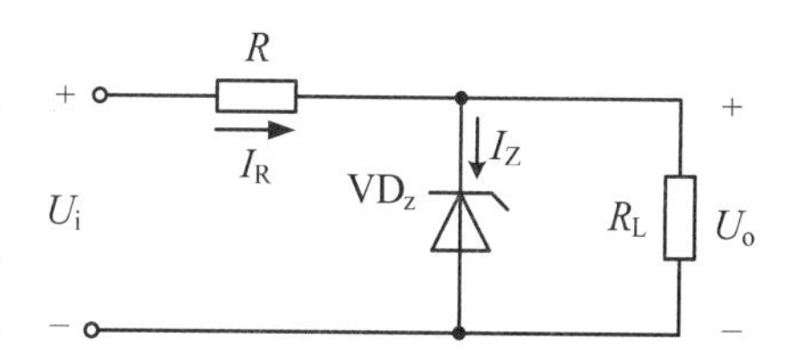

图 10.4.1　稳压二极管并联型稳压电路

1. 稳压原理

输入电压的不稳定或负载电阻的变化都将引起负载端电压的不稳定，稳压二极管稳压电路就起到了稳定负载端电压的作用。下面就这两种情况加以讨论。

假设负载电阻不变，输入电压 U_i 升高，电路通过以下过程使输出电压稳定：输入电压 U_i 升高，引起输出电压 U_o 升高，根据稳压二极管伏安特性可知，稳压二极管端电压稍有增加，流过稳压管的电流 I_z 将会显著增加，导致流过电阻 R 的电流 I_R 增加，电阻 R 上增加的压降，又使得输出电压 U_o 下降，从而使输出电压 U_o 基本保持不变。这一稳压过程简单表示为：

$$U_i\uparrow \to U_o\uparrow \to U_z\uparrow \to I_z\uparrow \to I_R\uparrow \to U_z\downarrow \to U_o\downarrow \tag{10.4.1}$$

同理，可以分析负载电阻不变，输入电压降低的情况。

假设输入电压不变，负载电阻变小，电路将经过以下过程使输出电压稳定：负载电阻变小，负载端电压下降，即输出电压 U_o 下降，根据稳压二极管的伏安特性可知，稳压二极管端电压稍有下降，流过稳压管的电流 I_z 将会显著减小，导致流过电阻 R 的电流 I_R 减小，电阻 R

上减少的压降，又使得输出电压 U_o 增加，从而使输出电压 U_o 基本不变。这一稳压过程简单表示为：

$$R_L\downarrow \rightarrow U_o\downarrow \rightarrow U_z\downarrow \rightarrow I_z\downarrow \rightarrow I_R\downarrow \rightarrow U_R\downarrow \rightarrow U_o\uparrow \tag{10.4.2}$$

同理，可以分析输入电压不变，负载电阻变大的情况。

由此可知，稳压二极管稳压电路是通过稳压管 VD_Z 的电流调整作用和电阻 R 的电压调整作用来实现稳压的。因此，一般情况下，稳压管需工作在反向击穿状态，才能起到稳压作用，而电阻 R 的设定，是为了限制稳压管工作在反向击穿状态时的电流大小，以保证稳压管工作的安全性。可见，电阻 R 在电路中起到了双重作用，即电压调整作用和限流作用。

2. 元件选择

稳压二极管并联型稳压电路的设计主要是选择稳压管 VD_Z 和电阻 R。首先，根据负载额定工作电压选择稳压管的稳定电压，即要使稳压二极管的稳压值 U_Z 等于负载的额定工作电压。然后，根据输入电压、负载电阻的变化范围和稳压管的工作电流，确定电阻 R 的取值范围。

设输入电压的最大值为 U_{imax}，最小值为 U_{imin}；负载电流的最大值为 I_{Lmax}，最小值为 I_{Lmin}；稳压管的最大工作电流为 I_{zmax}，最小工作电流为 I_{zmin}。为使稳压管安全工作，当输入电压为最大值 U_{imax}，负载电流为最小值 I_{Lmin} 时，稳压管的工作电流最大，而电阻 R 的选取应满足

$$\frac{U_{imax}-U_Z}{R}-I_{Lmin}<I_{zmax}$$

即

$$R>\frac{U_{imax}-U_Z}{I_{zmax}+I_{Lmin}} \tag{10.4.3}$$

当输入电压为最小值 U_{imin}，负载电流为最大值 I_{Lmax} 时，稳压管的工作电流最小，而电阻 R 的选取应满足：

$$\frac{U_{imin}-U_Z}{R}-I_{Lmax}>I_{zmin}$$

即

$$R<\frac{U_{imin}-U_Z}{I_{zmin}+I_{Lmax}} \tag{10.4.4}$$

综合以上结果，电阻 R 应根据

$$\frac{U_{imax}-U_Z}{I_{zmax}+I_{Lmin}}<R<\frac{U_{imin}-U_Z}{I_{zmin}+I_{Lmax}} \tag{10.4.5}$$

进行选择，同时，考虑电阻 R 的功率 P_R 应满足：

$$P_R > \frac{(U_{\text{imax}} - U_z)^2}{R} \tag{10.4.6}$$

【例题 10-3】 利用图 10.4.1 所示电路为收音机设计一个稳压器。蓄电池的电压在 11 V～13 V 之间变化，通过稳压器为收音机提供 6 V 的工作电压，收音机从关机到音量最大对应的工作电流为 0～30 mA。试选择稳压管和电阻 R。

解：根据已知条件，确定稳压管的最大工作电流 I_{zmax}。

根据 $\frac{U_{\text{imax}} - U_Z}{I_{\text{zmax}} + I_{\text{Lmin}}} = \frac{U_{\text{imin}} - U_Z}{I_{\text{zmin}} + I_{\text{Lmax}}}$，并设稳压管最小工作电流是最大工作电流的十分之一，即 $I_{\text{zmin}} = 0.1 I_{\text{zmax}}$，可得

$$I_{\text{zmax}} = \frac{I_{\text{Lmax}}(U_{\text{imax}} - U_Z) - I_{\text{Lmin}}(U_{\text{imin}} - U_Z)}{U_{\text{imax}} - 0.9U_Z - 0.1U_{\text{imax}}}$$

由此式求得稳压管最大工作电流 I_{zmax} 的下限值，代入数据得：

$$I_{\text{zmax}} = \frac{30 \times (13 - 6)}{11 - 0.9 \times 6 - 0.1 \times 13} = 49(\text{mA})$$

稳压管的最大耗散功率为

$$P_z = U_z \cdot I_{\text{zmax}} = 6 \times 49 = 249(\text{mW})$$

据此，选择稳压管 1N5731(参数：最大耗散功率 P_z 为 0.4 W，稳定电压 U_z 为 6.2 V，最大工作电流 I_{zmax} 为 62 mA)

根据所选稳压管，确定电阻 R。

$$R > \frac{U_{\text{imax}} - U_Z}{I_{\text{zmax}} + I_{\text{Lmin}}} = \frac{13 - 6.2}{62} = 0.110(\text{k}\Omega)$$

$$R < \frac{U_{\text{imin}} - U_Z}{I_{\text{zmin}} + I_{\text{Lmax}}} = \frac{11 - 6.2}{6.2 + 30} = 0.133(\text{k}\Omega)$$

即 $110\ \Omega < R < 133\ \Omega$，取标称值，$R = 120\ \Omega$。

电阻 R 的耗散功率

$$P_R > \frac{(U_{\text{imax}} - U_z)^2}{R} = \frac{(13 - 6.2)^2}{120} = 0.385(\text{W})$$

可选择 120 Ω，0.5～1 W 的电阻。

根据稳压管的稳压原理，我们知道，具有与稳压管击穿特性曲线类似的工作区均有稳压的性质，比如，二极管的正向特性曲线很陡峭，利用一只硅二极管的正向特性可以实现约 0.7 V 的稳压值；利用一只发光二极管的正向特性可以实现约 2 V 的稳压值，等等。当然，我们也可以利用稳压管与稳压管的串联、与二极管的串联等，实现不同的稳压值，以满足实际电路的需要。

由以上分析可知，稳压管稳压电路结构简单，在输出电压不需调节和负载电流比较小的

情况下，其稳压效果较好。但是，在实际电路中，往往是稳压电路的输入电压和负载电流的变化范围较大，再者，电路的工作电压不一定与稳压管的稳压值一致，或者电路的电压需要任意调节等，这些都是稳压管稳压电路所不能实现的。下一节将介绍一种应用较为广泛的稳压电路——串联型稳压电路。

3. 稳压电路的质量指标

稳压电源的指标主要分为两种：一是特性指标，包括允许的输入电压，输出电压，输出电流和输出电压的调节范围；二是质量指标，衡量输出直流电压的稳定程度，包括稳压系数、电压调整率、电流调整率、输出电阻、温度系数及纹波电压等。

1）输入电压调整因数 K_V

$$K_V = \frac{\Delta U_o}{\Delta U_i}\bigg|_{\substack{\Delta I_o = 0 \\ \Delta T = 0}} \tag{10.4.7}$$

K_V 反映了输入电压波动对输出电压的影响。常用输入电压变化时引起输出电压的相对变化来表示，又称为电压调整率 S_V，即

$$S_V = \frac{\frac{\Delta U_o}{U_o}}{\Delta U_i} \times 100\%\bigg|_{\substack{\Delta I_o = 0 \\ \Delta T = 0}} \quad (\%/V) \tag{10.4.8a}$$

也可用稳压系数 γ 来表示：

$$\gamma = \frac{\frac{\Delta U_o}{U_o}}{\frac{\Delta U_i}{U_i}} \times 100\%\bigg|_{\substack{\Delta I_o = 0 \\ \Delta T = 0}} \tag{10.4.8b}$$

2）输出电阻 R_o

$$R_o = \frac{\Delta U_o}{\Delta I_o}\bigg|_{\substack{\Delta I_o = 0 \\ \Delta T = 0}} \quad (\Omega) \tag{10.4.9}$$

R_o 反映负载电流 I_o 变化对 U_o 的影响，也称为负载调整率。

有时也可用电流调整率表示，即负载电流从零变到最大额定输出时，输出电压的相对变化，即

$$S_i = \frac{\Delta U_o}{U_o} \times 100\%\bigg|_{\substack{\Delta U_i = 0 \\ \Delta T = 0}} \quad (\%) \tag{10.4.10a}$$

或者表示为：

$$S_i = \frac{\frac{\Delta U_o}{U_o}}{\Delta I_o} \times 100\%\bigg|_{\substack{\Delta U_i = 0 \\ \Delta T = 0}} \quad (\%/mA) \tag{10.4.10b}$$

3）温度系数

$$S_r = \frac{\Delta U_o}{\Delta T}\bigg|_{\substack{\Delta I_o = 0 \\ \Delta U_i = 0}} \quad (\text{mV/℃}) \tag{10.4.11}$$

有时也用相对变化量表示

$$S_r = \frac{\Delta U_o}{U_o \Delta T} \times 100\% \quad (\%/℃) \tag{10.4.12}$$

当 $S_r = 10^{-6}$/℃ 时，其含义为：温度每变化 1℃ 时，输出电压 U_o 相对变化百万分之一时的值。

S_r 表示改变温度时，电路维持预定输出电压的能力，系数越小，输出电压越稳定。

4）纹波抑制比

纹波电压是指稳压电路输出交流分量的有效值，一般单位为毫伏，表示输出电压的微小波动，常用的纹波抑制比表示为：

$$RR = 20\lg \frac{U_{\text{Irp-p}}}{U_{\text{Orp-p}}} (\text{dB}) \tag{10.4.13}$$

其中 $U_{\text{Irp-p}}$ 和 $U_{\text{Orp-p}}$ 分别为输入和输出的纹波电压峰峰值。一般而言，当稳压系数 γ 较小时，相对而言纹波电压也比较小。

10.4.2　串联型稳压电路

并联型稳压电路虽然结构简单，但是具有较大的局限性，不适用于实际电路。其主要存在以下缺点：① 带负载能力差，输出电流小；② 其输出电压不可调节；③ 稳压系数和输出电阻等关键指标也不理想，容易波动。

串联型稳压电路是指在输入直流电压和负载之间串入一个晶体管（加功率扩流管，也称调整管）来供给负载电流，并引入增益可调的深度电压负反馈，当输入电压或负载变化引起输出电压变化时，能将输出电压的变化送到晶体管的输入端，使晶体管的集-射电压也随之改变，从而调整输出电压，以保持输出电压基本不变。

1. 分立元件稳压电路

1）简单的串联型稳压电路

简单的串联型稳压电路如图 10.4.2 所示。可以看出，该电路实质上是射极输出器，电阻 R 和稳压管 VD_Z 构成简单的稳压管稳压电路，将晶体管 V 的基极电位稳定在稳压管的稳压值 U_z 上。V 的射极电阻即为负载电阻 R_L。假设由于某种原因造成输出电压下降，则电路将通过以下过程使输出电压基本不变：

$$U_o \downarrow \to U_{BE} \uparrow \to I_B \uparrow \to I_E \uparrow \to U_o \uparrow \tag{10.4.14}$$

当然也可以根据电压负反馈电路特点可知，电路的输出电压是稳定的。

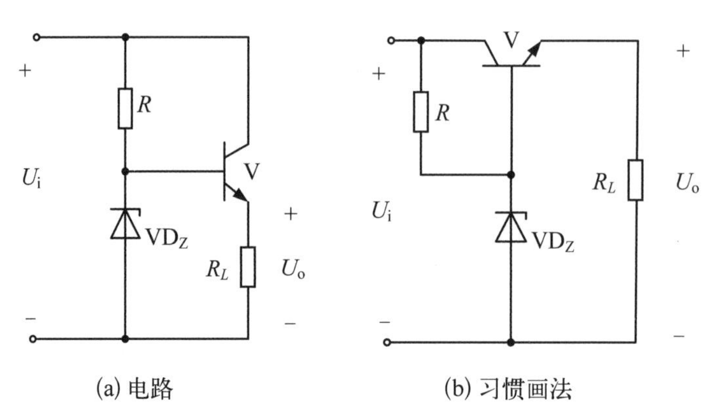

图 10.4.2　简单的串联型稳压电路

由以上分析可知，晶体管 V 起到了电压调整的作用，故称为调整管。电阻 R 和稳压管 VD_Z 为电路提供了一个稳定的电压 U_z，称为基准电压。电路的输出电压可由下式求得

$$U_o = U_z - U_{BE} \tag{10.4.15}$$

而稳压管是与调整管的输入端相连，相当于工作在小电流情况下，负载的大电流由调整管提供。尽管这种简单的串联型稳压电路的输出电压不能任意调整，但通过调整管扩流，使其输出电流能满足负载的要求。

2）具有放大环节的串联型稳压电路

(1) 电路组成

为了使电路的输出电压可任意调节，同时提高调整管的调整灵敏度和输出电压的稳定度，我们在上述电路的基础上，增加了“比较放大电路”和“取样电路”。具有放大环节的串联型稳压电路的基本原理框图如图 10.4.3 所示。

根据图 10.4.3，由晶体管作比较放大电路所构成的串联型稳压电路如图 10.4.4 所示。图中包括四个组成部分。

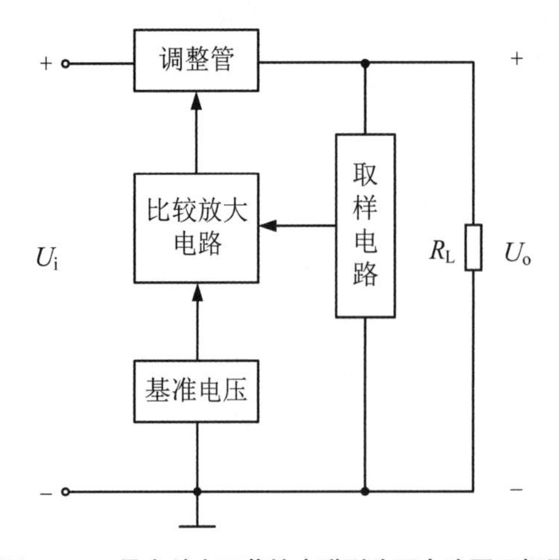

图 10.4.3　具有放大环节的串联型稳压电路原理框图

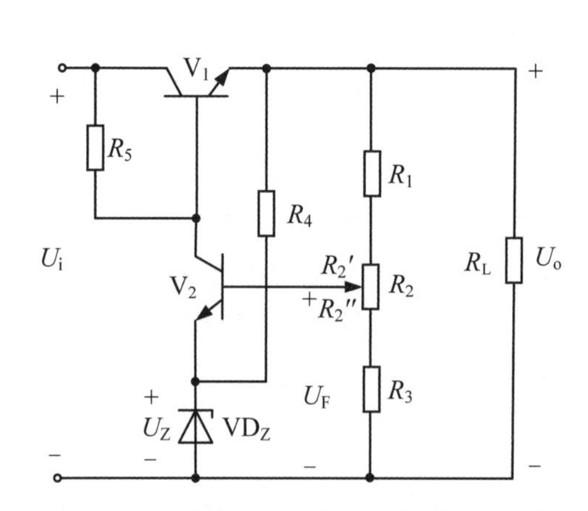

图 10.4.4　具有放大环节的串联型稳压电路

取样电路：取样电路由电阻 R_1、R_2和 R_3构成的分压电路组成。当输出电压发生变化时，取样电阻将其变化量的一部分送到放大管 V_2的基极。

基准电压电路：R_4、VD_Z组成基准电压电路，基准电压为稳压管的稳压值 U_Z，接到放大管 V_2的发射极。电阻 R_4 的作用是保证稳压管 VD_Z有一个合适的工作电流。

比较放大电路：比较放大电路由 V_2、R_5组成，其作用是将取样电压与基准电压进行比较后的差值进行放大，然后再送到调整管的基极。若放大电路的放大倍数较大，则只要输出电压产生一点微小变化，就能引起调整管的基极电压发生较大的变化，从而提高了稳压效果。这里的 R_5既是放大管 V_2的负载电阻，又是调整管 V_1的基极偏置电阻。

调整管：晶体管 V_1为稳压电路的调整管。由于流过 V_1的电流为较大的负载电流，故 V_1选用功率管，并加装适当大小的散热片。

(2) 稳压原理

假设由于某种原因导致输出电压 U_o升高，则通过取样后反馈到放大管 V_2基极的电压 U_F 也按比例地增大，但 V_2管的射极电压为基准电压 U_Z 保持不变，故 V_2管的基-射极电压 U_{BE2} 增大，则 V_2的基极电流增大，集电极电流也增大，导致 V_2的输出电压即集-射电压 U_{CE2} 减小，使调整管 V_1的基极输入电压 U_{BE1} 减小，则 V_1的集电极电流随之减小，同时集电极电压 U_{CE1} 增大，结果使输出电压 U_o保持基本不变。以上稳压过程可概括如下：

$$\begin{aligned} &U_o\uparrow \to U_F\uparrow \to U_{BE2}\uparrow \to I_{B2}\downarrow \to I_{C2}\downarrow \to U_{CE2}\downarrow \\ &U_o\downarrow \leftarrow U_{CE1}\downarrow \leftarrow I_{C1}\downarrow \leftarrow I_B\uparrow \leftarrow U_{BE1}\downarrow \leftarrow \lrcorner \end{aligned} \tag{10.4.16}$$

可见，串联型稳压电路稳压的过程，实质上是通过电压负反馈使输出电压保持基本不变的过程。

(3) 输出电压

由以上对电路稳压过程的分析可知，若将 R_2 的滑动端向上移动，则反馈电压 U_F 增大，比较放大电路的输入电压也增大，使调整管 V_1的 U_{BE1} 减小，U_{CE1} 增大，于是输出电压 U_o减小。反之，若 R_2 的滑动端向下移动，则 U_o 增大。可见，输出电压的调节可以通过改变取样电阻中电位器 R_2 的滑动端位置来实现。下面我们定量计算 U_o 的调节范围。

在稳压电路中，应要求流过取样电路的电流远远大于放大管 V_2的基极电流，这样，反馈电压 U_F 将仅与取样电路有关，即

$$U_F=\frac{R_3+R_2''}{R_1+R_2+R_3}U_o \tag{10.4.17}$$

若 R_2 的滑动端移到最下端，则

$$U_F=\frac{R_3}{R_1+R_2+R_3}U_o \tag{10.4.18}$$

又 $U_F=U_z+U_{BE2}$，令 $U_z\gg U_{BE2}$，则有 $U_F=U_z$，于是得到输出电压的最大值

$$U_{omax}=\frac{R_1+R_2+R_3}{R_3}U_z \quad (10.4.19)$$

同理,若 R_2 的滑动端移到最上端,则

$$U_F=\frac{R_2+R_3}{R_1+R_2+R_3}U_o \quad (10.4.20)$$

于是得到输出电压的最小值

$$U_{omin}=\frac{R_1+R_2+R_3}{R_2+R_3}U_z \quad (10.4.21)$$

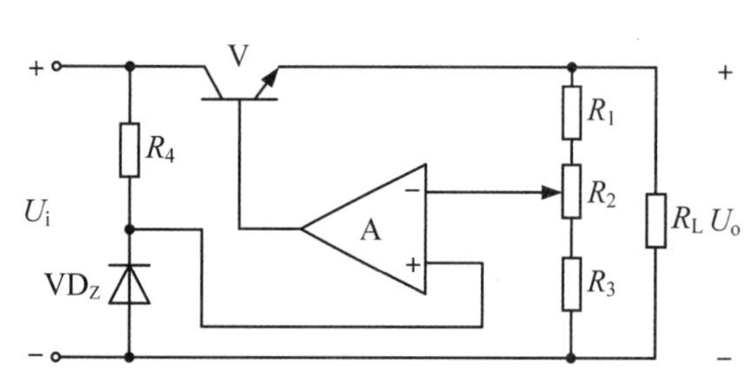

图 10.4.5 采用集成运放的串联型稳压电路

串联型稳压电路中的比较放大电路可以采用多种电路形式,除了上述的单管放大电路外,也可采用差分放大电路和集成运算放大电路等。如图 10.4.5 所示,给出了采用集成运放的串联型稳压电路,其工作原理可参照上述有关内容,请读者自己分析。

2. 集成线性稳压器

随着集成技术的发展,稳压电路也实现了集成化。集成线性稳压器把线性稳压电源的全部器件,包括功率调整管,基准源,比较电路,采样电路基过流保护等全部集成在一片芯片上。集成稳压器不仅具有体积小、可靠性高和温度特性好等优点,而且使用简单灵活、价格低廉,因此得到了广泛的应用。

集成稳压器已经成为模拟集成电路的一个重要组成部分,其种类繁多。各大半导体厂商推出了多种规格的专用集成稳压器,以及可调的通用稳压器。大多采用三端接法,芯片只有三个引出端,使用非常方便。根据其用途可分为固定输出和可调输出两种不同的类型,按输出电压的极性又可分为正输出和负输出两大类。常用集成三端稳压器有 78 ×× 和 79 ×× 两个系列。78 ×× 为正电压输出,79 ×× 为负电压输出。"××"一般有 5、6、9、12、15、24 V 等七种值。例如型号 W7812 表示输出电压为+12 V。本节介绍三端固定式集成稳压电路的组成及其应用电路。

1) 三端固定式集成稳压电路的组成

三端固定式集成稳压电路的组成如图 10.4.6 所示。由图可见,电路内部实际上除了包括串联型直流稳压电路的各个组成部分以外,其内部还设有限流保护、过热保护、过压保护电路和启动电路,使

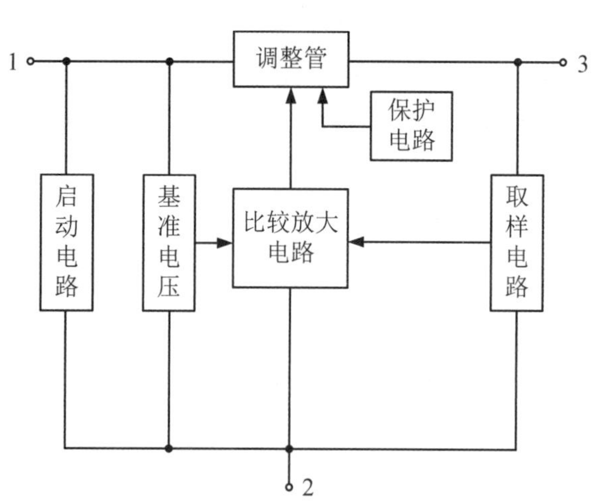

图 10.4.6 三端集成稳压器的组成

用更加安全、方便。W7800 系列是三端固定正输出集成稳压电路，W7900 系列是三端固定负输出集成稳压电路。关于它们的具体电路原理图，读者可参阅有关文献。

三端固定式集成稳压电路的主要参数如表 10 - 2 所示。

表 10 - 2　W7800 系列三端集成稳压器的主要参数

参数名称	符号	单位	7805	7806	7808	7812	7815	7818	7824
输入电压	U_I	V	10	11	14	19	23	27	33
输出电压	U_o	V	5	6	8	12	15	18	24
电压调整率	S_V	%/V	0.007 6	0.008 6	0.01	0.008	0.006 6	0.01	0.011
电流调整率 ($5\ mA \leqslant I_o \leqslant 1.5\ A$)	S_I	mV	40	43	45	52	52	55	60
最小压差	$U_I - U_o$	V	2	2	2	2	2	2	2
输出噪声	U_N	μV	10	10	10	10	10	10	10
输出电阻	R_o	mΩ	17	17	18	18	19	19	20
峰值电流	I_{oM}	A	2.2	2.2	2.2	2.2	2.2	2.2	2.2
输出温漂	S_T	mV/℃	1.0	1.0		1.2	1.5	1.8	2.4

2）三端集成稳压器的应用

三端集成稳压器的外形如图 10.4.7 所示。由于只有三个引出端：输入端、输出端和公共端，因此，在实际的应用电路中连接比较简单。

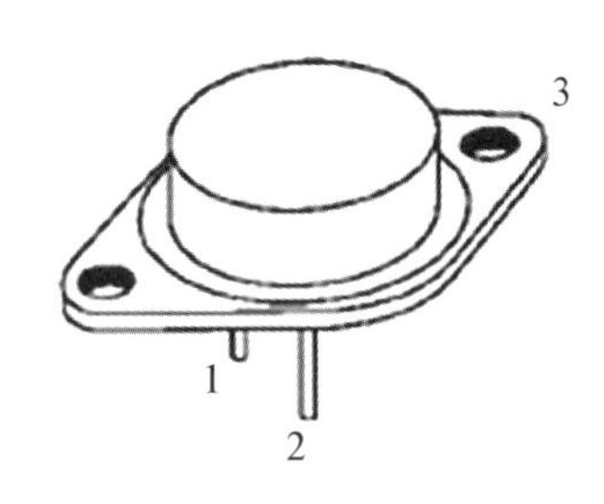

(a) 金属封装1−输入端，2−输出端，3−公共端

(b) 塑料封装1−输入端，2−公共端，3−输出端

图 10.4.7　W7800 系列三端集成稳压器的外形

（1）基本电路

三端集成稳压器的基本应用电路如图 10.4.8 所示。直流输入电压 U_i 接在输入端和公共端之间，在输出端即可得到稳定的输出电压 U_o。为了改善纹波电压，常在输入端对公共

端接入电容 C_I，其容量为 0.33 μF。同时，在输出端对公共端接入电容 C_O，以改善负载的瞬态响应，其容量为 0.1 μF。两个电容器应直接接在集成稳压器的引脚处。

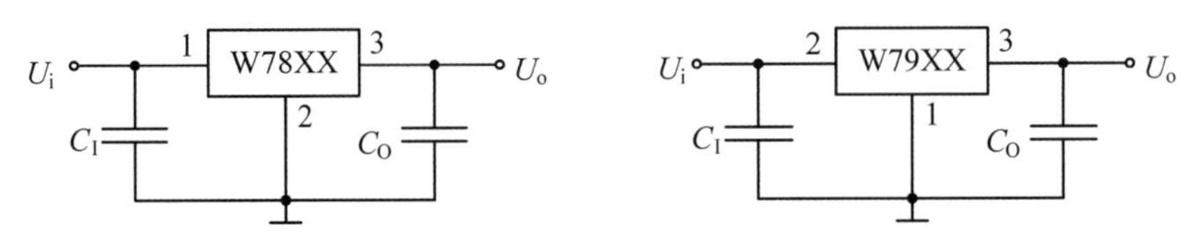

(a) W7800系列固定电压电路　　(b) W7900输出固定电压电路

图 10.4.8　三端集成线性稳压器典型电路

(2) 恒流源电路

采用 W7800 系列集成稳压器的恒流源电路如图 10.4.9 所示。由图中可以看出，流过负载 R_L 的电流为

$$I_L = I_d + \frac{U_{XX}}{R_1} \tag{10.4.22}$$

式中 U_{XX} 为三端稳压器的固定输出电压值，I_d 为稳压器的静态电流(约为 5 mA)。当稳压器确定后，可通过选择 R_1 的值，来设定恒流源的电流值。

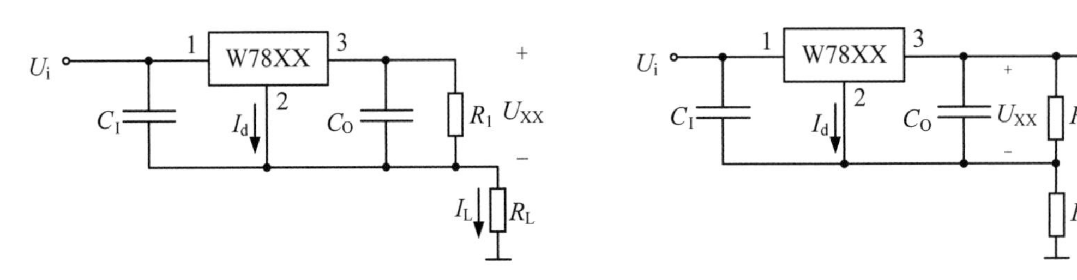

图 10.4.9　恒流源电路　　**图 10.4.10　提高输出电压电路**

(3) 提高输出电压

利用外接电阻 R_1、R_2 可以提高输出电压，如图 10.4.10 所示。设计电路时，使流过电阻 R_1、R_2 的电流远远大于稳压器的静态电流 I_d，于是，有

$$U_{XX} = \frac{R_1}{R_1 + R_2} U_o \tag{10.4.23}$$

即输出电压为

$$U_o = \left(1 + \frac{R_2}{R_1}\right) U_{XX} \tag{10.4.24}$$

由此可知，增大外接电阻 R_1 和 R_2 的比值，可以提高输出电压。

(4) 输出电压可调的稳压电路

我们可以采用可调输出的集成稳压器，也可以将固定输出集成稳压器与集成运放、取样电路相配合，实现输出电压的调整，如图 10.4.11 所示。图中，电阻 R_1、R_2、R_3 组成取样电路，集成运放接成电压跟随器形式，其输出电压与输入电压相等。当电位器 R_2 滑动端处于

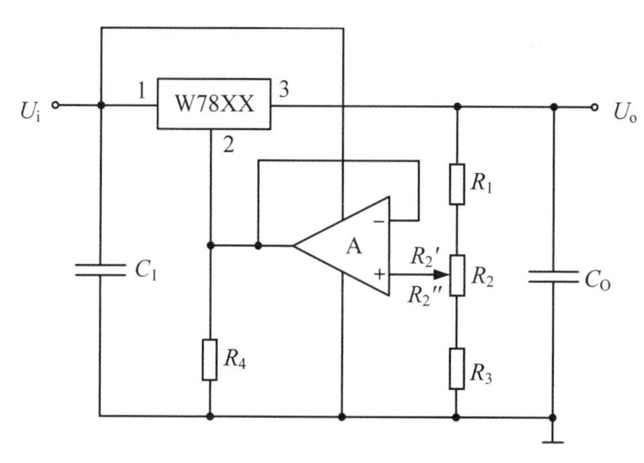

图 10.4.11　输出电压可调的稳压电路

最上端时，有

$$U_{R4}=\frac{R_2+R_3}{R_1+R_2+R_3}U_o$$

而　　$U_o=U_{R4}+U_{XX}$ 则有

$$U_o=\frac{R_2+R_3}{R_1+R_2+R_3}U_o+U_{XX}$$

则电路的输出电压为：

$$U_o=\frac{R_1+R_2+R_3}{R_1}U_{XX} \tag{10.4.25}$$

同理，当电位器 R_2 滑动端处于最下端时，电路的输出电压为

$$U_o=\frac{R_1+R_2+R_3}{R_1+R_2}U_{XX} \tag{10.4.26}$$

（5）扩大输出电流电路

当负载电流大于集成稳压器最大输出电流时，我们可以采用外接功率管 V 的方法进行扩流，如图 10.4.12 所示。图中 V 为大功率 PNP 晶体管，起扩流作用，R 为电流取样电阻，其阻值应满足

$$I_o'R=U_{BE} \tag{10.4.27}$$

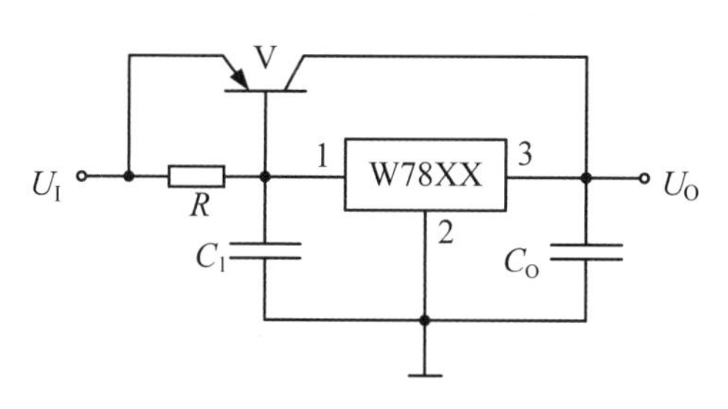

图 10.4.12　扩大输出电流电路

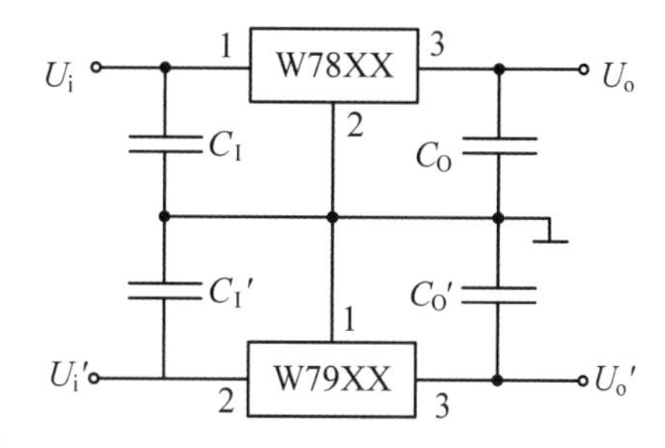

图 10.4.13　输出正、负电压的双电源电路

式中 I_o' 为集成稳压器所允许的输出电流，这里忽略了集成稳压器的静态电流和扩流管的基极电流。当负载电流较小时，功率管截止，负载电流仍由集成稳压器提供；当负载电流较大时，功率管导通且分流 I_C，故负载电流 $I_o=I_o'+I_C$。

（6）输出正、负电压的双电源电路

在电子电路中，常采用正、负电压的双电源供电模式，比如集成运放的供电等。利用集成稳压器可以方便地组成正、负电压的双电源电路，由 W7800 系列和 W7900 系列集成稳压器组成的正、负电压双电源电路如图 10.4.13 所示。图中 U_1 和 U_1' 分别为输入的正、负电压，U_o 和 U_o' 分别为输出的正、负电压。

【例题 10-4】 直流稳压电源如图 10.4.14 所示。已知：$U_1=15\text{ V}$，$R_L=20\,\Omega$。(1) 求负载电流(2) 求三端稳压器的耗散功率(3) 若分别测得电容电压 U_C 为 13.5 V；21 V；6.8 V，分析电路分别出现何种故障？

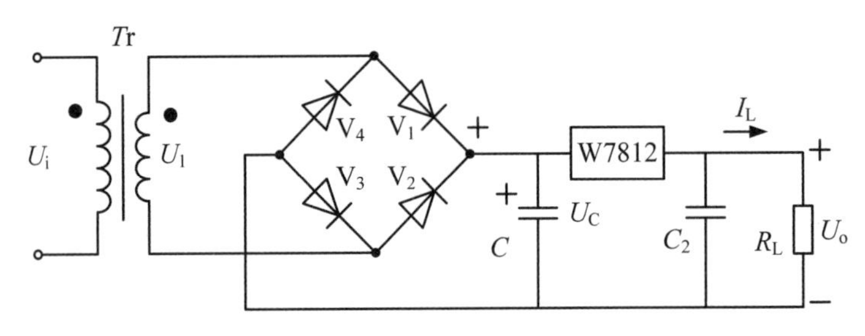

图 10.4.14 整流稳压电路

解

(1) 负载电流

$$I_L=\frac{U_o}{R_L}=\frac{12}{20}=0.6(\text{A})$$

(2) 三端稳压器的耗散功率

$$P_C=(U_C-U_o)\cdot I_L=(1.2\times15-12)\times0.6=3.6(\text{A})$$

(3) 若测得电容电压 U_C 为 13.5 V，说明滤波电容 C 开路，此时该点电压平均值为：

$$0.9U_1=0.9\times15=13.5(\text{V})$$

(4) 若测得电容电压 U_C 为 21 V，说明稳压器未接，相当于整流器负载开路，则

$$U_C=\sqrt{2}U_1\approx1.4\times15=21(\text{V})$$

(5) 若测得电容电压 U_C 为 6.8 V，说明整流器出现了故障，4 个整流管有一对或一个损坏了。

10.5 开关型稳压电路

前面介绍线性稳压电路，其优点是结构简单，调整方便，输出电压脉动较小，然而调整管始终工作在放大状态，导致其工作效率低。此外，调整管消耗的功率较大，需在调整管上安装散热器，这导致电源的体积和重量增大。

开关型稳压电路中的调整管工作在开关状态，并通过改变调整管导通与截止时间的比例来改变输出电压的大小。当调整管饱和导通时，虽然集电极电流较大，但饱和管压降很小；当调整管截止时，管压降很大，但集电极电流基本等于零。因此，调整管的功耗很小。开关电源能将工作频率由工频(50 Hz)提高到几十千赫，甚至几百千赫。开关型稳压电路的特点是效率高、体积和重量都小，因而它的应用日益广泛。但是，开关型稳压电路的输出电压

中纹波和噪声成分较大，结构比较复杂，调试也比较麻烦。

开关型稳压电路的类型很多，而且可以按不同的方法进行分类。比如，按控制的方式分类，有脉冲宽度调制型(PWM)、脉冲频率调制型(PFM)和混合调制型。此外还有其他许多分类方式，这里就不一一列举。

10.5.1　开关电源的原理和基本组成

如图 10.5.1 所示为开关电源的基本组成框图，图中取样反馈控制电路与前述线性稳压电路类似，由取样、基准和误差放大器构成，PWM 控制与驱动电路由三角波或锯齿波发生器和电压比较器组成，三角波与来自误差放大器的信号比较后产生占空比可变的方波信号，驱动开关管导通或截止。储能滤波电路由电感、滤波电容及续流二极管组成。开关管导通时，给电感充电，储存能量；开关管截止时，通过续流二极管释放能量，从而使负载得到连续的直流电流。图 10.5.2 给出了开关型稳压电路的一种电路原理结构形式。图中晶体管 V 为工作在开关状态的调整管。集成运放作为比较放大电路，起到开关控制作用。电感 L 和电容 C 组成滤波电路，二极管 VD 作为续流二极管，三者组成续流滤波电路。电阻 R_1、R_2 组成取样电路。下面通过对它的工作原理的分析，让我们对开关型稳压电路有一个初步的认识。

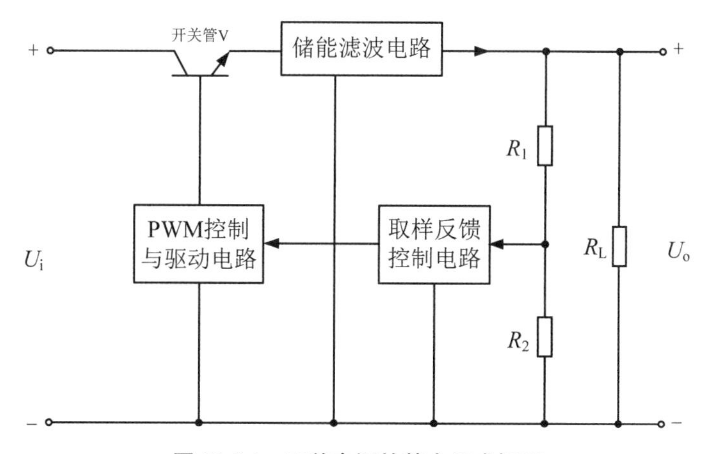

图 10.5.1　开关电源的基本组成框图

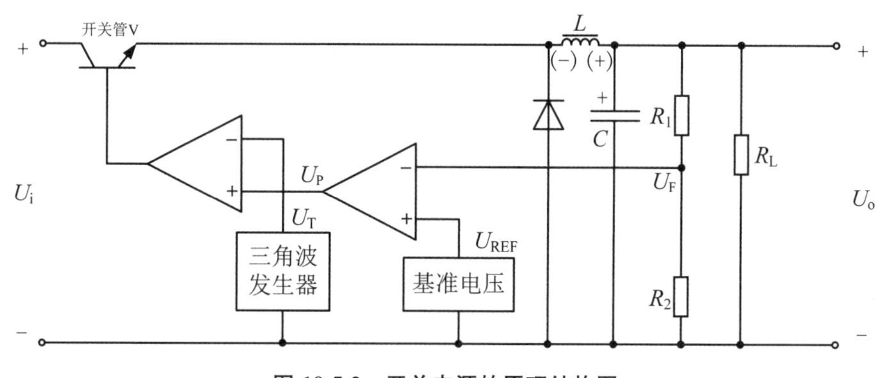

图 10.5.2　开关电源的原理结构图

1. 基本原理

当运放输出高电平时,调整管饱和导通,续流二极管截止,输入电压 U_i 通过调整管 V、电感 L 对电容 C 充电,并对负载 R_L 供电,R_L 两端电压 U_o 逐渐升高。同时,取样电路得到的取样电压送给运放的反相输入端,使得反相输入端的电位 U_- 也随之升高。运放的同相输入端电位 U_+ 由基准电压 U_{REF} 和输出电压叠加得到。当 $U_- \geqslant U_+$ 时,运放输出由高电平转换为低电平,调整管 V 由饱和导通变为截止,此时电感 L 上的电流将继续沿原方向流动,通过续流二极管 VD 向负载提供电流,且电流逐渐减小,输出电压 U_o 也逐渐减小。

随着 U_o 的逐渐减小,U_- 也随之减小,当 $U_- \leqslant U_+$ 时,运放输出又由低电平转换为高电平,调整管又由截止变为饱和导通,这样又重复上述过程,最终使输出电压 U_o 稳定。

$$U_o = \left(1 + \frac{R_1}{R_2}\right) U_{REF} \tag{10.5.1}$$

2. 脉宽调制(PWM)控制

脉宽调制(Pulse Width Modulation)简称 PWM,是一种频率固定,占空比可调的调制方式。利用脉宽调制和功率开关电路,可以实现高效率地调节负载功率。假定负载是线性的,其额定功率为 P,开关导通 T_n 期间其功率为 P,开关断开 $T - T_n$ 期间为 0,即一个周期内负载的平均功率为

$$\bar{P} = \frac{T_n P}{T} = DP \tag{10.5.2}$$

其中 D 为占空比,定义为方波高电平时间与总周期 T 的比值

$$D = \frac{T_n}{T} \times 100\% \tag{10.5.3}$$

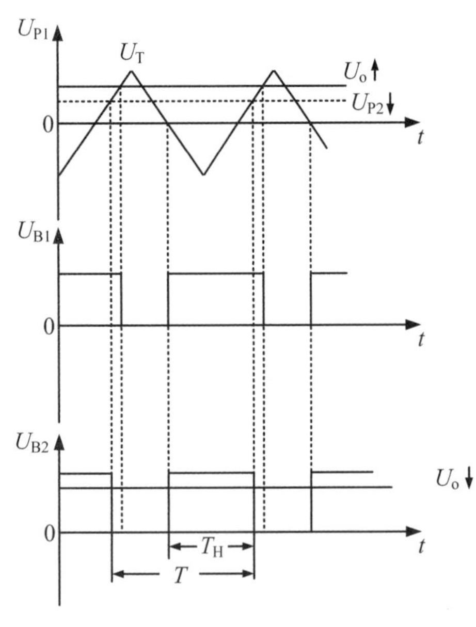

图 10.5.3 PWM 工作原理及稳压过程

可见采用 PWM,不改变供电电压,仅通过调节占空比,即可调节负载的平均功率。利用反馈电压与基准电压之间的误差来改变信号的占空比,从而实现输出电压的自动调节。

图 10.5.3 给出了 PWM 调制器的各点波形。锯齿波电压加到比较器的反相端,放大后的误差信号加到同相端,当 $U_P = U_{P1}$ 时,比较器输出波形为 U_{B1},其平均值为 U_{B1D},若 U_o 增大,U_F 增大,U_P 减小为 U_{P2},则比较器输出波形为 U_{B2},则占空比 D 减小,U_{B2} 的平均值也下降为 U_{B2D},导致输出 U_o 下降,最终达到稳定输出电压 U_o 的目的。反馈过程见图 10.5.4。

$$U_o\uparrow \rightarrow U_F\uparrow \rightarrow U_P\downarrow \rightarrow \text{占空比}\,D\downarrow \rightarrow U_o\downarrow$$

图 10.5.4 反馈调节过程

用 PWM 方式调节功率，由于开关管导通时，电流大，而管压降很小，而当开关管截止时，管压降增大，但电流趋于零，因而开关管自身损耗很小。PWM 技术不仅实现高效率开关电源，而且也是许多机电控制，D 类放大器，逆变技术等的基础。

10.5.2 开关稳压电源应用举例

1. LM2576 系列降压式 DC/DC 电源变换器的应用

由固定输出的 LM2576 组成的可调输出电压的典型应用电路如图 10.5.5 所示。输入电压 U_i 范围为 $+7\sim+40$ V，输出电压 U_o 取决于所用 LM2576 的具体型号。LM2576 内部基准电压 $U_{REF}=1.23$ V，其中带 ADJ 后缀表示为可调适变换器。输出电压 $U_o=\left(1+\dfrac{R_2}{R_1}\right)U_{REF}$，$R_1$ 在 $1\sim5$ kΩ，R_2 用 50 kΩ 的电位计。当输入电压 $U_i=7\sim40$ V 时，输出电压 $U_o=5$ V，输出电流 $I_o\leqslant3$ A，$I_o\geqslant0.5$ A。当 $R_1=2$ kΩ，$R_2=6.12$ kΩ 时输出电压 $U_o=5$ V，输出电流 $I_o=3$ A。LM2576 器件内部具有过流、过热保护电路，效率高(75%～88%)，电路的外围电路使用元件少，简单灵活，价格低、性能好。常可作为线性稳压器 78×× 系列的替代品。

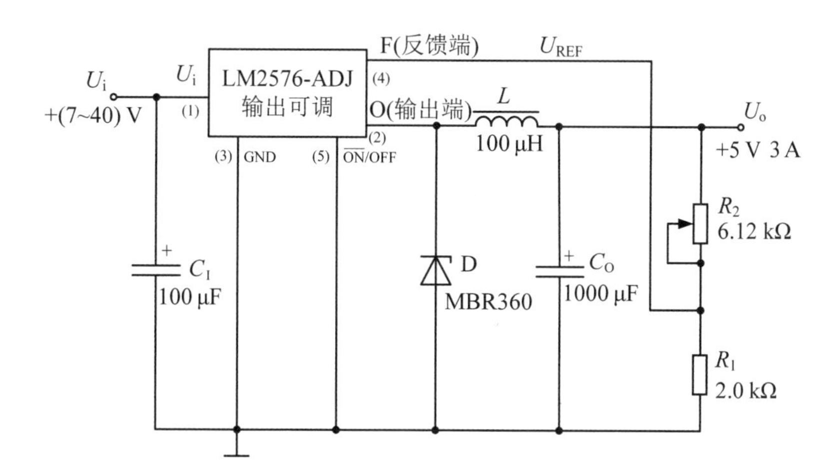

图 10.5.5 LM2576 组成可调输出电压的典型应用电路

2. 自激型推挽式开关稳压电源应用

图 10.5.6 所示的是一种给通信设备供电使用的电源电路。该电源电路的直流输入电压 $U_i=28$ V，输出电压 $U_{o1}=10$ V，电流 $I_{o1}=6$ A，$U_{o2}=20$ V，$I_{o2}=2$ A，输出功率 $P_o=120$ W，工作频率 $f_k=2$ kHz，转换效率 $\eta=80\%$。该电路采用自激型推挽式工作方式。当接入 $U_i=28$ V 直流输入电压时，启动电阻 R 和电容 C_2 很快充电，为两只功率管中的任意一只提供正向偏置电压，促使其中一只功率开关管导通，与该功率管基极相连的功率开关变压器反馈绕组就会给另一只功率开关管提供反向偏置电压，使其维持截止状态。由于两功率开关管工作状态交替翻转，就会在功率开关变压器的一次绕组中产生交替变化的方波电压信号，该信号

被耦合到次级绕组，经过全波整流，π 型 LC 滤波后成为所需要的直流供电电压。

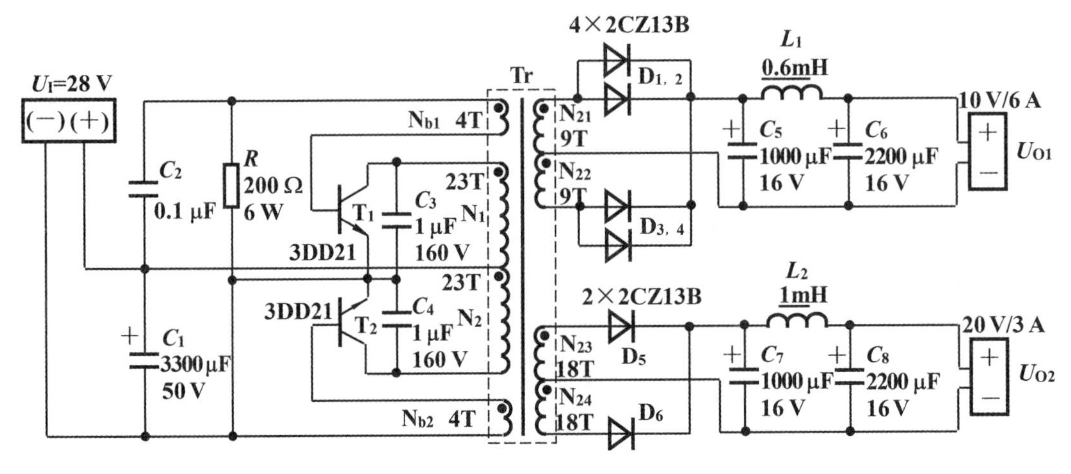

图 10.5.6 自激推挽式开关稳压电源应用电路

思考题和习题

10.1 选择合适答案填入空格内。

(1) 整流的目的是________。

a. 将交流变为直流　　b. 将高频变为低频　　c. 将正弦波变为方波

(2) 在单相桥式整流电路中，若有一只整流管接反，则________。

a. 输出电压约为 $2U_D$　　b. 变为半波直流　　c. 整流管将因电流过大而烧坏

(3) 直流稳压电源中滤波电路的目的是________。

a. 将交流变为直流　　b. 将高频变为低频　　c. 将交、直流混合量中的交流成分滤掉

(4) 滤波电路应选用________。

a. 高通滤波电路　　b. 低通滤波电路　　c. 带通滤波电路

10.2 在变压器副变电压相同的情况下，比较桥式整流电路与半波整流电路的性能，回答如下的问题：

(1) 输出直流电压哪个高？

(2) 若负载电流相同，则流过二极管的电流哪个大？

(3) 每个二极管承受的反压哪个大？

(4) 输出纹波哪个大？

10.3 在题 10.3 图所示单相桥式整流电路中，已知变压器副边电压有效值 $U_1=10$ V：

(1) 工作时，直流输出电压 $U_o=$？

(2) 如果二极管 V_1 虚焊，将会出现什么现象？

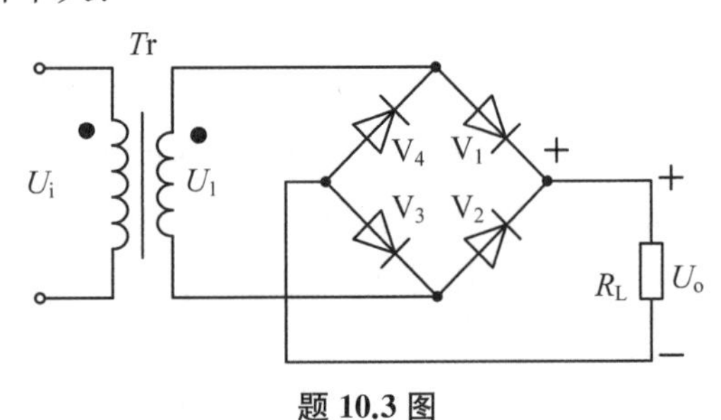

题 10.3 图

(3) 如果四个二极管全部接反，则直流输出电压 U_o = ?

10.4　在题 10.4 图所示电路中：

(1) 要求当 R_2 的滑动端在最下端时，$U_o = 15\ \text{V}$，电位器 R_2 的阻值应是多少？($R_1 = R_3 = 200\ \Omega$，稳压管的稳压值为 6 V)

(2) 在第(1)问中选定的 R_2 值下，当 R_2 的滑动端在最上端时，U_o = ?

(3) 为保证调整管很好地工作在放大状态，要求其管压降任何时候不低于 3 V，则输入电压 U_I 应为多大？

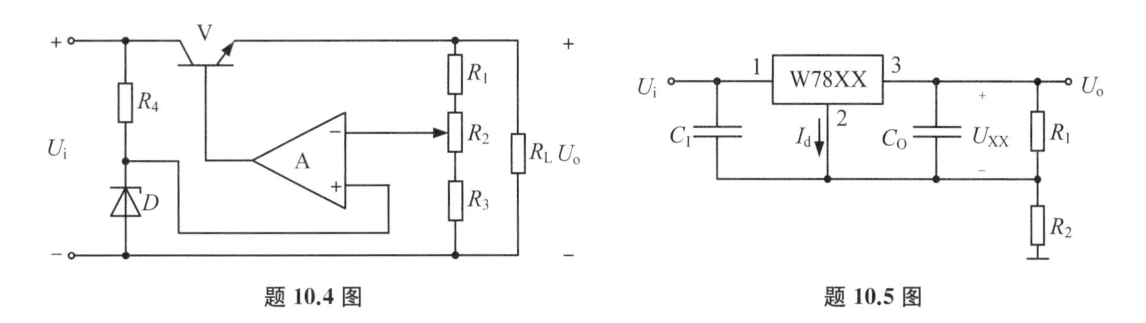

题 10.4 图　　　　**题 10.5 图**

10.5　如题 10.5 图所示，为了获得 $U_o = 9\ \text{V}$ 的稳定输出电压，电阻 R_1 应为多大？假设三端稳压器(W7805)的静态电流与 R_1、R_2 中的电流相比可以忽略。图中 $R_2 = 51\ \Omega$。

10.6　采用三端稳压器 W7812 的电源如题 10.6 图所示

(1) 判断该整流电路的类型，整流器输出约为多少伏？

(2) W7812 中调整管所承受的电压约为多少？

(3) 负载电流 $I_L = 100\ \text{mA}$，求 W7812 的功耗 P_C =?

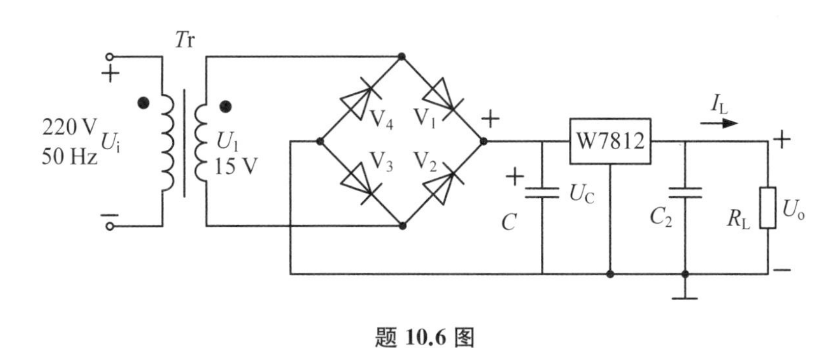

题 10.6 图

10.7　直流稳压电路如题 10.6 图所示，已知 $U_1 = 18\ \text{V}$，$R_L = 24\ \Omega$，求

(1) 负载电流 I_L =?

(2) 三端稳压器的耗散功率 P_c =?

(3) 若分别测得电容电压 U_C 为 16.2 V、25.5 V、8.1 V，分析分别出现何种故障？并说明理由。

10.8　要求得到下列直流稳压电源，试分别选用适当的三端稳压器，画出电路原理图(包括整流、滤波电路)，并标明变压器副边电压及各电容的值。

(1) ＋18 V，1 A；

(2) －5 V，100 mA；

(3) ±12 V，500 mA。

10.9 如题 10.9 图所示，采用 AD584 作为电压基准电路，求输出电流 I_o。

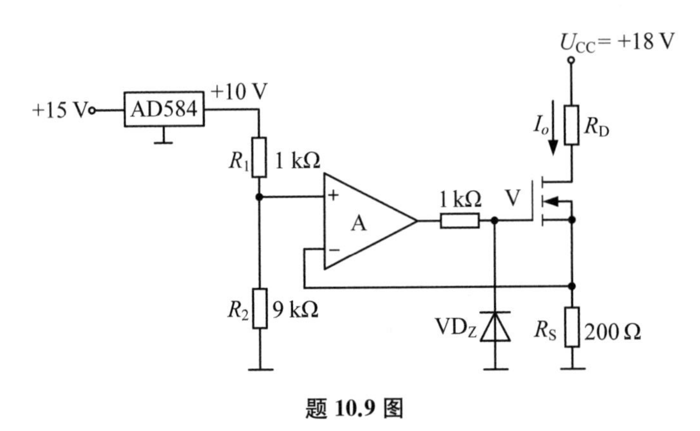

题 10.9 图

主要参考文献

康华光，陈大钦，张林.电子技术基础-模拟部分(6版)[M].北京：高等教育出版社，2013.
邱关源.现代电路理论[M].北京：高等教育出版社，2000.
孙肖子，张启民，赵建勋，等.模拟电子电路及技术基础(2版)[M].西安：西安电子科技大学出版社，2008.
孙肖子，赵建勋，王心怀，等.模拟电子电路及技术基础(3版)[M].西安：西安电子科技大学出版社，2017.
童诗白，华成英.模拟电子技术基础(3版)[M].北京：高等教育出版社，2001.
王志功，沈永朝，徐建，等.电路与电子线路-电子线路部分(2版)[M].北京：高等教育出版社，2016.
杨志民，马义德，张新国.现代电路理论与设计[M].北京：清华大学出版社，2009.
郑学峰，方烈敏，劳五一，等.模拟电子技术[M].西安：西安电子科技大学出版社，2008.

附　录

课 外 项 目

题目 1：用霍尔器件制作一个自行车速度仪

霍尔器件是常用的磁传感器，磁铁靠近霍尔器件时就会产生信号，利用这个信号可以测量位置距离角度等。

材料：磁体、霍尔器件、运放、电阻、电容若干

[设计基本要求]

(1) 将磁体安装在旋转面上，将霍尔器件固定在磁体经过的弧线上，这样当磁铁靠近霍尔器件时就会产生信号，将信号处理即可利用电压表来指示自行车的速度。

(2) 电路工作稳定可靠，速度高低指示灵敏，而且比较线性。

[实验室提供基本材料]

(1) 霍尔器件、磁铁。

(2) 标准“洞洞板”：1 块。

(3) LM324：2 片。

(4) 常规电阻、电容：若干。

题目 2：无伤交流电流检测器

在通常实验室测量电流采用串联的方法。但在实际控制系统中，对交流供电的电流检测中，常不允许断开线路，这时我们可用互感器对电线中的交流电流进行测量。

[设计基本要求]

(1) 在不短开被测电路的前提下，选定实验室的某仪器作为被测对象，测量其电流并用直流电压的方式按比例指示被测对象的电流。

(2) 电路工作稳定可靠，速度高低指示灵敏，而且比较线性。

[实验室提供基本材料]

(1) 互感器：若干。

(2) 标准“洞洞板”：1 块。

(3) LM324：2 片。
(4) 常规电阻、电容：若干。

题目 3：红外遥控 LED 灯

红外光经过调制后，可以避免日光及灯光的干扰，红外遥控的优点是方便又不产生电磁干扰，自制红外遥控器是一件很有趣的事。

[设计基本要求]

(1) 发射端：一个红外发射头，两个按键，分别代表左和右。
(2) 接收端：一个红外接收头，两个 LED 灯，对应于发射端的左和右。
(3) 当发射端的“左键”按下时，接收端的“左灯”亮；当“右键”按下时，接收端的“右灯”亮。
(4) 电路工作稳定可靠，有一定的遥控距离。

[实验室提供基本材料]

(1) 红外发射管、红外接收管(头)：2 个。
(2) 标准“洞洞板”：1 块。
(3) LM324：2 片。
(4) 555 电路：2 片。
(5) NPN 三极管：若干。
(6) 按键：2 个。
(7) 常规电阻、电容：若干。

题目 4：电子助听器

助听器可以送给老人用，也可以自己听课时用，是一个很有趣又实用的电子小装置。

[设计基本要求]

(1) 信噪比高，对大信号进行削峰限幅，防止震耳；而对小信号进行充分地放大，即有自动增益控制功能。
(2) 电源：采用电池供电(调试时建议用稳压电源，最后用电池)。
(3) 失真度：失真小。
(4) 可以随身携带，体积较小。

[实验室提供基本材料]

(1) 标准“洞洞板”：1 块。
(2) 晶体三极管：若干。
(3) 耳塞：1 个。
(4) 麦克风：1 个。

(5) 电阻、电容：若干。
(6) 纽扣电池及座子：1个。
(7) 微型开关：1个。

题目5：设计一台电压变送器

电压变送器是工业控制中一种常用的信号传输变换装置，它的主要目的是将传感器产生的电压信号，传送到几十米之外的总控中心的工控机上，考虑到信号必须不受干扰，因此常采用电流传输方式。

工作条件：信号为传感器输出，一级仪表输出电压为0.3 V至0.5 V直流，输出电阻为10 kΩ。

[设计基本要求]

(1) 设计电路对应0.3 V至0.5 V直流电压，输出电流为4 mA至20 mA(最高输出电压可达10 V)。

(2) 请在0.33 V处设置下限告警点，在0.47 V处设置上限告警点，并用红色发光二极管报警指示。

[实验室提供基本材料]

(1) 标准“洞洞板”：1块。
(2) 直径5 mm LED：2个。
(3) 运算放大器：若干。
(4) 常规电阻、电容：若干。

题目6：函数信号发生器

在电子实验中，我们经常要用各种信号源对研制的电路进行测试，因此制作一个函数信号发生器将是非常有意义的。

[设计基本要求]

(1) 函数信号发生器输出频率为10 Hz至1 MHz(用开关分档)。
(2) 输出电压为0至8 V。
(3) 输出电阻小于100欧。
(4) 可输出三种波形(正弦波、方波和三角波)。
(5) 输出直流分量可调(−3 V～ +3 V)。
(6) 有输出短路保护功能。
(7) 电路工作稳定可靠，输出波形失真小。

[实验室提供基本材料]

(1) 标准“洞洞板”：1块。
(2) 运算放大器：若干。

(3) 常规电阻、电容：若干。

题目 7：工频变送器

工频变送器是工业控制中常用的一种信号传输变换装置，它的主要目的是将 50 Hz 的市电频率信号，传送到几十米之外的总控中心的工控机上，考虑到信号必须不受干扰，因此常采用电流传输方式。

[设计基本条件]

信号为互感器输出，频率为 40 Hz 至 70 Hz，正弦波幅度约 1 V。

设计提示

本题可有三种方式实现：

(1) 采用运放的纯模拟电路方式，精度较低。

(2) 数字电路方式，计数器加 DA，精度较高，设置制作较复杂。

(3) 单片机方式，计数处理等均可由软件完成，精度较高，设置制作较简单。

[设计基本要求]

(1) 设计电路对应频率为 40 Hz 至 70 Hz，输出电流为 4 mA 至 20 mA(最高输出电压可达 10 V)。

(2) 请在 47 Hz 处设置下限告警点，在 53 Hz 处设置上限告警点，并用红色发光二极管告警指示。

(3) 电路工作稳定可靠，输出电流一一对应，精确度高。

(4) 告警点设置正确，发光二极管告警指示清晰。

[实验室提供基本材料]

(1) 标准“洞洞板”：1 块。

(2) 运算放大器：若干。

(3) 常规电阻、电容：若干。

题目 8：声光控延时灯开关

声光控延时灯开关是楼道等场合为了节电常使用的一种装置，常采用话筒作为声音的传感器，采用光敏电阻作为光源传感，通过对信号处理、比较延时等手段最后控制开关。

[设计基本要求]

(1) 当声音产生时，能将发光二极管点亮约 20 秒。

(2) 采光点亮度变暗时，能将发光二极管点亮。

(3) 电路工作稳定可靠，发光二极管指示清晰。

[实验室提供基本材料]

(1) 标准“洞洞板”：1 块。

(2) 直径 5 mm LED：2 个。
(3) 运算放大器：若干。
(4) 常规电阻、电容：若干。
(5) 光敏管：1 个。
(6) 驻极体话筒：1 个。

题目 9：设计一个用 LED 发光二极管指示的温度计

功能描述：就像世博会用烟囱和灯光来做一个大温度计那样，用 LED 发光管和热敏电阻来制作一个简易的温度计也是一件很有趣的事。

[设计基本要求]

(1) 温度计范围为 20℃～40℃，分辨率为 5℃，即分别用绿色 LED 灯显示 20～25、25～30、30～35、35～40、40 摄氏度以上；当温度达到 40 度时，红灯闪亮，表示高温告警。
(2) 电路工作稳定可靠，温度显示一一对应，精确度高。
(3) 告警点设置正确，高温告警指示清晰。

[实验室提供基本材料]

(1) 标准“洞洞板”：1 块。
(2) 温度计：1 个。
(3) 热敏电阻：1 个。
(4) LED 发光管：绿色 4 个，红色 1 个。
(5) 电压比较器：若干。
(6) 常规电阻、电容：若干。

题目 10：设计一个有线对讲机

功能描述

不像电话机需通过电信局的中转，有线对讲机是用导线直接连接，当“通话”按钮按下时可以通话。

[设计基本要求]

一般要求：半双工通信，“讲”时不能“听”，“听”时不能“讲”，由“通话”按钮来切换状态。

附加要求：

(1) 全双工通信，像电话机一样，“听”和“讲”可以同时进行。
(2) 电路工作稳定可靠，喇叭声音清晰。
(3) 全双工通信时没有回声。

[实验室提供基本材料]

(1) 标准“洞洞板”：1 块。

(2) 双绞线，长度：3 米。
(3) 驻极体话筒：1 个。
(4) 喇叭：1 个。
(5) 功率放大器芯片：1 片。

题目 11：设计一个电流、电阻转换器

在实际电子产品中，电路中各种性能的变化往往体现在电流大小的变化，因此制作一个电流、电阻转换器，在实际测试中将是非常有意义的。

[设计基本要求]

设计电路：分别将 4 mA、10 mA、16 mA、20 mA，4 个电流自动转换成对应的 4 个电阻值 4 kΩ、10 kΩ、16 kΩ、20 kΩ。

[实验室提供基本材料]

(1) 标准"洞洞板"：1 块。
(2) 运算放大器：若干。
(3) 常规电阻、电容：若干。

题目 12：设计一台电阻至电压线性转换器

功能描述

传统的指针式万用表测量电阻是采用测量流过电阻电流的方法。根据欧姆定律，电流和电阻值之间呈倒数关系，仪表刻度也是符合这个特性，但当阻值较大时，一定量阻值的变化，对应的电流变化较小，从而会造成较大的读数误差。

本练习要求设计一电路，实现电阻至电压的线性转换。

[设计基本要求]

(1) 设置量程基准，量程分 7 档，分别为 10 Ω，100 Ω，1 kΩ，10 kΩ，100 kΩ，1 MΩ，10 MΩ，量程使用量程开关切换。

(2) 测量指示可用万用表的电压挡替换(仅限 0～1 V 显示)。

(3) 读数明确简单(读出数值直接是阻值)

[实验室提供基本材料]

(1) TL062 双运放：1 只。
(2) 9013 三极管：1 只。
(3) 3DJ7 结型场效应管：1 只。
(4) 3296 - 1K 电位器：1 只。
(5) 7 挡转换开关：1 个。

提示：1 只运放用作跟随器，另外一只运放和结型场效应管及分挡量程电阻构成不同挡

位输出的恒流源，三极管用于扩大输出能力。

题目 13：恒温控制电路

功能描述

恒温控制是系统应用中比较广泛和典型的一种电路系统，如空调的温度控制。半导体本身也是一种温度变化元件，对于一些特别的应用，如半导体激光器，就需要保持工作温度的恒定，才能有稳定的激光功率和波长输出。

本练习要求设计一电路，通过单向加热的方式，使一容器内的液体（水）达到一个设定的恒定温度。

[设计基本要求]

(1) 恒温设定范围：30℃～60℃，温度过冲＜2℃，稳定后温度波动＜±1℃

(2) 电路提供温度指示功能。

(3) 利用运放、二极管、电阻、电容等通用元件设计制作。温度传感器采用 NTC 热敏电阻，加热元件采用 1～2 W 金属膜电阻替代。

(4) 制作工艺美观，控制准确，温度过冲小，温度稳定快。

[实验室提供基本材料]

(1) NTC 热敏电阻：若干。

(2) 运放（TL062）：若干。

(3) 电阻、电容、电位器、VMOS 管：若干。

题目 14：音频电平对数指示器

功能描述：

由于人耳对声音信号强度的听觉特性是对数式的。人类可以听到声音的最大值和最小值之比可以达到 10^{12} 倍，这么大的动态范围，要线性指示是不可能的，因而只能进行对数变换，压缩动态范围，才能得到良好的表示，我们平时用的声强单位就是分贝（dB）。

[设计基本要求]

输入阻抗＞50 kΩ，指示范围＞100 dB。

利用运放、二极管、电阻、电容等通用元件设计制作。输入信号可以是音频信号发生器或其他音源，输出指示可用万用表替代，或用发光二极管指示，用亮度表示输入声音的大小。

[实验室提供基本材料]

(1) 双运放 TL062：1 只。

(2) 二极管、电阻、电容：若干。

(3) 电位器：1 只。

(4) 发光二极管：1 只。

提示：该电路应有两级组成，第一级电路完成整流，利用运放和二极管构成一接近理想的整流器，第二级电路利用运放和多个二极管构成一对数函数变换器，最后的输出，通过发光二极管指示或通过万用表指示。

题目 15：温度电流转换器

通过温度传感器产生的信号，传送到几十米之外的总控中心的工控机上，考虑到信号必须不受干扰，因此常采用电流传输方式，把温度的变化转换成电流的变化。

［设计要求］

(1) 设计电路对应 20℃～60℃温度变化转换成 4 mA～20 mA 的电流变化。

(2) 请在最低点处设置下限告警点，在最高点处设置上限告警点，并用红色发光二极管告警指示。

(3) 电路工作稳定可靠，输出电流一一对应，精确度高。

(4) 告警点设置正确，发光二极管告警指示清晰。

［实验室提供基本材料］

(1) 标准"洞洞板"：1 块。

(2) 直径 5 mm LED：2 个。

(3) 运算放大器：若干。

(4) 常规电阻、电容：若干。

题目 16：红外线感应报警器

功能基本描述

当物体靠近报警器时，报警器发出报警指示，以 LED 闪烁和喇叭的"嘟——嘟"声表示。

［设计基本要求］

(1) 报警距离约 10 cm。

(2) 电路工作稳定可靠，报警感应灵敏。

［实验室提供基本材料］

(1) 标准"洞洞板"：1 块。

(2) 红外发射管 1 个，红外接收管 1 个。

(3) LED 发光管：1 个。

(4) 喇叭或蜂鸣器：1 个。

(5) 运放 LM324：若干。

(6) 常规电阻、电容：若干。